ADIROWITSCH

LUMINESZENZ DER KRISTALLE

E. I. ADIROWITSCH

EINIGE FRAGEN ZUR THEORIE DER LUMINESZENZ DER KRISTALLE

MIT 123 ABBILDUNGEN IM TEXT

1953

AKADEMIE-VERLAG · BERLIN

Адирович, Е. И.
Некоторые вопросы люминесценции кристаллов
Erschienen im Staatsverlag für technisch-theoretische Literatur Moskau-Leningrad 1951

Übersetzt aus dem Russischen von Helmut Vogel

Wissenschaftliche Redaktion: Dr. Lyons, II. Physikalisches Institut der Humboldt-Universität Berlin u. Dipl.-Physiker Günter Wallis, Institut f. Festkörperforschung der Deutschen Akademie der Wissenschaften zu Berlin

Die Herausgabe der deutschen Übersetzung wurde gefördert vom Kulturfonds der Deutschen Demokratischen Republik

Erschienen im Akademie-Verlag GmbH., Berlin W 8, Mohrenstraße 39
Lizenz-Nr. 202 • 100/31/52

Satz und Druck: (IV/26/14) Tribüne, Verlag und Druckereien des FDGB
Druckerei II Naumburg (Saale) Auftr.-Nr. 2047
Bestell- und Verlags-Nr. 5087
Printed in Germany

Dem teuren und leuchtenden Angedenken

Sergej Iwanowitsch Wawilows

gewidmet

Dies Buch ist eine Monographie, welche die Grundprobleme der modernen Theorie der Kristallumineszenz darlegt, die hauptsächlich von sowjetischen Gelehrten geschaffen und entwickelt wurde, unter anderem auch vom Verfasser dieses Buches.

Die Monographie ist für Leser bestimmt, die mit den Grundlagen der theoretischen Physik bekannt sind, für Studenten, Ingenieure und Wissenschaftler.

Vorwort

In der umfangreichen Literatur, die sich während der mehr als dreihundertjährigen Geschichte der Erforschung der Kristallumineszenz angesammelt hat, findet sich keine theoretische Monographie. Die Entwicklung der Quantenmechanik und ihre Anwendung auf die Probleme des Festkörpers, sowie die neuen Vorstellungen über den Mechanismus der Kristallumineszenz, die in den Arbeiten sowjetischer Wissenschaftler entwickelt wurden, rechtfertigen einen Versuch, diese Lücke auszufüllen.

Die vorliegende Monographie besteht aus sieben Kapiteln.

Das erste Kapitel beschäftigt sich mit der WAWILOW-WIEDEMANNschen Definition der Lumineszenz und mit den beiden Grundgesetzen der spektralen Umwandlung des Lichtes, die WAWILOW aufstellte und die an die Stelle der nicht allgemein genug gehaltenen empirischen Regeln von STOKES und LOMMEL traten. Den Inhalt dieses Kapitels bildet die allgemeine theoretische Grundlage der modernen Lehre von der Lumineszenz von Stoffen in beliebigen Aggregatzuständen.

Das zweite Kapitel gibt einen Überblick über die historische Entwicklung der theoretischen Vorstellungen von der Kristallumineszenz. Gleichzeitig stellt es die wichtigsten Tatsachen aus diesem Gebiet zusammen, und das besonders in Hinblick auf die allgemeine Entwicklung der Naturwissenschaft. Seine Aufgabe ist es, einen historisch richtigen Blickpunkt zu vermitteln für die Beurteilung des gegenwärtigen Standes der Theorie, die Grenzen ihrer Anwendbarkeit und ihre weiteren Entwicklungsmöglichkeiten.

Im dritten Kapitel werden die Grundlagen der modernen Festkörpertheorie und ihre Anwendung auf die Probleme der Kristallumineszenz besprochen. Hierbei strebte ich vor allem eine Klärung des physikalischen Bildes der Zustände und Vorgänge im Kristallgitter an, das bei der Beschreibung dieser Erscheinungen in Halbleitern und Kristallphosphoren in der energetischen Deutung durch das Bändermodell gewöhnlich recht undurchsichtig bleibt. Um dieses Kapitel möglichst leicht zugänglich zu machen, wurde der mathematische Apparat der Theorie auf ein Mindestmaß beschränkt. Ich hielt es jedoch für notwendig, mich nicht auf eine Darlegung des Bändermodells zu beschränken, sondern zuerst eine strenge und allgemeine Problemstellung zu vermitteln, um zu zeigen, auf welche Vereinfachungen und Vernachlässigungen sich das Bändermodell gründet, das heute in der Festkörperphysik im weiten Umfange Anwendung findet, speziell in Halbleiter- und Lumineszenzproblemen. Hierdurch lassen sich von Anfang an die Grenzen der Anwendbarkeit des Bändermodells umreißen. So kann man den häufig vorkommenden Verallgemeinerungen dieser Theorie auf Probleme, die diese Grenzen überschreiten, entgehen, andererseits die in den letzten Jahren aufgetauchten unbegründeten Zweifel an der Gültigkeit des Bändermodells in seinem Zuständigkeitsbereich zurückweisen.

In den Kapiteln IV bis VII sind Arbeiten des Autors zusammengestellt, die in den Jahren 1946 bis 1950 in Zeitschriften veröffentlicht wurden.

Kapitel IV behandelt die Frage nach dem theoretischen Abklinggesetz für Kristallphosphore. Die Anwendbarkeit der Methode der quasistationären Konzentrationen auf die Elektronenvorgänge in nichtidealen Kristallen nach Aufhören der Erregung wird begründet; weiter wird die Kinetik des Nachleuchtens von Kristallphosphoren mit Hilfe dieser Methode behandelt. Die Ergebnisse beziehen sich gleichermaßen auf das Abklingen der Photoleitfähigkeit in Halbleitern nach Beendigung der Bestrahlung. Im gleichen Kapitel werden die „metastabile Theorie" der Kristallphosphore von Randall, Wilkins und Garlick und einige andere theoretischen Arbeiten einer Kritik unterzogen.

Im V. Kapitel wird die Kinetik des stationären Leuchtens von Kristallphosphoren untersucht; hierdurch wird es möglich, eine neue Methode zur experimentellen Bestimmung des Mechanismus der Lichtabsorption in Kristallen anzugeben.

Im VI. Kapitel wird die Fehlerhaftigkeit der Theorie der „Vielfachstöße" von Möglich und Rompe aufgezeigt, die in der modernen Literatur oftmals mit ungenügender Kritik zitiert wird. Diese Theorie bildet einen Versuch, das Problem der Wechselwirkung des Elektrons mit dem Gitter und der Übertragung der Elektronenenergie auf die Phononen im Rahmen des Bändermodells zu lösen. Die Unzulänglichkeit des Bändermodells für die Behandlung der strahlungslosen Elektronenübergänge wird dargestellt. Weiterhin wird dies Problem mit Hilfe einer Modellvorstellung für die Fehlstellen in der Kristallstruktur gelöst, durch die eine Berechnung in der adiabatischen Näherung, sowie eine Berücksichtigung der äußeren und inneren Abweichungen vom adiabatischen Verhalten möglich wird.

Im letzten, VII. Kapitel wird eine Analyse der experimentellen Tatsachen durchgeführt, die zu dem Schluß führt, daß man die Lumineszenzvorgänge in Halbleiterprozesse und optische Prozesse einteilen muß. Nur die ersten fallen in den Zuständigkeitsbereich des Bändermodells, das hierbei durch Berücksichtigung der Wärmebarriere für die angeregten Niveaus ergänzt werden muß. Diese theoretischen Vorstellungen führten zur Voraussage und dann zur experimentellen Entdeckung einer neuen Erscheinung in der Kristalllumineszenz, des sogenannten kalten Aufleuchtens.

In allen Kapiteln des Buches werden die theoretischen Ergebnisse mit den experimentellen Tatsachen verglichen.

Ich hoffe, daß dieses Buch nicht nur für den Physiker, sondern auch für das ganze Kollektiv sowjetischer Wissenschaftler und Ingenieure von Nutzen sein wird, das sich mit der Herstellung, Erforschung und praktischen Anwendung von Luminophoren, sowie mit den vielfältigen Anwendungen der Halbleiter beschäftigt.

Alle Ergebnisse, die den Inhalt dieser Monographie bilden, verdanke ich der Tatsache, daß ich meine Arbeiten im Lumineszenzlaboratorium des physikalischen Lebedew-Instituts der Ak. d. W. d. UdSSR ausführen konnte, das die modernen Grundlagen der Wissenschaft von der Kristallumineszenz aufstellte und eine entscheidende Rolle in ihrer Entwicklung spielte. Dem Leiter dieses Laboratoriums, dem Akademiemitglied S. I. Wawilow, dem korrespondierenden Mitglied der Ak. d. W. der Ukrainischen Sowjetrepublik D. I. Blochinzew und allen Mitarbeitern des Laboratoriums statte ich meinen innigsten Dank ab. Dieses Buch wurde in engem wissenschaftlichen Kontakt mit ihnen, unterstützt von ihrer freundschaftlichen Kritik, geschrieben.

Physikalisches Lebedew-Institut
d. Ak. d. W. d. UdSSR

Moskau, den 9. November 1950

E. Adirowitsch

Inhalt

KAPITEL I

DIE LUMINESZENZ UND DIE GESETZE DER SPEKTRALEN UMWANDLUNG DES LICHTES

§ 1: Die Lumineszenz und die anderen Formen der Lichtemission

Den ersten Schritt zu einer Theorie der Lumineszenzvorgänge muß offenbar eine Definition der Lumineszenz selbst bilden. Es gelang erst in allerletzter Zeit, eine solche Definition zu geben, nach fast 400 Jahren experimenteller und theoretischer Erforschung der Lumineszenzerscheinungen*). Selbst in der modernsten Spezialliteratur begegnet man häufig unzulänglichen, ja einfach falschen Definitionen dafür, was Lumineszenz ist und wodurch sie sich von den übrigen Formen der Lichtemission unterscheidet. Wir beschränken uns auf zwei Beispiele, nämlich auf die in der im Jahre 1941 erschienenen Monographie von RIEHL [3] gegebenen Definitionen und die in der neueren Monographie von KRÖGER [4] aus dem Jahre 1948. Die Fehler in der RIEHLschen Definition werden in der russischen Übersetzung seines Buches in einer Bemerkung S. I. WAWILOWS aufgedeckt [3] (siehe auch [5]). Die Monographie KRÖGERS beginnt mit folgenden Worten: „Wenn ein System Energie in der einen oder anderen Form absorbiert, kann diese teilweise als Strahlung reemittiert werden. Diese Erscheinung wird Lumineszenz genannt.“ Man erkennt leicht, daß wegen des Energiesatzes und des Gesetzes der Energieumwandlung unter die Definition KRÖGERS alle überhaupt möglichen Arten der Lichtemission von Körpern fallen, z. B. das Leuchten der Glühlampe, das mit der Lumineszenz nicht das Geringste zu tun hat.

Die Definitionen der Lumineszenz in den Büchern von PRINGSHEIM und VOGEL [6], MAURICE CURIE [7] u. a., die sich nach dem Vorbild von WIEDEMANN auf das KIRCHHOFFsche Gesetz stützen, geben nur die notwendigen, aber nicht die hinreichenden Bedingungen dafür an, daß die beobachtete Emission eine Lumineszenzerscheinung darstellt.

*) Historisches über die Lumineszenz siehe [1, 2] (Literaturverzeichnis am Ende des Buches).

Eine vollständige und strenge Definition der Lumineszenz gab erst S. I. WAWILOW [5, 9, 10, 11]; er ergänzte die WIEDEMANNsche Definition durch das Kriterium der Dauer des Nachleuchtens.

Nach der Definition WAWILOWS ist die *Lumineszenz die zusätzliche, zur Temperaturstrahlung hinzutretende Strahlung eines Körpers von endlicher Dauer, die wesentlich größer als die Periode der Lichtschwingungen ist.*

In ihrem ersten Teil grenzt diese Definition die Temperaturstrahlung der Körper, die dem KIRCHHOFFschen Gesetz [12]

$$E_\lambda = A_\lambda E_\lambda^b = A_\lambda \frac{2\pi h c^2}{\lambda^5} \frac{1}{e^{\frac{hc}{kT\lambda}} - 1}, \tag{1, 1}$$

genügt, von der Vielfalt der Strahlungsarten außerhalb des thermischen Gleichgewichts ab, bei denen

$$E_\lambda > A_\lambda E_\lambda^b \tag{1, 2}$$

ist.

Der zweite Teil der Definition grenzt die Lumineszenz weiter gegen alle übrigen Arten von Strahlung außerhalb des thermischen Gleichgewichts (Lichtstreuung, Bremsstrahlung, TSCHERENKOW-Effekt usw.) ab, die praktisch trägheitslos sind (τ von der Größenordnung der Periode der Lichtschwingungen, $\sim 10^{-15}$ sec).

Die Definition der Lumineszenz durch ihre Dauer ist durchaus keine einfach methodische Angelegenheit, sondern dringt tief in das Wesen der Dinge ein. Von den fünf Merkmalen, die eine Strahlung kennzeichnen — Intensität, spektrale Zusammensetzung, Polarisation, Kohärenzeigenschaften und Dauer des Nachleuchtens —, unterscheidet sich die Lumineszenz nur hinsichtlich des letzten von den übrigen Arten der Strahlung außerhalb des thermischen Gleichgewichts. Hinsichtlich der Intensität stimmen all die vielfältigen Strahlungsarten außerhalb des thermischen Gleichgewichts überein und unterscheiden sich in ihr nur von der der Temperaturstrahlung, die nach dem KIRCHHOFFschen Gesetz erfolgt. Spektrale Umwandlungen und Inkohärenz beobachtet man nicht nur bei den Lumineszenzerscheinungen, sondern auch beim RAMAN- und COMPTON-Effekt. Umgekehrt treten bei der Lumineszenz einfacher verdünnter Gase in der Regel die Resonanzlinien auf, und bei der Anregung eines Atoms durch eine scharfe Linie ($\Delta\lambda_{\text{anr.}} \ll$ natürliche Breite der Emissionslinie) erfolgt die Resonanzfluoreszenz unter Wahrung der Kohärenzeigenschaften [13]. Bei den

Polarisationseigenschaften gibt es keinen allgemeinen Unterschied zwischen der Lumineszenz und den anderen Strahlungsarten. Ausschließlich in der Dauer des Nachleuchtens zeigt sich ein grundlegender Unterschied. Im Fall der Lumineszenz sind der Absorptions- und der Emissionsakt durch Zwischenprozesse und -zustände getrennt (labile und metastabile Zustände von Atomen und Molekülen, innerer Photoeffekt und Haften der Elektronen in den Kristallen usw.). Hierauf beruht die endliche Dauer der Lumineszenz, die die Periode der Lichtschwingungen um ein Vielfaches übertrifft. In allen anderen Fällen der Emission außerhalb des Gleichgewichts entsteht und verschwindet diese praktisch augenblicklich mit Einsetzen bzw. Aufhören der Erregung ($\tau < 10^{-14}$ sec). Alle diese Arten von Strahlung außerhalb des Gleichgewichts faßte Wawilow unter dem Namen „erzwungene Emission" zusammen. In der klassischen Interpretation ist die Lumineszenz als Emission mit Nachleuchten analog den Eigenschwingungen, während alle übrigen Arten der Emission außerhalb des Gleichgewichts den erzwungenen Schwingungen entsprechen, die mit der Beseitigung der äußeren Störung des Systems aufhören.

Infolge ihres Gleichgewichtscharakters, der die direkte Anwendung thermodynamischer Methoden möglich macht, ist die Temperaturstrahlung phänomenologisch die einfachste Art der Strahlung; aber auch nur phänomenologisch. Faßt man die Elementarvorgänge ins Auge, aus denen die Temperaturstrahlung besteht, so sieht man, daß diese entweder erzwungene (Streuung, negative Absorption usw.) oder Lumineszenzprozesse sind (Anregung durch Stöße oder schwarze Strahlung, Ionisation usw.). Bei bestimmter statistischer Verteilung der verschiedenen Prozesse, die sich im Gleichgewicht des Körpers mit der schwarzen Strahlung einstellt, sendet der Körper eine Temperaturstrahlung aus. Unter anderen Bedingungen emittiert er im allgemeinen eine Nichtgleichgewichtsstrahlung *). Aus dem Gesagten geht

*) Auch außerhalb des Gleichgewichts ist Emission einer Temperaturstrahlung möglich. Als Beispiel möge die Strahlung der Wolframspirale in Glühlampen oder auch die Strahlung irgendwelcher makroskopischer Körper dienen, deren Temperatur durch Wärmeleitung höher als die Temperatur des umgebenden Mediums gehalten wird. Die Tatsache, daß sich das System nicht im Gleichgewicht befindet, kommt hier darin zum Ausdruck, daß auf den strahlenden Körper keine schwarze Strahlung von der gleichen Temperatur auffällt. Überall innerhalb des Körpers jedoch, mit Ausnahme der Oberflächenschicht, die für das Gleichgewicht der abgegebenen Energie unwesentlich ist, entspricht die Strahlungsdichte dem Kirchhoffschen Gesetz, und zwar deshalb, weil für jedes Elementarvolumen die gesamte übrige Masse des Körpers ein isothermes

hervor, daß die Elementarprozesse, aus denen sich sowohl die Temperaturstrahlung als auch jede andere Emission außerhalb des Gleichgewichts zusammensetzt, immer dieselben sind. Der Unterschied besteht nur in der Statistik dieser Elementarprozesse, die in gewissen Fällen das Erfülltsein, in anderen eine Verletzung des Kirchhoffschen Gesetzes zur Folge hat.

Unter den Bedingungen der Temperaturstrahlung sind der Lumineszenzanteil und der erzwungene Anteil der Emission infolge der Trägheit der thermischen Anregung des Körpers experimentell nicht voneinander zu trennen. Um die momentanen Vorgänge von denen zu unterscheiden, die viel länger als 10^{-15} sec dauern, muß man die Anregung unterbrechen. Der Teil der Strahlung, der sofort verschwindet, ist den erzwungenen Elementarprozessen zuzuschreiben, das andauernde Leuchten den Lumineszenzprozessen. Es ist jedoch unmöglich, die thermische Anregung der Moleküle eines Körpers bei einer absoluten Temperatur oberhalb Null zu unterbinden, und folglich ist die experimentelle Trennung der Temperaturstrahlung in einen erzwungenen und einen Lumineszenzanteil praktisch undurchführbar. Deshalb wird als Lumineszenz nicht die gesamte Komponente der Strahlung bezeichnet, die auf den zeitlich andauernden Elementarprozessen beruht, sondern nur der Teil, der durch thermische Anregung hervorgerufen wird und in einer Emission besteht, die zu der Temperaturstrahlung noch hinzukommt.

Lumineszenz und erzwungene Emission, zwar phänomenologisch komplizierter als die Temperaturstrahlung, sind also mikroskopisch einfacher. Jede dieser Strahlungsarten stellt einen reinen Fall dar, während die Gleichgewichtsstrahlung ein kompliziertes Gemisch aus Lumineszenz- und erzwungenen Elementarprozessen ist. Die Trägheit der thermischen Anregung eines leuchtenden Körpers macht die Untersuchung der Natur der Elementarprozesse unter den Bedingungen der

---

Medium bildet. Deshalb stört die Tatsache, daß die äußeren Bedingungen nicht dem thermischen Gleichgewicht entsprechen, den Temperaturcharakter der Strahlung nicht. Abweichungen können nur dann eintreten, wenn auf den Körper von außen her eine heißere Strahlung auffällt. Verwandelt sich diese vom Körper absorbierte Strahlung in Wärme, so wird in diesem Fall die Temperaturstrahlung des Körpers praktisch nicht gestört. Spielt die Umwandlung der strahlenden Energie in andere Formen (Wärme, chemische Energie usw.) jedoch keine dominierende Rolle, so wird die Emission außerhalb des Gleichgewichts in der absorbierenden Schicht bei genügend intensiver Anregung so bedeutend, daß sie im Emissionsspektrum die Temperaturstrahlung der ganzen übrigen Masse des Körpers überwiegt.

Temperatur- (Gleichgewichts-)strahlung unmöglich. Außerhalb des Gleichgewichts jedoch, wo momentanes Ein- und Ausschalten der Erregung möglich sind, ergibt sich ein Weg zur Untersuchung der Elementarprozesse von Absorption und Emission. Die Messung des Zeitintervalls, das Absorption und Emission trennt, führt sofort zur Lösung der Frage nach der physikalischen Natur des Strahlungsvorganges. So konnte z.B. Wawilow [10, 14, 15] unmittelbar experimentell beweisen, daß die im Jahre 1928 entdeckte blaue Strahlung des Glyzerins und einer Reihe anderer Flüssigkeiten bei ultravioletter Erregung [16] durch Fremdbeimischungen gelöscht werden kann. Dadurch konnte er zeigen, daß die elementaren Strahlungsprozesse eine endliche Dauer besitzen ($\tau \gg 10^{-15}$ sec), so daß das angeregte Molekül imstande ist, seine Anregungsenergie auf die Moleküle der löschenden Substanz zu übertragen. Hieraus aber geht unmittelbar hervor, daß die fast universelle blaue Strahlung sehr vieler „reiner" Flüssigkeiten keine Streuung darstellt, wie man anfangs annahm [16], sondern vielmehr eine Lumineszenzerscheinung ist. Es wurde festgestellt [14], daß diese Lumineszenzerscheinung durch verschiedene organische Einmischungen hervorgerufen wird, die aus der umgebenden Luft herrühren.

Durch das Kriterium der Lebensdauer konnte Wawilow weiter feststellen [15], daß der Tscherenkow-Effekt [17] nicht zu den Lumineszenzerscheinungen gehört, noch bevor eine ins Einzelne gehende Theorie dieses Effektes existierte.

Die Wawilow-Wiedemannsche Definition der Lumineszenz ermöglicht, wie wir sehen, sowohl eine theoretische als auch eine unmittelbar experimentelle Abgrenzung der Strahlungen außerhalb des Gleichgewichts von der Temperaturstrahlung, sowie auch der Lumineszenz von den anderen Arten der Strahlung außerhalb des Gleichgewichts. Wir beschäftigen uns jetzt mit der Anwendung dieses Kriteriums auf das Problem der Kandolumineszenz, durch die dieses dunkle Erscheinungsgebiet wesentlich erhellt wurde.

§ 2: Die Kandolumineszenz

Schon im Jahre 1864 zeigten Tyndall [19] und Akin [20] im Zusammenhang mit der Diskussion und Kritik des Stokesschen Gesetzes [18], daß Körper, die in den Brennpunkt eines Konkavspiegels gebracht werden, der ein Bündel ultraroten Lichts auf sie konzentriert, sichtbares Licht aussenden. Tyndall und Akin sahen diese Erscheinung als Verletzung des Stokesschen Gesetzes über die Zunahme der

Wellenlänge bei der Lumineszenz an. Die Erscheinung selbst wurde als „Kalzeszenz" oder „Kaloreszenz" bezeichnet. Wir gehen hier noch nicht zur Diskussion über die Gültigkeitsgrenzen des STOKESschen Gesetzes über, sondern bemerken nur, daß das Beispiel von TYNDALL und AKIN keineswegs den Lumineszenzerscheinungen zuzurechnen ist. Die „Kalzeszenz" ist nichts anderes als eine Temperaturstrahlung des Körpers infolge Absorption des ultraroten Lichtes. Mit Hilfe der modernen Definition von WAWILOW-WIEDEMANN ist es nicht schwierig, die Lumineszenz eines Körpers, die durch irgendeine Strahlung erregt wird, von der Temperaturstrahlung, die infolge der Erhitzung dieses Körpers durch diese Strahlung entsteht, abzugrenzen.

Wesentlich komplizierter und undurchsichtiger ist die Sache bei der Kandolumineszenz [21, 22], d. h. bei der Nichttemperaturstrahlung von Körpern in Flammen. Einschlägig ist hier die Diskussion, die durch einen Vortrag von MINCHIN [23] auf der Oxforder Lumineszenz-Konferenz im Jahre 1938 angeregt wurde, sowie die zahlreichen Widersprüche in den Behauptungen einzelner Verfasser. So betrachtet z. B. die Mehrzahl der Autoren nach dem Vorgang von NICHOLS, HOWES und WILBER [22, 24] als Ursache der Kandolumineszenz die Oxydations-Reduktionsprozesse in der Flamme. Diese Deutung steht in scharfem Widerspruch zu der Feststellung von TIEDE und BUSHER [25], daß die Strahlung von Zinksulfid und Willemit in einer Flamme sich nicht ändert, wenn man zwischen Versuchskörper und Flamme eine dünne Quarzplatte bringt. Dadurch wird aber jede chemische Wechselwirkung zwischen Versuchskörper und Flamme unterbunden. Einige Autoren (siehe z. B. [21]) betonen die wesentliche Rolle des Aktivators in der Kandolumineszenz der Versuchskörper. Andere (z. B. [24]) sagen, daß Kandolumineszenz auch bei nichtaktivierten Proben zu beobachten sei, die unter gewöhnlichen Anregungsbedingungen nicht in der Lage sind zu lumineszieren.

Prinzipiell ist die Möglichkeit des Leuchtens von Körpern bei chemischen Prozessen in der Flamme nicht ausgeschlossen, ebensowenig aber auch ihre Erregung durch ultraviolettes Licht, das bei den Reaktionen in der Flamme selbst entsteht. In jedem Einzelfall, für jeden konkreten Stoff muß die Frage der Kandolumineszenzfähigkeit unmittelbar durch das Experiment geklärt werden. Der einzig mögliche Weg dazu bildet dann die Anwendung des WAWILOW-WIEDEMANNschen Kriteriums. Andere scheinbar eindeutige Merkmale, die zur

Kennzeichnung der Kandolumineszenz benutzt wurden, waren nur Anlässe zu zahlreichen wissenschaftlichen Irrtümern.

Eines dieser Kennzeichen besteht darin, daß die Helligkeit kandolumineszierender Körper die eines schwarzen Körpers in derselben Flamme bedeutend übertrifft. So behaupten z. B. NICHOLS, HOWES und WILBER [22], daß die Helligkeit von Nioboxyd im blauen Teil des Spektrums bei 560° C die entsprechende Intensität eines schwarzen Strahlers um das 85000fache übertrifft (als schwarzer Körper diente Uranoxyd). Nun ist bei $E_\lambda(T) > E_\lambda^b(T)$ bekanntlich das KIRCHHOFFsche Gesetz verletzt; dann ist $E_\lambda(T) > A_\lambda E_\lambda^b(T)$ (da $A_\lambda \leqq 1$), und das bedeutet, daß eine entsprechende Strahlung von Körpern in Flammen keine Temperaturstrahlung ist. So versuchte man das helle Leuchten der Glühstrümpfe im Auerbrenner als Kandolumineszenz zu deuten*). Später wurde jedoch gezeigt [27, 28], daß die ungewöhnliche Helligkeit der Auerschen Glühstrümpfe ausschließlich auf ihrem Emissionsvermögen beruht. Der Auerglühstrumpf, der im ultraroten Gebiet des Spektrums wesentlich weniger Energie emittiert als ein schwarzer Körper, hat in der Flamme eine bedeutend höhere Temperatur als ein schwarzer Körper bei denselben Bedingungen. Daher entsprechen die Helligkeiten eines Glühstrumpfes und eines schwarzen Körpers, die sich in derselben Flamme befinden, verschiedenen Temperaturen. Die Temperatur des Glühstrumpfs T_1 ist höher als die Temperatur des schwarzen Körpers T_2. Da aber im sichtbaren Gebiet das Absorptionsvermögen des Glühstrumpfs nahezu 1 ist, ist $E_\lambda(T_1) \approx E_\lambda^b(T_1) > E_\lambda^b(T_2)$. Offenbar kann darauf die erhöhte Helligkeit jedes selektiven Strahlers in der Flamme beruhen, und die Beziehung $E_\lambda > E_\lambda^b$ kann nicht als zuverlässiges Merkmal für die Kandolumineszenz angesehen werden, solange nicht durch unmittelbare Messungen Temperaturgleichheit von untersuchtem und schwarzem Körper festgestellt wurde.

Ebenso unzuverlässig als Merkmal für die Lumineszenz ist die bei einigen Körpern beobachtete ungewöhnliche Farbe der Strahlung (z. B. hellblau) bei verhältnismäßig niedrigen Temperaturen. Dies zeigen die Versuche von W. M. KUDRJAWZEWA und G. I. SINJAPKINA [29] besonders anschaulich. Sie erhitzten ein Probierglas mit Zinkoxydpulver im Muffelofen auf 800 bis 900° C und beobachteten ein helles, blaues Leuchten. Ähnliche Ergebnisse erhielten sie mit ZnS und TiO_2 [30]. Offenbar ist außerhalb des Kontaktes mit der Flamme bei Erhitzung durch Wärmeleitung die Möglichkeit einer Nichttemperatur-

*) Über den Bau der Auerbrenner vgl. z. B. [26].

strahlung, d. h. einer Verletzung des KIRCHHOFFschen Gesetzes ausgeschlossen. Wenn es wirklich einen Körper mit derartigen Eigenschaften gäbe, so würde der Strahlungsaustausch zwischen ihm und einem normal emittierenden Körper zu einer Verletzung des zweiten Hauptsatzes der Thermodynamik führen: es gäbe dann ein perpetuum mobile zweiter Art. Der Grund für die ungewöhnliche blaue Lumineszenzstrahlung von ZnO, ZnS und TiO_2 bei 800 bis 900° C (wo sonst gewöhnlich kirschrote Glut herrscht) liegt im spezifischen Charakter der Absorptionsspektren dieser Stoffe. W. M. KUDRJAWZEWA und G. I. SINJAPKINA zeigten (vgl. auch [31]), daß bei diesen Temperaturen das Absorptionsvermögen von ZnO, ZnS und TiO_2 für $\lambda \leq 460 m\mu$ nahezu 1 ist und beim Übergang zu höheren Wellenlängen schnell abfällt. Infolgedessen absorbieren erwähnte Pulver im ultravioletten und blauen Teil des Spektrums wie ein schwarzer Körper, im langwelligen wie ein grauer Körper; dasselbe gilt auch für ihre Temperaturstrahlung. Die entsprechenden theoretischen Kurven für die Absorption A_λ und die Emission E_λ sind in Abb. 1 dargestellt. Die Emissionskurven wurden nach der KIRCHHOFFschen Formel (1, 1) für ein A_λ nach Art der Abb. 1 oben berechnet. Dadurch erhalten die Kurven für das Temperaturemissionsvermögen von Körpern, die eine plötzlich abfallende Absorptionsbande besitzen, ein zusätzliches Maximum (vgl. die Kurve E_λ in Abb. 1). Aus diesem Grunde weisen ZnO, ZnS und TiO_2 bei 800 bis 900° C das erwähnte blaue Leuchten auf. Die experimentellen Kurven für A_λ und E_λ sind in Abb. 2 dargestellt.

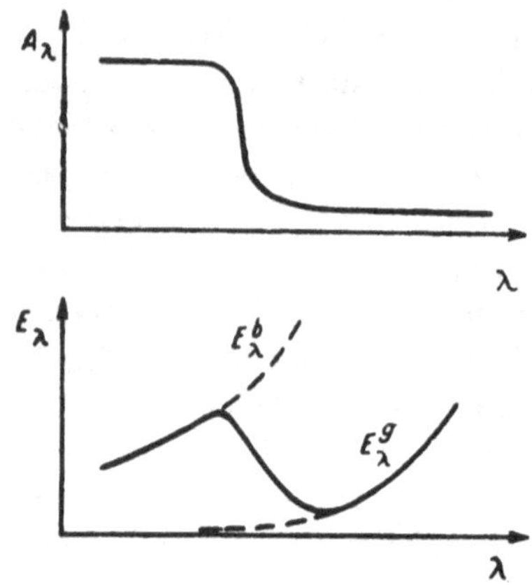

Abb. 1. Zur Erläuterung der Besonderheiten der Temperaturstrahlung von Körpern mit einer plötzlich abfallenden Absorptionsbande. Das Emissionsvermögen $E_\lambda = A_\lambda E^b_\lambda$ solcher Körper stimmt im kurzwelligen Teil des Spektrums mit dem Emissionsvermögen des schwarzen Körpers überein (Kurve E^b_λ), im langwelligen mit dem Emissionsvermögen eines grauen Körpers (Kurve E^g_λ). Infolgedessen bildet sich ein Maximum in der Temperaturstrahlungskurve aus.

Nimmt man $\ln E_\lambda + 5 \ln \lambda$ und $1/\lambda$ als Koordinaten, so liegen die Meßergebnisse von W. M. KUDRJAWZEWA und G. I. SINJAPKINA auf der

Graden

$$\lg E_\lambda + 5 \lg \lambda = \lg A_\lambda + \lg C_1 - \frac{C_2}{T} \frac{1}{\lambda} \qquad (2, 1)$$

(Abb. 3), was genaue Gültigkeit des KIRCHHOFFschen Gesetzes bedeutet*). Wir betonen nochmals, daß, wenn die Erwärmung durch Wärmeleitung erfolgt, dieses Ergebnis thermodynamisch zwangsläufig ist. Seine Verletzung würde im Widerspruch zum zweiten Hauptsatz stehen.

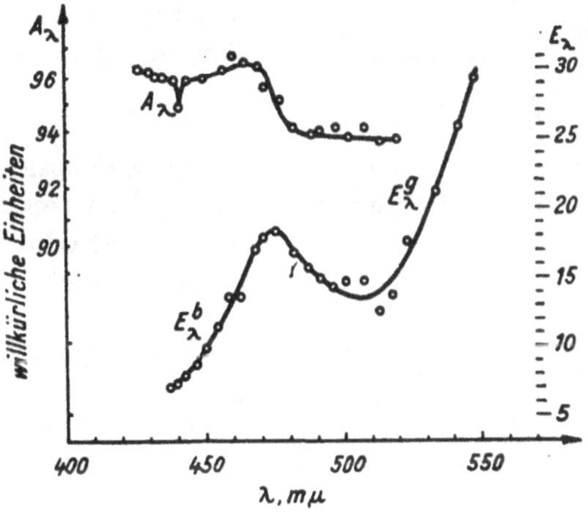

Abb. 2. Absorption (Kurve A_λ) und Temperaturstrahlung (Kurve E_λ) von TiO_2 bei 800° C (nach W. M. KUDRJAWZEWA und G. I. SINJAPKINA).

Die Ähnlichkeit der Strahlungen von ZnO, ZnS und TiO_2 unter Bedingungen, die bekanntlich die Möglichkeit einer Lumineszenz ausschließen, mit der Strahlung dieser pulverförmigen Stoffe in einer Flamme rechtfertigt die Annahme, daß letztere Strahlung auf derselben Ursache beruht und ebenfalls keine Lumineszenz darstellt. In Fortführung dieser Untersuchungen und unter Anwendung des Kriteriums von WAWILOW-WIEDEMANN auf die Strahlung des ZnO in verschiedenen Flammen (Benzinbrenner, Leuchtgas und Gemische von Leuchtgas und Wasserstoff) sowie auf das Spektrum der Verbrennung von Zink in Sauerstoff konnte W. A. SOKOLOW [32] auch in diesen Fällen die genaue Gültigkeit des KIRCHHOFFschen Gesetzes nach-

*) (2,1) ist äquivalent (1,1) für $h\nu \gg kT$. Diese Bedingung ist bekanntlich im gesamten sichtbaren Spektrum erfüllt.

weisen. Man kann also als bewiesen erachten, daß ZnO nicht kandolumineszierl, sondern daß die anomale Farbe seiner Temperaturstrahlung auf Besonderheiten seines Absorptionsspektrums beruht, nämlich einer schwarzen Absorption für $\lambda < 460$ mμ und einer grauen Absorption bei höheren Wellenlängen. Die Übereinstimmung der Emissionsspektren bei der Erhitzung von ZnO durch Wärmeleitung, bei der Einwirkung einer Flamme auf das ZnO und bei der Verbrennung von Zinkpulver in Sauerstoff zeigt, daß die beobachtete Strahlung nicht das unmittelbare Ergebnis chemischer Reaktionen ist, sondern von den beim Verbrennen ins Glühen geratenden Zinkoxydteilchen herrührt. Die Versuche SOKOLOWS mit CaO und MgO führten zum gleichen Ergebnis.

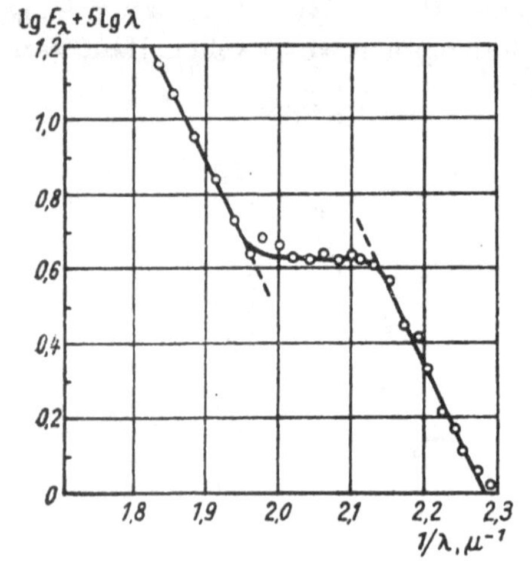

Abb. 3. Abhängigkeit der Größe ln $E_\lambda + 5 \ln \lambda$ von $1/\lambda$ für die Temperaturstrahlung von TiO_2 bei 800° C. Die theoretischen Geraden stellen das KIRCHHOFFsche Gesetz dar (nach KUDRJAWZEWA und SINJAPKINA).

Zu den Stoffen, denen man bisher die Fähigkeit der Kandolumineszenz zuschrieb, gehören ZnO, ZnS, TiO_2, CaO und MgO [21, 22, 23]. Die Ergebnisse von KUDRJAWZEWA, SINJAPKINA und SOKOLOW zwangen uns aber, an der Kandolumineszenzfähigkeit auch der übrigen Körper zu zweifeln. Neue quantitative experimentelle Untersuchungen der Strahlung dieser Körper in Flammen auf Grund der allgemeinen Definition der Lumineszenz von WAWILOW und WIEDEMANN werden dadurch erforderlich. Die Arbeiten von KUDRJAWZEWA, SINJAPKINA und SOKOLOW zeugen von der Fruchtbarkeit dieses Weges, der in jedem Fall zu einer bestimmten, eindeutigen Antwort führt. Seine Bedeutung ist besonders groß im Hinblick auf die jahrelangen Irrtümer und Fehler, die schon traditionell geworden sind.

§ 3: Die Gesetze der spektralen Umwandlung des Lichtes

Die Gesetze der spektralen Umwandlung des Lichtes, genauer gesagt: die Gesetze der Umwandlung der Erregungsenergie in Lumineszenzenergie, sind die einzigen universellen Gesetzmäßigkeiten der Lumineszenzerscheinungen, gültig für alle Luminophore in beliebigem Aggregatzustande. In diesem Sinne wurden diese Gesetze auch während der gesamten wissenschaftlichen Erforschung der Lumineszenz seit den Arbeiten von STOKES [18] und E. BECQUEREL [33] aufgefaßt. Auf der Fähigkeit zur Umwandlung verschiedener elektromagnetischer und korpuskularer Strahlungen in sichtbares Licht beruhen alle praktischen Anwendungen der Luminophore. In den Lumineszenzlampen [34] wird diese Umwandlung unsichtbaren Lichtes in sichtbares unmittelbar zur Beleuchtung verwendet. Lumineszenzschirme [35], die die visuelle Beobachtung von RÖNTGEN-, Radium-, ultravioletten, ultraroten und anderen Strahlen vermitteln, gaben dem Auge die Möglichkeit, auf große Entfernungen und durch undurchsichtige Gegenstände hindurch zu sehen, gestatteten diejenigen elementaren Kernprozesse zu beobachten, die von Korpuskular- und γ-Strahlung begleitet sind, erweiterten die Grenzen der Mikroskopie *). Dank dieser Eigenschaften fanden die Luminophore weitgehend Verwendung in der Funkpeilung und im Fernsehen, in der RÖNTGEN-Analyse, in der Kernphysik, in der Elektronen- und Ultraviolettmikroskopie und anderen Gebieten von Wissenschaft und Technik. Eben diese Fähigkeit lumineszierender Körper zur spektralen Umwandlung des Lichtes liegt auch den Lumineszenzmethoden der chemischen Analyse zugrunde [37].

STOKES [18] formulierte als erster ein Gesetz der spektralen Umwandlung des Lichtes durch die Aussage, daß der Lumineszenzprozeß notwendig mit einer Vergrößerung der Wellenlänge verbunden ist:

$$\lambda_{\mathrm{lum}} \geqq \lambda_{\mathrm{err}} \qquad (3, 1)$$

Das STOKESsche Gesetz, das durch ein umfangreiches experimentelles Material bestätigt ist, wird trotzdem nicht selten verletzt [38, 39]. Die klassischen Überlegungen, die zur Begründung des STOKESschen Gesetzes angestellt wurden, haben nur noch ein historisches Interesse. Der physikalische Inhalt des STOKESschen Gesetzes wurde von EINSTEIN [40] an Hand der einfachsten Vorstellungen der Quantentheorie des Lichtes aufgedeckt. Die Verringerung der Frequenz des Lichtes bedeutet offenbar, daß beim Lumineszenzvorgang nur ein Teil der vom Luminophor absorbierten Energie wieder ausgestrahlt wird

*) Über einen neuen Zweig der Mikroskopie, die sich auf die Lumineszenzerscheinungen stützt, vgl. die Arbeiten von J. M. BRUMBERG [36].

($h\nu_{\text{lum}} < h\nu_{\text{err}}$). Mit anderen Worten besagt das STOKESsche Gesetz, daß bei jedem Elementarprozeß der Lumineszenz sich ein Teil der erregenden Strahlungsenergie notwendigerweise in innere Energie des lumineszierenden Körpers umwandelt. Eine Verletzung des STOKESschen Gesetzes weist umgekehrt auf die Möglichkeit einer Überführung von innerer (Wärme-)Energie des Körpers in Energie der Lumineszenzstrahlung hin. Sobald man also vom Standpunkt der Quantentheorie aus an das STOKESsche Gesetz herangeht, wird notwendigerweise auf seine energetische Bedeutung hingewiesen.

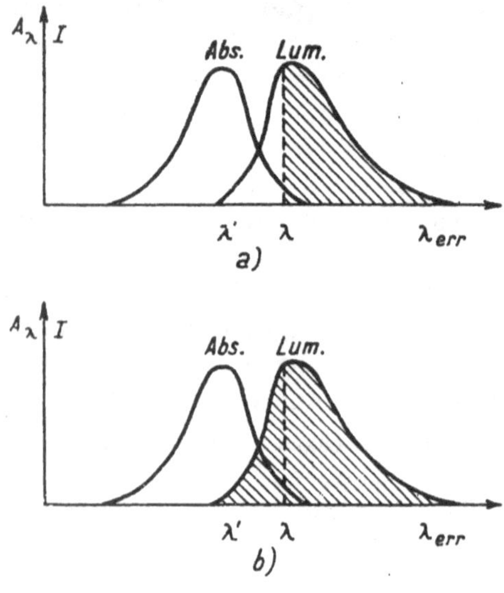

Abb. 4.
Zu den Gesetzen von STOKES und LOMMEL: *a* Luminophor, der der STOKESschen Regel gehorcht. Bei Erregung durch Licht mit $\lambda < \lambda'$ wird der gesamte Lumineszenzstreifen emittiert. Bei Erregung durch $\lambda > \lambda'$ wird nur der längerwellige Teil der Lumineszenzbande ausgesandt (gestrichelt). *b* ein Luminophor, der nicht der STOKESschen Regel gehorcht. Sowohl $\lambda > \lambda'$ als auch $\lambda < \lambda'$ erzeugen eine Emission der gesamten Lumineszenzbande. Bei Erregung durch Licht mit einer Wellenlänge $\lambda > \lambda'$ enthält der Lumineszenzstreifen einen anti-STOKESschen Anteil. Die LOMMELsche Regel ist in beiden Fällen erfüllt.

LOMMEL [41] machte dann darauf aufmerksam, daß das STOKESsche Gesetz keine allgemeine Gültigkeit besitzt, da es ja viele Ausnahmen zuläßt; er stellte eine erweiterte Form des Gesetzes der spektralen Umwandlung des Lichtes auf. Widersprach der anfänglichen Formulierung von STOKES jede Emission von Lumineszenzlicht mit geringerer Wellenlänge als der des erregenden Lichtes *), so schließt die LOMMELsche Regel eine solche Möglichkeit nicht aus. Nach ihr ist die Lumineszenzbande als Ganzes und damit auch sein Intensitäts-

*) Wird ein Luminophor, der der STOKESschen Regel gehorcht, durch eine in die Lumineszenzbande fallende Linie erregt, so enthält das Lumineszenzspektrum nur längere Wellen, während die Wellenlängen kleiner λ_{err} nicht auftreten.

maximum stets gegenüber der Absorptionsbande und seinem Maximum nach der roten Seite des Spektrums hin verschoben (Abb. 4). Im Gegensatz zur Stokesschen gilt die Lommelsche Regel nicht für den einzelnen Elementarprozeß, sondern nur für die Emission als Ganzes, die sich aus vielen Elementarakten der Absorption und Emission zusammensetzt. Für Farbstofflösungen stellte W. L. Ljowschin [42] Spiegelsymmetrie des Absorptions- und des Lumineszenzstreifens fest (Abb. 5). Wie die Versuche von N. Prileshajewa [45] bewiesen, zeigt

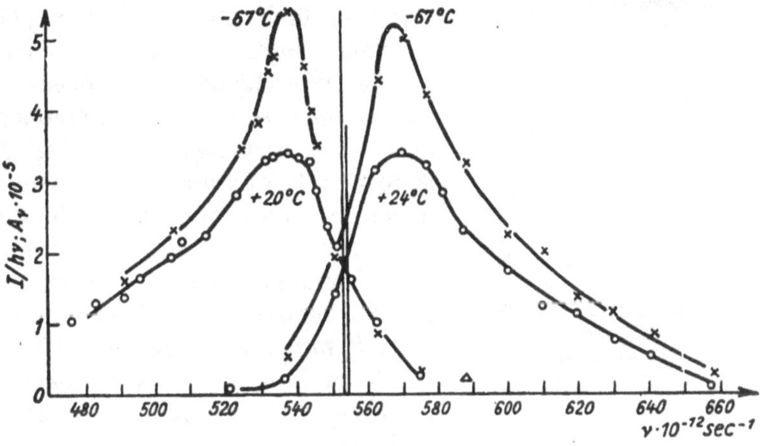

Abb. 5. Spiegelbildlichkeit der Absorptions- und der Lumineszenzbande von Rhodamin 6G (nach W. L. Ljowschin).

auch die Lommelsche Regel manchmal Ausnahmen und kann folglich auch nicht als allgemein gelten (Abb. 6, S. 14).

S. I. Wawilow [44—46, 5, 47, 10] gab die moderne Formulierung des Gesetzes der spektralen Umwandlung des Lichtes in Form zweier Thesen.

1. Die energetische Ausbeute der Lumineszenz kann nicht größer als 1 sein.

$$\varrho \leqq 1 \qquad (3, 2)$$

2. Bei anti-Stokesscher Erregung, d. h. bei $\nu_{err} < \bar{\nu}$, wobei $\bar{\nu}$ der Mittelwert der Frequenzen der Emissionsbande ist, muß die Energieausbeute der Photolumineszenz mit zunehmender Differenz $\bar{\nu} - \nu_{err}$ abnehmen, und zwar um so schneller, je tiefer die Temperatur des Körpers ist.

Zum Beweis des ersten Gesetzes gab WAWILOW ideale thermodynamische Kreisprozesse an, mit Hilfe derer er zeigte, daß eine Energieausbeute der Lumineszenz größer als 1 zu einem Widerspruch zu den Hauptsätzen der Thermodynamik führt.

Wir betrachten jetzt einen solchen Kreisprozeß, den S. I. WAWILOW in seiner Erwiderung [47] auf den Einwand PRINGSHEIMS [48] u. a. zur Beweisführung benutzte.

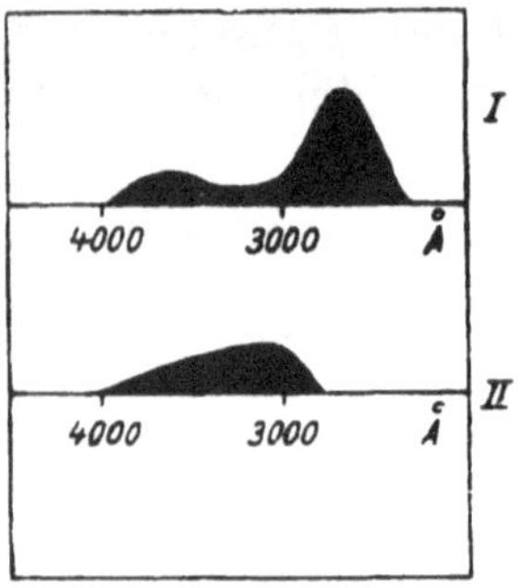

Abb. 6. Absorptionsbande (I) und Lumineszenzbande (II) von Anilindampf. Die gesamte ultraviolette Emissionsbande des Anilins mit einem Maximum bei 300 mμ kann innerhalb der Absorptionsbande mit ihrem Maximum bei 370 mμ angeregt werden (nach N. PRILESHAJEWA)

In einem Gefäß mit spiegelnden Wänden befinden sich zwei Luminophore. Wir nehmen an, daß einer davon monochromatisches Licht der Frequenz ν in monochromatisches Licht der Frequenz ν' umwandelt, und zwar mit einer Ausbeute $\varrho_1 > 1$, während der andere die umgekehrte spektrale Umwandlung mit einer Ausbeute $\varrho_2 = 1/\varrho_1 < 1$ vornimmt. Die Luminophore stehen in Verbindung mit Wärmereservoiren, deren Temperaturen T_1 bzw. T_2 betragen, wobei $T_1 \leq T_2$ sei. Jeder Luminophor kann nach Belieben gegen die Strahlung geöffnet oder geschlossen werden, und zwar durch einen spiegelnden Schieber, dessen Verschiebung senkrecht zur Normalen erfolgt und infolgedessen keine Arbeit gegen den Lichtdruck leistet. Am einfachsten stellt man sich vor, daß die Luminophore innen auf den Grundflächen eines zylindrischen spiegelnden Hohlraums angebracht sind (s. Abb. 7).

Abb. 7. Zum Beweis der Unmöglichkeit von $\varrho > 1$

Es seien jetzt beide Schieber geschlossen, im Gefäß befinde sich eine monochromatische Strahlung der Frequenz ν. Wir öffnen den ersten Luminophor. Das führt zur Absorption von Licht der Frequenz ν und zur Emission von Licht der Frequenz ν', wobei die Strahlungsenergie in unserem Zylinder sich vergrößert:

$$\varepsilon \rightarrow \varrho_1 \varepsilon > \varepsilon . \tag{3, 3}$$

Wir schließen nun den ersten Schieber und führen jetzt genau dasselbe mit dem zweiten Luminophor durch. Dadurch gelangt die vorher im Gefäß vorhandene Strahlungsmenge der Frequenz ν und der Energie ε wieder dorthin zurück

$$\varrho_1\varepsilon \rightarrow \varrho_2\varrho_1\varepsilon = \varepsilon\,. \tag{3, 4}$$

Das einzige Ergebnis unseres Kreisprozesses ist der Übergang der Energie $(\varrho_1-1)\,\varepsilon$ von dem Reservoir mit der Temperatur T_1 auf das Reservoir mit der Temperatur $T_2 \geqq T_1$, was dem zweiten Hauptsatz der Thermodynamik widerspricht. Damit ist bewiesen, daß die Energieausbeute der Photolumineszenz nie größer als 1 sein kann.

Einen äquivalenten Beweis für die Unmöglichkeit von $\varrho > 1$ gab L. D. LANDAU [49]. Er zeigte, daß die Entropie einer monochromatischen Strahlung gleich Null ist, und daß folglich die Änderung der gesamten Entropie bei der Umwandlung monochromatischen Lichtes einer Frequenz in solches einer anderen Frequenz nur in der Änderung der Entropie des Luminophors besteht.

$$dS = \frac{dQ}{T} = \frac{I_{abs} - I_{Lum}}{T}\,. \tag{3, 5}$$

Hier ist I_{abs} die Intensität des absorbierten Lichtes, I_{Lum} die Intensität der Lumineszenzstrahlung. Da $dS \geqq 0$, ist

$$\varrho = \frac{I_{Lum}}{I_{abs}} \leqq 1\,. \tag{3, 6}$$

Das erste WAWILOWsche Gesetz folgt also unmittelbar aus den allgemeinen Grundlagen der Thermodynamik. Wesentlich ist, daß in seinen Beweis die ν und ν' nicht eingehen, d. h. daß die Bedingung $\varrho \leqq 1$ erfüllt sein muß, ganz unabhängig davon, wie der Zusammenhang zwischen den Frequenzen des absorbierten und des emittierten Lichtes ist.

Die reine Thermodynamik führt bei Anwendung auf die Lumineszenzerscheinungen nur auf die einschränkende Bedingung $\varrho \leqq 1$ für die Energieausbeute bei beliebigen Frequenzen des erregenden und des emittierten Lichtes (dies Ergebnis kann auch auf den Fall nichtoptischer Erregung der Lumineszenz verallgemeinert werden). Eine Verknüpfung der thermodynamischen Behandlung des Lumineszenzvorganges als Ganzes mit den Quantengesetzen der Elementarakte der Absorption und Emission führte WAWILOW zur Entdeckung der spektralen Abhängigkeit der Lumineszenzausbeute. Am einfachsten ist sie für Luminophore einzusehen, bei denen die spektrale Zusammensetzung der Lumineszenz in weiten Grenzen unabhängig von der Frequenz des erregenden Lichtes ist (Fluorescein, Eosin, Magdalarot u.a.). Bezeichnet man mit $w(\nu', \nu)$ die Emissionswahrscheinlichkeit für ein Quant $h\nu$ bei Absorption eines Quants $h\nu'$, so ist definitionsgemäß die Energieausbeute gleich *)

$$\varrho = \frac{h \int \nu\, w(\nu', \nu)\, d\nu}{h\nu'} = \frac{\bar{\nu}}{\nu'} . \qquad (3, 7)$$

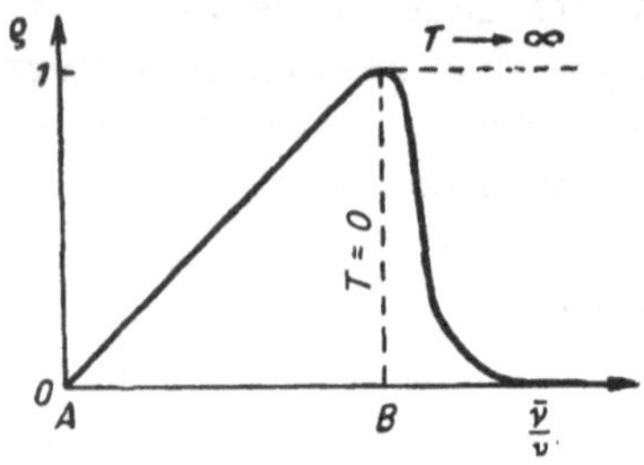

Abb. 8. Theoretische Abhängigkeit der Energieausbeute der Lumineszenz von $\bar{\nu}/\nu'$. Bei $\bar{\nu}$ = const. ist $\bar{\nu}/\nu' \approx \lambda_{err}$ (nach Wawilow)

Hier ist $\bar{\nu}$ der Mittelwert der Frequenzen in der Lumineszenzbande. Hängt $w(\nu', \nu) = w(\nu)$ nicht von der Frequenz des erregenden Lichtes ab, wie das für die betrachtete Klasse von Luminophoren der Fall ist, so ist $\bar{\nu}$ = const. In diesem Fall ist

$$\varrho \sim \frac{1}{\nu'} \sim \lambda_{err} \qquad (3, 8)$$

d. h. die Energieausbeute ist eine lineare Funktion der Wellenlänge des erregenden Lichtes (Abschnitt AB in Abb. 8).

Im Jahre 1927 führte Wawilow [50] die ersten Messungen der Ausbeute der Lumineszenz in einem großen Wellenlängenintervall für das

---

*) Der Mittelwert der Frequenzen im Emissionsspektrum (der „Schwerpunkt" der Lumineszenzbande) ist definiert als

$$\bar{\nu} = \frac{\int \nu w(\nu', \nu)\, d\nu}{\int w(\nu', \nu)\, d\nu} . \qquad (3, 7a)$$

Folglich kann man die Energieausbeute nur dann in ihrer einfachsten Form (3, 7) schreiben, wenn die Quantenausbeute

$$\varrho_{qu} = \int w(\nu', \nu)\, d\nu \qquad (3, 7b)$$

gleich 1 ist. Bei $\varrho_{qu} \neq 1$ unterscheidet sich der Ausdruck für die Energieausbeute von (3, 7) durch den konstanten Faktor ϱ_{qu}

$$\varrho = \varrho_{qu} \frac{\bar{\nu}}{\nu'} , \qquad (3, 7c)$$

wodurch die lineare Abhängigkeit zwischen ϱ und λ_{err} für Luminophore mit konstantem Lumineszenzspektrum nicht gestört wird.

erregende Licht durch*) (von 254 mμ bis 546 mμ). Als Meßobjekt diente Fluorescein. Auf der Abb. 9, die die Ergebnisse von WAWILOW wiedergibt, ist der lineare Verlauf mit $\varrho \sim \lambda_{\text{err}}$ bei kurzwelliger Erregung deutlich zu sehen, der die Gültigkeit unserer theoretischen Annahmen bestätigt. Beim Übergang zur anti-STOKESschen Erregung ($\nu' < \bar{\nu}$) tritt dann ein schneller Abfall der Lumineszenzausbeute ein.

Die Gültigkeit der Beziehung (3, 8) bedeutet die Konstanz der Quantenausbeute der Lumineszenz für Stoffe, deren Emissionsspektrum nicht von der erregenden Frequenz abhängt. Kurz nach den Messungen von WAWILOW wurde die Gültigkeit von (3, 8) von HARRISON und LEIGHTON [52] für fluoreszierendes Erdöl bestätigt, ferner ebenso von W. A. FABRIKANT [53] für das Fluorescein, Äsculin und Chinin und von S. S. SOLOMIN [54] für 17 fluoreszierende Lösungen, sowie auch von anderen Autoren.

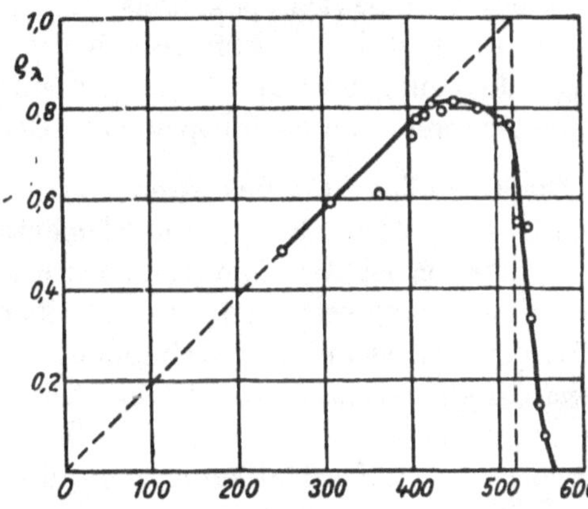

Abb. 9. Energieausbeute der Lumineszenz des Fluoresceins in Abhängigkeit von der Wellenlänge des erregenden Lichtes (nach WAWILOW).

Bei konstanter Quantenausbeute bleibt der Ausdruck (3, 7) auch dann noch gültig, wenn das Lumineszenzspektrum von der Wellenlänge des erregenden Lichtes abhängt. Dabei ist jedoch $\bar{\nu}$ nicht mehr konstant, sondern hängt von ν' ab, und die einfache lineare Abhängigkeit zwischen ϱ und λ_{err} gilt nicht mehr.

Bei $\nu' = \bar{\nu}$ (oder $\nu' = \varrho_{\text{qu}} \bar{\nu}$, falls $\varrho_{\text{qu}} \neq 1$) wird die Energieausbeute gleich 1. Der Vergleich von (3, 7 und 3, 2), d. h. eine Vereinigung der Forderungen der Thermodynamik mit den Quantenbedingungen der Absorption und der Emission zeigt, daß bei anti-STOKESscher Erregung ($\nu' < \bar{\nu}$) die Formel (3, 7) und folglich auch die Annahme über die

*) Die damals vorhandenen Ergebnisse von NICHOLS und MERRITT [51] und die vorbereitenden Messungen von WAWILOW selbst [44] bezogen sich nur auf ein zu enges Spektralintervall für die Erregung und ließen keinen bestimmten Schluß über die Linearität der Funktion ϱ (λ_{err}) zu.

Konstanz der Quantenausbeute der Lumineszenz nicht mehr gültig sein können.

Die formale Thermodynamik, deren Ergebnis die Ungleichung (3, 2) ist, läßt keinen Schluß daraufhin zu, ob bei $\nu' < \bar{\nu}$ die Energieausbeute abnimmt oder ihren maximal möglichen Wert, nämlich 1, beibehält. Wawilow zog die statistische Thermodynamik heran und sprach mit ihrer Hilfe das zweite Gesetz der spektralen Umwandlung des Lichtes aus, das Gesetz über den Abfall von ϱ im anti-Stokesschen Gebiet des Lumineszenzspektrums. Eine experimentelle Bestätigung dieses Gesetzes stellt der Abfall der Kurve von Abb. 9 im Gebiet langwelliger Erregung dar; Bestätigungen sind ferner die Meßergebnisse anderer Autoren, von denen später die Rede sein wird.

Die Grundlage für das zweite Wawilowsche Gesetz bilden folgende Überlegungen. Bei jedem Elementarprozeß einer anti-Stokesschen Emission ist die Energieausbeute $\varrho = \nu/\nu'$ größer als 1. Jeder dieser Elementarprozesse ist also mit einer Umwandlung von Wärme in Lumineszenzstrahlung verbunden, trägt mit anderen Worten Schwankungscharakter. Die Wahrscheinlichkeit für solche Schwankungen ist um so kleiner, je größer die Energiedifferenz ist, genauer, je größer diese Energiedifferenz gegenüber kT ist. Das schnelle Absinken der Schwankungswahrscheinlichkeit bei wachsender Energiedifferenz bedingt einen Abfall der Energieausbeute der Photolumineszenz bei anti-Stokesscher Erregung, der auch durch die verhältnismäßig langsame Zunahme der bei den einzelnen Umwandlungsakten emittierten Energie nicht kompensiert werden kann, da diese Zunahme zu langsam erfolgt.

In Abb. 8 ist rechts vom Punkt B der theoretische Verlauf von ϱ im anti-Stokesschen Gebiet nach dem zweiten Wawilowschen Gesetz dargestellt. Bei gegebenem ν' muß die Ausbeute $\varrho(\nu', \nu)$ bei einer Frequenz ν um so kleiner sein, je größer das Verhältnis $\frac{h(\nu-\nu')}{kT}$ ist, d.h. je tiefer die Temperatur ist. Das bedeutet, daß bei hinreichend tiefen Temperaturen alle Wellenlängen im Lumineszenzspektrum größer sein müssen als die Wellenlänge des erregenden Lichtes. Mit anderen Worten folgt das Stokessche Gesetz in seiner ursprünglichen Form, nämlich die notwendige Vergrößerung der Wellenlänge bei der Lumineszenz, aus dem zweiten Wawilowschen Gesetz für den Grenzfall $T \to 0$.

Ebenso wie die Konstanz der Quantenausbeute der Lumineszenz in dem Gebiet, wo sie der Bedingung $\varrho \leqq 1$ nicht widerspricht, ist auch der Abfall der Energieausbeute bei langwelliger Erregung für die verschiedensten Luminophore weitgehend experimentell bestätigt worden [54, 55, 56]. Umfangreiche Untersuchungen der Lumineszenzausbeute von organischen Stoffen, Uranylverbindungen, Kristallphosphoren (ZnS, ZnS · CdS, Zn_2SiO_4) und Wasserdampf bei kurzwelliger und langwelliger Erregung wurden von M. N. Alenzew durchgeführt [57, 58]. In allen Fällen, in denen eine anti-Stokessche Lumineszenz nachgewiesen werden konnte, wurde ein schnelles Absinken der Energieausbeute mit zunehmendem λ_{err} festgestellt (Abb. 10, 11, 12*). Bei den kompliziertesten Objekten, den Kristallphosphoren und teilweise auch den Lösungen von Uranylsalzen, beobachtete man eine Verschiebung des Beginns des Abfalls der Energieausbeute von $\bar{\nu}$ zur violetten Seite des Spektrums hin.

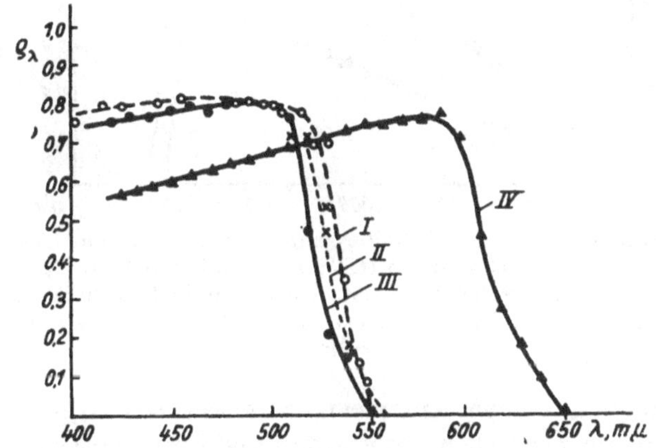

Abb. 10. Abhängigkeit der Lumineszenzausbeute von der Wellenlänge des erregenden Lichtes. I: Fluorescein in Wasser (S. I. Wawilow); II: Fluorescein in Wasser (A. Jablonski); III: Fluorescein in Wasser (M. N. Alenzew); IV: Rhodamin B in Glyzerin (M. N. Alenzew)

Auf die zu Beginn des Paragraphen formulierten beiden Gesetzen der spektralen Umwandlung des Lichtes zurückkommend, sehen wir, daß das erste dieser beiden eine notwendige Forderung bildet, welche

*) Im Wasserdampf konnte man nur die Konstanz der Quantenausbeute bei Stokesscher Erregung nachweisen, da die Absorption längerer Wellen in Wasserdampf verschwindend gering ist.

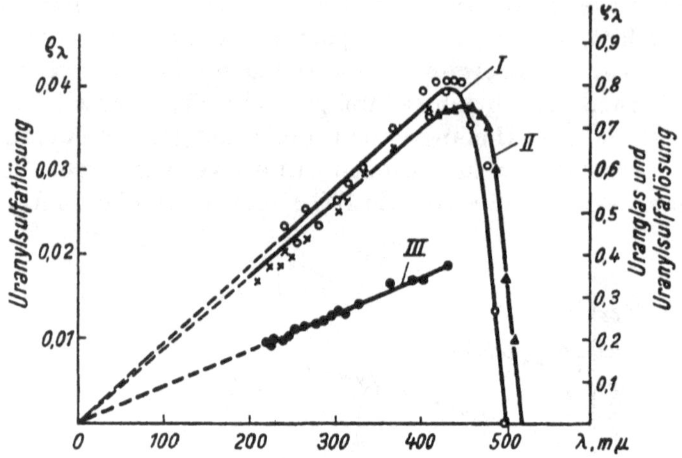

Abb. 11. Energieausbeute der Lumineszenz einer Lösung von Uranylsulfat in Schwefelsäure (I), eines Uranglases (II) und kristallinen Uranylsulfats (III) in Abhängigkeit von der Wellenlänge des erregenden Lichtes (nach M. N. ALENZEW) (Ordinate links: Uranylsulfatlösung; Ordinate rechts: Uranglas und Uranylsulfatpulver)

die Thermodynamik dem Lumineszenzvorgang auferlegt, unabhängig von der Beziehung zwischen Absorptions- und Emissionsspektrum. Die Gesetze der Quantenoptik andererseits führen auf die spektrale Abhängigkeit der Lumineszenzausbeute. Bei STOKESscher Erregung lassen diese Gesetze eine Proportionalität zwischen ϱ und λ_{err} erwarten,

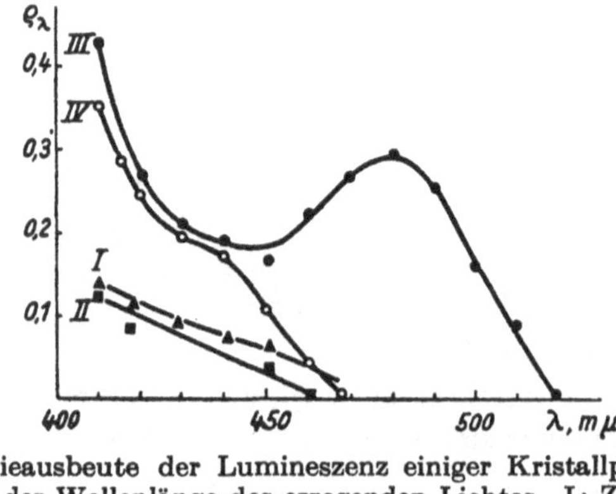

Abb. 12. Energieausbeute der Lumineszenz einiger Kristallphosphore in Abhängigkeit von der Wellenlänge des erregenden Lichtes. I: ZnS · CuCo (10^{-4} g Cu/g); II: ZnS · CuCo (10^{-5} g Cu/g); III: ZnS · CdS (25 % CdS); IV: ZnS · Cu (10^{-4} g Cu/g) (nach M. N. ALENZEW).

jedenfalls für Luminophore mit von der Erregung unabhängigem Lumineszenzspektrum *).

Im Gebiet der anti-STOKESschen Erregung widerspricht eine Konstanz der Quantenausbeute der Lumineszenz den von der Thermodynamik auferlegten Forderungen und kann deshalb nicht vorkommen. Eine Verbindung quantentheoretischer und thermodynamischer Vorstellungen führt in diesem Fall zum zweiten WAWILOWschen Gesetz, das aussagt, daß bei anti-STOKESscher Erregung die Energieausbeute der Lumineszenz notwendig abnimmt. Diese beiden Gesetze werden durch sämtliche bekannten experimentellen Angaben bestätigt **). Der thermodynamische Inhalt dieser Gesetze, der von WAWILOW für den Fall der spektralen Verhältnisse bei der Photolumineszenz erörtert wurde, führt zu der Behauptung, daß sie auch für alle anderen Arten der Erregung von Lumineszenz gültig sind.

§ 4: Zur Theorie des zweiten Gesetzes der spektralen Umwandlung des Lichtes

Der Gedanke WAWILOWS, daß es unumgänglich ist, die Prinzipien der Thermodynamik mit den Gesetzen der Quantenoptik zu vereinigen, d. h. mit der Diskretheit der Absorptions- und Emissionsvorgänge, bildet die Grundlage der Theorie der spektralen Umwandlung des Lichtes bei anti-STOKESscher Erregung der Lumineszenz. Eine quantitative Theorie wurde von L. D. LANDAU [49] und E. I. ADIROWITSCH [61] entwickelt.

LANDAU betrachtet einen Luminophor, der sich in einem Hohlraum befindet, welcher unter Gleichgewichtsbedingungen eine Temperaturstrahlung aussendet. Wie weiter oben gezeigt wurde, setzt sich die Temperaturstrahlung aus Lumineszenz- und erzwungenen Elementarprozessen zusammen. Verstehen wir vorübergehend unter Lumineszenz den Anteil der Temperaturstrahlung eines Körpers, der auf

*) Im Experiment ist dieses letzte Ergebnis, das einfach die Tatsache der Konstanz der Quantenausbeute ausdrückt, in weiten Grenzen erfüllt, wenn nur die Lumineszenz nicht durch Nebenprozesse entstellt ist, die mit der Absorption der Anregungsenergie zusammenhängen [58, 59].

**) Die einzigen Messungen, die zu widersprechenden Ergebnissen führten, stammen von SZCZENIOWSKI [60]). Sie wurden jedoch bei Wiederholung der Experimente nicht bestätigt; diese Wiederholung wurde von JABLONSKI [55] im gleichen Laboratorium durchgeführt und stimmte mit den Ergebnissen aller anderen Verfasser überein. Man kann also behaupten, daß die Angaben SZCZENIOWSKIS Ergebnisse experimenteller Fehler sind.

Vorgängen mit einer Dauer $\tau \gg 10^{-15}$ sec beruht, die durch Absorption von schwarzer Strahlung eingeleitet werden, so kann man sagen, daß unter diesen Bedingungen die Intensität dieser „Lumineszenz" geringer ist als die Gesamtintensität der vom Körper emittierten Strahlung und also erst recht geringer als die Intensität der schwarzen Strahlung. Wir führen die Wahrscheinlichkeit für die spektrale Umwandlung $w(\nu', \nu)$ ein und können dieses Ergebnis dann folgendermaßen schreiben:

$$\text{const.} \int w(\nu', \nu)\, \nu'^3\, e^{-h\nu'/kT}\, d\nu' \leq \text{const.}\, \nu^3\, e^{-h\nu/kT}\ . \qquad (4, 1)$$

Wie sich aus (4, 1) ergibt, ist die Wahrscheinlichkeit $w(\nu'\, \nu)$ nicht als Verhältnis der Anzahl der Quanten, sondern als Verhältnis der Energie des vom Körper emittierten Lichtes der Frequenz ν zur auffallenden Energie von der Frequenz ν' gegeben. Rechts in dem Ausdruck (4, 1) steht die Intensität der schwarzen Strahlung, links die Intensität der „Lumineszenz", die durch die auf den Körper auffallende schwarze Strahlung erregt wird. Die ganze Betrachtung gilt für den Teil des Spektrums, in dem $h\nu \gg kT$ ist, der also durch die Wiensche Formel [12] beschrieben wird; diese berücksichtigt bekanntlich die diskrete Quantenstruktur des Strahlungsfeldes. Folglich sind in der Gleichung (4, 1) die quantentheoretischen und die thermodynamischen Forderungen, die der Strahlung auferlegt werden müssen, vereinigt.

Ersetzt man die Integration über das ganze Spektrum in (4, 1) durch die über ein kleines Intervall $\Delta\nu'$ um einen Wert ν' der erregenden Frequenz, so wird die Ungleichung noch verschärft. Wählt man $\Delta\nu'$ hinreichend klein, so erhält man

$$\Delta\nu'\, w(\nu', \nu)\, \nu'^3\, e^{-h\nu'/kT} \leq \nu^3\, e^{-h\nu/kT}, \qquad (4, 2)$$

woraus für $w(\nu', \nu)$ die notwendige Bedingung folgt:

$$w(\nu', \nu) \leq \left(\frac{\nu}{\nu'}\right)^3 \frac{e^{-\frac{h(\nu-\nu')}{kT}}}{\Delta\nu'}\ . \qquad (4, 3)$$

Zum Verständnis des Folgenden müssen wir die Bedeutung der Größe $w(\nu', \nu)$ genauer fassen. Die ganze Betrachtung gilt für die Temperaturstrahlung eines Körpers, der sich im Gleichgewicht mit einer schwarzen Strahlung befindet. Eine Energiemenge, die im Spektralbereich zwischen ν' und $\nu'+d\nu'$ einer auf den Körper auffallenden schwarzen Strahlung enthalten ist, wird zum Teil von ihm reflektiert und gestreut, dringt zum Teil in den Körper ein und wird dann teilweise nach einer Erregungsperiode von endlicher Dauer wieder emittiert. Diese Emission beruht auf den Lumineszenzvorgängen, und ihre spektrale Verteilung wird durch die Funktion $w(\nu', \nu)$ gegeben. Vergrößert man die Intensität des auf den Körper auffallenden Lichtes der Frequenz ν' um $\Delta i(\nu')$ und nimmt man an, daß man die entsprechenden Zustandsänderungen des Körpers vernachlässigen kann, so vergrößert sich die Strahlungsintensität pro Frequenzintervall in der Umgebung von ν um

$$\Delta I(\nu) = w(\nu', \nu)\, \Delta i(\nu')\,. \tag{4, 4}$$

$\Delta I(\nu)$ ist der Überschuß über die Temperaturstrahlung des Körpers mit der Frequenz ν, der eine bedeutend längere Lebensdauer besitzt als die Periode der Lichtschwingungen. Mit anderen Worten ist $\Delta I(\nu)$ die Intensität der Lumineszenz mit der Frequenz ν, wenn eine erregende Strahlung der Intensität $\Delta i(\nu')$ auf den Körper auffällt. Eben weil die Lumineszenz auf denselben Vorgängen beruht, wie die andauernde Komponente der Temperaturstrahlung des Körpers (vgl. § 1), charakterisiert die Größe $w(\nu'\ \nu)$, die aus Betrachtungen über das Verhalten des Körpers unter Gleichgewichtsbedingungen gewonnen wurde, auch seine Lumineszenz, *solange der Zustand des Körpers sich wenig vom Gleichgewicht unterscheidet.* Was „geringe Abweichung eines Zustandes vom Gleichgewicht" bedeutet, wird später herausgearbeitet werden. Falls aber diese Voraussetzung gilt, folgt aus (4, 3) und (4, 4), daß die Intensität der Lumineszenz bei hinreichend großer anti-Stokesscher Verschiebung $\nu - \nu'$ beliebig klein gegenüber der Intensität der erregenden Strahlung wird.

Man sieht leicht, daß das ganze lineare Gebiet der Lumineszenz, wo

$$\frac{I}{i} = \text{const} \tag{4, 5}$$

gilt, einem Nichtgleichgewichtszustand des Körpers entspricht, der sich vom Gleichgewichtszustand nur sehr wenig unterscheidet. Tatsächlich kann man die Linearitätsbedingung schreiben:

$$\frac{\Delta I}{\Delta i} = \frac{I_0}{i_0} = \text{const}\,. \tag{4, 6}$$

Versteht man unter I_0 bzw. i_0 die Gleichgewichtswerte der Intensität der „Lumineszenz"strahlung mit einer Frequenz ν bzw. der Intensität der auf den Körper auffallenden schwarzen Strahlung von der Frequenz ν', so sieht man, daß die Konstante in (4, 6) mit $w(\nu', \nu)$ identisch ist. Wegen der Linearitätsbedingung (4, 6) ist aber dieses $w(\nu', \nu)$ gleich dem Verhältnis der Lumineszenzintensität $\Delta I(\nu)$ zur erregenden Intensität $\Delta i(\nu')$. Folglich kennzeichnet die Größe $w(\nu', \nu)$, die LANDAU an Hand einer Betrachtung über die Gleichgewichtsstrahlung des Körpers definiert hat, auch seine Lumineszenz, falls die Linearitätsbedingung erfüllt ist. Die Linearität ist dabei nicht nur eine hinreichende, sondern auch eine notwendige Bedingung für die Gültigkeit der Ergebnisse von LANDAU. Im nichtlinearen Gebiet ist*):

$$\frac{\Delta I}{\Delta i} \neq \frac{I_0}{i_0} = w(\nu', \nu)\,, \tag{4, 7}$$

und die Wahrscheinlichkeit $w(\nu', \nu)$, bestimmt aus (4, 3), bezieht sich nicht mehr auf eine Umwandlung des Lichtes beim Lumineszenzvorgang.

Neben der linearen Lumineszenz von Lösungen organischer Farbstoffe, die nicht durch Sättigungseffekte gestört wird, beobachtet man beim Leuchten von Kristallphosphoren häufig selbst bei kleinen Erregungsintensitäten Abweichungen von der Linearität [62, 63, 64] (Abb. 13). Der Versuch zeigt weiter, daß die Wahrscheinlichkeit einer spektralen Umwandlung $\nu' \to \nu$ durch Lumineszenz in der Regel nicht nur von $i(\nu')$, sondern auch von der detaillierten spektralen Zusammensetzung der erregenden Strahlung abhängt, d. h. von der Energie, die der Körper bei anderen Frequenzen absorbiert. Ein überzeugendes Beispiel ist die ultrarote Auslöschung der Lumineszenz [65].

*) Wir bezeichnen mit $w(\nu', \nu)$ die Wahrscheinlichkeit für die Umwandlung von $h\nu'$ in $h\nu$ bei einer im allgemeinen nicht im Gleichgewicht befindlichen Erregung $i = i(\nu')$. Definitionsgemäß ist dann

$$I = \tilde{w} i, \tag{4, 7a}$$

woraus folgt

$$dI = \tilde{w}\, di + i d\tilde{w}\,. \tag{4, 7b}$$

Die Zunahme der Emissionsintensität beruht 1. auf der Umwandlung von di mit der Wahrscheinlichkeit $\tilde{w}$ und 2. darauf, daß infolge der Zustandsänderung des Körpers der ganze auffallende Energiestrom $i(\nu')$ mit einer etwas anderen Wahrscheinlichkeit umgewandelt wird. Bedingung für Linearität und gleichzeitig für unmittelbare Nähe des Gleichgewichts ist offenbar

$$\left|\frac{d\tilde{w}}{di}\right| \ll \left|\frac{\tilde{w}}{i}\right|. \tag{4, 7c}$$

Ferner zählen hierzu Versuche (z. B. [66]), die zeigen, daß eine gleichzeitige Bestrahlung von Phosphoren mit zwei Frequenzen nicht additiv ist, sondern zu einem nichtlinearen Effekt führt, selbst bei sehr kleinen Erregungsintensitäten. Das bedeutet, daß sich bei gewissen Erregungsbedingungen die Zustände der lumineszierenden Körper im allgemeinen so weit vom Zustand thermodynamischen Gleichgewichtes unterscheiden können, daß eine Vernachlässigung dieser Abweichungen vom Gleichgewichtszustand nicht erlaubt ist. Für den Fall der linearen Lumineszenz bewies L. D. LANDAU das Absinken der Energieausbeute der Lumineszenz im anti-STOKESschen Gebiet. Für den allgemeinen Fall der Lumineszenz von Körpern, deren Zustände wesentlich vom Gleichgewicht abweichen, ist jedoch aus einer Betrachtung der Gleichgewichtsemission in einem isothermen Hohlraum kein Beweis des zweiten WAWILOWschen Gesetzes zu erbringen.

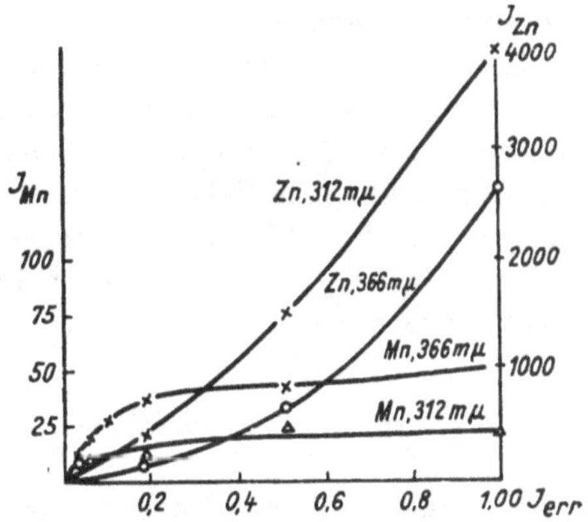

Abb. 13. Nichtlineare Lumineszenz von Zink und Mangan in einem ZnS · 10^{-3} Mn-Phosphor bei Erregung mit den Quecksilberlinien 312 und 366 mμ (nach W. L. LJOWSCHIN)

E. I. ADIROWITSCH [61] schlug einen anderen Beweis vor, der sich auf das Prinzip des detaillierten Gleichgewichtes stützt [67, 68] und außerdem zu einem Zusammenhang zwischen der Wahrscheinlichkeit einer spektralen Umwandlung des Lichtes und der des Umkehrprozesses führt.

E_j sei die Energie eines lumineszierenden Körpers (Luminophors), der sich bei konstanter Temperatur T unter stationärer Bestrahlung durch Licht der Frequenzen ν und ν' befindet. Der Index j drückt die Abhängigkeit des Zustandes des Körpers von Temperatur und Bestrahlungsbedingungen aus.

Wir bringen diesen (unerregten) Körper in einen Hohlraum mit spiegelnden Wänden. Durch Wärmeübertragung von einem äußeren Reservoir auf den Körper möge die Gesamtenergie, die sich im Hohlraum befindet, den Wert

$$\mathsf{E} = \mathsf{E}_j + \varepsilon + h\nu' , \tag{4, 8}$$

bekommen haben, wo ε die Energie ist, die eine schwarze Strahlung von der Temperatur T besitzen würde, wenn sie den Hohlraum erfüllte, in dem sich der Luminophor befindet. Dann isolieren wir den Hohlraum von seiner Umgebung. In dem System Luminophor—Strahlung, das sich im Hohlraum befindet, stellt sich nun ein Gleichgewichtszustand mit einer Temperatur $T' \neq T$ ein.

Wir betrachten ein Ensemble aus einer großen Anzahl N_0 solcher Systeme. Nach Einstellung des Gleichgewichts in diesem werden in jedem Zeitpunkt sämtliche Zustände verwirklicht sein, die mit dem vorgegebenen Wert E der Gesamtenergie des Systems vereinbar sind. Die Wahrscheinlichkeit, das System in irgendeinem Zustand a anzutreffen, beträgt *),

$$w(a) = \frac{N(a)}{N_0} = e^{\frac{S_a}{k}} , \tag{4, 9}$$

wo S_a die diesem Zustand entsprechende Entropie des Systems ist.

Wir bezeichnen mit $P(a, \beta)$ die Wahrscheinlichkeit für einen Übergang des Systems aus dem Zustand a in den Zustand β pro sec. Wenn wir auf unser Ensemble das Prinzip des detaillierten Gleichgewichtes anwenden, so erhalten wir

$$N(a)\, P(a, \beta) = N(\beta)\, P(\beta, a) \tag{4, 10}$$

oder

$$\frac{P(a, \beta)}{P(\beta, a)} = \frac{N(\beta)}{N(a)} = \frac{w(\beta)}{w(a)} . \tag{4, 11}$$

Nach (4, 9) ist

$$\frac{P(a, \beta)}{P(\beta, a)} = e^{\frac{S_\beta - S_a}{k}} \tag{4, 12}$$

a und β bezeichnen zwei beliebige Zustände des Systems, die beliebig weit vom Gleichgewichtszustand abweichen können. Faßt man

*) a bezeichnet die Gesamtheit der Parameter, die den Zustand des Systems vollständig bestimmen. Als solche Parameter können gewisse Zahlen n_j gewählt werden, die folgendermaßen definiert sind: für die Strahlung sei n_j die Anzahl der Quanten mit den Frequenzen ν_j; für den Körper numeriert der Index j alle möglichen Zustände durch, und die Zahlen n_j können nur die Werte Null und Eins annehmen. In jedem Zustand des Körpers sind sämtliche Zahlen n_j bis auf eine gleich Null.

sie als Schwankungen auf, so kommt man zu dem Ergebnis, daß für zwei beliebige Zustände des Systems das Verhältnis der Wahrscheinlichkeit eines Überganges zu der des umgekehrten Prozesses eine universelle Funktion der Entropiedifferenz dieser Zustände ist.

Dieses Ergebnis wenden wir auf das Problem der spektralen Umwandlung des Lichtes an.

α sei ein Zustand des Systems, in dem 1. der Körper sich in dem Zustand j befindet, in den er durch den oben betrachteten Luminesszenzprozeß gelangt ist, und in dem 2. die Strahlung aus einem schwarzen Anteil von der Temperatur T und einem einzelnen Quant $h\nu'$ besteht. β sei ein Zustand des Systems, in dem 1. der Körper sich in einem Zustand k befindet, in den er vom Zustand j infolge der Absorption des Quants $h\nu'$ und durch Emission eines Quants $h\nu$ gelangen kann ($E_k - E_j = h(\nu' - \nu)$), und in dem 2. die Strahlung aus einem schwarzen Anteil von der Temperatur T und einem einzelnen Quant $h\nu$ besteht. Es ist klar, daß sowohl α als auch β zu den möglichen Zuständen gehören, und zwar mit Energiewerten, die durch (4, 8) gegeben sind; folglich werden sie in dem Ensemble mit bestimmten Wahrscheinlichkeiten vertreten sein. Die Übergangswahrscheinlichkeiten zwischen diesen beiden Zuständen sind gleich den entsprechenden Wahrscheinlichkeiten für die spektralen Umwandlungen $\nu' \to \nu$ bzw. $\nu \to \nu'$. Somit ist

$$\frac{w(\nu'\nu)}{w(\nu\nu')} = \frac{P(\alpha, \beta)}{P(\beta, \alpha)} = e^{\frac{S_\beta - S_\alpha}{k}}. \qquad (4, 13)$$

Die Entropiedifferenz des Systems beträgt $S_\beta - S_\alpha = \Delta S_1 + \Delta S_2$, wobei sich ΔS_1 auf den Körper und ΔS_2 auf die Strahlung bezieht. Für ΔS_1 ergibt sich nach dem 2. Hauptsatz:

$$\Delta S_1 \geq \frac{\Delta Q}{T}. \qquad (4, 14)$$

Da Absorption und Emission des Lichtes im allgemeinen Nichtgleichgewichtsprozesse sind, muß in der Beziehung (4, 14) das $>$-Zeichen stehen. Eine Ausnahme bildet, außer dem trivialen Fall, daß der Körper durch eine im Gleichgewicht mit ihm befindlichen schwarzen Strahlung beleuchtet wird, der Fall stationärer Strahlungsbedingungen, in dem die Differenz von absorbierter und emittierter Strahlungsenergie durch Wärmeleitung abgeführt wird. In diesem Fall bleibt der Zustand des Körpers ungeändert, und die Summe der Entropieänderungen des Körpers, die durch die Wechselwirkung mit der Strahlung und durch die Wärmeleitung hervorgerufen werden, ist somit gleich Null. Dies gilt für jede Menge spektral umgewandelter Strahlungsenergie. Bezogen auf ein einziges Quant absorbierter Strahlung kann man diese Bedingung folgendermaßen schreiben:

$$\Delta S_1 - \frac{h\nu' - h\nu}{T} = 0. \tag{4, 15}$$

Aus (4, 15) folgt, daß

$$\Delta S_1 = -\frac{h\,(\nu - \nu')}{T}. \tag{4, 16}$$

Also

$$\frac{w\,(\nu', \nu)}{w\,(\nu, \nu')} = e^{-\frac{h(\nu-\nu')}{kT}}\, e^{\frac{\Delta S_{\text{str}}}{k}} \tag{4, 17}$$

Wird monochromatisches Licht in monochromatisches umgewandelt, d. h. sind die Absorptions- und die Emissionslinien hinreichend schmal, so ist ΔS_{str} gleich Null. Diese Tatsache, die LANDAU [49] für den Fall bewiesen hat, daß das ganze Spektrum des Strahlungsfeldes aus schmalen Linien besteht, kann auf dieselbe Weise auch für die Umwandlung monochromatischen Lichtes in monochromatisches bewiesen werden, die durch Strahlung beliebiger spektraler Zusammensetzung vonstatten geht. In diesem Fall ist*)

$$\frac{w\,(\nu', \nu)}{w\,(\nu, \nu')} = e^{-\frac{h(\nu-\nu')}{kT}} \tag{4, 18}$$

*) Streng genommen beziehen sich die Wahrscheinlichkeiten w im Zähler und im Nenner von (4, 18) auf verschiedene Zustände des Körpers, und man müßte sie also besser schreiben $w_\alpha\,(\nu', \nu)$ und $w_\beta\,(\nu, \nu')$. Der Einfluß der Energieänderung $\Delta E = E_k - E_j = h\,(\nu' - \nu)$ auf die makroskopischen Eigenschaften des Körpers ist aber zu vernachlässigen. Dasselbe Ergebnis (4, 18), aber unter Berücksichtigung der Wahrscheinlichkeiten $w_\alpha\,(\nu', \nu)$ und $w_\beta(\nu, \nu')$, kann man auf einem etwas komplizierterem Wege erhalten. Es sei statt (4, 8) $\Delta E = E_j + \varepsilon + h\nu' + h\nu$. Mit β und γ bezeichnen wir die Zustände, in die das System aus dem Zustand α übergeht, nachdem die Umwandlungen $h\nu' \to h\nu$ bzw. $h\nu \to h\nu'$ vollzogen sind. Dem Zustand β entspricht eine Energie des Körpers von $E' = E_j + h\,(\nu' - \nu)$ und des Feldes von $\varepsilon + 2h\nu$. Im Zustand γ ist die Energie des Körpers $E'' = E_j + h\,(\nu - \nu')$, die des Feldes $\varepsilon + 2h\nu'$. Dieselben Überlegungen führen uns auf die Gleichungen

$$\frac{w_\alpha(\nu', \nu)}{w_\beta(\nu, \nu')} = e^{\frac{S_\beta - S_\alpha}{k}}, \quad \frac{w_\alpha(\nu, \nu')}{w_\gamma(\nu', \nu)} = e^{\frac{S_\gamma - S_\alpha}{k}} \tag{4, 18a}$$

Im Gegensatz zu (4, 1) sind die Wahrscheinlichkeiten w hier als Verhältnisse von Quantenanzahlen und nicht von Energien gegeben. Um zu den energetischen Größen überzugehen, muß man jede von ihnen mit dem Verhältnis des emittierten Quants zum absorbierten multiplizieren, d. h. mit dem Verhältnis der entsprechenden Frequenzen. Wir erhalten also *)

$$\frac{\eta(\nu', \nu)}{\eta(\nu, \nu')} = \left(\frac{\nu}{\nu'}\right)^2 e^{-\frac{h(\nu-\nu')}{kT}} \tag{4, 19}$$

Für beliebige Frequenzpaare kann η niemals größer als 1 werden, da andernfalls der zweite Hauptsatz der Thermodynamik verletzt würde. Ersetzt man in (4, 19) den Nenner durch 1, so erhält man

$$\eta(\nu', \nu) \leq \left(\frac{\nu}{\nu'}\right)^2 e^{-\frac{h(\nu-\nu')}{kT}} \tag{4, 20}$$

Diese Formel entspricht (4, 3), nur mit dem Unterschied, daß sie nicht für einen Gleichgewichtszustand, sondern für einen beliebigen stationären Zustand des lumineszierenden Körpers gilt.

Von großer Bedeutung bei unseren Überlegungen ist die Stationarität des Zustandes, d. h. die Tatsache, daß sich der Körper in diesem Zustand bei Bestrahlung mit Licht von bestimmter spektraler Zusammensetzung und Intensität (das im allgemeinen nicht mit dem Körper im Gleichgewicht stehen wird) beliebig lange verbleiben kann.

---

aus denen folgt

$$\frac{w_\alpha(\nu', \nu)}{w_\alpha(\nu, \nu')} = e^{\frac{S_\beta - S_\gamma}{k}} \frac{w_\beta(\nu, \nu')}{w_\gamma(\nu', \nu)} . \tag{4, 18b}$$

Es ist aber $P(\beta, \gamma) = [w_\beta(\nu, \nu')]^2$, da der Übergang $\beta \to \gamma$ mit der Umwandlung zweier Quanten der Frequenzen ν in zwei Quanten der Frequenz ν' verbunden ist. Analog ist $P(\gamma, \beta) = [w_\gamma(\nu', \nu)]^2$.

Nach (4, 12) ist also

$$\frac{w_\beta(\nu, \nu')}{w_\gamma(\nu', \nu)} = \sqrt{\frac{P(\beta, \gamma)}{P(\gamma, \beta)}} = e^{\frac{S_\gamma - S_\beta}{2k}} . \tag{4, 18c}$$

und folglich

$$\frac{w_\alpha(\nu', \nu)}{w_\alpha(\nu, \nu')} = e^{\frac{S_\beta - S_\gamma}{2k}} = e^{-\frac{h(\nu-\nu')}{kT}} . \tag{4, 18d}$$

*) Wir behalten hier die Bezeichnungen der Originalarbeiten bei. η in Formel (4, 19) hat dieselbe Bedeutung wie w in der Formel (4, 3), die hier von LANDAU übernommen ist ([49], Formel (16)).

Nur für solche Zustände gelten die Formeln (4, 19) und (4, 20). Für nichtstationäre Zustände ist auch $\eta(\nu', \nu) > 1$ durchaus möglich; dies ist z. B. bei ultrarotem Ausleuchten der im Kristallphosphor aufgespeicherten Lichtsumme des Aufleuchtens der Fall. Nur für stationäre Zustände ist ein Schluß von (4, 13) auf (4, 17) möglich.

$w(\nu', \nu)$ ist die Wahrscheinlichkeit dafür, daß der Körper durch Lumineszenz ein Quant $h\nu'$, das dem Strahlungsfeld angehört, in ein Quant $h\nu$ umwandelt. Sie ist gleich

$$w(\nu', \nu) = A_{\nu'}\, \varrho_{qu}(\nu', \nu)\,, \tag{4, 21}$$

wo A_ν die Absorptionswahrscheinlichkeit für das Quant $h\nu'$ ist, während $\varrho_{qu}(\nu', \nu)$ die Quantenausbeute bedeutet. Diese ist gleich der relativen Wahrscheinlichkeit für Emission eines Quants $h\nu$ durch den Körper, der das Quant $h\nu'$ absorbiert hat. Entsprechend ist in Energieeinheiten

$$\eta(\nu', \nu) = A_{\nu'}\, \varrho(\nu', \nu)\,, \tag{4, 22}$$

wo $\varrho(\nu', \nu)$ die Energieausbeute der Lumineszenz mit einer Frequenz ν bei Erregung des Luminophors durch die Frequenz ν' ist.

Aus (4, 19) und (4, 22) erhalten wir

$$\frac{\varrho(\nu', \nu)}{\varrho(\nu, \nu')} = \frac{A_\nu}{A_{\nu'}} \left(\frac{\nu}{\nu'}\right)^2 e^{-\frac{h(\nu - \nu')}{kT}} \tag{4, 23}$$

und

$$\varrho(\nu', \nu) \leq \left(\frac{\nu}{\nu'}\right)^2 \frac{e^{-\frac{h(\nu-\nu')}{kT}}}{A_{\nu'}}\,. \tag{4, 24}$$

Die Ungleichung (4, 24) stellt den Beweis des zweiten Wawilowschen Gesetzes über den Abfall der Energieausbeutekurve im anti-Stokesschen Spektralgebiet dar. Die Formeln (4, 19) und (4, 23) beschreiben den Zusammenhang zwischen den Wahrscheinlichkeiten der spektralen Umwandlung des Lichtes und zwischen den Energieausbeuten für die beiden Spektrallinien ν und ν'.

Wir weisen darauf hin, daß beide Wahrscheinlichkeiten in der Formel (4, 19) sich auf einen und denselben Zustand des Körpers beziehen. Dasselbe gilt für die beiden Ausbeuten $\varrho(\nu', \nu)$ und $\varrho(\nu, \nu')$ in der Formel (4, 23). Von Bedeutung ist eine experimentelle Nachprüfung der gewonnenen Beziehungen, die die charakteristischen Größen für eine spektrale Umwandlung des Lichtes und den umgekehrten Prozeß verknüpfen.

Der angeführte Beweis gilt für beliebige Zustände des lumineszierenden Körpers außerhalb des Gleichgewichts. Er bezieht sich jedoch nur auf die Umwandlung monochromatischen Lichtes in monochromatisches, d. h. auf die Fälle, bei denen das Absorptions- und das Emissionsspektrum aus schmalen Linien bestehen. Auf diese Voraussetzung stützen sich auch die oben durchgeführten Beweise für das erste Gesetz der spektralen Umwandlung des Lichtes. Eine Diskussion des Problems für den Fall der Absorption und Emission eines kontinuierlichen Spektrums beliebiger Zusammensetzung ist bisher noch nicht durchgeführt worden. Versuche, die LANDAU in dieser Richtung unternahm [49], gründen sich außer auf die Thermodynamik auf eine Annahme über die Proportionalität zwischen I_{lum} und i_{err} bis zu sehr großen Intensitäten der Lumineszenz. Dabei erhält LANDAU nicht $\varrho \leq 1$, sondern $\varrho \leq 1 + \frac{T}{T_{eff}}$, wobei $\frac{T}{T_{eff}} \ll 1$ ist. Eine derartige Behandlung der Lumineszenz von Körpern, bei denen die Linearität der Funktion $I_{lum} = f(i_{err})$ schon bei geringen Intensitäten verletzt ist, führt jedoch auf $\frac{T}{T_{eff}} \geq 1$. Im Prinzip ist sogar $\frac{T}{T_{eff}} \gg 1$ möglich. Dies zwingt uns zu der Annahme, daß eine Betrachtungsweise, die auf eine Ungleichung $\varrho \leq 1 + \frac{T}{T_{eff}}$ führt, nicht die genaue (d. h. die kleinste) obere Grenze der möglichen Werte von ϱ liefern kann. Andererseits beschränkt die von L. D. LANDAU aufgezeigte Unmöglichkeit, neben der Entropieänderung des Körpers auch die Entropieänderung der Strahlung zu berücksichtigen, das Anwendungsgebiet sämtlicher Überlegungen, die sich auf die Umwandlung monochromatischen Lichtes in monochromatisches beziehen, da ja in diesem Fall ΔS_{str} gleich Null ist. Die nächste und aktuellste Aufgabe besteht in einer theoretischen Behandlung des Problems der spektralen Umwandlung nichtmonochromatischen Lichtes im allgemeinen Fall breiter Lumineszenzbanden.

KAPITEL II

ÜBERBLICK ÜBER DIE GESCHICHTE DER KRISTALL-LUMINESZENZFORSCHUNG

§ 5: Das Problem der Kristallumineszenz und die Abklinggesetze

Die Lumineszenz der festen Körper war eine der ersten im Experiment beobachteten Erscheinungen wesentlich quantenhafter Natur. Emission und Absorption von Licht in Gasen, der photoelektrische und COMPTON-Effekt, Elektronenbeugung — all diese Erscheinungen, die im wesentlichen die experimentelle Grundlage zur Aufstellung und Weiterentwicklung der Quantenmechanik bildeten, waren überhaupt nur auf Grund einer hochentwickelten experimentellen Technik, sowohl auf elektrischem als auch auf optischem Gebiet, zu beobachten. Die Einfachheit (experimentell gesehen) des kalten Leuchtens von Kristallen, das unmittelbare visuelle Beobachtung zuläßt, machte dagegen seine wissenschaftliche Entdeckung schon vor mehr als 300 Jahren, zu Beginn des 17. Jahrhunderts, an der Schwelle vom Mittelalter zur Neuzeit möglich (vgl. z. B. [1—4]). Das Leuchten der Mineralien wurde schon in den ältesten Zeiten ausgenutzt zu praktischen Zwecken (vgl. [1—4]).

Die Lumineszenz fester Körper konnte in der klassischen Physik keine genügende Deutung finden. Die moderne Physik übernahm als Erbschaft ein gewaltiges, ungeordnetes experimentelles Material und eine ganze Anzahl ungelöster Probleme. Es ist offensichtlich, daß die Mißerfolge der klassischen Theorie prinzipieller Natur sind und damit zusammenhängen, daß die Kristallumineszenz auf Prozessen beruht, die sich in der Mikrowelt abspielen. Sogar in der modernen Quantenmechanik bleibt bei der Frage nach dem Mechanismus der Kristallumineszenz noch vieles unbeantwortet. Es gibt bisher noch keine allgemeine Theorie der Kristallumineszenz, die wenigstens die Grunderscheinungen umfaßte, und die einzelnen Versuche, solche Theorie zu gewinnen, tragen qualitativen, bestenfalls halbquantitativen Charakter. Wie bescheiden die Erfolge der Theorie in dieser Richtung sind, sieht man besonders deutlich, wenn man sie vom historischen Standpunkt aus betrachtet. Während der etwa 350 Jahre, die seit der Entdeckung der Kristallumineszenz verstrichen sind, gingen die Physik und die Chemie den ganzen Weg von der Mechanik des ARISTOTELES bis zu der EINSTEINS, von der Alchemie bis zur Umwandlung der Elemente in Kernreaktionen und vom Suchen nach dem perpetuum mobile bis zur Ausnutzung der inneratomaren Energie. Während derselben Zeit konnten nur die allerersten Schritte zum Verständnis des Mechanismus der Kristallumineszenz unternommen werden.

Der Grund für diese Situation liegt in der außerordentlichen Kompliziertheit der Vorgänge, die sich in leuchtenden Kristallen vollziehen. Diese Prozesse spielen sich in Mehrelektronensystemen ab, die sich unter dem Einfluß der Kraftfelder realer Kristalle bei komplizierten dynamischen Bedingungen bewegen. Daß die Lumineszenz fester Körper von chemischen und technologischen Faktoren, wie Temperatur und Dauer des Glühens des Versuchskörpers, Natur und Konzentration der Aktivatoren, Einführung von Flußmitteln usw. wesentlich abhängig ist, macht die Aufgabe, eine Theorie zu entwickeln, besonders schwierig.

Eine der wichtigsten und umfassendsten Aufgaben von Experiment und Theorie der Kristallumineszenz ist die Erforschung der Abklinggesetze, d. h. der Funktionen, nach denen die zeitliche Abnahme der Leuchtstärke des Phosphors nach Abschalten der Erregung erfolgt. Die Aufmerksamkeit, die alle Forscher diesem Problem zollten, wird durch zwei Tatsachen gerechtfertigt.

Erstens gehört die Aufstellung der Abklinggesetze fast zu dem einzigen Gebiet der Kristallumineszenz, für das das Experiment verhältnismäßig einfache und in genügend weitem Umfange gültige quantitative Beziehungen liefert. Bei den anderen Charakteristiken der Kristallphosphore ist in der Regel nur eine qualitative Beschreibung möglich. Es genügt, auf eine so grundlegende Größe hinzuweisen, wie die Form der Emissions- und der Absorptionsspektren; bei den Kristallphosphoren sind dies breite Banden, die sich über Hunderte und Tausende von Angström erstrecken und deren Struktur gewöhnlich keinerlei Gesetzmäßigkeiten zeigen*).

Zweitens ist die Fähigkeit zu längerem Nachleuchten, das unter entsprechenden Bedingungen Stunden und Tage dauern kann, eine

*) Über die Schwingungsstruktur der Absorptionsbanden einiger Kristallphosphore (ZnO, ZnS) vgl. die Arbeiten von W. M. KUDRJAWZEWA und ihren Mitarbeitern [5—7].

charakteristische Eigenschaft der festen Phosphore, die bei Luminophoren in anderen Aggregatzuständen nie zu beobachten ist. Es war naheliegend anzunehmen, daß diese Fähigkeit mit dem besonderen Mechanismus der Strahlung fester Körper eng zusammenhängt und daß die Erforschung der Abklinggesetze einen direkten Weg zur Aufdeckung dieses Mechanismus bildet.

Wegen dieser beiden Tatsachen waren die empirischen Abklinggesetze während der ganzen Geschichte der Theorie der Kristalllumineszenz (und sind es heute noch) das erste und grundlegendste quantitative Kriterium jeder Theorie. In jeder neuen Theorie der Kristallumineszenz erhob sich also als erstes die Frage nach dem theoretischen Abklinggesetz. Die zahlreichen Versuche in dieser Richtung führten aber bis in die allerletzte Zeit hinein zu keinem befriedigen dem Ergebnis.

§ 6: Abriß der klassischen Theorie

Trotz des großen Interesses, das im 17. und 18. Jahrhundert den Leuchtkristallen entgegengebracht wurde, eines Interesses, das die zweite Hälfte des 17. Jahrhunderts regelrecht zu einer „Epoche der Phosphore in der Naturwissenschaft" stempelt [8, 9], brachte diese Zeit nur eine regellose Anhäufung von Tatsachen, von zufälligen Beobachtungen, von unsystematischen Versuchen und phantastischen Hypothesen hervor*). Professor S. I. Wawilow [10] kennzeichnet

*) Es ist ganz interessant, einige dieser „Hypothesen" zu erwähnen, die zeigen, welchen Einfluß die Erforschung der leuchtenden Mineralien damals auf die verschiedensten Gebiete der Naturwissenschaft hatte. So wurde z. B. die Erscheinung der physiologischen Farben, die darin besteht, daß das Auge, das zuerst auf einen farbigen Gegenstand, dann auf eine weiße Fläche gerichtet wird, dort das Bild des Gegenstandes in der Komplementärfarbe sieht, so erklärt, daß das Auge eine Art Phosphor sei und anfangs Licht absorbiere und dann emittiere. Man behauptete, der Mond sei ein ungeheurer Phosphor, das aschfarbene Licht auf dem von der Sonne unbeleuchteten Teil sei ein Nachleuchten. Sogar die Dämmerung wurde durch die allmähliche Reemission des bei Tage angesammelten Sonnenlichts erklärt. Es ist interessant, daß wir einer dieser phantastischen Hypothesen, die noch an der Schwelle des 20. Jahrhunderts (!) ausgesprochen wurde, die Entdeckung der Radioaktivität verdanken, aus der die ganze moderne Atomtheorie hervorwuchs. Die Röntgen-Strahlen, die im Jahre 1895 entdeckt wurden, wurden von A. Poincaré als unsichtbare Fortsetzung des Lumineszenzspektrums des Glases der Crookesschen Röhre gedeutet (die ersten Röntgen-Apparaturen besaßen keine Antikathode; die Bremsung der Elektronen verfolgte durch die Glaswand der Röhre, die der Kathode gegenüberlag; dabei wird eine grüne Fluoreszenz des Glases erregt). Dieser Gedanke gab Anlaß zu einer Reihe von experimentellen Versuchen, die zur Entdeckung der Röntgen-Strahlen führten, die natürliche Phos-

diese Periode folgendermaßen: „... weder die Spektren, noch das Abklingen der Phosphoreszenz erregten das Interesse der Forscher des 18. und beginnenden 19. Jahrhunderts; ihre Versuche beschränkten sich auf qualitative Beobachtungen und chemische Rezepte zur Herstellung der Phosphore. Dieser Zustand dauerte 2 Jahrhunderte an, ein schlagendes Beispiel für die Sterilität, das Chaos und die Planlosigkeit, die auf den Gebieten der Physik herrschten, an die keine unmittelbaren praktischen Anforderungen gestellt wurden und die eines exakten mathematischen Schemas entbehrten."

Hervorragend in Gedankentiefe und Folgerichtigkeit waren damals die Arbeiten des Akademiemitgliedes W. W. Petrow [10, 11]. Durch eine Reihe geistreicher Versuche unterschied Petrow die Photolumineszenz der Mineralien, die nicht mit chemischen Umwandlungen verbunden ist, von der Chemielumineszenz organischer Substanzen und lebender Zellen, die auf ihrer langsamen Oxydation beruht.

Die ersten systematischen quantitativen Untersuchungen über die Lumineszenz fester Körper führte E. Becquerel [12] durch. Er stellte fest, daß Gemische mit kurzem Nachleuchten (kürzer als eine Sekunde) nach dem Exponentialgesetz

$$I = I_0 e^{-kt}. \qquad (6, 1)$$

abklingen. Zur Beschreibung des längeren Nachleuchtens schlug er folgende empirische Formel vor*):

$$i^m (t + c) = c, \qquad (6, 2)$$

wo $i = I/I_0$ die relative Intensität der Fluoreszenz, t die Dauer des Nachleuchtens, c und m Materialkonstanten des Versuchskörpers sind. Nach E. Becquerel schwankt m für die verschiedenen Phosphore zwischen 0,5 und 1. Dabei wurde bemerkt, daß in den ersten Augenblicken das Abklingen wahrscheinlich nach einem anderen Gesetz als

phore, wie ZnS, CaS usw. aussenden. Unter den Forschern, die sich mit derartigen Versuchen beschäftigten, war auch A. Becquerel, der zu seinen Experimenten einen lumineszierenden Kaliumuranylsulfatkristall verwendete. Die unsichtbare Strahlung, die er entdeckte und die er anfangs für die gesuchte unsichtbare Lumineszenz des Kaliumuranylsulfats hielt, erwies sich dann als radioaktive Strahlung des Urans.

*) Diese Formel schreibt man oft auch in der Form

$$I = (a + bt)^{-a} \qquad (6, 7a)$$

oder

$$I = \frac{I_0}{(1 + kt)^a}, \qquad (6, 2b)$$

die offenbar mit (6, 2) gleichbedeutend ist.

(6, 2) erfolgt, ferner, daß die empirische Formel (6, 2) in dieser einfachen Form nicht immer gültig ist.

Um die theoretischen Gedankengänge BECQUERELS zu verstehen, muß man im Auge behalten, daß seine Aussagen über den Mechanismus der Lumineszenz des festen Körpers in der Mitte des 19. Jahrhunderts gemacht wurden, als im Mittelpunkt des wissenschaftlichen Interesses die Thermodynamik und die mechanische Wärmetheorie standen. Nach BECQUERELS Vorstellungen verläuft das Nachleuchten eines erregten Phosphors ähnlich wie die Abkühlung eines erhitzten Körpers, wobei die Strahlungsintensität der Temperatur entspricht. Ausgehend von diesen Vorstellungen führt er ein Emissionsvermögen E des Phosphors und eine Lichtkapazität C ein und erhält aus dem Energiesatz

$$-\frac{d}{dt}(CI) = \mathsf{E}\, I \tag{6, 3}$$

das exponentielle Abklinggesetz

$$I = I_0 e^{-\frac{\mathsf{E}}{C} t}, \tag{6, 4}$$

analog dem NEWTONschen Abkühlungsgesetz. So gelang es, zuerst auf Grund einer Identifizierung zweier vollkommen verschiedener Prozesse das Gesetz zu gewinnen, das in der Lumineszenztheorie eine so wichtige Rolle spielt.

Formel (6, 4) stimmt offenbar mit dem experimentellen Gesetz (6, 1) überein, das für Phosphore mit kurzem Nachleuchten gilt. Zur Deutung von Formel (6, 2), die das Nachleuchten langsam abklingender Phosphore beschreibt, nahm BECQUEREL an, daß in diesen Phosphoren gleichzeitig mehrere exponentielle Prozesse von der Art (6, 4) mit verschiedenen Werten E/C im Exponenten ablaufen. Mit anderen Worten: er deutete die Formel (6, 2) als das Ergebnis der Überlagerung mehrerer exponentiell abklingender Vorgänge. Er bemerkt aber hierbei, daß die Konstanz der spektralen Zusammensetzung der Strahlung eines Phosphors während des ganzen Leuchtvorganges nicht zugunsten einer solchen Erklärung spricht, da diese verlangt, daß bei den verschiedenen mit verschiedener Geschwindigkeit ablaufenden Prozessen ein einheitliches Lumineszenzspektrum ausgestrahlt wird.

Die Gültigkeit der experimentellen Angaben von BECQUEREL, insbesondere der Formel (6, 2) für langsam abklingende Phosphore wurde von vielen Forschern (vgl. z. B. [13—17]) an den verschiedensten Proben und Gemischen nachgeprüft. Wir bemerken hier, daß man sich nur mit ziemlicher Vorsicht der Ergebnisse dieser Arbeiten bedienen kann. Insbesondere erregen die Forschungen von CHARLES HENRY [14] starke Zweifel, dessen Bestimmung des Index m in der Formel (6, 2) mit einer Genauigkeit bis zur vierten Stelle offenbar seinen experimentellen Möglichkeiten in keiner Weise entspricht. Weitgehende Untersuchungen der Abklinggesetze, die vom Jahre 1933 an von W. L. LJOWSCHIN, W. W. ANTONOW-ROMANOWSKI und anderen durchgeführt wurden, bewiesen die Gültigkeit der Formel (6, 2) für eine große Anzahl verschiedener Phosphore in einem sehr großen Bereich des Intensitätsabfalls. Von diesen Arbeiten wird später noch eingehender die Rede sein.

Die empirischen Gesetzmäßigkeiten, die E. BECQUEREL fand, bildeten den Prüfstein für alle theoretischen Konstruktionen. Es genügt zu sagen, daß bis in die letzte Zeit hinein die gesamte Diskussion der Theorie des Abklingens der Kristallphosphore sich im Rahmen der beiden empirischen Formeln (6, 1) und (6, 2) abspielte.

Die Vorstellungen von E. BECQUEREL wurden von seinem Sohn A. BECQUEREL weiterentwickelt [18]. Mit Hilfe besonderer Annahmen über die Wechselwirkung zwischen den schwingenden Molekülen des Phosphors und dem Äther (wir erinnern daran, daß dies alles um 1891 war) erhielt er als Abklinggesetz eine Hyperbel 2. Grades*)

$$I = (a + bt)^{-2}, \tag{6, 5}$$

*) A. BECQUEREL nahm an, daß auf das Molekül des Phosphors seitens des umgebenden Äthers dissipative Kräfte ausgeübt werden, die proportional dem Quadrat der Geschwindigkeit des Moleküls sind. Die Energie, die dem Molekül so verloren geht, wird in Form der Lumineszenz ausgestrahlt. Aus der Bewegungsgleichung der Moleküle

$$\frac{d^2u}{dt^2} + ku \mp \gamma \left(\frac{du}{dt}\right)^2 = 0 \tag{A}$$

folgt, daß die Amplitude der n. Halbperiode mit der Anfangsamplitude folgendermaßen zusammenhängt:

$$u_n = \frac{u_0}{1 + n\frac{4}{3}\gamma u_0}. \tag{B}$$

Da die Anzahl der abgelaufenen Halbperioden proportional der Zeit, die Intensität proportional dem Amplitudenquadrat ist, ergibt sich aus (B) unmittelbar (6, 5).

BECQUEREL gibt Formel (B) ohne Ableitung als Endergebnis der Lösung der Gleichung (A) an. Wir können sie leicht ableiten, wenn wir annehmen, daß wegen der Kleinheit von γ die Bewegung quasiperiodisch ist und ihre Amplitude nur langsam (gegenüber der Schwingungsfrequenz) abnimmt. Die Beziehung zwischen zwei Amplituden, die durch eine halbe Periode voneinander getrennt sind, ergibt sich aus dem Energiesatz:

die in dem Spezialfall $m = 1/2$ offenbar mit der empirischen Formel (6, 2) übereinstimmt.

Zur Deutung der empirischen Hyperbel (6, 2) nimmt A. Becquerel das gleichzeitige Ablaufen mehrerer Prozesse vom Typ (6, 5) im Phosphor an, d. h. er interpretiert sie als Summe quadratischer Hyperbeln.

Ein so universeller Mechanismus wie die Molekülschwingung ist offenbar wenig zur Deutung einer so spezifischen und verhältnismäßig seltenen Erscheinung wie der Lumineszenz der festen Körper geeignet. Es ist deshalb ganz natürlich, daß die Gedanken von E. und A. Becquerel nicht weiterentwickelt wurden. An ihre Stelle trat die physikalisch-chemische Theorie von Wiedemann und Schmidt [19, 20] (in den Jahren 1889—1912). Von Einzelheiten abgesehen, stellt diese Theorie in ihrer endgültigen Form die Entwicklung folgender Grundidee dar: Die Phosphore sind feste Lösungen des Aktivators in einer Grundsubstanz. Die Lichtabsorption führt zu einer Dissoziation der Aktivatormoleküle, ähnlich der elektrolytischen Dissoziation in gewöhnlichen Lösungen.

$$\frac{ku_n^2}{2} - \frac{ku_{n-1}^2}{2} = -\gamma \int_{-u_{n-1}}^{u_n} \left(\frac{du}{dt}\right)^2 du = -\gamma \int_{(n-1)\tau}^{n\tau} \left(\frac{du}{dt}\right)^3 dt =$$

$$= -\gamma k^{3/2} u_{n-1}^3 \int_{(n-1)\tau}^{n\tau} \sin^3 \sqrt{k}\, t\, dt = -\frac{4}{3} \gamma k u_{n-1}^3 . \tag{C}$$

Wir finden hieraus, daß

$$\frac{u_n^2}{2} - \frac{u_{n-1}^2}{2} = \frac{(u_n - u_{n-1})(u_n + u_{n-1})}{2} \approx (u_n - u_{n-1}) = -\frac{4}{3} \gamma u_{n-1}^3, \tag{D}$$

d. h.

$$u_n = u_{n-1}\left(1 - \frac{4}{3} \gamma u_{n-1}\right) \approx \frac{u_{n-1}}{1 + \frac{4}{3} \gamma u_{n-1}} . \tag{E}$$

Aus dieser Rekursionsformel ergibt sich

$$u_n = \frac{u_{n-1}}{1 + \frac{4}{3} \gamma u_{n-1}} = \frac{u_{n-2}}{1 + 2 \cdot \frac{4}{3} \gamma u_{n-2}} = \ldots = \frac{u_0}{1 + n \cdot \frac{4}{3} \gamma u_0} . \tag{F}$$

Dieses Ergebnis ist nicht einwandfrei, da die Fehler höherer Ordnung, die in jedem Glied der Rekursionsformel vorhanden sind, sich aufsummieren und n eine große Zahl ist. Deshalb ist ohne zusätzliche Abschätzungen nicht klar, ob man sie vernachlässigen kann. Obwohl die Auffassung A. Becquerels nur historische Bedeutung hat, ist es doch interessant, ob ihr streng eine quadratische Hyperbel als theoretisches Abklinggesetz entspricht.

Die Ursache der Dissoziation der Moleküle in Ionen bilden die erzwungenen Resonanzschwingungen der Moleküle, die durch das einfallende Licht hervorgerufen werden. Die Lumineszenz ist das Ergebnis eines Sekundärvorganges, nämlich der Rekombination der Ionen, und beruht auf den Schwingungen der Ladungen in den bei der Rekombination gebildeten Molekülen.

Das Auftreten gerade einer physikalisch-chemischen Theorie der Lumineszenz in den neunziger Jahren des vergangenen Jahrhunderts war vollkommen gesetzmäßig, denn dies waren die Jahre einer stürmischen Entwicklung der physikalischen Chemie und ihres Eindringens in die verschiedensten Gebiete der Wissenschaft*). Zahlreiche Versuche wiesen auf den engen Zusammenhang zwischen den Lumineszenzeigenschaften und der Chemie der Leuchtstoffe hin. Im Jahre 1886 entdeckte VERNEUIL, daß die Lumineszenzfähigkeit typischer Phosphore wie der BALMENOwschen Farbe (CaS) und der Zinkblende (ZnS) auf der Anwesenheit von Spuren schwerer Elemente, der „Aktivatoren" (Bi, Cu, Mn u. a.) beruht. Natürlich lagen die theoretischen Überlegungen in der Lumineszenzforschung damals ganz in der Richtung der Gedankengänge der physikalischen Chemie.

Die Vorstellungen von WIEDEMANN und SCHMIDT wurden durch NICHOLS und MERRITT weiterentwickelt [16]. Den wichtigsten Schritt bei der Entwicklung der allgemeinen Gedankengänge bildete die Vorstellung, daß die Absorption von Licht keine Dissoziation, sondern eine Ionisierung bewirkt, keinen Zerfall in Ionen, sondern die Ablösung der Elektronen. Die nächstwichtige Errungenschaft war die Anwendung der Methoden der physikalisch-chemischen Kinetik auf die Lumineszenz.

Die Konzentrationsänderung der Ionen im Verlaufe des Nachleuchtens wird durch die Gleichung beschrieben:

$$-\frac{dn}{dt} = kn^2, \tag{6, 6}$$

die einem bimolekularen Rekombinationsmechanismus entspricht. Aus (6, 6) geht unmittelbar hervor, daß

$$n = \frac{n_0}{1 + kn_0 t}, \tag{6, 7}$$

und daß die Intensität des Leuchtens, die natürlich proportional der

*) Die erste Arbeit von WIEDEMANN erschien 1889, zwei Jahre nach der Arbeit von ARRHENIUS über die elektrolytische Dissoziation.

Anzahl der Rekombinationsakte pro Sekunde ist, durch

$$I \sim \frac{dn}{dt} = \frac{kn_0^2}{(1 + kn_0 t)^2} \tag{6, 8}$$

gegeben wird. Die quadratische Hyperbel, die A. BECQUEREL nur mit Hilfe komplizierter spezieller Annahmen erhielt, folgt zwanglos aus physikalisch-chemischen Vorstellungen. Wie schon weiter oben bemerkt, stimmt sie mit der empirischen Formel (6, 2) in dem Spezialfall $m = 1/2$ überein.

Unter der Annahme, daß in einigen Phosphoren die Lichtabsorption nicht mit einer Photoionisation, sondern mit einer Erregung der Aktivatormoleküle verbunden ist, erhielt die physikalisch-chemische Theorie für diese Phosphore das Exponentialgesetz (6, 1), denn die Abnahme der Konzentration der erregten Moleküle folgt in diesem Fall der monomolekularen Gleichung

$$-\frac{dn}{dt} = kn\,. \tag{6, 9}$$

Die WIEDEMANN-SCHMIDTsche Theorie gelangt also im Falle erregter Moleküle zu einem Exponentialgesetz und im Fall der Photoionisation zu einer Hyperbel zweiten Grades für den Abklingvorgang. Diese Ergebnisse stehen mit den Abklinggesetzen für schnell erlöschende Phosphore (6, 1) und einem der Spezialfälle der empirischen Formel (6, 2) für Gemische mit längerem Nachleuchten im Einklang. Versuche zur theoretischen Deutung der Formel (6, 2) im allgemeinen Fall $m \neq 1/2$ schlugen jedoch fehl. Nach der physikalisch-chemischen Theorie ist ein Abklingen nach einer Kurve mit $m \neq 1/2$ das Ergebnis einer Störung von Prozessen verschiedener Ordnung durch Nebeneffekte: die Lichtabsorption im Luminophor selbst, Unregelmäßigkeiten der Erregung, die durch ungleichmäßige Verteilung des Aktivators im Versuchskörper infolge Diffusion von Elektronen und Ionen u. a. hervorgerufen werden (vgl. [16]). Trotz der Kompliziertheit der mathematischen Formulierung des Mechanismus dieses Vorganges gelang es selbst unter Berücksichtigung solcher Nebenreaktionen, die das Auftreten von zahlreichen im Versuch unbestimmbaren Konstanten in den Endformeln mit sich bringen, nicht, eine befriedigende quantitative Übereinstimmung zwischen Theorie und Experiment zu erzielen. Sogar bei spezieller Wahl der Konstanten zur besten Anpassung der theoretischen Kurven an die experimentellen Werte konnte man nur in kleinen Zeitintervallen Übereinstimmung erreichen. Als Beispiel für diese wenig beweiskräftigen Verfahren geben wir in Abb. 14 die Figur 189 aus der Monographie von NICHOLS und MERRITT wieder [16]. Hier enthalten die theoretischen Kurven, die in einem Intervall von nur 160 Sekunden den experimentellen Werten adaptiert sind, fünf (!) speziell gewählte Konstanten.

Die Mißerfolge der physikalisch-chemischen Theorie bei der Erklärung der empirischen Abklinggesetze bildeten einen der wichtigsten

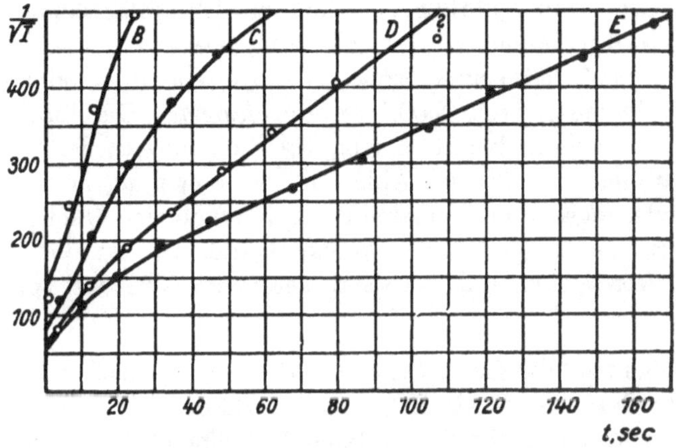

Abb. 14. Theoretische Abklingkurven, konstruiert nach der Formel

$$\frac{1}{\sqrt{I}} = \frac{1/n_0 + at}{\sqrt{B\,(\gamma + e^{-mt})}}\,. \tag{a}$$

n_0, a, B, γ und m sind an Hand der experimentellen Werte gewählt, die hier durch Kreise wiedergegeben sind (nach NICHOLS und MERRITT).

Gründe dafür, daß diese Theorie schließlich durch die sogenannte Zentrentheorie von LENARD ersetzt wurde [22]*). LENARD sah ganz von dem

*) Die zweite grundlegende Schwierigkeit in der Theorie von WIEDEMANN und SCHMIDT trat bei der Erklärung der Tatsache auf, daß die Lumineszenz der Phosphore nicht Resonanzcharakter besitzt (STOKESsches Gesetz). Die ursprüngliche Erklärung, die die Absorption mit erzwungenen, die Lumineszenz mit freien Schwingungen in Verbindung bringt, war offenbar unzulänglich, da gerade unter Einwirkung der Resonanzfrequenz die Dissoziation der Moleküle besonders stark auftreten müßte, d. h. die Maxima der Lumineszenz- und der Absorptionsbande müßten zusammenfallen. Gezwungen mutet auch die Erklärung von NICHOLS und MERRITT an; sie nahmen an, daß bei der Bildung des Moleküls aus den rekombinierenden Ionen die Bindungskräfte infolge der anziehenden Wirkung der Grundsubstanz des Phosphors auf die Ionen geschwächt würden; diese Grundsubstanz sollte nämlich durch eben diese Ionen polarisiert werden. Daher ist, nach Ansicht von NICHOLS und MERRITT, die Frequenz der Lumineszenz, die auf den Schwingungen der Ionen bei ihrer Wiedervereinigung beruht, kleiner als die Frequenz der Ionenschwingungen im unzerfallenen Molekül, die dem Maximum des Absorptionsstreifens entspricht.

bimolekularen Mechanismus ab. Seiner Ansicht nach gehen Absorption und Emission des Lichtes in besonderen „Phosphoreszenzzentren“ vonstatten, die sich bei der Herstellung des Phosphors ausbilden. Die Vorstellungen über Zusammensetzung und Struktur dieser Zentren haben sich gewandelt. In groben Zügen handelt es sich um Komplexe aus einem oder mehreren Aktivatoratomen und vielen Atomen der Grundsubstanz. Der vom auffallenden Licht bewirkte Photoeffekt erfolgt „am Rande des Zentrums“. Das Elektron, das aus einem der Atome des „Zentrums“ herausgeschlagen ist, wird von irgendeinem seiner stärker elektronegativen Nachbarn eingefangen. Die Lumineszenzstrahlung wird dann bei Rückkehr des Elektrons in den Ausgangszustand ausgesandt. Da zur Ablösung des eingefangenen Elektrons eine Aktivierungsenergie notwendig ist, deren einzige Quelle die thermischen Schwankungen bilden können, muß offenbar der Zeitraum zwischen Absorption und Emission wesentlich von der Temperatur abhängen.

Anfangs trug die LENARDsche Theorie rein klassischen Charakter. Der Photoeffekt wurde als Ergebnis der Resonanzschwingungen des Elektrons betrachtet, die das auffallende Licht im Atom erzeugt, die Lumineszenz als Strahlung schwingender Ladungen, die bei der Rückkehr des vorher abgelösten Elektrons in diese schwingende Bewegung geraten. Es ist jedoch leicht zu sehen, daß dieser Mechanismus im Sinne der BOHRschen Theorie modernisiert werden kann. Die Lichtabsorption bewirkt einen Übergang eines Elektrons im „Phosphoreszenzzentrum“ von einem Zustand in einen anderen; der umgekehrte Übergang ist mit einer Emission verbunden. Die engen Beziehungen des LENARDschen Mechanismus zur einfachsten Form der BOHRschen Quantenvorstellungen*) bildeten auch den Grund dafür, daß nach dem Erscheinen der BOHRschen Theorie die LENARDsche Zentrentheorie an die erste Stelle rückte. Nach den glänzenden Erfolgen der BOHRschen Atomtheorie lag der Gedanke nahe, daß die Strahlung der Kristallphosphore ähnlich der der Atome auf Elektronenübergängen zwischen angeregten und Grundzuständen beruhe. Man begann das „Phosphoreszenzzentrum“ als das physikalische System anzusehen, innerhalb dessen sich energetische Übergänge dieser Art abspielten.

*) Diese engen Beziehungen, die eine Modernisierung der LENARDschen Ansichten ermöglichten, rechtfertigen sogar die Behauptung, daß LENARD die BOHRsche Theorie vorwegnahm [23].

An die Stelle des bimolekularen Mechanismus trat also ein monomolekularer, nach dem die Lumineszenzvorgänge in einzelnen diskreten Zentren vor sich gehen.

Aus einer monomolekularen Theorie ergibt sich notwendigerweise ein exponentielles Abklinggesetz. Um die experimentellen Daten über das Abklingen der Phosphore deuten zu können, nahm LENARD das Vorhandensein verschiedener Arten von Zentren im Phosphor mit verschiedenen Lebensdauern des erregten Zustandes an. Das Abklingen muß in diesem Fall durch eine Summe von Exponentialfunktion

$$I = \sum_k I_k e^{-t/\tau_k}. \tag{6, 10}$$

oder durch ein Integral

$$I = \int I(\tau)\, e^{-t/\tau} d\tau. \tag{6, 11}$$

wiedergegeben werden können. Durch geeignete Wahl der Koeffizienten kann man in der Form (6, 10) oder (6, 11) eine große Klasse monoton abfallender Kurven darstellen. Wenn man insbesondere annimmt, daß die Anzahl der erregten Zentren mit einer mittleren Lebensdauer zwischen τ und $\tau + d\tau$ zum Zeitanfangspunkt

$$dv_0 = \frac{c e^{-\frac{1}{k\tau}} d\tau}{\tau^\alpha} \tag{6, 12}$$

beträgt, wo c, k und α Konstanten sind, so erhält man als Abklinggesetz

$$I = -\frac{d}{dt}\int e^{-t/\tau} dv_0 = \frac{I_0}{(1 + kt)^\alpha}, \tag{6, 13}$$

in Übereinstimmung mit der empirischen Formel (6, 2).

Die LENARDsche Theorie verlor ihre Bedeutung erst vor kurzem. Sie beinhaltete eine komplizierte Stufenfolge von „Zentren“ verschiedener Abmessungen, Eigenschaften usw., mit deren Hilfe die bekannten und neuentdeckten Tatsachen erklärt wurden. Als Beispiel behandeln wir die Temperatureigenschaften der Phosphore mit Hilfe dieser Theorie.

Das Problem des Abklinggesetzes beschränkt sich nicht auf die Auffindung einer theoretischen Abhängigkeit zwischen Helligkeit und Zeit. Experimentell wurde auch eine wesentliche Abhängigkeit des Abklingvorganges von den Versuchsbedingungen, in erster Linie von der Temperatur, gefunden.

Das Experiment zeigt, daß bei einer großen Klasse sogenannter typischer Kristallphosphore (ZnS, CaS, Zn_2SiO_4 u. a.) ein längeres Nachleuchten nur in einem bestimmten Temperaturbereich zu beobachten ist. Unterhalb und oberhalb desselben zeigt der Phosphor nur ein „momentanes" Leuchten mit einer Dauer von Bruchteilen von Sekunden. Nach den Vorstellungen der physikalisch-chemischen Theorie von Wiedemann und Schmidt hängt dies mit der Aktivierungsenergie und der Beweglichkeit der Ionen zusammen. Lenard sucht die Lösung des Problems in der Temperaturabhängigkeit der mittleren Lebensdauer des Elektrons, das von einem Atom des Zentrums abgelöst und von einem anderen Atom desselben Zentrums eingefangen wurde. Die ausleuchtende und löschende Wirkung einer Ultrarotbestrahlung führt er auf die lokale Erwärmung der Zentren bei der Absorption des ultraroten Lichtes zurück.

Zur Erklärung all der Tatsachen, die sich auf die Lumineszenz der Festkörper beziehen, waren Lenard und seine Schüler zu einer großen Anzahl von besonderen konkreten Voraussetzungen über die Abmessungen, die Zusammensetzung und die Struktur der Lumineszenzzentren gezwungen, die keine unmittelbare experimentelle Bestätigung zulassen. Trotz dieser prinzipiellen Schwäche der Zentrentheorie sicherten der umfassende Charakter der Forschungen der Heidelberger Schule*) und die Modernisierung der Lenardschen Gedanken im Sinne der Bohrschen Vorstellungen der Zentrentheorie für lange Zeit die Vorherrschaft in der Lumineszenztheorie. Selbst die Experimente von Gudden und Pohl [27], die eine wesentliche Abhängigkeit des inneren Photoeffektes in Alkalihalogenidkristallen vom Aktivator nachwiesen und dadurch für die vollständige Abtrennung des Elektrons vom „Zentrum" sprachen, konnten das Gebäude der Zentrentheorie nicht erschüttern, das diese Versuche um mehr als 10 Jahre überdauerte. Erst vor ganz kurzer Zeit (in den Jahren 1933 bis 1936) wurde durch die Arbeiten sowjetischer Forscher diese Theorie gestürzt, und es eröffneten sich der Wissenschaft von den Leuchterscheinungen der Kristalle ganz neue Wege.

§ 7: Experimentelle Grundlagen der modernen Theorie

Die modernen Vorstellungen über den Mechanismus der Kristalllumineszenz stützen sich auf die experimentell bewiesene Tatsache der

*) Übrigens waren diese, wie weitere Arbeiten zeigten [24, 25, 26], durchaus nicht einwandfrei.

Bimolekularität der Elektronenprozesse in den typischen Kristallphosphoren und auf das quantenmechanische Bändermodell für den Festkörper. Der bimolekulare Charakter des Leuchtens der Kristallphosphore wurde durch die Untersuchungen der von S. I. Wawilow geleiteten Schule sowjetischer Lumineszenzforscher nachgewiesen, die die experimentelle Grundlage für die moderne Theorie legten. Als erster führte D. I. Blochinzew eine Behandlung der Lumineszenz fester Körper auf Grund der Quantenmechanik durch [28]. Gegenwärtig sind diese Vorstellungen zu allgemeiner Anerkennung gelangt (vgl. z. B. das Material der Konferenzen über die Lumineszenz 1938 in Oxford [29] und 1944 und 1948 in Moskau [30, 31]).

Auf Grund der experimentellen Daten über das Leuchten von Luminophoren im festen und in den anderen Aggregatzuständen teilte S. I. Wawilow im Jahre 1934 [32] die möglichen Fälle der Lumineszenz in drei Klassen ein, nämlich die spontane, die erzwungene und die Rekombinationslumineszenz, und untersuchte die Unterscheidungsmerkmale dieser drei Arten. Als wichtigste Kriterien bezeichnete er die Abklinggesetze und die Temperatureigenschaften der Luminophore. Diese neue wissenschaftliche Klassifikation, die die frühere Einteilung in Fluoreszenz und Phosphoreszenz *) ersetzte, deren Abgrenzung sich durch die verbesserte Meßtechnik des Leuchtens in kurzen Zeitabschnitten immer mehr verwischte, führte zur Lösung der Frage nach dem Strahlungsmechanismus einer großen Anzahl lumineszierender Stoffe. Insbesondere konnte hinsichtlich der festen Phosphore gezeigt werden, daß die experimentellen Tatsachen für zwei völlig verschiedene Strahlungsmechanismen sprechen, die W. L. Ljowschin [33] als „Leuchten diskreter Zentren" und „Kristalleuchten" bezeichnete. Das Leuchten diskreter Zentren tritt bei Phosphoren auf, bei denen sämtliche Elektronenprozesse sich in getrennten „Strahlungszentren" abspielen. Als „Zentren" kommen einzelne Atome und Moleküle oder auch Komplexe von ihnen in Frage. Das Leuchten diskreter Zentren kann sowohl spontan als auch erzwungen sein. Auf jeden Fall verläuft es nach dem monomolekularen Schema, da es auf Prozessen in einzelnen, nicht miteinander in Wechselwirkung stehenden Systemen beruht. Diesem Leuchten entspricht also ein exponentielles Abklinggesetz. Besitzen die Strahlungszentren metastabile Niveaus (erzwungenes Leuchten), so hängt der Exponent dieses Gesetzes von der Tem-

*) Unter Phosphoreszenz versteht man heute den temperaturabhängigen Teil des Nachleuchtens.

peratur ab. Auf Grund des von WAWILOW aufgestellten Kriteriums wurde in direkten Versuchen gezeigt, daß die Lumineszenz des festen Stickstoffs [32], der Uranylsalze [34, 35], der Bor- und Zuckerphosphore [36, 37] und einiger anderer fester Körper ein Leuchten diskreter Zentren darstellt. Dabei ist im Gegensatz zu den hypothetischen Zentren der LENARDschen Theorie die Natur der Gebilde, die für das Leuchten der angeführten Phosphore verantwortlich sind, vollständig bekannt. Solche „Strahlungszentren" sind N_2-Moleküle in den Kristallen des festen Stickstoffs, die Gruppen $UO_2X \cdot nH_2O$ und $Pt(CN)_4X \cdot nH_2O$ in den Uranyl- und Platincyanylsalzen, Cr^{+++}-Ionen in den Chromaluminaten usw.

Die zweite Gruppe fester Phosphore bilden das Zinksulfid, die Erdalkali-, Alkalihalogenid-, Silikat- und andere sogenannte typische Kristallphosphore. Ihnen ist ein Rekombinationsmechanismus für das Leuchten gemeinsam. Der Absorptionsvorgang ist bei diesen Phosphoren mit einem inneren Photoeffekt verbunden, während die Emission des Lumineszenzquants durch Rekombination des Photoelektrons mit einem Aktivatorion erfolgt. Wie man leicht sieht, entspricht das Rekombinationsleuchten in seinen Grundzügen dem Modell, das die physikalisch-chemische Theorie zuerst als universellen Mechanismus der Lumineszenz vorschlug.

Die vorliegende Monographie behandelt die Theorie der Phosphore mit Rekombinationsmechanismus für das Leuchten. Nur auf diese Phosphore, deren Lumineszenz auf Prozessen beruht, die sich im gesamten Kristall abspielen, wird hier der Name Kristallphosphor angewandt. Später wird noch einiges über das Leuchten von Molekülkristallen zu sagen sein, das keinem Rekombinationscharakter hat, sondern mit einer Energieübertragung auf Abstände, die um ein Vielfaches größer sind als die Gitterkonstante des Kristalles [38], verbunden ist.

Im Jahre 1936 berichtete W. L. LJOWSCHIN auf der ersten internationalen Lumineszenzkonferenz in Warschau über die Ergebnisse der Untersuchungen, die in den Jahren 1933 bis 1936 im physikalischen LEBEDEW-Institut der Ak. d. W. d. UdSSR in Moskau durchgeführt wurden und die den Nachweis erbrachten, daß die Elektronenprozesse in Kristallphosphoren bimolekularer Natur sind [39]. Hierdurch wurde der Grundgedanke LENARDS widerlegt, daß die Lumineszenzvorgänge in getrennten Strahlungszentren ablaufen, ein Gedanke, der die Grundlage der ganzen „Zentrentheorie" bildete.

Vor allem konnte an einer großen Anzahl von ZnS- und ZnS · CdS-Phosphoren nachgewiesen werden, daß das Abklingen nach der Formel

$$I = At^{-\alpha}, \qquad (7, 1)$$

erfolgt, die eine vereinfachte Schreibweise der Formel von E. Becquerel

$$I = (a + bt)^{-\alpha} \qquad (7, 2)$$

für Zeiten $t \gg a/b$ darstellt. Die in logarithmischen Koordinaten dar-

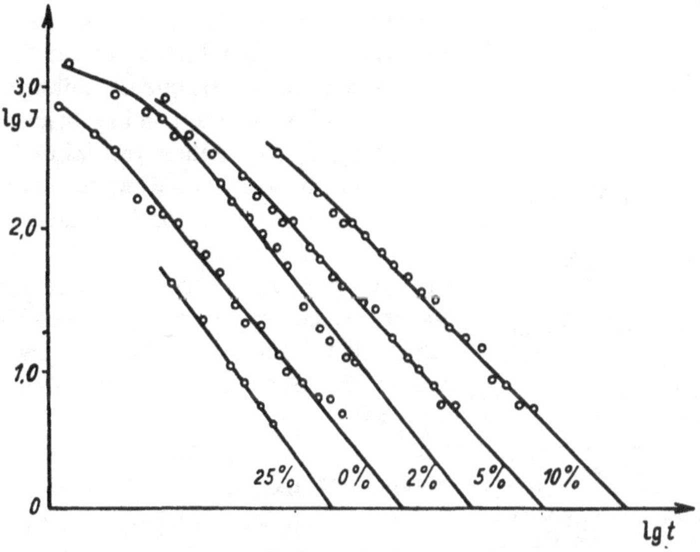

Abb. 15. Abklingkurven von ZnS · CdS · Cu-Phosphoren mit verschiedenen Cadmiumgehalt (nach W. L. Ljowschin)

gestellten Meßergebnisse von Ljowschin und Antonow-Romanowski [40—43] lagen in einem sehr großen Bereich des Intensitätsabfalls (gewöhnlich um einem Faktor 10^{-3}, in einzelnen Fällen bis auf das $3 \cdot 10^{-6}$-fache) auf den theoretischen Graden, die Formel (7, 1) darstellt. Typische Meßergebnisse von Ljowschin und Antonow-Romanowski sind in den Abb. 15 und 16 dargestellt. Die Abweichungen von der Geraden zu Beginn des Abklingens entsprechen der Deutung der Formel (7, 1) als angenäherte Schreibweise der Formel (7, 2). Schon in den ersten Versuchen konnte festgestellt werden, daß in Übereinstimmung mit Formel (7, 1) etwa 70 % der gesamten Lichtsumme der Phosphoreszenz ausgestrahlt werden.

Früher, als die Gültigkeit der Formel (7, 2) erst an wenigen Stoffen nachgeprüft war, konnte man sie noch mit LENARD als Ergebnis der Überlagerung mehrerer Exponentialausdrücke auffassen. Die Versuche von LJOWSCHIN und ANTONOW-ROMANOWSKI, die diese Formel an Hand eines umfangreichen Materials und in einem großen Intensitätsbereich bestätigten, schlossen diese Möglichkeit aus. Zwar konnte ein Abklingen nach der Formel (7, 1) mit $\alpha \neq 2$ noch keinen entscheidenden Beweis für den Rekombinationsmechanismus der Strahlung von Kristallphosphoren bilden, weil ja auch in den bimolekularen Theorien die Formel von E. BECQUEREL mit von 2 verschiedenen Exponenten keine befriedigende Erklärung findet. Schon im Jahre 1936 jedoch lieferte ANTONOW-ROMANOWSKI [43, 44] einen unmittelbaren und entscheidenden experimentellen Beweis dafür, daß das Leuchten der ZnS-Phosphore bimolekularer Natur ist. Die von ihm angegebene Methode führte dann auch zum Beweis dieser Tatsache für die übrigen Kristallphosphore [45—48].

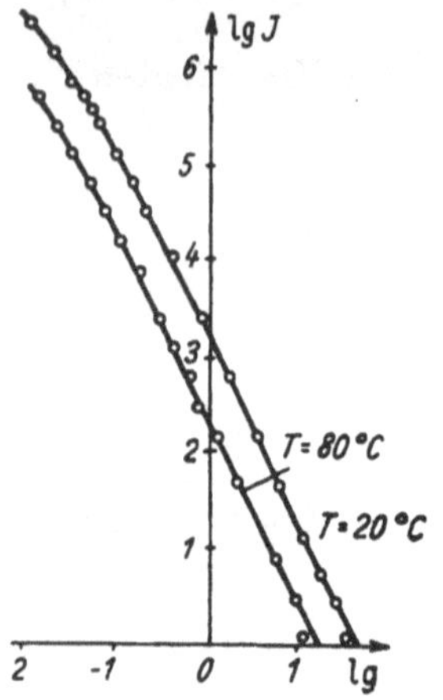

Abb. 16. Abklingen eines ZnS · Cu-Phosphors nach einem hyperbolischen Gesetz bei einer Intensitätsabnahme auf den dreimillionsten Teil ($\alpha = 1{,}96$) nach W. W. ANTONOW-ROMANOWSKI).

Der Grundgedanke des Beweises von ANTONOW-ROMANOWSKI ist folgender.

Bei einem monomolekularen Mechanismus der Lumineszenz, d. h. in dem Fall, daß die Absorption von Licht nur zur Erregung einzelner, miteinander nicht gekoppelter Strahlungszentren führt, wird die Kinetik der Elektronenübergänge durch folgende Gleichung beschrieben:

$$\frac{dn}{d\vartheta} = \varkappa i\,(n_1 - n) - kn\,. \tag{7, 3}$$

Hier ist n_1 die Gesamtzahl der Strahlungszentren, n die Anzahl der erregten Zentren, ϑ die Zeit, i die Intensität des erregenden Lichtes, $\varkappa$ die Absorptionswahrscheinlichkeit für ein unerregtes Zentrum, k die Emissionswahrscheinlichkeit für die Lumineszenzstrahlung. Wird jedoch bei der Absorption des erregenden Lichtes ein Elektron abgelöst und ist die Lumineszenz das Ergebnis einer Rekombination von

Elektronen und ionisierten Zentren, so gilt

$$\frac{dn}{d\vartheta} = \varkappa i\,(n_1 - n) - kn^2. \qquad (7, 4)$$

Bei hinreichend schwacher Erregung des Luminophors, d. h. bei

$$n \ll n_1, \qquad (7, 5)$$

kann man in den Gleichungen (7, 3) und (7, 4) alle Glieder mit n vernachlässigen. In diesem Fall ergibt sich unabhängig von Mono- oder Bimolekularität der Prozesse eine Strahlung nach dem Gesetz

$$\frac{dn}{d\vartheta} \approx \varkappa i n_1. \qquad (7, 6)$$

Die Bedingung $n \ll n_1$ kann durch hinreichend kurze („momentane") Erregung des Phosphors realisiert werden, z. B. bei Erregung durch Funken. Im Augenblick des Aufhörens der Erregung ergibt sich für n nach (7, 6)

$$n \approx \varkappa n_1 \Theta i. \qquad (7, 7)$$

Hier ist mit Θ die Gesamtdauer der Erregung des Luminophors gemeint. Die vom Augenblick des Abschaltens der Erregung an gerechnete Zeit bezeichnen wir mit t.

Kennt man n, so kann man leicht den Ausdruck für die Strahlungsintensität des untersuchten Luminophors bei Aufhören der Erregung finden. Nach (7, 7) beträgt die Anfangsintensität bei einem Körper mit monomolekularer Lumineszenz

$$I = kn = k\varkappa n_1 \Theta i. \qquad (7, 8)$$

Ist der Strahlungsmechanismus bimolekular, d. h. handelt es sich um ein Leuchten vom Rekombinationstyp, so gilt

$$I = kn^2 = k\,(\varkappa n_1 \Theta)^2\, i^2. \qquad (7, 9)$$

Im ersten Fall ist I proportional zu i, im zweiten $I \sim i^2$. Folglich stellt bei kurzzeitiger Erregung eines lumineszierenden Körpers die Anfangsintensität I des Nachleuchtens eine lineare Funktion der Intensität i des erregenden Lichtes dar, falls der Leuchtmechanismus monomolekular ist, eine quadratische Funktion von i, wenn die Vorgänge bimolekular sind. Die Messung der Abhängigkeit der Größe I von i ist deshalb ein experimentelles Kriterium zur Entscheidung der Frage nach der Kinetik der Lumineszenzvorgänge, nach ihrer Monomolekularität oder Bimolekularität.

Durch Messung der Abhängigkeit der Größe I von i bei der Erregung von Phosphoren durch Funken, wobei die Intensität des erregenden Lichtes noch durch Anbringen eines Metallnetzes geschwächt wurde, stellte ANTONOW-ROMANOWSKI fest, daß die experimentellen Werte in den Koordinaten i und $\sqrt{I}$ auf einer Graden liegen (Abb. 17), d. h. daß

$$I \sim i^2 \tag{7, 10}$$

ist. Dadurch war die Bimolekularität des Leuchtens der Zinkphosphore bewiesen.

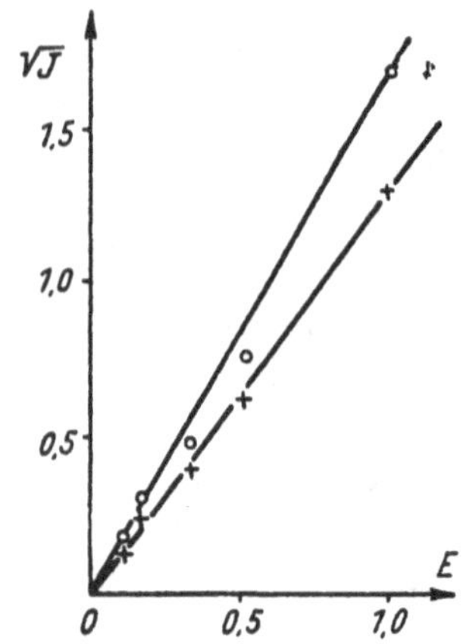

Abb. 17. Zum direkten Beweis der Bimolekularität des Leuchtens der ZnS · Cu-Phosphore (nach ANTONOW-ROMANOWSKI). E Intensität des erregenden Lichtes

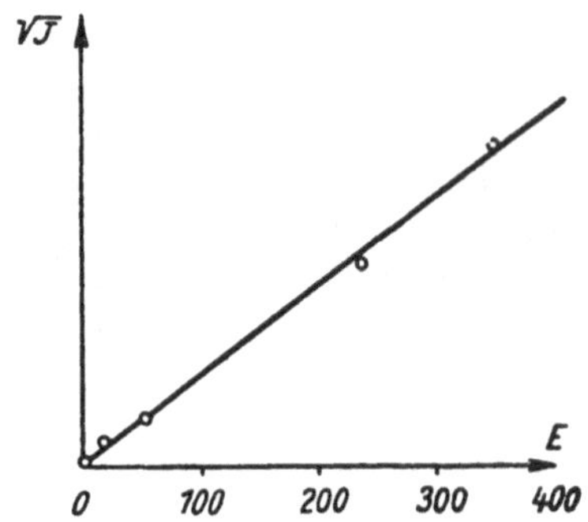

Abb. 18. Zum direkten Beweis der Bimolekularität des Leuchtens von ZnS·Cu-Phosphoren bei Änderung der Lumineszenzhelligkeit um das 40000fache (nach LJOWSCHIN). E Intensität des erregenden Lichtes

Die Intensität der Erregung wurde in den ersten Versuchen ANTONOW-ROMANOWSKIS um das Zehnfache variiert; dementsprechend stieg I auf das 100fache (Abb. 17). W. L. LJOWSCHIN [39] erweiterte den Variationsbereich der Erregungsintensität bis auf 1 : 200 und erhielt für ZnS eine quadratische Abhängigkeit zwischen I und i bei einer Änderung der Lumineszenzintensität um das $4 \cdot 10^4$fache (Abb. 18). Etwas später wurde ebenfalls in direkten Versuchen der Rekombinationsmechanismus des Leuchtens der Erdalkali- [45], Alkalihalogenid- [46] und Silikatphosphore [47, 48] nachgewiesen.

Die Arbeiten von ANTONOW-ROMANOWSKI, LJOWSCHIN und ihren Mitarbeitern lösten die Frage der Bimolekularität des Leuchtens der Kristallphosphore eindeutig und zwangen zur Abkehr von den LENARDschen Vorstellungen. Gestützt auf die experimentellen Ergebnisse dieser Forscher konnte D. I. BLOCHINZEW [28] im Jahre 1934 eine neue Theorie der Lumineszenz der Kristallphosphore vorlegen. Ihr lagen die Vorstellungen des Bändermodells des Festkörpers zugrunde.

§ 8: Bemerkungen zum direkten Beweis der Bimolekularität der Lumineszenz der Kristallphosphore

Die quadratische Abhängigkeit zwischen I und i bei einem bimolekularen Lumineszenzmechanismus und der lineare Zusammenhang zwischen diesen beiden Größen im Falle des monomolekularen Leuchtens ergeben sich unmittelbar aus den Gleichungen (7, 3) und (7, 4), wenn die Bedingung $n \ll n_1$ erfüllt ist („momentane" oder geringe Erregung). Die Rekombinationsgeschwindigkeit aber wird nur dann durch die einfache quadratische Funktion

$$I = -\frac{dn}{dt} = kn^2, \tag{8, 1}$$

gegeben, wenn der ganze Vorgang sich bei gleichen oder einander proportionalen Anzahlen der Partner abspielt, in unserem Fall der Elektronen und Ionen. Liegen aber zwischen Ionisation und Rekombination noch Zwischenprozesse, an denen eine der rekombinierenden Komponenten beteiligt ist, so ist im allgemeinen

$$I = -\frac{dn}{dt} = knN \neq kn^2. \tag{8, 2}$$

Es kann heute als gesichert gelten, daß nur ein kleiner Teil aller durch das Licht abgelösten Elektronen imstande ist, unmittelbar zu rekombinieren. In der Mehrzahl der Fälle werden diese Elektronen gebunden werden, und zwar lokalisiert an den Störstellen der Periodizität des Kristallgitters; dadurch verlieren sie ihre Beweglichkeit, die zum Zusammentreffen mit einem ionisierten Strahlungszentrum notwendig ist. Folglich ist

$$N \ll n, \tag{8, 3}$$

wo N die Konzentration der freien Elektronen und n die Konzentration der ionisierten Strahlungszentren ist, und an Stelle von $I = kn^2$ haben wir $I = knN$.

Es ist auch noch ein zweiter das Ergebnis komplizierender Umstand denkbar, nämlich das gleichzeitige Ablaufen eines bimolekularen und eines monomolekularen Prozesses im Phosphor. Es besteht Grund zu der Annahme, daß diese Möglichkeit tatsächlich verwirklicht ist und daß die Emission des Lumineszenzquants selbst nicht durch Rekombination des Elektrons mit dem ionisierten Strahlungszentrum, sondern in Prozessen erfolgt, die sich in dem erregten Strahlungszentrum abspielen, das infolge der Rekombination entstanden ist (vgl. Kapitel VII). Im Zusammenhang damit muß geklärt werden, wie diese Komplizierung der bimolekularen Kinetik der Prozesse die Ergebnisse von Versuchen nach der Methode von Antonow-Romanowski beeinflußt.

Im allgemeinsten Fall können Nebenprozesse und sonstige Umstände die quadratische Abhängigkeit $I = \text{const.} \cdot i^2$ stark verdecken. Die Natur dieser Umstände, die die Elektronenprozesse in Kristallphosphoren verwickelter machen, bringt es jedoch mit sich, daß sie den quadratischen Zusammenhang $I \sim i^2$, d. h. die Ergebnisse, die man auf Grund des einfachen bimolekularen Schemas (7, 4) zu erwarten hat, nicht stören.

Weiter unten wird gezeigt werden, daß das Haften der Elektronen, das dazu führt, daß die Konzentration N der freien Elektronen im Phosphor bedeutend kleiner ist als n, die Konzentration der ionisierten Zentren, die Proportionalität zwischen N und n nicht stört, solange $n \ll n_1$ ist (vgl. § 27 und [49]). Wie oben gezeigt wurde, stellt aber diese Bedingung gleichzeitig die Definition der „momentanen" Erregung dar (vgl. (7, 5)). Deshalb bleibt bei geringer (kurzzeitiger) Erregung der quadratische Zusammenhang

$$I = knN \sim n^2 \tag{8, 4}$$

auch in dem Bändermodell für den Kristallphosphor, das das Haften der Elektronen berücksichtigt, erhalten.

Wir betrachten jetzt den zweiten Umstand, der die Theorie kompliziert, nämlich die Möglichkeit, daß monomolekulare Prozesse gleichzeitig mit bimolekularen ablaufen. Die Anzahl der ionisierten Zentren bezeichnen wir mit n, die der erregten mit n^*. Zieht man die Möglichkeit einer unmittelbaren Erregung der Strahlungszentren sowie die Bildung eines erregten Zentrums bei der Rekombination in Betracht, das erst bei dem nachfolgenden Übergang in den Grundzustand Licht emittiert, so nehmen die kinetischen Gleichungen folgende Form an:

$$\frac{dn}{d\vartheta} = \varkappa_1 i\,(n_1 - n - n^*) - kn^2 + bn^*,$$
$$\frac{dn^*}{d\vartheta} = \varkappa_2 i\,(n_1 - n - n^*) + kn^2 - (g + b)\,n^*. \qquad (8, 5)$$

Das Glied bn^* in diesen Gleichungen stellt die thermische Ionisierung der Strahlungszentren dar. Der Proportionalitätsfaktor zwischen N und n steckt schon in k.

Durch Integration von (8, 5) mit der Zusatzbedingung

$$n \ll n_1, \qquad (8, 6)$$

finden wir, daß bei Aufhören der Erregung

$$n_0 = \varkappa_1 n_1 \Theta i\,, \qquad n_0^* = n_0^*\,(\Theta)\,. \qquad (8, 7)$$

ist. Die Funktion $n_0^*\,(\Theta)$ werden wir nicht untersuchen, da das Versuchsergebnis, wie sofort gezeigt wird, nicht von n_0^* abhängt.

Die kinetischen Gleichungen für das Nachleuchten haben folgende Form:

$$\frac{dn}{dt} = -\,kn^2 + bn^*,$$
$$\frac{dn^*}{dt} = kn^2 - (g + b)n^*. \qquad (8, 8)$$

Die optische Lebensdauer $1/g$ des erregten Strahlungszentrums beträgt im Falle des üblichen labilen Erregungsniveaus größenordnungsmäßig 10^{-8} sec. Befindet sich das Zentrum in einem metastabilen Zustand, bei dem der Übergang der Ausstrahlung eines höheren Multipols entspricht, so beträgt $1/g$ etwa 10^{-2} sec*). In jedem Fall ist

$$\frac{1}{g} \ll \frac{1}{kn} \qquad (8, 9)$$

die charakteristische Zeit für die Rekombinationsstrahlung, die in den gewöhnlichen Fällen nach vielen Sekunden, Minuten oder sogar Stunden zählt. Deshalb sind die Erregungsniveaus während des Nachleuchtvorganges quasistationär [51) (vgl. § 44). Nach dem Abklingen von n_0^* in einer Zeit von der Größenordnung $1/g$ ist

$$\frac{dn^*}{dt} \ll \frac{dn}{dt}\,, \qquad (8, 10)$$

oder
$$\frac{dn^*}{dt} = -\,(g + b)\,n^* + kn^2 = 0\,. \qquad (8, 11)$$

*) Wir weisen darauf hin, daß es auch Fälle gibt, in denen ein elektrischer Dipol eine Abklingzeit von wesentlich mehr als 10^{-8} sec besitzt [50].

Aus (8, 11) erhalten wir

$$n^* \cong \frac{k}{g+b} n^2. \tag{8, 12}$$

Die Lumineszenzintensität beträgt

$$I = gn^*. \tag{8, 13}$$

Durch Einsetzen des Wertes für n^* aus (8, 12) erhalten wir nach (8, 7)

$$I = k \frac{g}{g+b} n^2 = \text{const.}\ i^2, \tag{8, 14}$$

denn es ist bei $t \approx 1/g$ (vgl. (8, 9))

$$-\frac{dn}{n_0} \approx kn_0 \frac{1}{g} \ll 1 \tag{8, 15}$$

und $n(t) \approx n_0(\Theta)$.

Die Formel (8, 14) zeigt, daß nach Ablauf einer Zeit t nach Aufhören der Erregung, unter der Bedingung

$$\frac{1}{g} \ll t \ll \frac{1}{kn_0}, \tag{8,16}$$

für den Phosphor eine quadratische Abhängigkeit von der Form $I \sim i^2$ vorliegen muß.

Das Experiment war so eingerichtet, daß nie schon genau im Augenblick des Abschaltens der Erregung gemessen wurde, sondern erst stets nach etwa einer Zehntelsekunde (vgl. z. B. [44]). Das ist nämlich von grundlegender Bedeutung, denn es schließt den verdeckenden Einfluß kurzlebiger monomolekularer Prozesse aus. Die Messungen bestätigen dann den quadratischen Zusammenhang zwischen I und i, der den Beweis für die Bimolekularität der Elektronenprozesse in den Kristallphosphoren bildet. Infolge der Verzögerung in der Messung von I sowie auch infolge der Kleinheit der Erregung, die eine Proportionalität zwischen N und n gewährleistet, sind die Grenzen der Anwendbarkeit des experimentellen Kriteriums von W. W. Antonow-Romanowski bedeutend weiter als die des kinetischen Modells der einfachen bimolekularen Reaktion. Dies ist ein wesentlicher Grund dafür, daß die Anwendung dieses Kriteriums zu einer eindeutigen Antwort auf die Frage nach dem Rekombinationsmechanismus der Lumineszenzprozesse in den Kristallphosphoren führt, obwohl deren Kinetik sich von der durch (7, 4) beschriebenen wesentlich unterscheidet.

KAPITEL III

GRUNDZÜGE DES BÄNDERMODELLS DER KRISTALLE

§ 9: Einleitung

Als theoretische Grundlage für die modernen Vorstellungen über den Lumineszenzmechanismus der Kristallphosphore dient das Bändermodell des festen Körpers. Dabei wird aber nur ein allgemeines qualitatives Ergebnis dieser Theorie benutzt, nämlich die Tatsache, daß das Energiespektrum des Elektrons in einem nichtidealen Kristallgitter aus quasikontinuierlichen Energiebändern und diskreten lokalen Niveaus besteht (Abb. 19). Dabei beziehen sich die zu den Bändern gehörigen Zustände auf die Grundsubstanz des Kristalls. Die Elektronen bewegen sich in diesen Zuständen mit konstanter mittlerer Geschwindigkeit, und zwar in bestimmten kristallographischen Richtungen von Gitterpunkt zu Gitterpunkt. Die diskreten Niveaus dagegen rühren von den „Fehlstellen“ in der Kristallstruktur her, d. h. von Fremdatomen, die in den Kristall eingedrungen sind, von leeren Gitterpunkten, von der Mosaikstruktur, von winzigen Spalten, den Korngrenzen, der äußeren Oberfläche des Kristalls usw. In diesen diskreten Zuständen sind die Elektronen entweder in den Fehlstellen selbst oder ganz in ihrer Nähe lokalisiert.

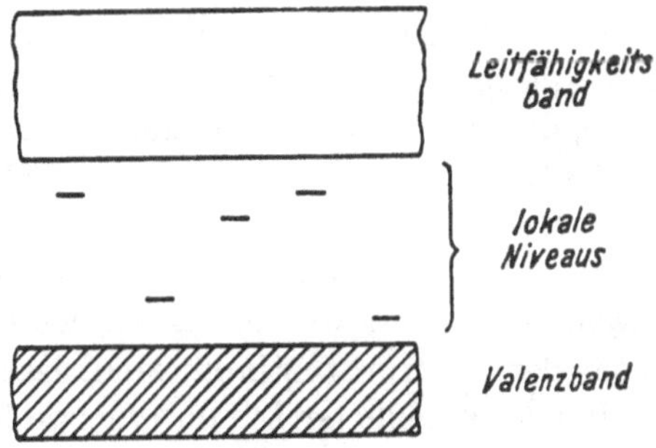

Abb. 19. Energiespektrum des Elektrons im nichtidealen Kristallgitter.

Die klassischen Theorien, die vor dem modernen quantenmechanischen Bändermodell für die Lumineszenz der Kristallphosphore bestanden, nahmen ihren Ausgang von bestimmten Strukturmodellen, von Hypothesen über den detaillierten mikroskopischen Aufbau und die Zusammensetzung der leuchtenden Kristalle. Die komplizierte Technologie der Kristalleuchtgemische, die Aktivierungsprozesse, Einführung von Flußmitteln und Glühen bei hohen Temperaturen umfaßt, läßt alle Vorstellungen über Einzelheiten von Bau und Zusammensetzung der Mikrokomplexe, die für die Lumineszenz verantwortlich sind, noch sehr hypothetisch erscheinen. Bisher haben wir nur äußerst dürftige Kenntnisse von diesen „Zentren". Die moderne Theorie der Kristallphosphore verdankt ihre Erfolge in erster Linie dem Umstand, daß der Ersatz des klassischen Bildes der Lumineszenz durch ein quantenmechanisches gestattete, der Theorie nicht mehr ein Strukturmodell sondern ein energetisches Modell des lumineszierenden Kristalls zugrunde zu legen. Dadurch wurde es möglich, den Lumineszenzmechanismus der Kristallphosphore in seinen Grundzügen theoretisch zu deuten, und zwar ohne willkürliche Hypothesen über die Zentren, die experimentell bei weitem noch nicht ausreichend untersucht worden sind.

Selbstverständlich waren eben dadurch die Möglichkeiten des Bändermodells von vornherein sehr beschränkt. Der Theorie entgehen z. B. alle die Seiten der Lumineszenzerscheinungen der Kristallphosphore, die von den Einzelheiten der Struktur und den Eigenschaften der Zentren abhängen. Insbesondere können die Lumineszenzvorgänge im engeren Sinne dieses Wortes, d. h. die Elementarprozesse, mit denen die Lichtemission verbunden ist, nicht im Rahmen dieses Bändermodells behandelt werden, da sie wesentlich durch die physikalische Natur der Zentren bestimmt sind. Das wichtigste Anwendungsgebiet des Bändermodells bei Lumineszenzproblemen ist die Kinetik der Elektronenprozesse im Kristallphosphor.

Schon zu Beginn dieses Paragraphen wurde darauf hingewiesen, daß die Theorie der Lumineszenz der Kristallphosphore nur allgemeine qualitative Aussagen des Bändermodells des festen Körpers verwerten kann. Dies ist nicht zufällig so. Die komplizierte Zusammensetzung und die Realstruktur der Kristallphosphore sind der Grund dafür, daß wir gegenwärtig noch weit von einer strengen quantenmechanischen Berechnung konkreter Leuchtgemische entfernt sind. Die wesentliche Abhängigkeit der Lumineszenzeigenschaften der Kristallphosphore von den Einzelheiten des Herstellungsganges deutet darauf hin, daß der Wert derartiger Berechnungen auch in Zukunft nicht überschätzt werden darf. Von dem Bändermodell und den Grenzen seiner Anwendbarkeit in der Lumineszenztheorie wird an geeigneter Stelle nach Darlegung der mit ihrer Hilfe erhaltenen Ergebnisse die Rede sein. Das wird im Kapitel VII geschehen. Hier setzen wir nur die Grundgedanken und Folgerungen des Bändermodells des festen Körpers auseinander und geben die Voraussetzungen und Vereinfachungen an, auf denen es beruht. Dabei werden umfangreiche und komplizierte Rechnungen, die keinen unmittelbaren Zusammenhang mit der Anwendung des Bändermodells auf die Lumineszenzprobleme haben, einfach weggelassen. Der Leser kann sie in der Speziallliteratur über den festen Körper finden, die im Literaturverzeichnis zu diesem Kapitel angegeben ist. Von den beiden Wegen, die man beschreiten kann, um zur Bänderstruktur des Energiespektrums der Elektronenzustände im Kristall zu gelangen — der Näherung durch Eigenfunktionen, die sich über das ganze System erstrecken (Hund und Mulliken für Moleküle, Bloch für Kristalle) und der Näherung von den Atomfunktionen her (Methode von Heitler und London) —, haben wir die zweite gewählt. Dieser Weg ist in einigen Fällen mit größeren rechnerischen Schwierigkeiten bei der Lösung konkreter Aufgaben verbunden, besitzt aber den Vorteil größerer physikalischer Anschaulichkeit. Das formale Vorgehen der Blochschen Methode erschwert gewöhnlich das Eindringen in das physikalische Wesen der Angelegenheit und verwischt den Zusammenhang zwischen den Energiebändern und dem räumlichen Bild der Erscheinung. Durch diese Überlegungen wird uns der hier gewählte Weg zur Darstellung der Grundzüge des Bändermodells des Festkörpers vorgezeichnet.

§ 10: Die adiabatische Näherung

Das Bändermodell für den Festkörper stützt sich auf eine ganze Anzahl von vereinfachenden Annahmen und Näherungen, die einen wesentlichen Einfluß auf die gewonnenen Ergebnisse haben. Der erste und wichtigste Schritt zum Bändermodell ist die *adiabatische Näherung*.

Die Frage nach der Energie eines Kristallgitters wird in der Quantenmechanik mit Hilfe der Schrödinger-Gleichung formuliert:

$$-\frac{1}{2}\sum_{i}\frac{\hbar^2}{m}\nabla_i^2\Phi-\frac{1}{2}\sum_{\alpha}\frac{\hbar^2}{M_\alpha}\nabla_\alpha^2\Phi+\frac{1}{2}\sum_{i}\sum_{j}\limits_{(i\neq j)}\frac{e^2}{r_{ij}}\Phi+$$

$$+v_0(\mathfrak{R}_1,\mathfrak{R}_2,\ldots,)\,\Phi+V'(\mathfrak{r}_1,\mathfrak{r}_2,\ldots,\mathfrak{R}_1,\mathfrak{R}_2,\ldots)\,\Phi=E\Phi. \quad (10,1)$$

Hier sind $\mathfrak{r}_i$ die Koordinaten der Elektronen, $\mathfrak{R}_\alpha$ die Koordinaten der Atomkerne. Die ersten beiden Summen entsprechen der kinetischen Energie der Elektronen und Kerne, die Faktoren von Φ in den folgenden Gliedern links stellen die gegenseitige potentielle Energie der Elektronen, die der Kerne und die zwischen Elektronen und Kernen dar.

Aus Gleichung (10, 1) kann man grundsätzlich alles Notwendige über den Kristall erfahren, unter anderem seine möglichen Energiewerte E_1, E_2 . . ., ferner die diesen Energiezuständen entsprechende Konfiguration der Kerne, ebenso auch die räumliche Elektronenverteilung, die bestimmt ist durch die Wellenfunktion

$$\Phi = \Phi(\mathfrak{r}_1, \mathfrak{r}_2, \ldots, \mathfrak{R}_1, \mathfrak{R}_2, \ldots). \qquad (10, 2)$$

Das Quadrat des Betrages dieser Funktion ist gleich der Wahrscheinlichkeit für die entsprechenden Koordinaten der Elektronen und Kerne. Integrieren wir $|\Phi|^2$ über sämtliche Werte der Elektronenkoordinaten, so finden wir die Wahrscheinlichkeitsverteilung für sämtliche bei der gegebenen Energie möglichen räumlichen Verteilungen der Kerne:

$$P(\mathfrak{R}_1, \mathfrak{R}_2, \ldots) = \int |\Phi(\mathfrak{r}_1, \mathfrak{r}_2, \ldots, \mathfrak{R}_1, \mathfrak{R}_2, \ldots)|^2 \, d\tau_{\mathfrak{r}_1} \, d\tau_{\mathfrak{r}_2} \ldots \qquad (10, 3)$$

Dadurch kann grundsätzlich die räumliche Gleichgewichtsstruktur des Kristallgitters theoretisch bestimmt werden. Sie entspricht der Anordnung der Kerne, für die P ein Maximum hat. Dabei ist infolge der großen Masse der Kerne $P(\mathfrak{R}_1, \mathfrak{R}_2, \ldots)$ stark von ihren Koordinaten abhängig. Bei Verschiebungen der Kerne aus ihren Gleichgewichtslagen wird sie faktisch gleich Null sein, außer für die kleinen thermischen Schwingungen des Gitters.

Setzen wir in (10, 2) die Kernkoordinaten $\mathfrak{R}_\alpha$ ein, die sich aus P für die räumliche Gitterstruktur des Kristalls ergeben, so finden wir durch Bildung von $|\Phi|^2$ die Verteilung der Elektronenladung im Gitter für die Gleichgewichtskonfiguration der Kerne.

Der so skizzierte Weg der Behandlung des Problems, so streng und einwandfrei er theoretisch ist, erweist sich leider wegen der bei Lösung der Gleichung (10, 1) auftretenden mathematischen Schwierigkeiten als praktisch unbeschreitbar. Tatsächlich gelingt die Lösung nur durch Reduktion des Vielkörperproblems, das Gleichung (10, 1) beschreibt, auf ein Einelektronenproblem, bei dem sich ein einziges

Elektron in einem gegebenen äußeren Feld bewegt, was dann direkt zum Energiebändermodell des Kristalls führt.

Die erste Vereinfachung der Aufgabe besteht in der Einteilung der Teilchen im Kristall in leichte und schwere, in Elektronen und Kerne*). Natürlich wird man erwarten, daß der Massenunterschied dieser Teilchen einen großen Unterschied ihrer Geschwindigkeiten zur Folge hat, wodurch bei jeder Kernkonfiguration auch außerhalb des Gleichgewichts, sich ein quasistationärer Elektronenzustand einstellt, der sich infolge der Kernbewegung nur langsam ändert. Mit anderen Worten: man kann die Geschwindigkeiten der Kerne gegenüber den Elektronengeschwindigkeiten vernachlässigen und die Bewegung der Elektronen so behandeln, als erfolge sie im Felde der ruhenden Kerne. Umgekehrt erfolgt die verhältnismäßig langsame Bewegung der Kerne in einem Feld, das nicht von der augenblicklichen Elektronenkonfiguration, sondern von der mittleren räumlichen Verteilung ihrer Ladungen herrührt; denn bis sich ein Kern merklich von der Stelle bewegt hat, hat jedes Elektron mehrmals jeden Punkt seiner „Bahn" mit der entsprechenden Wahrscheinlichkeit durchlaufen. Die Rechnung bestätigt diese physikalisch naheliegende Voraussetzung.

Schreiben wir für die Wellenfunktion

$$\Phi(\mathfrak{r}_1, \mathfrak{r}_2, \ldots, \mathfrak{R}_1, \mathfrak{R}_2, \ldots) = \xi(\mathfrak{R}_1, \mathfrak{R}_2, \ldots)\, \psi(\mathfrak{r}_1, \mathfrak{r}_2, \ldots, \mathfrak{R}_1, \mathfrak{R}_2, \ldots) \tag{10, 4}$$

und setzen sie in (10, 1) ein, so erhalten wir die beiden Gleichungen:

$$-\frac{1}{2}\sum_i \frac{\hbar^2}{m} \nabla_i^2 \psi + \frac{1}{2}\sum_{\substack{i \\ (i \neq j)}}\sum_j \frac{e^2}{r_{ij}}\, \psi + {} + V'(\mathfrak{r}_1, \mathfrak{r}_2, \ldots, \mathfrak{R}_1, \mathfrak{R}_2, \ldots)\, \psi = W(\mathfrak{R}_1, \mathfrak{R}_2, \ldots)\, \psi, \tag{10, 5}$$

$$-\frac{1}{2}\sum_\alpha \frac{\hbar^2}{M_\alpha} \nabla_\alpha^2 \xi + {} + [v_0(\mathfrak{R}_1, \mathfrak{R}_2, \ldots) + W(\mathfrak{R}_1, \mathfrak{R}_2, \ldots)]\, \xi = E\, \xi \tag{10,6}$$

bei Vernachlässigung von Gliedern

$$\mathscr{L}\Phi = -\frac{1}{2}\sum_\alpha \frac{\hbar^2}{M_\alpha}\, \xi\, \nabla_\alpha^2 \psi - \sum_\alpha \frac{\hbar^2}{M_\alpha} \nabla_\alpha \psi\, \nabla_\alpha \xi \sim \frac{m}{M}, \tag{10,7}$$

*) Weiter unten werden wir sehen, daß man in der Vereinfachung des Problems noch weiter gehen und unter den leichten Teilchen nur die Valenzelektronen, unter den schweren nur die Ionen verstehen kann, die aus Kernen und vollbesetzten Elektronenschalen bestehen.

die größenordnungsmäßig gleich dem Massenverhältnis m/M Elektron—Kern sind.

Die erste dieser Gleichungen beschreibt die Bewegung der Elektronen im Felde der ruhenden Kerne. Deshalb gehen in die Elektronenenergie W und ihre Wellenfunktion ψ der Lage der Kerne, d. h. die Koordinaten $\mathfrak{R}_a$ nur als Parameter ein. Die zweite Gleichung beschreibt die Bewegung der Kerne in dem Feld, das von ihrer Wechselwirkung miteinander sowie von der mittleren räumlichen Verteilung der Elektronenladungen herrührt. Deshalb geht in den Ausdruck für die potentielle Energie in (10, 6) nicht $V'(\mathfrak{r}_1, \mathfrak{r}_2, \ldots, \mathfrak{R}_1, \mathfrak{R}_2, \ldots)$ ein, was der augenblicklichen Elektronenanordnung entsprechen würde, sondern $W(\mathfrak{R}_1, \mathfrak{R}_2, \ldots)$, das nach (10, 5) gleich dem Mittelwert von $V'(\mathfrak{r}_1, \mathfrak{r}_2, \ldots, \mathfrak{R}_1, \mathfrak{R}_2, \ldots)$ bei der räumlichen Verteilung der Elektronenladung ist, die durch die Funktion $\psi(\mathfrak{r}_1, \mathfrak{r}_2, \ldots, \mathfrak{R}_1, \mathfrak{R}_2, \ldots)$ gegeben ist. Multipliziert man (10, 5) mit ψ^* und integriert über sämtliche Elektronenkoordinaten, so erhält man:

$$W(\mathfrak{R}_1, \mathfrak{R}_2, \ldots) = \int \psi^* \Big\{ -\frac{1}{2} \sum_i \frac{\hbar^2}{m} \nabla_i^2 \psi + \frac{1}{2} \sum_{\substack{i \\ i \neq j}} \sum_j \frac{e^2}{r_{ij}} \psi + $$
$$+ V'(\mathfrak{r}_1, \mathfrak{r}_2, \ldots, \mathfrak{R}_1, \mathfrak{R}_2, \ldots) \psi \Big\} d\tau_{\mathfrak{r}_1} d\tau_{\mathfrak{r}_2} \ldots =$$
$$= \int V'(\mathfrak{r}_1, \mathfrak{r}_2, \ldots, \mathfrak{R}_1, \mathfrak{R}_2, \ldots) |\psi|^2 d\tau_{\mathfrak{r}_1} d\tau_{\mathfrak{r}_2} \ldots + C . \qquad (10, 8)$$

Wir sehen, daß $W(\mathfrak{R}_1, \mathfrak{R}_2, \ldots)$ gleich der Wechselwirkungsenergie der Kerne mit der mittleren Ladungsverteilung der Elektronen im Zustand ψ ist (bis auf eine additive Konstante C, die auf die Kernbewegung keinen Einfluß hat). Wie man leicht sieht, ist diese Konstante nichts anderes als die mittlere Energie der Elektronen in Zustand ψ selbst, die gleich der Summe ihrer mittleren kinetischen Energie und gegenseitigen Coulombschen Energie ist:

$$C = \int \psi^* \Big(-\frac{1}{2} \frac{\hbar^2}{m} \sum_i \nabla_i^2 \psi \Big) d\tau_{\mathfrak{r}_1} d\tau_{\mathfrak{r}_2} \ldots +$$
$$+ \int \psi^* \Big(\frac{1}{2} \sum_{\substack{i \\ (i \neq j)}} \sum_j \frac{e^2}{r_{ij}} \Big) \psi \, d\tau_{\mathfrak{r}_1} d\tau_{\mathfrak{r}_2} \ldots \qquad (10, 8a)$$

Diese Energie geht additiv in das W der Gleichung (10, 6) ein, und das E in dieser Gleichung, die die Kernbewegung bestimmt, ist folglich gleich der Gesamtenergie des ganzen Kristalls, einschließlich des

Anteils der Elektronenenergie, der nicht von der Wechselwirkung mit den Kernen abhängt. Tatsächlich erhält man durch Multiplikation von (10, 6) mit ξ^* und Integration über sämtliche Kernkoordinaten nach (10, 8) und (10, 8a):

$$\begin{aligned} E = & \int \xi^* \left(-\frac{1}{2} \sum_\alpha \frac{\hbar^2}{M_\alpha} \nabla_\alpha^2 \xi\right) d\tau_{\mathfrak{R}_1} d\tau_{\mathfrak{R}_2} \ldots + \\ & + \int v_0 (\mathfrak{R}_1, \mathfrak{R}_2, \ldots) |\xi|^2 d\tau_{\mathfrak{R}_1} d\tau_{\mathfrak{R}_2} \ldots + \\ & + \int \psi^* \left(-\frac{1}{2} \frac{\hbar^2}{m} \sum_i \nabla_i^2 \psi\right) d\tau_{\mathfrak{r}_1} d\tau_{\mathfrak{r}_2} \ldots + \\ & + \int \left(\frac{1}{2} \sum_i \sum_{\substack{j \\ (i \neq j)}} \frac{e^2}{r_{ij}}\right) |\psi|^2 d\tau_{\mathfrak{r}_1} d\tau_{\mathfrak{r}_2} \ldots + \\ & + \int |\xi|^2 d\tau_{\mathfrak{R}_1} d\tau_{\mathfrak{R}_2} \ldots \int |\psi|^2 d\tau_{\mathfrak{r}_1} d\tau_{\mathfrak{r}_2} \ldots \\ & \qquad \ldots V'(\mathfrak{r}_1, \mathfrak{r}_2, \ldots, \mathfrak{R}_1, \mathfrak{R}_2, \ldots). \end{aligned} \tag{10, 9}$$

E setzt sich also aus der mittleren kinetischen Energie und der mittleren Wechselwirkungsenergie der Kerne (die ersten zwei Glieder in (10, 9)) der mittleren kinetischen Energie und der mittleren Wechselwirkungsenergie der Elektronen (die nächsten beiden Glieder) und der mittleren Wechselwirkungsenergie zwischen Elektronen und Kernen zusammen (letztes Glied).

Der physikalische Sinn der adiabatischen Näherung, die also darin besteht, daß man Φ durch das Produkt aus den Wellenfunktionen der Kerne und Elektronen (ψ bzw. ξ) in der Form (10, 4) schreibt, erhellt aus den Gleichungen (10, 5), (10, 6) und (10, 7).

Die Elektronenbewegung wird durch das augenblickliche Feld der Kerne bestimmt, während auf die verhältnismäßig langsame Kernbewegung nur die mittlere Ladungsverteilung der Elektronen wirkt. Deshalb hängen potentielle Energie und Wellenfunktion der Elektronen in (10, 5) von der Konfiguration der Kerne ab, während die potentielle Energie der Kerne in (10, 6) nicht durch die jeweilige Konfiguration der Elektronen, sondern nur durch ihre mittlere Ladungsverteilung bestimmt wird. Dabei wird nach (10, 4) die Wahrscheinlichkeit für eine bestimmte Verteilung von Kernen und Elektronen in der benutzten Näherung als Produkt aus Wahrscheinlichkeit für die Kernkonfiguration und der bedingten Wahrscheinlichkeit der Elektronenverteilung bei dieser Kernkonfiguration dargestellt:

$$\Phi(\mathfrak{r}_1, \mathfrak{r}_2, \ldots, \mathfrak{R}_1, \mathfrak{R}_2, \ldots)|^2 = \\ = |\xi(\mathfrak{R}_1, \mathfrak{R}_2, \ldots)|^2 |\psi(\mathfrak{r}_1, \mathfrak{r}_2, \ldots, \mathfrak{R}_1, \mathfrak{R}_2, \ldots)|^2. \qquad (10, 10)$$

Nach (10, 7) ist die Genauigkeit der adiabatischen Näherung in den Energien von der Größenordnung m/M, d. h. auf jeden Fall ist der Fehler kleiner als 1/2000.

Wie weiter unten gezeigt wird, drücken die weggelassenen Glieder (10, 7) die innere Abweichung vom adiabetischen Verhalten des Systems aus, das durch den Einfluß der Kernbewegung auf die Wechselwirkung zwischen Kernen und Elektronen gegeben wird. Trotz ihrer Kleinheit spielt diese *nicht durch die Konfiguration bedingte Wechselwirkung* in einigen wichtigen Fällen eine entscheidende Rolle.

Das Bändermodell vernachlässigt diese nicht konfigurationsbedingte Wechselwirkung von Elektronen und Kernen im Kristall. Das ist der erste Schritt des Näherungsverfahrens, das zum Energiebändermodell führt.

Die zweite Annahme besteht in der Vernachlässigung sämtlicher Vorgänge im Kristall, die mit endlichen Verschiebungen von Kernen verbunden sind, d. h. mit Änderungen ihrer Gleichgewichtskonfiguration. Wenn man sich so auf kleine thermische Kernschwingungen beschränkt, kann man das erste Glied in (10, 9) als klein, das zweite als praktisch konstant betrachten und sich auf die Betrachtung des Teils des Systems beschränken, der von den Elektronen herrührt. Mit anderen Worten verzichtet das Bändermodell auf die Gleichung (10,6), indem sie

$$E \simeq W(\overline{\mathfrak{R}}_1, \overline{\mathfrak{R}}_2, \ldots) + \text{const} \qquad (10, 11)$$

setzt, wobei $\overline{\mathfrak{R}}_\alpha$ die mittlere Lage der Kerne ist (vgl. (10, 8) und (10, 9)), vernachlässigt ferner die Kernbewegung und berücksichtigt nur die Bewegung der Elektronen im Gitter bei der Gleichgewichtskonfiguration sämtlicher schweren Teilchen. Dadurch fallen aber alle Phasenumwandlungen sowie auch, wie weiter unten gezeigt wird, viele wesentlichen Eigenheiten der Elektronenvorgänge in Kristallphosphoren außerhalb des Zuständigkeitsbereiches des Bändermodells.

Durch alle diese Annahmen reduziert sich also jetzt das Problem des Kristalls auf die Gleichung

$$-\frac{\hbar^2}{2m}\sum_i \nabla_i^2\psi + V'(\mathfrak{r}_1, \mathfrak{r}_2, \ldots)\psi + \frac{1}{2}\sum_i\sum_{\substack{j\\(i\neq j)}}\frac{e^2}{r_{ij}}\psi = W\psi. \qquad (10, 12)$$

Die Koordinaten der Kerne werden als konstant und gleich ihren Mittelwerten angenommen:

$$\mathfrak{R}_\alpha = \overline{\mathfrak{R}}_\alpha\,. \qquad (10, 13)$$

Deshalb sind sie in (10, 12) schon gar nicht mehr explizit vorhanden. Die Elektronenenergie W spielt jetzt die Rolle der Gesamtenergie des Kristalls, denn nach (10, 11) ist

$$\Delta E \cong \Delta W. \qquad (10, 14)$$

Die Gleichung (10, 12) bestimmt die Energie der Elektronen in einem starren Kristallgitter, bestehend aus unbeweglichen Kernen (oder Ionen). Die thermische Bewegung des Gitters und die dadurch bedingten kleinen Verschiebungen der Kerne werden als Störungen betrachtet, die auf das Energiespektrum der Elektronen keinen Einfluß haben, sondern nur die Verteilung der Elektronen über die Energieterme bestimmen.

§ 11: Rückführung auf ein Einelektronenproblem

Die Vernachlässigung der Kernbewegung und des Einflusses dieser Bewegung auf die Elektronenzustände, die sich mathematisch dadurch ausdrückt, daß Gleichung (10, 1) durch (10, 12) ersetzt wird, sind nicht die einzigen vereinfachenden Annahmen des Bändermodells. Sie können nämlich die mathematische Hauptschwierigkeit des Problems nicht lösen, das in der Tatsache liegt, daß es sich ja um ein Vielkörperproblem handelt. Die nun folgende Vereinfachung besteht in der Rückführung des Vielkörperproblems, das durch Gleichung (10, 12) dargestellt wird, auf ein Einelektronenproblem. Dies erreicht man dadurch, daß man in (10, 12) das Glied $\frac{1}{2}\sum_i\sum_{\substack{j\\(i\neq j)}}\frac{e^2}{r_{ij}}$ das die Elektronenwechselwirkung beschreibt, durch ein Glied von der Form $\sum_i \Omega(\mathfrak{r}_i)$ ersetzt. Der physikalische Sinn dieses Schrittes besteht darin, daß man die Wechselwirkung jedes Elektrons mit den anderen, welche von der augenblicklichen Konfiguration sämtlicher Elektronen abhängt, durch die mit einem gewissen stationären Felde ersetzt, das durch die in gewisser Weise gemittelte Ladungsverteilung der übrigen

Elektronen bestimmt wird. Dieses Vorgehen ist selbstverständlich ziemlich willkürlich, wird aber durch die mathematischen Schwierigkeiten des Problems nahegelegt. Dabei bestimmt man mit Hilfe von Variationsmethoden oder sukzessiven Approximationen Einelektronenlösungen, die die genaue Lösung möglichst gut annähern.

Durch diesen Schritt zerfällt die Gleichung (10, 12) in individuelle Einelektronengleichungen von der Form

$$-\frac{\hbar^2}{2m}\nabla^2\psi(\mathfrak{r}) + [V(\mathfrak{r}) + \Omega(\mathfrak{r})]\,\psi(\mathfrak{r}) = \varepsilon\,\psi(\mathfrak{r}), \qquad (11,1)$$

die für alle Elektronen dieselbe ist. Deshalb ist der Index i hier weggelassen. Das erste Glied in dem Ausdruck für die potentielle Energie $V(\mathfrak{r}) + \Omega(\mathfrak{r})$ entspricht der Energie des Elektrons in dem vom Gitter erzeugten Felde; das zweite Glied ist die Energie des Elektrons in dem gemittelten Feld aller übrigen Elektronen.

Die Gleichung (11, 1) bestimmt die möglichen Energiewerte für ein Elektron in dem Feld, das durch das Gitter der Kerne und alle übrigen Elektronen des Kristalls erzeugt wird. $\varepsilon_1, \varepsilon_2, \ldots$ sei das entsprechende Energiespektrum des Elektrons. Verteilen wir die Elektronen unter Beachtung des Pauli-Prinzips (die beiden Spinorientierungen werden durch Verdoppelung der Anzahl der Zustände in jedem Energieintervall berücksichtigt) über die Terme, so finden wir

$$W = \sum_s n_s\,\varepsilon_s, \qquad (11,2)$$

wo n_i die Anzahl der Elektronen im Zustand ε_i ist*). Wir erinnern nochmals daran, daß V, Ω, ε und W in (11, 1) und (11, 2) einer bestimmten Kernkonfiguration entsprechen, d. h. in das alle diese Größen die Kernkoordinaten $\mathfrak{R}_\alpha$ als Parameter eingehen.

Das oben umrissene Programm stellt eine Kompromißlösung des Problems dar, die bei weitem nicht allseitig streng begründet und gerechtfertigt ist. Auf den ersten Blick scheint es ganz natürlich, die Wechselwirkung des i-ten Elektrons mit den übrigen in Form eines Coulomb-Feldes

$$\Omega(\mathfrak{r}_1) = \sum_{j \neq i} e^2 \int \frac{|\psi_j(\mathfrak{r}_2)|^2}{|\mathfrak{r}_1 - \mathfrak{r}_2|}\,d\tau_2, \qquad (11,3)$$

*) Dieser Zustand kann selbstverständlich nicht nur hinsichtlich des Spins, sondern auch anderer Größen entartet sein, die mit dem Energieoperator vertauschbar sind, d. h. solcher Größen, die gleichzeitig mit der Elektronenenergie gemessen werden können.

zu berücksichtigen, das von den verschmierten Ladungen aller übrigen Elektronen erzeugt wird. Von dieser Art ist das Glied $\Omega(\mathfrak{r})$ in den HARTREEschen Gleichungen. Eine strengere Behandlung des Problems zeigt aber, daß die Dinge nicht so liegen. Eine Wechselwirkungsenergie der Elektronen von der Form (11, 3) genügt der Bedingung nicht, die die FERMI-Statistik einer Elektronengesamtheit auferlegt. Die Wahrscheinlichkeit, im Punkt $\mathfrak{r}_2$ das i-te Elektron zu finden — sie beträgt $|\psi_i(\mathfrak{r}_2)|^2$ — kann wegen des PAULI-Prinzips nicht völlig unabhängig von $|\psi_k(\mathfrak{r}_2)|^2$ sein, der Wahrscheinlichkeit, das k-te Elektron an derselben Stelle anzutreffen. Der Ausdruck (11, 3) trägt diesem Umstand nicht Rechnung. Die explizite Einführung der FERMI-Statistik durch Antisymmetrisierung der Gesamt-Wellenfunktionen des Elektronensystems, die aus Einelektronen-Wellenfunktionen zusammengesetzt sind, führt zu der FOCKschen Gleichung, die strenger aber auch komplizierter ist als die HARTREEsche Gleichung.

Die Berücksichtigung der Korrelation der Elektronen (der Kopplung zwischen den Elektronenzuständen auf Grund des PAULI-Prinzips) führt dazu, daß in jede der FOCKschen Gleichungen für die Wellenfunktion eines bestimmten Elektrons die aller anderen Elektronen explizit eingehen. Infolge der hierbei auftretenden mathematischen Schwierigkeiten löst man an Stelle der FOCKschen oftmals lieber die HARTREEschen Gleichungen. Insbesondere im Bändermodell für die Kristalle geht man von Gleichungen nach Art der HARTREEschen aus und führt die FERMI-Statistik nachträglich ein, indem man die Elektronen über die aus den HARTREEschen Gleichungen gefundenen Zustände geeignet verteilt. Die Berücksichtigung der Korrelation der Elektronen führt jedoch zu einer Änderung der räumlichen Ladungsverteilung, zu einer Änderung der Wechselwirkungsenergie (der COULOMBschen und der Austauschenergie) zwischen den Elektronen und damit auch zu einer Änderung der Lage der Niveaus selbst. Die Vernachlässigung dieses Umstandes ist eine weitere vereinfachende Annahme des Bändermodells für Kistalle, die einen halbqualitativen Charakter trägt.

Ein „self-consistent field" sowohl von der Form (11, 3) als auch von der Form, wie es durch die FOCKschen Gleichungen gegeben ist, erfordert zu seiner Berechnung die Kenntnis sämtlicher Funktionen $\psi_i(\mathfrak{r})$, die ihrerseits wieder durch das Feld bestimmt sind. Grundsätzlich läßt sich diese Aufgabe durch sukzessive Approximationen (d. h.

durch ein Iterationsverfahren) lösen. Das self consistent field, d. h. das Feld, das auf jedes Elektron wirkt und von allen übrigen erzeugt wird, wird mit Hilfe der Wellenfunktionen nullter Näherung berechnet. Dann stellt man mit seiner Hilfe die Wellenfunktionen erster Näherung auf und so weiter, bis die n-te Näherung mit der n—1-ten übereinstimmt. In der Praxis jedoch führt man dieses Programm wegen seiner mathematischen Schwierigkeiten nur in sehr wenigen Fällen bis zu Ende durch, hauptsächlich bei Atomen.

Was die Wahl der nullten Näherung betrifft, so gibt es zwei Lösungsmethoden für die Fockschen und Hartreeschen Gleichungen: erstens die Methode der Atomeigenfunktionen und zweitens die Verwendung von Eigenfunktionen, die sich über den ganzen Kristall erstrecken (in der Theorie der Moleküle wird diese als Methode der Moleküleigenfunktionen bezeichnet). Im ersten Fall nimmt man als nullte Näherung die Wellenfunktionen der Elektronen im Atom; im zweiten Fall bilden die Elektronenzustände im Felde sämtlicher Kerne (Ionen), die das Molekül oder das Kristallgitter zusammensetzen, die Ausgangsnäherung. Bei dieser Methode bildet die Elektronenwechselwirkung die Störung, bei der Methode der Atomeigenfunktionen die Einwirkung der Kerne und der Elektronen, die den anderen Atomen angehören, auf das gegebene Elektron. Jede dieser beiden Methoden besitzt Vor- und Nachteile. Bei der Behandlung der Valenzelektronen im Kristall eignet sich zur Lösung besser die Methode der Moleküleeigenfunktionen, da die Atomabstände im Gitter von der Größenordnung der den Atomeigenfunktionen entsprechenden Bahnradien sind. Umgekehrt unterscheiden sich die Zustände der Elektronen der inneren Schalen nicht sehr wesentlich von den Atomzuständen. Selbstverständlich besteht hier prinzipiell nur ein Unterschied in der mehr oder weniger großen Zahl von benötigten Näherungsschritten.

Wie weiter oben schon gesagt wurde, haben wir die Methode der Atomeigenfunktionen gewählt, da bei ihr der physikalische Sinn des Bändermodells deutlicher hervortritt und der Zusammenhang mit den physikalisch-chemischen und den Struktureigenschaften des Kristallgitters leichter herzustellen ist.

§ 12: Die Energiezustände des Elektrons im idealen periodischen Gitter

Wir behandeln jetzt das Problem der Einelektronennäherung im Atom. Mit Ausnahme des einfachsten Atoms, des Wasserstoffatoms, ist auch die Einelektronennäherung im Atom mit einer gewissen Vereinfachung des Problems verbunden, die darin besteht, daß die Wechselwirkung der Elektronen, die durch ihre augenblicklichen Koordinaten beschrieben wird, durch die Einwirkung eines mittleren Feldes aller übrigen Elektronen auf jedes Elektron ersetzt wird. Dadurch reduziert sich das Vielkörperproblem auf ein Einkörperproblem. Wir gelangen zum System der HARTREEschen Gleichungen:

$$-\frac{\hbar^2}{2m}\nabla_1^2\psi_i(\mathfrak{r}_1)+\left[U(\mathfrak{r}_1)+\sum_{j\neq i}e^2\int\frac{|\psi_j(\mathfrak{r}_2)|^2}{r_{12}}\,d\tau_2\right]\psi_i(\mathfrak{r}_1)=\varepsilon_i\,\psi_i(\mathfrak{r}_1), \qquad (12,1)$$

oder zum genaueren und strengeren System der FOCKschen Gleichungen:

$$-\frac{\hbar^2}{2m}\nabla_1^2\psi_i(\mathfrak{r}_1)+\left[U(\mathfrak{r}_1)+\sum_{j}e^2\int\frac{|\psi_j(\mathfrak{r}_2)|^2}{r_{12}}\,d\tau_2\right]\psi_i(\mathfrak{r}_1)-$$

$$-\sum_j\psi_j(\mathfrak{r}_1)\,e^2\int\frac{\psi_j^*(\mathfrak{r}_2)\,\psi_i(\mathfrak{r}_2)}{r_{12}}\,d\tau_2=\varepsilon_i\,\psi_i(\mathfrak{r}_1), \qquad (12,2)$$

wo die Integration auch die Summation über die Spinkoordinaten der Elektronen einschließt. Die Bestimmung der Einelektronenfunktionen im Atom reduziert sich also auf die Auffindung der „self sonsistent“-Lösung des Systems (12, 1) oder (12, 2): $\psi_1(\mathfrak{r})$, $\psi_2(\mathfrak{r})$, usw. Jede dieser Wellenfunktionen $\psi_k(\mathfrak{r})$ beschreibt das Verhalten des Elektrons in einem bestimmten Energiezustand ε_k, wobei der Energieterm ε_k und die Funktion $\psi_k(\mathfrak{r})$ von der Verteilung aller Elektronen abhängen, die durch die übrigen Funktionen $\psi_j(\mathfrak{r})$ beschrieben wird.

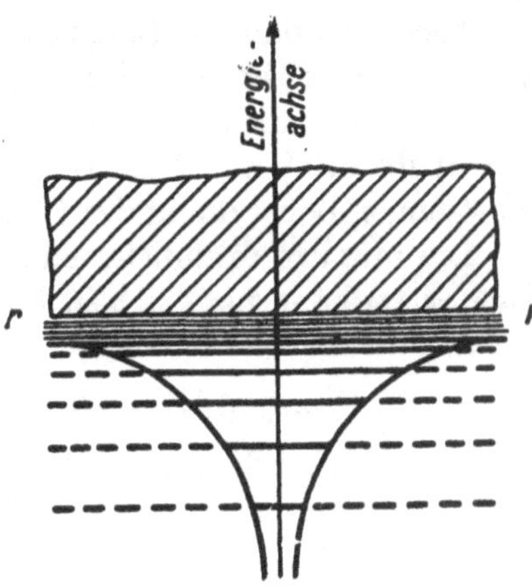

Abb. 20. Energiespektrum des Elektrons im isolierten Atom

Wir nehmen an, wir hätten das Problem der Elektronenzustände im Atom schon gelöst. Das Ergebnis sei in Abb. 20 veranschaulicht. Das Termsystem stellt hier die Elektronenzustände dar, die hyperbolischen Kurven geben die potentielle Energie $U'(\mathfrak{r})$ des Elektrons (mit Berücksichtigung der Abschirmung des Kernfeldes) für eine bestimmte Richtung im Atom an, die durch die Winkel Θ und φ in Kugelkoordinaten definiert wird.

Die Wahrscheinlichkeit dafür, daß ein Elektron mit der Energie ε_i (man sagt gewöhnlich: ein Elektron, das sich im Zustand ε_i befindet) sich im Punkt $\mathfrak{r}$ aufhält (genauer in einem genügend kleinen Einheitsvolumen in der Umgebung des Punktes $\mathfrak{r}$), ist gleich $|\psi_i(\mathfrak{r})|^2$. Im Gegensatz zur klassischen Physik, die es als unmöglich ansieht, das Elektron auch an den Stellen zu finden, wo seine potentielle Energie größer ist als die Gesamtenergie ε, führt die Quantenmechanik zu einer Wahrscheinlichkeitsverteilung von der Art, wie sie Abb. 21b zeigt. Außer den Bohrschen Bahnen, die den geometrischen Ort aller Punkte darstellen, in denen $|\psi_i(\mathfrak{r})|^2$ ein Maximum hat, kann sich das Elektron mit der Wahrscheinlichkeit $|\psi_i(\mathfrak{r})|^2$ auch in anderen Abständen vom Kern aufhalten, insbesondere auch in Abständen, für die $\varepsilon_i < U'(\mathfrak{r})$ ist*). Wie man in Abb.21 sieht, sind die Wahrscheinlichkeiten für das Eindringen des Elektrons in dieses Gebiet jedoch sehr klein und nehmen mit Zunahme der Differenz $U'(\mathfrak{r}) - \varepsilon_i$ schnell ab. Das bedeutet, daß ein Elektron, das sich im Zustand ε_i befindet, im Atom lokalisiert ist. Bei Messung seiner Lage ist es mit größter Wahrscheinlichkeit ganz in der Nähe der Bohrschen Bahn anzutreffen. Deshalb bleibt die Vorstellung von den Elektronenbahnen im Atom auch bei strenger Behandlung des Problems nützlich.

Die mittlere räumliche Ladungsverteilung des Elektrons im Zustand $\psi_i(\mathfrak{r})$ kann man sich in Form einer Elektronenwolke mit einer Ladungsdichte

$$\varrho = e\,|\psi_i(\mathfrak{r})|^2, \tag{12, 3}$$

vorstellen, wobei die maximale Ladungsdichte in der Nähe der Bohrschen Bahn herrscht.

Um die Tatsache zu unterstreichen, daß das Elektron im Zustand ψ_i im Atom lokalisiert ist, sind die entsprechenden Terme in

*) Hieraus folgt nicht, daß die kinetische Energie des Elektrons innerhalb der Schwelle negativ ist, denn die Operatoren der gesamten und potentiellen Energie sind nicht vertauschbar, und deshalb kann man in der Quantenmechanik die Gesamtenergie nicht als Summe von potentieller und kinetischer Energie darstellen. Zur Aufklärung des scheinbaren Paradoxons des Tunneleffekts vergleiche das Buch von D. I. Blochinzew „Grundlagen der Quantenmechanik" § 95.

Abb. 20 und 21 bei $U'(\mathfrak{r}) < \varepsilon_i$ durch ausgezogene Linien und bei $U'(\mathfrak{r}) > \varepsilon_i$ punktiert dargestellt; im letzteren Bereich ist die Aufenthaltswahrscheinlichkeit des Elektrons praktisch gleich Null.

An das System diskreter Energiezustände des Elektrons im Atom schließt sich ein kontinuierliches Spektrum von Zuständen mit positiven Energiewerten an (vgl. Abb. 20). Hier ist $\varepsilon > U'(\mathfrak{r})$ für alle $\mathfrak{r}$, d. h. das Elektron kann sich in jedem Abstand vom Kern befinden. Der Übergang eines Elektrons in einen dieser Zustände führt zur Ionisierung des Atoms.

Wir betrachten jetzt einen ein- oder mehratomigen Kristall, d. h. einen Kristall, der aus Atomen einer oder mehrerer Sorten aufgebaut ist. Ein Beispiel für einen einatomigen Kristall ist etwa das metallische Natrium, für einen mehratomigen das Natriumchlorid oder Zinksulfid.

Um den Zusammenhang zwischen den Eigenschaften des Kristallgitters und denen seiner Struktureinheiten aufzudecken, betrachten wir folgenden idealen Prozeß. Wir verteilen die Atome in Form des Raumgitters des verlangten Kristalls mit derselben Symmetrie, aber makroskopischen Werten der Atomabstände. Dann schieben wir dieses Gitter gleichmäßig zusammen, wobei wir stets die geometrische Ähnlichkeit wahren. Schließlich gelangen wir dadurch zu einem idealen periodischen Kristall mit den richtigen Werten der Parameter des Gitters. Dabei vergrößert sich durch das Zusammenschieben der Atome ihre Wechselwirkung von verschwindend kleinen Energien bei den makroskopischen Abständen bis zu den Kräften, die im Kristall wirken. Dieser Gedankenprozeß der Bildung eines Kristalls aus getrennten „isolierten“ Atomen erlaubt uns, die Verschiebung der Elektronenterme in den Atomen infolge der Wechselwirkung zwischen den Atomen zu verfolgen, ferner zu beobachten, wie das Energiespektrum der Elektronenzustände im isolierten Atom allmählich in das Spektrum der Elektronenenergien im festen Körper übergeht.

In Abb. 22 ist für eine bestimmte kristallographische Richtung die Potentialkurve für ein Elektron in einem einfachen Gitter aus *getrennten Atomen* dargestellt, aus Atomen also, deren Abstände so groß sind, daß praktisch keine Wechselwirkung vorhanden ist. In Abb. 23 sehen wir, wie sich diese potentielle Energie durch die Annäherung der Atome ändert. Die resultierende Kurve entsteht durch Addition der Ordinaten der Potentialkurven für die einzelnen Atome, wobei praktisch nur die Wechselwirkung der nächstbenachbarten Gitterpunkte von Bedeutung ist.

Den Abb. 22 und 23 entnimmt man, daß die Annäherung der Atome zu einer Verringerung der potentiellen Energie des Elektrons führt, die darauf beruht, daß die Anziehung des Elektrons durch einen bestimmten Kern infolge der entgegengesetzt gerichteten Anziehung der Nachbarkerne verringert wird (genauer müßte man nicht von den Kernen, sondern von den Atomrümpfen sprechen, die aus dem Kern und den dessen Feld abschirmenden Elektronen bestehen). Das bedeutet, daß sich bei Annäherung der Atome das Ionisierungspotential verringert. Bei allen Energien, die größer sind als die Höhe der Potentialschwelle, die die Atome trennt, ist das Elektron nicht mehr an ein bestimmtes Atom gebunden, sondern bewegt sich frei durch den Kristall.

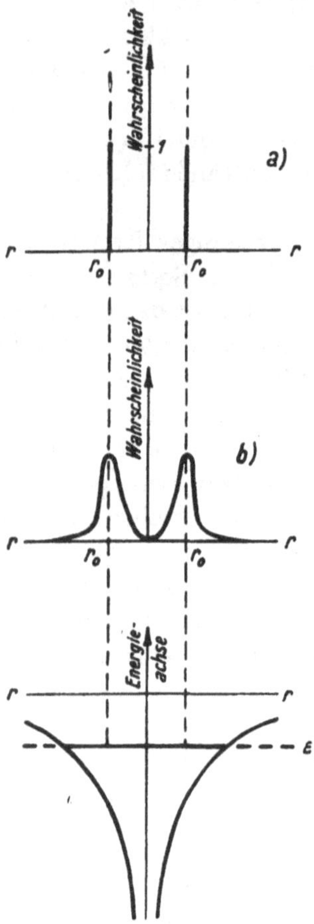

Abb. 21. Wahrscheinlichkeit für das Vorhandensein eines Elektrons mit der Energie ε_i im Feld eines isolierten Atoms im Abstand r vom Kern; a: für das Elektron in der Bohrschen Theorie; b: für ein Elektron, das den Gesetzen der Quantenmechanik gehorcht; r_0 Radius der entspechenden Bohrschen Bahn (der Einfachheit halber ist eine kugelsymmetrische Verteilung angenommen).

Bei „unendlicher" Entfernung der Atome voneinander, die praktisch bei Atomabständen $d \gg 10^{-8}$ bis 10^{-7} cm gegeben ist, ist die Höhe der Potentialschwelle am größten; je kleiner d ist, desto niedriger wird die Schwelle. Da die Gitterperioden in den verschiedenen kristallographischen Richtungen nicht gleich sind, hängt auch die Höhe der Potentialschwelle, die die Nachbaratome trennt, von der Richtung ab, in der die entsprechende Gitterpunktreihe liegt.

Die bei Vereinigung der Atome zum Kristall stattfindende Änderung der potentiellen Energie des Elektrons durch das Feld der Nach-

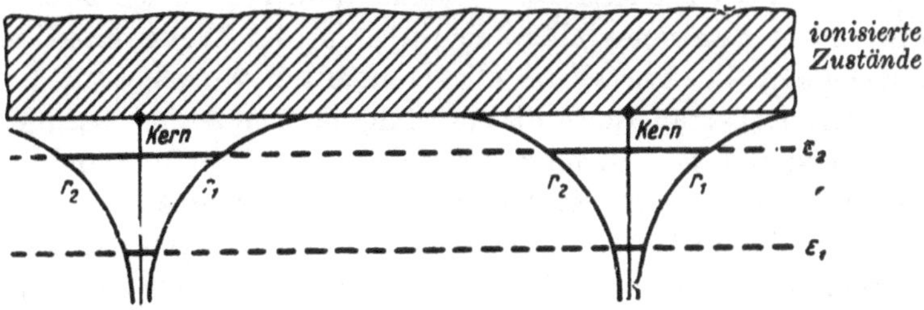

Abb. 22. Potentielle Energie und Elektronenzustände in einem Gitter aus getrennten Atomen

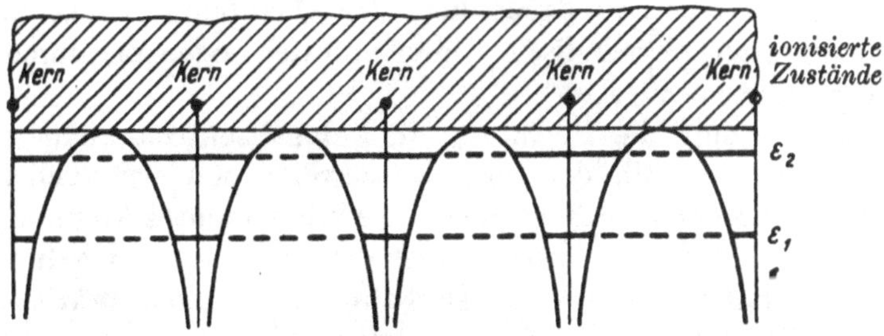

Abb. 23. So würden die Elektronenterme in einem Gitter aus nahe benachbarten Atomen aussehen, wenn das Elektron ein klassisches Teilchen wäre, das nicht imstande ist, eine Potentialschwelle zu durchdringen

baratome führt zu einer entsprechenden Verschiebung der Energiezustände des Elektrons im Atom. Die Größe der Termverschiebung ist einfach gleich der elektrostatischen Energie des Elektrons im entsprechenden Zustand, die von dem Feld sämtlicher Gitterpunkte herrührt, bis auf das Atom, in dem sich das Elektron vor der Bildung des Kristalls befand:

$$\Delta \varepsilon_i = \int \varphi'(\mathfrak{r})\, \varrho_i(\mathfrak{r})\, d\tau\,. \tag{12, 4}$$

Hier ist $\varphi'(\mathfrak{r})$ das Potential des Feldes eines Gitters, aus dem ein Ion entfernt ist, nämlich dasjenige, dessen Feld den Ausgangszustand ε_i des Elektrons im isolierten Atom erzeugte; $\varrho_i(\mathfrak{r}) = e\,|\psi_i(\mathfrak{r})|^2$ ist die Ladungsdichte des Elektrons, welches entsprechend der Wahrscheinlichkeit $|\psi_i(\mathfrak{r})|^2$ in Form einer Elektronenwolke über den Raum „verschmiert" ist.

Die elektrostatische Verschiebung des Elektronenterms im Gitter hängt offenbar von der entsprechenden Ladungsverteilung $\varrho(\mathfrak{r})$

$= e\,|\psi(\mathfrak{r})|^2$ des Elektrons ab. Deshalb verschieben sich zwei Terme, die im Atom zusammenfallen, sich aber in der Wellenfunktion $\psi(\mathfrak{r})$ unterscheiden, im Kristall im allgemeinen um verschiedene Beträge. Mit anderen Worten führt die Vereinigung der Atome zum Kristall in den meisten Fällen zu einer Aufhebung der Entartung und zu einer Aufspaltung der entarteten Atomterme des Elektrons.

Neben diesen klassisch leicht zu deutenden Effekten, die durch die Annäherung und die Wechselwirkung der Atome hervorgerufen werden, führt eine Durchrechnung des Problems zu zwei anderen Ergebnissen, die beide vom Standpunkt der klassischen Physik aus unerwartet erscheinen. Betrachtet man diese Resultate jedoch vom Gesichtspunkt der Grundgedanken der Quantenmechanik aus, so kann man ihren physikalischen Sinn und den engen Zusammenhang zwischen ihnen aufdecken.

Erstens zeigt die Rechnung, daß das Elektron nicht nur in den Termen oberhalb der Potentialschwelle, sondern auch in den darunter gelegenen Zuständen nicht an ein bestimmtes Atom, an einen bestimmten Gitterpunkt gebunden ist, sondern daß es sich durch den ganzen Kristall bewegen kann. Deshalb hat es keinen präzisen Sinn mehr, die Elektronen im Kristall in freie und gebundene einzuteilen; eine solche Einteilung entsprach der klassischen Behandlung des Verhaltens des Elektrons. Alle Elektronen sind frei, denn in keinem Energiezustand ist das Elektron fest an ein bestimmtes Atom gebunden. Selbst in den tiefsten Energietermen kann sich das Elektron von Gitterpunkt zu Gitterpunkt durch den Kristall bewegen.

Das zweite Ergebnis, das die quantenmechanische Behandlung des Problems liefert, besteht in der Verbreiterung der Elektronenterme zu

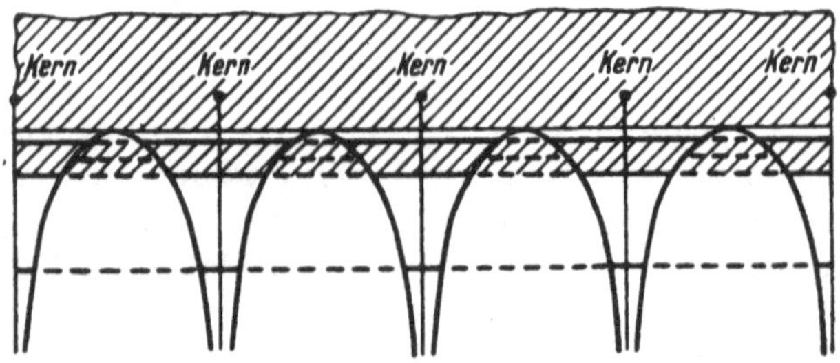

Abb. 24. Energiespektrum der Elektronenzustände im Kristall. Die Verbreiterung der Terme zu Bändern beruht auf dem Tunneleffekt

quasikontinuierlichen Bändern, die sich bei der Annäherung der Atome vollzieht. Demzufolge sieht das Energiespektrum des Elektrons im Kristall nicht so aus, wie in Abb. 23 dargestellt, wo nur die klassischen Effekte der Änderung der Potentialkurve und der elektrostatischen Termverschiebung berücksichtigt wurden, sondern so, wie Abb. 24 zeigt.

In Abb. 25 ist dargestellt, wie sich die Verbreiterung der Energieterme des Elektrons im Atom zu Bändern beim Zusammenbringen der Atome vollzieht. Auch die elektrostatische Termverschiebung ist hier aufgetragen. Der Ausgangsterm $3s$ ist nicht entartet, d. h. zur Energie

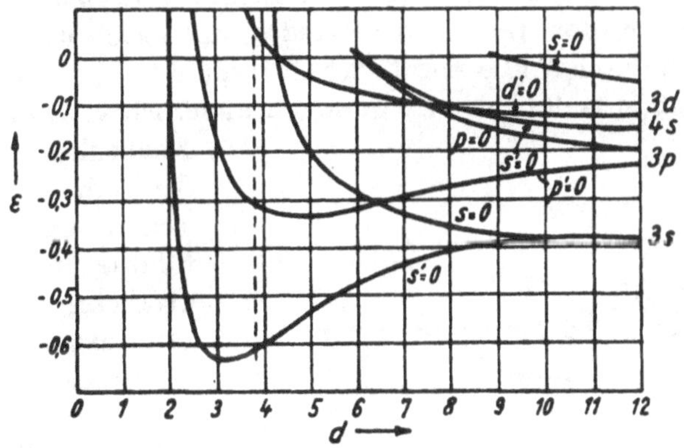

Abb. 25. Umwandlung der Energieterme des Natriumatoms in die Bänder des metallischen Natriums. Auf der Abszissenachse ist der Atomabstand in Ångström aufgetragen (nach SLATER)

ε_{3s} im Atom gehört nur ein Zustand $\psi_{3s}(\mathfrak{r})$. Ist der Zustand entartet, so führt das Zusammenbringen der Atome außerdem noch zu einer Aufspaltung dieses Niveaus. Bei hinreichend kleinen Atomabständen überdecken sich die Bänder wieder, die aus diesen Termen entstanden sind (Abb. 26).

Wir kehren nochmals zu den Zuständen in den *getrennten Atomen* zurück, die Abb. 22 darstellt. Nach dem PAULI-Prinzip können sich in jedem Atom nicht mehr als zwei Elektronen mit entgegengesetzten Spins in einem Zustand ε_i zugleich befinden. Folglich können in einem Gitter aus N getrennten Atomen zur Energie ε_i höchstens $2N$ Elektronen gehören. Mit anderen Worten: die Vereinigung von N Atomen zu einem System führt zu einer N-fachen Entartung der vorher im

Atom nichtentarteten Zustände. Wie aus dem Gesagten hervorgeht, hängt diese *Austauschentartung* der Terme nicht von der Größe der Wechselwirkung ab und ist sogar noch im Grenzfall getrennter Atome vorhanden. Ihre physikalische Bedeutung besteht darin, daß ein Elektron mit der Energie ε_i sich in jedem der N Gitteratome befinden kann. Der Faktor 2 hängt mit den beiden möglichen Spinorientierungen zusammen.

Der Term ε_{3s} in Abb. 25 besteht also aus N zusammenfallenden Atomtermen. Bei Zusammenbringen der Atome spalten diese Terme auf und bilden das Band. In Abhängigkeit von der Größe der Wechselwirkung zwischen den Atomen ist das Band mehr oder weniger breit, die Zahl der Terme in ihm aber bleibt unverändert gleich N. Der Abstand zwischen den Termen des Bandes, der gleich der Bandbreite ist, dividiert durch N (die Anzahl der Gitterpunkte), ist verschwindend klein, so daß man das Band als quasikontinuierlich ansehen kann. Die Endlichkeit der Anzahl der Terme im Band, die sich energetisch nicht fühlbar macht, spielt aber eine grundlegende Rolle in der Statistik der Elektronen. Wegen des PAULI-Prinzips können sich in den N Zuständen des Bandes nicht mehr als $2N$ Elektronen befinden. Wenn also im Zustand getrennter Atome in einem nichtentarteten Atomterm (z. B. in einem Zustand *ns*) in jedem Atom zwei Elektronen vorhanden waren, so sind sämtliche Niveaus des Energiebandes im Kristall, das sich aus diesem Term gebildet hat, mit Elektronen besetzt. Das gefüllte Atomniveau verwandelt sich in ein vollbesetztes Band.

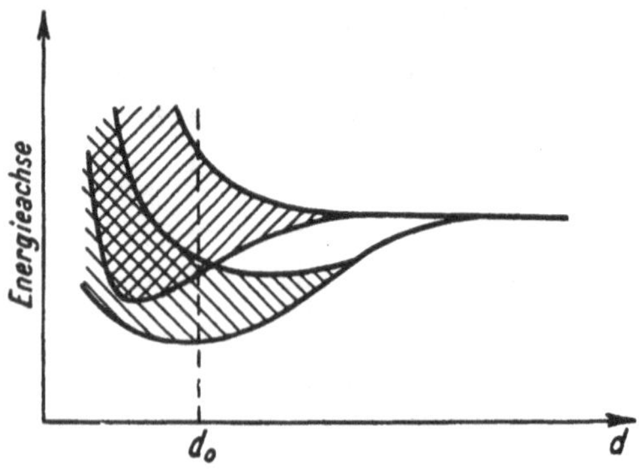

Abb. 26. Aufspaltung eines entarteten Atomniveaus und Umwandlung in ein Band im Kristall

Das gilt auch noch für die entarteten Atomterme, z. B. für den dreifach entarteten Zustand *np*. Jeder der drei Zustände, die einem *np*-Niveau entsprechen, erhält im Kristall eine N-fache Austauschentartung. Die Vereinigung der Atome zum Kristall führt 1. zu einer Aufspaltung des Zustandes *np* in drei Zustände, 2. zu einer Umwandlung eines jeden einzelnen Zustandes in ein Band und bei hinreichend geringen Atomabständen 3. zu einer Überlappung dieser Bänder. War der *np*-Term im Atom voll besetzt (d. h. enthielt er sechs Elektronen), so ist auch das *np*-Band im Kristall vollständig mit Elektronen angefüllt.

Wir wenden uns nun der Behandlung eines nichtentarteten Atomterms *ns* zu. Zunächst ist festzustellen, daß auf dieselbe Weise auch alle anderen einfachen Zustände $\psi_{i1}(\mathfrak{r})$, $\psi_{i2}(\mathfrak{r})$, ... behandelt werden können, die zusammen einen entarteten Elektronenzustand im Atom bilden. In irgendeinem Atom A, das sich in dem aus getrennten Atomen bestehenden Gitter befindet, sitze im Term ε ein Elektron. Die klassische Mechanik schließt die Möglichkeit aus, das Elektron vom Kern aus auf Abstände zu bringen, die der Bedingung

$$U(\mathfrak{r} - \mathfrak{R}_A) \leq \varepsilon_i \tag{12, 5}$$

nicht genügen.

Die Quantenmechanik dagegen behauptet, es sei möglich, daß das Elektron die Potentialschwelle zwischen den Atomen durchdringt und vom Atom A zu einem benachbarten Gitterpunkt übergeht. Notwendige Bedingung für einen solchen Übergang ist die Existenz eines Resonanzenergieterms im Nachbaratom (d. h. eines Zustandes mit derselben Energie ε); sie ist in unserem Fall erfüllt, denn die in Abb. 22 dargestellte Reihe besteht aus gleichartigen Atomen. Im einatomigen Kristall ist diese Bedingung also für jede beliebige Gitterpunktreihe erfüllt, im mehratomigen Kristall nur für bestimmte Reihen, die aus gleichartigen Gitterpunkten bestehen (Abb. 27).

Die Wahrscheinlichkeit für den Durchtritt eines Elektrons durch die Potentialschwelle oder die Wahrscheinlichkeit des *Tunneleffekts*, wie diese Erscheinung gewöhnlich bezeichnet wird, hängt wesentlich von der Breite der Potentialschwelle ab, die die Atome trennt, ferner von dem Abstand zwischen der Höhe der Schwelle und dem Energieterm, in dem sich das Elektron befindet. Bei makroskopischen Werten des Atomabstandes in dem Gitter aus getrennten Atomen ist diese Wahrscheinlichkeit so klein, daß man sie stets vernachlässigen kann. Mit anderen Worten kommen im Gitter aus getrennten Atomen keine Übergänge der Elektronen von Atom zu Atom vor, d. h. es gibt keine Elektronenbewegung durch das Gitter.

Dieses Ergebnis kann man noch exakter formulieren. Wir betrachten ein Elektron, das sich in einem bestimmten Gitterpunkt befindet. Die auf die Zeiteinheit bezogene Wahrscheinlichkeit für einen Übergang zum Nachbaratom unter Durchdringung der Potentialschwelle zwischen den beiden Gitterpunkten (vgl. z. B. die Abb. 22 und 23) ist größenordnungsmäßig gleich

$$\lambda \sim \frac{v}{L}\, e^{-\frac{2}{\hbar}\int\limits_{r_1}^{r_2}\sqrt{2m\,[U(r)-\varepsilon]}\,dr} \qquad (12,6)$$

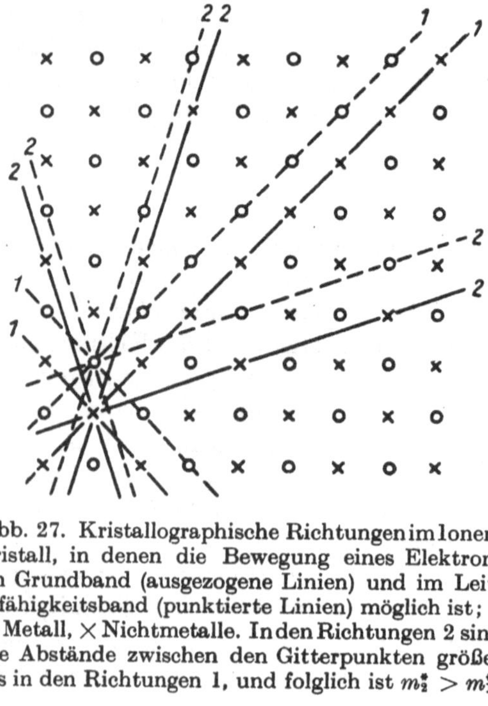

Abb. 27. Kristallographische Richtungen im Ionenkristall, in denen die Bewegung eines Elektrons im Grundband (ausgezogene Linien) und im Leitfähigkeitsband (punktierte Linien) möglich ist; ○ Metall, × Nichtmetalle. In den Richtungen 2 sind die Abstände zwischen den Gitterpunkten größer als in den Richtungen 1, und folglich ist $m_2^* > m_1^*$

Die Exponentialfunktion in der Formel (12, 6) gibt die Durchlässigkeit der Schwelle an, d. h. die relative Wahrscheinlichkeit dafür, daß ein Elektron mit der Energie ε, das auf die Potentialschwelle $U(\mathfrak{r}) \geqq \varepsilon$ zufliegt, diese durchdringt und im benachbarten Gitterpunkt auftaucht. Die Integration erstreckt sich über das Gebiet der Potentialschwelle; r_1 und r_2 sind die ,,Umkehrpunkte" für ein klassisches Teilchen (vgl. Abb. 22). Der Faktor vor der Exponentialfunktion ist gleich dem Verhältnis der Geschwindigkeit des Elektrons im Atom zum Durchmesser des Potentialtopfes und gibt an, wie oft sich das Elektron in der Sekunde am Rande der Potentialschwelle befindet, die die Gitterpunkte trennt. Da die Elektronengeschwindigkeit im Atom $v \approx 10^8$ cm/sec und der Durchmesser der Bohrschen Bahn $\approx 10^{-8}$ cm ist, trifft das Elektron etwa 10^{16} mal in der Sekunde auf die Schwelle auf.

Bei der Abschätzung der Durchlässigkeit der Schwelle vereinfachen wir die Aufgabe und ersetzen de Schwelle, die sich in den

Abb. 22 und 23 zwischen den Gitterpunkten erhebt, durch eine einfache rechteckige Schwelle, wie sie in Abb. 28 dargestellt ist. In diesem Fall ist

$$\lambda \sim 10^{16} \cdot e^{-\frac{2}{\hbar}\sqrt{2m(U_0-\varepsilon)}\,l}, \tag{12, 7}$$

wobei l die Breite der Schwelle ist. Bei $U_0 - \varepsilon \approx 10 eV$, was größenordnungsmäßig den Ionisierungspotentialen isolierter Atome entspricht, und $l \approx 1$ cm ist

$$\lambda \sim 10^{16} \cdot e^{-3 \cdot 10^{8}} \ \mathrm{sec}^{-1} \tag{12, 8}$$

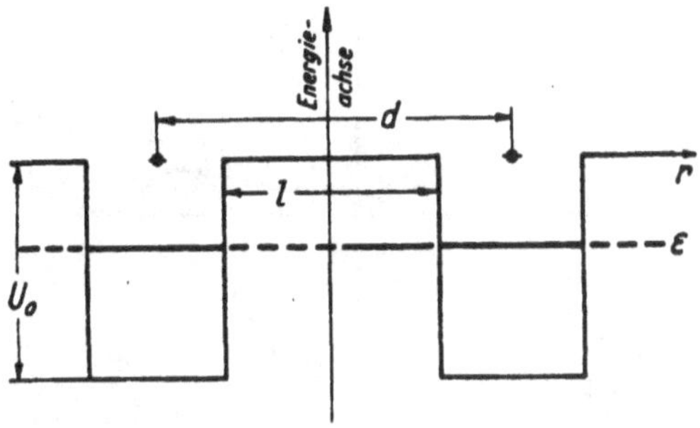

Abb. 28. Einfachste Potentialschwelle

Das bedeutet, daß die mittlere Verweilzeit des Elektrons bei einem Atom eines Gitters aus getrennten Atomen ($d \approx 1$ cm)

$$\tau \sim \frac{1}{\lambda} \sim 10^{100\,000\,000} \text{ Jahre} \tag{12, 9}$$

beträgt, daß man also bei makroskopischen Atomabständen den Tunneleffekt ausschließen kann, und daß dann jedes Elektron bei einem bestimmten Gitterpunkt lokalisiert ist.

Bei Werten der Parameter des Kristallgitters, wie sie in Wirklichkeit vorliegen, ist die Wahrscheinlichkeit des Tunneleffekts sehr viel größer. Setzen wir in der obigen Formel $l \approx 10^{-8}$ cm, so erhalten wir statt (12, 8)

$$\lambda \sim 10^{16} \cdot e^{-3} \sim 10^{15} \ \mathrm{sec}^{-1}.$$

Die Verweilzeit des Elektrons bei einem bestimmten Gitterpunkt beträgt hier also nur

$$\tau \sim \frac{1}{\lambda} \sim 10^{-15} \ \mathrm{sec}. \tag{12, 10}$$

Das Elektron ist also nicht bei einem bestimmten Atom lokalisiert, sondern bewegt sich mit einer Geschwindigkeit von

$$v = \frac{10^{-8}}{10^{-15}} \sim 10^{7} \ \mathrm{cm/sec} \tag{12, 11}$$

in bestimmten kristallographischen Richtungen von Gitterpunkt zu Gitterpunkt. So verhalten sich die Valenzelektronen der Atome in Kristallen. Infolge der starken Abhängigkeit des Tunneleffekts von der Breite der Potentialschwelle und der Differenz $U_{max} - \varepsilon$ bleiben die Elektronen der inneren Atomschalen im gleichen Kristall praktisch vollständig an bestimmte Gitterpunkte gefesselt. Die Wahrscheinlichkeit für einen Tunneleffekt ist bei ihnen sehr klein. Außerdem ist die Verschiebung ihrer Energieterme im Gitter ebenfalls unbedeutend. Diese Tatsache folgt offenbar aus dem Ausdruck (12, 4), bei dem sich das Integral hauptsächlich über das der entsprechenden Bohrschen Bahn benachbarte Gebiet erstreckt. In den Punkten einer großen Bahn des Valenzelektrons ändert sich das Potential wesentlich und damit wird auch $\Delta\varepsilon$ groß. Für die kleinen kernnahen Bahnen der inneren Elektronen dagegen ist die Potentialänderung, die das übrige Gitter hervorruft, unbedeutend; die elektrostatische Verschiebung dieser Terme ist folglich klein. Abb. 29 illustriert das Gesagte.

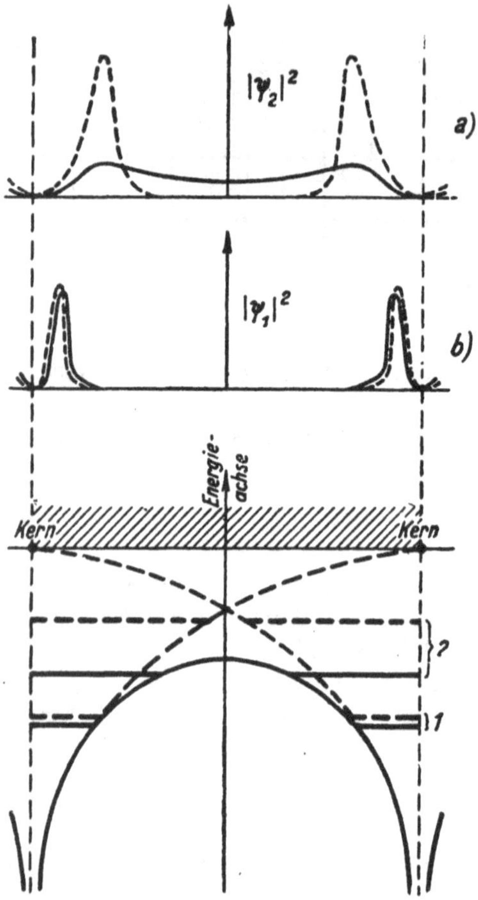

Abb. 29. Termverschiebung und Änderung der räumlichen Verteilung $|\psi(r)|^2$ im Kristall a: für ein Valenzelektron, b: für ein Elektron, das einer inneren Schale angehört. Punktiert dargestellt sind Potentialkurven, Lage der Terme und Wahrscheinlichkeitsverteilung für nicht in Wechselwirkung stehende Atome. Die Aufspaltung in Bänder ist nicht dargestellt

Hier ist in dem energetischen Schema unten punktiert angegeben, wie Potentialkurven und Energieterme der Elektronen in Atomen aussehen würden, die nicht in Wechselwirkung stehen. Die Wechselwirkung führt zur Überlagerung der Potentialkurven und zu einer entsprechenden Termverschiebung (ausgezogene Kurven). Demgemäß ändert sich auch die räumliche Verteilung von Valenz- und inneren Elektronen (punktierte und ausgezogene Kurven in Abb. 29a und 29b).

Diese Abbildung erläutert auf etwas andere Weise die Ursache für den Unterschied in den Wahrscheinlichkeiten des Tunneleffekts für Valenz- und innere Elektronen im Kristall. Die Rechnung zeigt, daß die Wahrscheinlichkeit für den Übergang eines Elektrons von einem Gitterpunkt zu einem anderen vom Ausmaß der Überlappung der Wellenfunktionen des Elektrons abhängt, d. h. grob gesagt von dem Grade der Überdeckung der Elektronenbahnen:

$$\frac{\hbar}{\tau} = J = \left| \int \psi_m^* \varphi' \psi_{m+1} \, d\tau \right| \tag{12, 12}$$

wobei τ die Zeit ist, die das Elektron braucht, um vom Punkt m zum Punkt $m + 1$ zu gelangen und φ' die Änderung der potentiellen Energie des Elektrons im Punkt m ist, die durch das Feld des restlichen Gitters erzeugt wird. Der Abb. 29 entnimmt man, daß die Wellenfunktionen der inneren Elektronen sich praktisch gar nicht überdecken; deshalb ist für die inneren Elektronen $J \approx 0$ und $\tau \approx \infty$. Die Überlappung der Wellenfunktionen der Valenzelektronen dagegen ist beträchtlich, und deshalb kann für sie τ sehr klein sein.

Zusammenfassend stellen wir fest, daß sich die Zustände der inneren Elektronen im Kristall nur verhältnismäßig wenig von ihren Zuständen im isolierten Atom unterscheiden. Ihre Energien und die diesen Energien entsprechenden Ladungsverteilungen $\varrho(\mathfrak{r}) = e\,|\psi(\mathfrak{r})|^2$ ändern sich nur unwesentlich. Deshalb kann man bei der Behandlung des kristallinen Zustandes als schwere Teilchen nicht die Kerne, sondern die ganzen Atomreste betrachten, die sich aus Kernen und Elektronen der inneren Schalen zusammensetzen. Durch Einführung der adiabatischen Näherung kann man den Kristall nicht nur in Kerne und sämtliche Elektronen, sondern auch in Ionen und Valenzelektronen zerlegen. Wir können deshalb beim Aufbau des Bändermodells von einem Gitter ausgehen, das aus unbeweglichen *Ionen* (nicht Kernen) besteht und die Bewegung nur der *Valenz*-Elektronen im Felde dieser Ionen behandeln.

Die Verbreiterung der Atomterme und ihre Verwandlung in die Energiebänder des Kristalls ist eine Folge der ganz allgemeinen quantenmechanischen Beziehung

$$\Delta\varepsilon \cdot \tau \sim h\,, \tag{12, 13}$$

die die Lebensdauer des Elektrons in irgendeinem Energiezustand mit der Unbestimmtheit dieser Energie, der Termbreite, verbindet.

In Atomen, bei denen die Lebensdauer der angeregten Zustände etwa 10^{-8} Sekunden beträgt, ist diese Termbreite, die auf der Wahrscheinlichkeit der spontanen Emission beruht,

$$\Delta\varepsilon \approx \frac{\hbar}{\tau} = 10^{-7}\,\mathrm{eV}. \tag{12, 14}$$

Hierauf beruht die natürliche Breite der Spektrallinien der Atome.

Der Tunneleffekt verkürzt die Verweilzeit des Valenzelektrons in einem bestimmten Gitterpunkt im Kristall auf

$$\tau \sim 10^{-15}\,\mathrm{sec}\,. \tag{12, 15}$$

Dies führt zu einer Verbreiterung des Elektronenterms in ein Band von der Breite

$$\Delta\varepsilon \sim \frac{\hbar}{\tau} \sim 10^{-12}\,\mathrm{erg} \sim 1\,\mathrm{eV}. \tag{12, 16}$$

Eben diese allgemeine quantenmechanische Annahme über den Zusammenhang zwischen Unbestimmtheit der Energie und Lebensdauer des Elektrons bildet auch die Ursache für das Auftreten von Bändern.

In einem Zustand mit völlig definierter Energie, d. h. in einem bestimmten Niveau des Bandes, kann sich das Elektron mit gleicher Wahrscheinlichkeit in jedem Atom des einfachen Gitters befinden, aus dessen Atomtermen dieses Band entstanden ist. Wie schon aus dem Gesagten hervorgeht, bewegt sich das Elektron dabei mit konstanter mittlerer Geschwindigkeit in einer bestimmten kristallographischen Richtung des einfachen Gitters. Weiter unten wird das genauer gezeigt werden. Messungen, die das Elektron bei einem bestimmten Atom fixieren, machen seine Energie um einen Betrag unbestimmt, der der Breite des betreffenden Bandes entspricht. Die hierdurch erreichte Lokalisierung des Elektrons bleibt nur für eine Zeitspanne

$$\tau \sim \frac{\hbar}{\Delta\varepsilon}\,. \tag{12, 17}$$

erhalten. Für $t \gg \tau$ stellt sich ein neuer stationärer Zustand mit $\varepsilon = \text{const.}$ ein, d. h. das Elektron verläßt das Atom, bei dem es durch die Messung fixiert wurde und kann wieder mit gleicher Wahrscheinlichkeit in jedem Gitterpunkt des einfachen Gitters angetroffen werden, das aus Atomen besteht, die mit dem Ausgangsatom strukturell identisch sind.

Für ein Valenzelektron ist $\tau \approx 10^{-15}$ Sekunden, wodurch praktisch eine Lokalisierung bei einem bestimmten Gitterpunkt ausgeschlossen ist. Die durch den Tunneleffekt gegebene Lebensdauer der Elektronen in den inneren Schalen ist dagegen groß (vgl. Formel (12, 6) und folgende). Deshalb sind ihre Bänder sehr schmal und diese Elektronen können praktisch als in ihren Gitterpunkten fixiert angesehen werden, ebenso wie in isolierten Atomen (vgl. Abb. 29).

§ 13: Bewegung des Elektrons im idealen periodischen Gitter

Es ist nützlich, die Bewegung eines Elektrons im Kristall mit der Bewegung eines freien Elektrons im Vakuum zu vergleichen. Beide Bewegungen haben vieles gemein, aber die Gegenüberstellung der Eigenschaften, in denen sich das Verhalten des Elektrons im Gitter von dem Verhalten eines vollkommen freien Elektrons unterscheidet, kann zu einem besseren physikalischen Verständnis der Elektronenzustände im Kristall verhelfen.

Die Zustände eines vollkommen freien Elektrons bilden ein kontinuierliches Energiespektrum mit $\varepsilon \geq 0$ (Abb. 30).

Die Wellenfunktion hat folgende Form:

$$\psi_{\mathfrak{k}}(\mathfrak{r}) = \text{const.} \cdot e^{i\mathfrak{k}\mathfrak{r}}. \tag{13, 1}$$

Diese Funktionen sind Eigenfunktionen der für das freie Elektron vertauschbaren Operatoren der Energie $-\frac{\hbar^2}{2m}\nabla^2$ und des Impulses $-i\hbar\nabla$. Im Zustand (13, 1) hat das Elektron die Energie

Abb. 30. Energiespektrum eines freien Elektrons

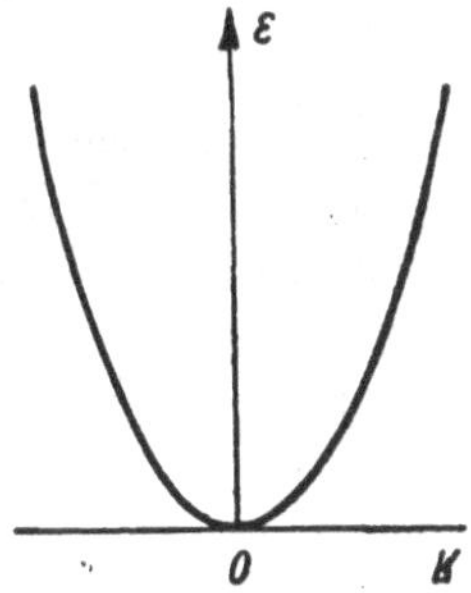

Abb. 31. Zusammenhang zwischen Energie und Impuls eines freien Elektrons:

$$\varepsilon = \frac{\hbar^2 k^2}{2m} = \frac{p^2}{2m}.$$

$$\varepsilon = \frac{\hbar^2 k^2}{2m} \tag{13, 2}$$

(vgl. Abb. 31) und den Impuls

$$\mathfrak{p} = \hbar \mathfrak{k} . \tag{13, 3}$$

Die letzte Gleichung zeigt, daß der *Wellenvektor* $\mathfrak{k}$, der den Zustand des Elektrons kennzeichnet, seine Bewegungsrichtung angibt und mit dem *Impuls* $\mathfrak{p}$ in sehr engem Zusammenhang steht. Aus (13, 3) folgt, daß das freie Elektron sich mit konstanter Geschwindigkeit

$$\mathfrak{v} = \frac{\mathfrak{p}}{m} = \frac{\hbar \mathfrak{k}}{m} \tag{13, 4}$$

bewegt, wobei die Abhängigkeit der Energie des freien Elektrons von seiner Geschwindigkeit dieselbe ist wie bei einem klassischen Teilchen (Abb. 31):

$$\varepsilon = \frac{\hbar^2 k^2}{2m} = \frac{p^2}{2m} = \frac{m v^2}{2} . \tag{13, 5}$$

Die wesentlich quantenhafte Natur des Elektrons äußert sich in seiner räumlichen Lokalisierung. Die Wahrscheinlichkeit, das Elektron an einem Punkt $\mathfrak{r}$ anzutreffen, ist gleich $|\psi(\mathfrak{r})|^2$ und nach (13, 1) von $\mathfrak{r}$ unabhängig. Das bedeutet, daß ein Elektron mit einem bestimmten Impuls $\mathfrak{p}$ durch eine Messung mit gleicher Wahrscheinlichkeit an jeder Stelle des Raumes lokalisiert werden kann. Dies folgt auch unmittelbar aus der allgemeinen Unschärferelation, nach der gilt:

$$\Delta p \Delta x \sim \hbar . \tag{13, 6}$$

Die räumliche Lokalisierung des Elektrons durch irgendeine Messung (z. B. mit Hilfe eines Lichtstrahls) führt es aus einem Zustand mit bestimmten $\mathfrak{p}$- und ε-Werten in einen gemischten $\mathfrak{r}$-Zustand mit einen ganzen Satz von $\mathfrak{p}$ und ε über.

Im Kristallgitter wird ein Elektron in einem bestimmten Term eines Energiebandes beschrieben durch die Wellenfunktion

$$\psi_{\mathfrak{k}}(\mathfrak{r}) = e^{i\mathfrak{k}\mathfrak{r}} u_{\mathfrak{k}}(\mathfrak{r}), \tag{13, 7}$$

wobei $u_{\mathfrak{k}}(\mathfrak{r})$ eine periodische Funktion ist, und zwar mit der Translationsperiodizität des Gitters:

$$u_{\mathfrak{k}}(\mathfrak{r} + n_1\mathfrak{a} + n_2\mathfrak{b} + n_3\mathfrak{c}) = u_{\mathfrak{k}}(\mathfrak{r}), \tag{13, 8}$$

Hier sind $\mathfrak{a}$, $\mathfrak{b}$, $\mathfrak{c}$ die Perioden des Gitters und n_1, n_2, n_3, beliebige ganze

Zahlen. Die Wahrscheinlichkeit, das Elektron im Punkte $\mathfrak{r}$ anzutreffen, ist gleich

$$|\psi_{\mathfrak{k}}(\mathfrak{r})|^2 = |u_{\mathfrak{k}}(\mathfrak{r})|^2 \tag{13, 9}$$

und hängt offenbar nicht von den Nummern n_1, n_2, n_3 der Elementarzellen ab, d. h. sie ist für alle kristallographisch identischen Punkte im Kristall dieselbe. Das bedeutet, daß das Elektron in einem Zustand mit einem bestimmten Wellenvektor $\mathfrak{k}$ mit gleicher Wahrscheinlichkeit in jeder Elementarzelle des Gitters angetroffen werden kann.

Innerhalb jeder Elementarzelle hat $|u_{\mathfrak{k}}(\mathfrak{r})|^2$ ein Maximum, das von dem Atom herrührt, aus dessen Niveau sich das Band, dem das betrachtete Elektron angehört, gebildet hat*). In jedem Zustand, der zu einem bestimmten Energieband gehört, ist also das Elektron in den Gitterpunkten eines bestimmten elementaren Gitters lokalisiert. Das Band, in dem sich das Elektron befindet, ist aus einem Atomkern dieses einfachen Gitters entstanden. Dabei kann das Elektron mit gleicher Wahrscheinlichkeit in jedem Gitterpunkt dieses einfachen Gitters angetroffen werden, ähnlich wie ein völlig freies Elektron mit gleicher Wahrscheinlichkeit in jedem Raumpunkt vorgefunden werden kann. Eine Messung, die das Elektron in einem bestimmten Gitterpunkt fixiert, ändert im allgemeinen seine Energie.

Die Wellenfunktionen (13, 7) sind keine Eigenfunktionen des Impulsoperators des Elektrons

$$p = -i\hbar \operatorname{grad}_{\mathfrak{r}} . \tag{13, 10}$$

In den stationären Zuständen (13, 7) sind also Impuls und Geschwindigkeit des Elektrons nicht konstant. Das liegt daran, daß das Elektron sich im Gitter durch die Felder der Ionen und das „self consistent field" der Elektronen bewegt, die es beständig abwechselnd beschleunigen und bremsen. Man erwartet aber natürlich, daß sich bei der Bewegung des Elektrons im periodischen Feld des Kristallgitters eine konstante *mittlere Geschwindigkeit* einstellen wird.

Unter der mittleren Geschwindigkeit des Elektrons verstehen wir die Geschwindigkeit des Schwerpunktes des Wellenpaketes, das dem Elektron im Zustand (13, 7) entspricht. Nach dem Satz von EHRENFEST bewegt sich der Schwerpunkt eines Wellenpaketes, das ein quantenhaftes Teilchen beschreibt, wie ein klassisches Teilchen, das in jedem Augenblick unter der Einwirkung einer Kraft steht, die gleich

*) Im Sinne einer Aufspaltung des Niveaus in ein Band beim Zusammenbringen der vorher getrennten Atome.

dem räumlichen Mittelwert des auf das Teilchen einwirkenden Kraftfeldes ist. Die Mittelung des räumlich periodischen Feldes des Gitters ergibt Null; folglich ist die mittlere Geschwindigkeit des Elektrons, das sich in einem stationären Energiezustand im Kristall aufhält, konstant. Die Rechnung ergibt, daß diese Geschwindigkeit folgenden Wert hat

$$\mathfrak{v}\,(\mathfrak{k}) = \frac{1}{\hbar}\,\mathrm{grad}_{\mathfrak{k}}\,\varepsilon(\mathfrak{k})\,. \tag{13, 11}$$

Die Energie eines freien Elektrons in Abhängigkeit von der Wellenzahl $\mathfrak{k}$ war durch die Gleichung (13, 2) gegeben. Setzen wir

$$\varepsilon\,(\mathfrak{k}) = \frac{\hbar^2 k^2}{2\,m} \tag{13, 12}$$

in (13, 11) ein, so erhalten wir (vgl. (13, 3))

$$\mathfrak{v} = \frac{\hbar\mathfrak{k}}{m} = \frac{\mathfrak{p}}{m}\,. \qquad 13, 13)$$

Der Zusammenhang zwischen Geschwindigkeit und Impuls ist für das freie Elektron derselbe wie für ein klassisches Teilchen.

Befindet sich das Elektron im Kristallgitter, so gilt der durch (13, 3) gegebene einfache Zusammenhang zwischen $\mathfrak{k}$ und $\mathfrak{p}$ nicht mehr. Der Vektor $\mathfrak{k}$ ist der Index zur Kennzeichnung der Energiezustände im Band und stellt den Wellenvektor der entsprechenden Welle dar, die durch die Gitterperiodizität moduliert wird. Die Energie $\varepsilon\,(\mathfrak{k})$ des entsprechenden Zustandes hängt aber in komplizierterer Weise von $\mathfrak{k}$ ab, als (13, 12) angibt; ferner ist $\mathfrak{p} \neq \hbar\mathfrak{k}$ und zwischen $\mathfrak{p}$ und $\mathfrak{v}$ besteht nicht mehr der klassische Zusammenhang (13, 13). Das liegt daran, daß $\mathfrak{v} = 1/\hbar\,\mathrm{grad}_{\mathfrak{k}}\varepsilon\,(\mathfrak{k})$ nicht die momentane, sondern die mittlere Geschwindigkeit des Elektrons ist. Bei einem vollkommen freien Elektron stimmen die mittlere und die momentane Geschwindigkeit überein, was zur Beziehung (13, 13) führt. Das Elektron im Zustand $\varepsilon\,(\mathfrak{k})$ im Kristall bewegt sich in einem periodischen Feld. Deshalb sind sein Impuls und seine momentane Geschwindigkeit, die gleich $\mathfrak{p}/m$ ist, im allgemeinen nicht konstant, obwohl die mittlere Geschwindigkeit $\mathfrak{v}$ konstant ist. Wir weisen darauf hin, daß der Wellenvektor $\mathfrak{k}$ im allgemeinen nicht parallel zu $\mathfrak{v}$ ist, d. h. daß $\mathfrak{k}$ nicht einmal die Bewegungsrichtung des Elektrons angibt. Die Richtung von $\mathfrak{k}$ ist die Richtung der Phasengeschwindigkeit der Welle, die das Elektron im Kristall beschreibt; die mittlere Geschwindigkeit $\mathfrak{v}$ des Elektrons dagegen ist gleich ihrer Gruppengeschwindigkeit. Der Unterschied zwischen $\mathfrak{k}$ und $\mathfrak{v}$ beruht auf der Anisotropie des Kraftfeldes im Kristall.

Um die weitere Behandlung zu vereinfachen und sie möglichst anschaulich zu gestalten, betrachten wir die Bewegung eines Elektrons in einer bestimmten kristallographischen Richtung, die den Punkten eines einfachen Gitters entspricht. Diese Richtung legen wir in die x-Achse. Die Geschwindigkeitskomponente in dieser Richtung beträgt nach (13, 11)

$$v_x(\mathfrak{k}) = \frac{1}{\hbar} \frac{\partial \varepsilon}{\partial k_x}. \tag{13, 14}$$

Die Anzahl der Zustände im Band ist, wie wir oben sahen, gleich dem Grad der Austauschentartung des entsprechenden Atomniveaus und hängt nicht von der Bandbreite ab. Folglich ist der Abstand zwischen den Termen, d. h. die Größe $\frac{\partial \varepsilon}{\partial k_x}$, um so größer, je breiter das Band ist. Nach (13, 14) bedeutet das, daß die Geschwindigkeit des Elektrons im Zustand $\psi_{\mathfrak{k}}(\mathfrak{r})$ im allgemeinen um so größer ist, je breiter das Band ist, dem der Term $\varepsilon(\mathfrak{k})$ angehört. Der physikalische Sinn dieses Ergebnisses ist schon oben erklärt worden. Je höher die Potentialschwelle ist, desto seltener sind die Übergänge des Elektrons von einem Gitterpunkt zu einem anderen, desto geringer ist die mittlere Elektronengeschwindigkeit und desto schmäler ist das entsprechende Band.

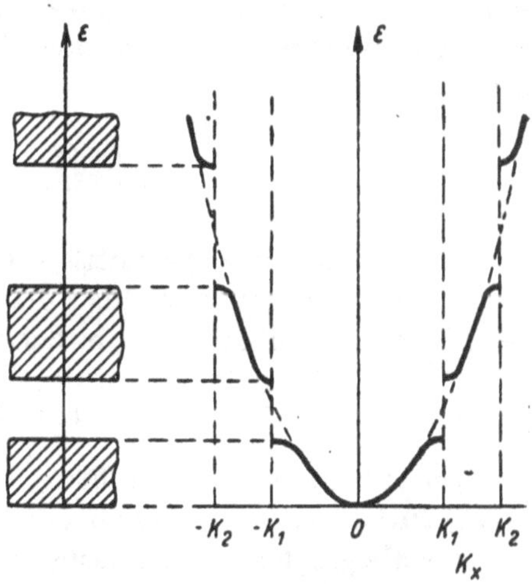

Abb. 32. $\varepsilon(k_x)$ für ein freies Elektron (punktiert) und für ein Elektron im Kristall (ausgezogene Linien). Die im Kristall erlaubten Energiewerte sind durch Strichelung gekennzeichnet. Für die Werte k_x, die den Rändern der Bänder entsprechen, ist

$$v_x = \frac{\partial \varepsilon}{\hbar \partial k_x} = 0.$$

Bei einer Untersuchung der Abhängigkeit der Elektronengeschwindigkeit von der Lage der Terme, gegeben durch die Funktion $\varepsilon(\mathfrak{k})$ im Band, findet man, daß die Geschwindigkeit vom Boden des Bandes bis zur Mitte hin anwächst und dann bis zum oberen Rande des Bandes erneut abnimmt. Die mittlere Geschwindigkeit des Elektrons im Band wird größenordnungsmäßig durch die Beziehung $\Delta\varepsilon\Delta t \sim \hbar$ gegeben, wie oben gezeigt wurde, und beträgt für Valenzelektronen etwa 10^7 cm/sec. Am unteren und oberen Rand des Bandes ist die Elektronengeschwindigkeit gewöhnlich gleich Null (Abb. 32).

Wir erläutern jetzt, wie und wovon die *Beschleunigung* des Elektrons im Kristall abhängt, wodurch die mittlere Geschwindigkeit $\mathfrak{v}(\mathfrak{k})$, die Energie $\varepsilon(\mathfrak{k})$ und der Zustand $\psi_{\mathfrak{k}}(\mathfrak{r})$ des Elektrons im Band geändert werden. Hierzu differenzieren wir (13, 14) nach der Zeit, wobei wir annehmen, daß bei Vorhandensein irgendwelcher Störungen (z. B. eines äußeren elektrischen Feldes, das an den Kristall angelegt wird) $\varepsilon(\mathfrak{k})$ kein Integral der Bewegungsgleichung mehr darstellt. Wir erhalten

$$\frac{dv_x}{dt} = \frac{1}{\hbar}\frac{d}{dt}\left(\frac{\partial\varepsilon}{\partial k_x}\right) = \frac{1}{\hbar}\frac{\partial}{\partial k_x}\left(\frac{d\varepsilon}{dt}\right). \tag{13,15}$$

Bezeichnen wir mit $\mathfrak{F}$ die mittlere Kraft, die auf das Elektron wirkt (d. h. die Kraft, gemittelt über den Raum entsprechend der Dichte der Elektronenwolke), so ergibt der Energiesatz:

$$d\varepsilon = \mathfrak{F}\,\mathfrak{v}\,dt\,. \tag{13, 16}$$

Das periodische Gitterfeld fällt bei der räumlichen Mittelung heraus, und $\mathfrak{F}$ enthält also nur das äußere Feld. Stimmt seine Richtung mit der kristallographischen Richtung überein, in der wir die Bewegung des Elektrons untersuchen, so ist $F_x = F, F_y = F_z = 0$ und

$$\frac{d\varepsilon}{dt} = F\,v_x\,. \tag{13, 17}$$

Setzen wir diesen Ausdruck in (13, 15) ein und beachten, daß $\mathfrak{F}$ nicht von $\mathfrak{k}$ abhängt, so erhalten wir

$$\frac{dv_x}{dt} = \frac{1}{\hbar}F\frac{\partial v_x}{\partial k_x}\,. \tag{13, 18}$$

Wegen (13, 14) gilt

$$\frac{dv_x}{dt} = \frac{F}{\hbar^2\Big/\frac{\partial^2\varepsilon}{\partial k_x^2}}\,. \tag{13, 19}$$

Dieser Ausdruck ist aber ganz analog dem zweiten NEWTONschen Gesetz, wobei der Nenner $\hbar^2 \cdot \frac{\partial^2 \varepsilon}{\partial k_x^2}$ die Bedeutung einer Masse hat. Wir sehen, daß eine Kraft, die in einer bestimmten Richtung an den Kristall angelegt wird, das Elektron in dieser Richtung wie ein klassisches Teilchen mit der Masse

$$m_{xx}^* = \frac{\hbar^2}{\partial^2 \varepsilon / \partial k_x^2}. \tag{13, 20}$$

beschleunigt. Dies ist die *effektive Masse* des Elektrons in der betreffenden Richtung.

Aus der Beziehung (13, 2)

$$\varepsilon = \frac{\hbar^2}{2\, m} (k_x^2 + k_y^2 + k_z^2) \tag{13, 21}$$

folgt unmittelbar, daß die effektive Masse eines freien Elektrons gleich seiner eigentlichen Masse ist und nicht von der Bewegungsrichtung abhängt. Im Kristall ist dies anders. Hier bewegt sich das Elektron im periodischen Gitterfeld, und der ganze Vorgang der Elektronenwanderung setzt sich aus einer Reihe von Durchdringungen der Potentialschwellen zusammen, die die Atome voneinander trennen. Die Wechselwirkung des Elektrons mit dem Gitter hat zur Folge, daß m und m^* im Kristall nicht gleich sind. Infolge der Periodizität des Gitterfeldes fällt diese Wechselwirkung bei Mittelung der Kräfte, die auf das Elektron wirken, heraus. Deshalb geht die Wechselwirkung mit dem Kristall nicht in die mittlere Kraft $\mathfrak{F}$ ein, sondern erscheint in der Bewegungsgleichung des Elektrons nur als modifizierte Masse. Diese physikalische Bedeutung der effektiven Masse wird ganz besonders deutlich, wenn man sich nicht auf eine der Komponente der Geschwindigkeit und den Spezialfall einer Kraft beschränkt, die in derselben Richtung wirkt, sondern die dreikomponentige Geschwindigkeit des Elektrons im Gitter betrachtet. Entsprechende Rechnungen führen zu der Gleichung

$$\frac{d\mathfrak{v}}{dt} = \frac{1}{m^*} \mathfrak{F}, \tag{13, 22}$$

wo die effektive Masse einen Tensor*) darstellt

$$\frac{1}{m^*} = \frac{1}{\hbar^2} \begin{pmatrix} \frac{\partial^2 \varepsilon}{\partial k_x^2} & \frac{\partial^2 \varepsilon}{\partial k_x \partial k_y} & \frac{\partial^2 \varepsilon}{\partial k_x \partial k_z} \\ \frac{\partial^2 \varepsilon}{\partial k_x \partial k_y} & \frac{\partial^2 \varepsilon}{\partial k_y} & \frac{\partial^2 \varepsilon}{\partial k_y \partial k_z} \\ \frac{\partial^2 \varepsilon}{\partial k_x \partial k_z} & \frac{\partial^2 \varepsilon}{\partial k_y \partial k_z} & \frac{\partial^2 \varepsilon}{\partial k_z^2} \end{pmatrix} \tag{13, 23}$$

Das besagt, daß infolge der Wechselwirkung des Elektrons mit dem Gitter im allgemeinen nicht einmal die Richtung der Beschleunigung des Elektrons mit der Richtung der einwirkenden *mittleren* Kraft (z. B. eines äußeren an den Kristall angelegten elektrischen Feldes) übereinstimmt.

Die Komponenten des Tensors der effektiven Masse hängen von der Zusammensetzung und dem Bau des Gitters ab. Aus der Hermitizität der Matrix (13, 23) folgt, daß in Kristallen beliebiger Struktur mindestens drei Hauptrichtungen vorhanden sind, in denen die Richtung der Kraft $\mathfrak{F}$ und der Beschleunigung $\frac{d\mathfrak{v}}{dt}$ übereinstimmen. Auch für diese Hauptrichtungen aber stimmen die effektiven Massen des Elektrons

$$m_1^* = \frac{\hbar^2}{\partial^2\varepsilon/\partial k_1^2}, \quad m_2^* = \frac{\hbar^2}{\partial^2\varepsilon/\partial k_2^2}, \quad m_3^* = \frac{\hbar^2}{\partial^2\varepsilon/\partial k_3^2} \tag{13, 24}$$

nur für kubische Kristalle überein.

---

*) Ohne Benutzung der Matrizenschreibweise hat die Gleichung (13, 22) folgende Form:

$$\begin{aligned} \frac{dv_x}{dt} &= \frac{1}{\hbar^2}\frac{\partial^2\varepsilon}{\partial k_x^2} F_x + \frac{1}{\hbar^2}\frac{\partial^2\varepsilon}{\partial k_x \partial k_y} F_y + \frac{1}{\hbar^2}\frac{\partial^2\varepsilon}{\partial k_x \partial k_z} F_z, \\ \frac{dv_y}{dt} &= \frac{1}{\hbar^2}\frac{\partial^2\varepsilon}{\partial k_x \partial k_y} F_x + \frac{1}{\hbar^2}\frac{\partial^2\varepsilon}{\partial k_y^2} F_y + \frac{1}{\hbar^2}\frac{\partial^2\varepsilon}{\partial k_y \partial k_z} F_z \\ \frac{dv_z}{dt} &= \frac{1}{\hbar^2}\frac{\partial^2\varepsilon}{\partial k_x \partial k_z} F_x + \frac{1}{\hbar^2}\frac{\partial^2\varepsilon}{\partial k_y \partial k_z} F_y + \frac{1}{\hbar^2}\frac{\partial^2\varepsilon}{\partial k_z^2} F_z \end{aligned} \tag{13, 22a}$$

Wir sehen also, daß im allgemeinen die Richtungen von $\frac{d\mathfrak{v}}{dt}$ und $\mathfrak{F}$ nicht übereinstimmen.

Die in diesem Paragraphen gewonnenen Ergebnisse lassen sich folgendermaßen zusammenfassend formulieren. Ein Elektron im Kristall verhält sich in vieler Beziehung ähnlich wie ein freies Elektron im Vakuum. In Abwesenheit äußerer Kräfte bewegt sich das freie Elektron mit der konstanten Geschwindigkeit $\mathfrak{v} = \frac{\hbar \mathfrak{k}}{m}$; das Elektron im Kristall bewegt sich mit der konstanten mittleren Geschwindigkeit (13, 11). In beiden Fällen ist $\mathfrak{v}(\mathfrak{k}) = 1/\hbar \operatorname{grad}_{\mathfrak{k}} \varepsilon(\mathfrak{k})$. Je höher die Potentialschwelle ist, die das Elektron im Gitter durchdringen muß, um von einem Gitterpunkt zu einem anderen zu gelangen, desto kleiner ist $\mathfrak{v}(\mathfrak{k})$. Für die Elektronen der inneren Schalen kann man $\mathfrak{v}(\mathfrak{k})$ gleich Null setzen und die Bewegung dieser Elektronen im Gitter vernachlässigen. Ferner kann ein freies Elektron im Zustand $\psi_{\mathfrak{k}}(\mathfrak{r})$ mit gleicher Wahrscheinlichkeit an jeder Stelle des Raumes angetroffen werden; das Elektron im Zustand $\psi_{\mathfrak{k}}(\mathfrak{r})$ des Kristalls kann sich mit gleicher Wahrscheinlichkeit in jeder Elementarzelle aufhalten, in jedem Gitterpunkt des entsprechenden einfachen Gitters.

Ein äußeres Feld beschleunigt das Elektron im Kristall genau so wie ein freies klassisches Teilchen mit einer Masse m^*, die durch (13, 22) definiert ist. Die effektive Masse berücksichtigt die Wechselwirkung des beschleunigten Elektrons mit dem Gitter. Je höher die Potentialschwellen sind, die das Elektron im Gitter im entsprechenden Zustand zu durchdringen hat, desto größer ist die effektive Masse des Elektrons. Für die inneren Elektronen ist m^* so groß, daß die gewöhnlichen Felder, die an den Kristall angelegt werden können, keine merkliche Bewegung dieser Elektronen im Gitter hervorrufen können. Die inneren Elektronen im Gitter sind in den Gitterpunkten dynamisch gebunden, was in vieler Beziehung dem ganz ähnlich ist, wie man sich es in der klassischen Theorie vorstellt. Für die Valenzelektronen dagegen ist $m^* = m$: sie werden durch ein äußeres Feld im Kristall ähnlich wie freie Elektronen im Vakuum beschleunigt. Von den durch die Quantenstatistik auferlegten besonderen Bedingungen, die die Gültigkeit dieses letzten Schlusses einschränken, wird im folgenden Paragraphen die Rede sein.

Der tensorielle Charakter der effektiven Masse und ihre Abhängigkeit von der Richtung im Gitter rühren daher, daß die Höhe der Potentialschwellen, die das Elektron im Gitter zu durchdringen hat, im allgemeinen für die verschiedenen kristallographischen Richtungen verschieden sind. Infolge der Anisotropie des Gitterfeldes stimmt dabei im allgemeinen Fall die Richtung der Beschleunigung des Elektrons im Gitter nicht mit der des an den Kristall angelegten äußeren Feldes überein.

§ 14: Die Bewegung der Elektronen im Kristall und die FERMI-Statistik

Bisher haben wir die Bewegung eines Elektrons im Kristall behandelt, ohne die besondere Kopplung mit der Bewegung der übrigen Elektronen zu berücksichtigen, die aus der Quantenstatistik folgt. Im Grunde haben wir nur eine Verträglichkeit der Bewegung sämtlicher Elektronen untereinander im Kristall in dem Sinne erreicht, daß der Zustand jedes Elektrons nicht nur durch das Feld des Kerngerüstes des Gitters, sondern auch durch das Feld aller übrigen Elektronen bestimmt wird, deren Ladungsverteilung ihrerseits vom Feld des betrachteten Elektrons abhängt. Mit anderen Worten hatten wir eine rein dynamische Koordinierung der Zustände aller Elektronen, so daß ein jedes sich in dem Felde aller übrigen (dem „self-consistent field") bewegte. Dabei gab es in den Gleichungen vom HARTREEschen Typ, die dem Bändermodell zugrunde liegen, keine gegenseitigen Beschränkungen für den Aufenthalt mehrerer Elektronen in einem und demselben Zustand. Die FERMI-Statistik, der Elektronen-Ensembles gehorchen, schließt aber aus, daß sich zwei Elektronen im gleichen Quantenzustand befinden. Diese Besonderheit der Elektronenstatistik, die ohne klassisches Analogon ist, ist in den FOCKschen, aber nicht in den HARTREEschen Gleichungen berücksichtigt. Diese Vernachlässigung kann man teilweise nachträglich dadurch ausgleichen, daß man nach der Berechnung des Energiespektrums des Elektrons im Gitter die Verteilung der Elektronen über die Terme unter Berücksichtigung des PAULI-Prinzips vornimmt. Man nimmt an, daß die Terme nach wachsender Energie geordnet aufgefüllt werden, was einem Minimum der Gesamtenergie des Kristalls entspricht. Dabei befinden sich in jedem einfachen Zustand höchstens zwei Elektronen mit entgegengesetzten Spins. Dies führt zu einer Anzahl sehr wichtiger Folgerungen, die viele Probleme und Widersprüche in der klassischen Theorie des Festkörpers sowie auch in der Theorie der chemischen Bindung und Valenz lösen.

Wir weisen jedoch nochmals darauf hin (vgl. § 11), daß ein solches theoretisches Verfahren die Fehler nur teilweise beseitigt, die durch die Vernachlässigung der FERMI-Statistik in den Ausgangsgleichungen in die Bändertheorie hineingeraten sind. Tatsächlich würde eine Berücksichtigung des PAULI-Prinzips während des gesamten Ganges der Berechnung der Einelektronenzustände im Kristall offenbar zu einer anderen räumlichen Ladungsverteilung aller Elektronen und zu einer Änderung der Wechselwirkung zwischen ihnen führen, folglich auch zu einer Änderung der Energie der entsprechenden Terme. Durch Einführung der FERMI-Statistik in das schon berechnete Energieschema wird dieser Fehler nicht beseitigt. Außerdem trägt die „Verschmierung“ der Elektronen selbst, mit deren Hilfe das Vielkörperproblem in Einelektronengleichungen aufgespalten wird, ebenfalls einen Fehler in die Wechselwirkung der Elektronen und damit auch in die Bestimmung der Lage der Terme und in das berechnete Energiespektrum hinein. Das Bändermodell stellt deshalb ein halbqualitatives Bild der Elektronenvorgänge im Kristall dar, das nur einige grundlegende Besonderheiten des kristallinen Zustandes wiedergibt, für detaillierte quantitative Betrachtungen aber nicht ausreicht.

Noch eine Bemerkung, bevor wir weitergehen. Die Elektronenenergie $\varepsilon(\mathfrak{k})$ im Kristall hängt vom Wellenvektor $\mathfrak{k}$ ab, der den Zustand $\psi_{\mathfrak{k}}(\mathfrak{r})$ des Elektrons kennzeichnet. Benutzt man der geometrischen Anschaulichkeit halber den Phasenraum mit den Koordinaten k_x, k_y, k_z, so entspricht jedem Energieterm $\varepsilon(\mathfrak{k})$ eine Energiefläche und jedem Energieband ein dreidimensionales Volumen, das quasikontinuierlich aus den Flächen $\varepsilon(\mathfrak{k}) = \text{const.}$ zusammengesetzt ist. Dieser Weg führt jedoch zu einem ziemlich komplizierten geometrischen Bild. Es ist noch eine andere Darstellung der Energiebänder möglich. Auf der Energieachse tragen wir als Terme die Energiewerte auf, die das Elektron im Kristallgitter haben kann. Dadurch erhalten wir ein System von quasikontinuierlichen Zonen, die durch verbotene Zonen getrennt werden (Abb. 33). Jedem Term entspricht eine ganze Anzahl von Zuständen mit der gegebenen Energie, aber verschiedenen $\mathfrak{k}$, sowie möglicherweise auch verschiedenen Werten der übrigen Größen, die den Zustand kennzeichnen. Das Energiediagramm, das wir auf diese Weise erhalten (Abb. 33a), wird oft als das Bändermodell des Kristalls bezeichnet. Es stellt offenbar nur ein Termschema dar, das in keiner Weise die Abhängigkeit der Energie von der Lage des Elektrons im Kristall oder von den Komponenten des Wellenvektors wiedergibt. Wie jedes Termschema handelt es sich um eine eindimensionale Darstellung. Es ist hier überhaupt keine Abszissenachse vorhanden und man sollte dieses Schema besser so darstellen, wie in Abb. 33b angedeutet ist.

Manchmal stellt man, wie in Abb. 33a, das Energiespektrum eines Elektrons, das sich in einer bestimmten kristallographischen Richtung bewegt, so dar, daß man auf der Abszissenachse die „klassische“ Koordinate des Elektrons, d. h. die Lage des Schwerpunktes des entsprechenden Wellenpaktes, aufgetragen denkt. In diesem Fall sind im Band nur die Energiewerte enthalten, mit denen sich das Elektron in dieser Richtung bewegen kann. Wir bemerken, daß die Anwendungsmöglichkeit eines solchen Schemas sehr beschränkt ist, deshalb nämlich, weil selbst ein in derselben Richtung angelegtes äußeres Feld im allgemeinen nicht nur die Größe, sondern auch die Richtung der Elektronengeschwindigkeit ändert, und das Elektron aus einem solchen Band „heraustritt“.

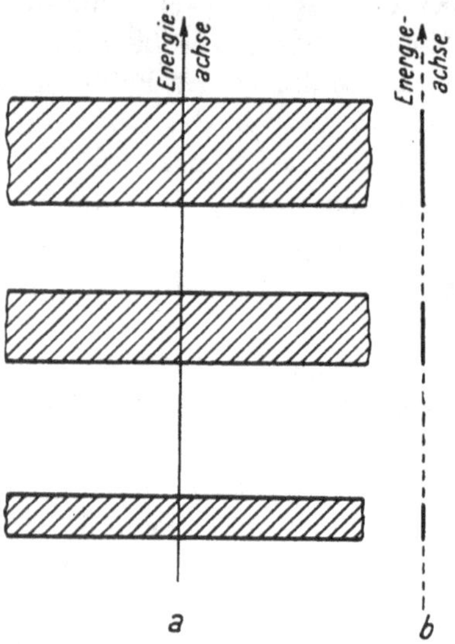

Abb. 33. Energiebänderschema eines idealen Kristalls (Diagramm der Elektronenterme). *a*: wie es gewöhnlich dargestellt wird, *b*: wie man es in einer eindimensionalen Abbildung darstellen müßte

Überall, wo nichts anderes ausdrücklich angemerkt ist, werden wir das Bändermodell (Abb. 33a) nur als Termsystem verwenden. In Abb. 34 ist die Entstehung der Bänder im Kristall aus den Atomtermen dargestellt. Durch die gestrichelten Geraden ist der Querschnitt dieser Abbildung beim Gleichgewichtswert d_0 *) für den Atomabstand angedeutet. Er ergibt das Termsystem, das in Abb. 33 dargestellt ist.

Oben wurde gesagt: Falls ein Term im Atom besetzt ist (d. h. falls sich in jedem nichtentarteten Zustand zwei Elektronen mit entgegengesetzten Spins befinden), ist auch das aus diesen Zustand entstehende Band (oder die Bänder bei entarteten Zuständen) im Kristall voll besetzt. Ist der entsprechende Zustand im Atom leer oder teilweise besetzt, so gilt dasselbe auch für das Band.

*) Da die Vereinigung der getrennten Atome zum Gitter unter Erhaltung der geometrischen Ähnlichkeit vollzogen wird, kann man die Abmessungen des Gitters durch irgendeinen seiner Parameter kennzeichnen.

Als Beispiel betrachten wir den Lithiumkristall. Im unangeregten Lithiumatom gibt es zwei Elektronen im $1s$- und ein Elektron im $2s$-Zustand. Beide Terme sind nicht entartet. Im einfachen Gitter des kristallinen Lithiums überlappen sich die Wellenfunktionen des $1s$-Zustandes nur schwach, dagegen die des $2s$-Zustandes beträchtlich. Dementsprechend ist das $1s$-Band sehr schmal, das $2s$-Band breit.

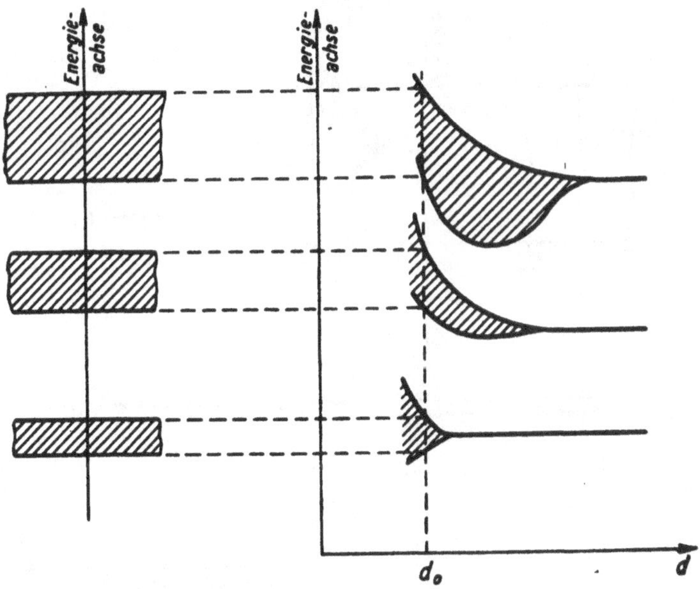

Abb. 34. Bildung der Energiebänder im Kristall aus den Elektronentermen im Atomes

Die Bildung dieser Bänder aus den entsprechenden Atomtermen ist in Abb. 35 dargestellt.

Die Wechselwirkung zwischen dem Gitter und einem Elektron, das sich in bestimmter kristallographischer Richtung bewegt, ist dieselbe für die beiden möglichen Durchlaufungssinne dieser Richtung. Deshalb kann man die Elektronen, die sich in einem bestimmten Zustand im Band befinden, in Elektronenpaare mit entgegengesetzten, gleich großen Geschwindigkeiten einteilen. Dabei ist der Strom, den jedes dieser Elektronenpaare erzeugt, gleich Null:

$$\mathfrak{i} = -e\mathfrak{v} + e\mathfrak{v} \equiv 0 \,. \tag{14, 1}$$

Deshalb fließt ohne äußeres Feld im Kristall kein Strom, trotz der Bewegung der Elektronen von Gitterpunkt zu Gitterpunkt.

Wir legen jetzt ein äußeres Feld an den Kristall an. Nach (13, 22) beschleunigt dieses Feld die Elektronen in der einen Richtung und verlangsamt sie in der entgegengesetzten, was zu einer Asymmetrie in der Elektronenbewegung und jetzt zum Auftreten eines elektrischen

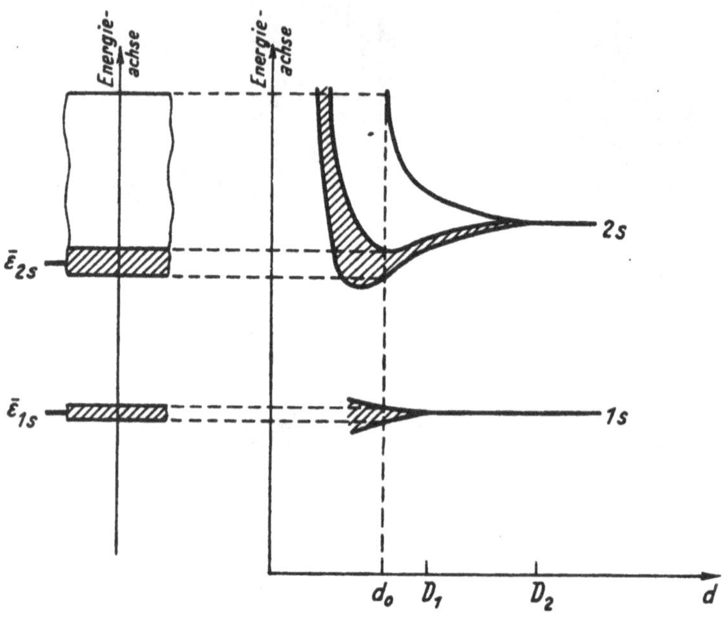

Abb. 35. Bildung der Bänder $1s$ und $2s$ im metallischen Lithium aus den Atomtermen. D_1 und D_2 sind die Durchmesser der entsprechenden Bohrschen Bahnen im Lithiumatom, $\bar{\varepsilon}_{1s}$ und $\bar{\varepsilon}_{2s}$ die Mittelwerte der Energie eines Elektrons in den Bändern $1s$ bzw. $2s$

Stromes führt. Dabei werden beim Lithium (vgl. Abb. 35) die $2s$ Elektronen die Hauptrolle spielen, da die effektive Masse der $1s$-Elektronen sehr groß und ihre Beschleunigung durch das Feld infolgedessen unbedeutend ist. Letzteres ist nur eine formale Umschreibung der Tatsache, daß die Potentialschwelle, die die $1s$-Zustände der verschiedenen Gitteratome trennt, hoch ist, während sie für die $2s$-Elektronen niedrig ist (vgl. Abb. 23, S, 71).

Diese Ergebnisse, die wir ohne Heranziehung der Fermi-Statistik erhalten haben, koppeln die Bewegungen der einzelnen Elektronen mit

Hilfe des PAULI-Prinzips miteinander. Wir wenden uns wieder der Gleichung (13, 22) zu. Durch Beschleunigung des Elektrons ändert das äußere Feld dessen Energie und führt es in einen anderen Energiezustand über*). In einem vollbesetzten Band (z. B. im $1s$-Band des Lithiums) sind aber sämtliche Energieniveaus aufgefüllt. Folglich ist ein Übergang nach ihnen und damit auch eine Beschleunigung des Elektrons durch ein äußeres Feld unmöglich. *Elektronen, die einem vollbesetzten Band angehören, nehmen an der elektrischen Leitung nicht teil.* Solche Elektronen verhalten sich also wie gebundene; dabei ist ihre Bindung statistischer Natur.

Dieser Schluß gilt offenbar unabhängig von der Breite des Bandes, d. h. nicht nur für innere, sondern auch für äußere Elektronen, falls das entsprechende Band voll besetzt ist. Außer den dynamischen Bedingungen (einer hohen Potentialschwelle, die zu m^* führt), unterliegt die Beschleunigung der Elektronen im Gitter also auch noch statistischen Beschränkungen.

Die $1s$-Elektronen können sich also nicht nur infolge dynamischer Beschränkungen, sondern auch, weil es die Statistik nicht gestattet, nicht an der elektrischen Leitfähigkeit beteiligen.

Das $2s$-Band des Lithiums ist nur teilweise besetzt (Abb. 35). Deshalb werden die Elektronen, die sich in ihm in Zuständen befinden, die unmittelbar an freie Terme angrenzen, vom Feld beschleunigt und bilden einen Strom. Das Lithium besitzt also eine elektrische Leitfähigkeit, es ist ein Metall. Offenbar müssen Elemente, in deren Atomen keine teilweise besetzten Zustände, wie der $2s$-Zustand im Lithium, vorhanden sind, im festen Zustand Isolatoren sein, da ihr Energiediagramm aus vollbesetzten und leeren Bändern besteht. Das wäre stets der Fall, wenn sich die Bänder nicht überdeckten. Überdecken sich ein leeres und ein gefülltes Band und verschmelzen sie zu einem einzigen, so grenzen wieder besetzte und leere Terme aneinander, wodurch der ganze Kristall metallischen Charakter bekommt. Auf einer solchen Überdeckung des $2s$- und $2p$-Bandes im Beryllium-

*) Differenzieren wir $\varepsilon(\mathfrak{k})$ nach der Zeit, so erhalten wir mit Hilfe von (13, 11):

$$\frac{d\varepsilon}{dt} = \operatorname{grad}_{\mathfrak{k}} \varepsilon \cdot \frac{d\mathfrak{k}}{dt} = h \frac{d\mathfrak{k}}{dt} \mathfrak{v}.$$

Vergleichen wir dies mit (13. 16), so erhalten wir $d\mathfrak{k}/dt = \mathfrak{F}/h$. Dieser Ausdruck zeigt, wie die Änderung des Elektronenstromes von der Wirkung des äußeren Feldes abhängt.

kristall beruht dessen metallische Leitfähigkeit. Offenbar würde bei größeren Atomabständen auch das Beryllium ein Isolator sein.

Die gegenseitige Kopplung der Elektronenbewegungen im Kristall durch die Fermi-Statistik spielt auch eine wesentliche Rolle in der Frage der Stabilität des Gitters, d. h. des Vorhandenseins oder Nichtvorhandenseins von Bindungskräften, die die Atome in der Kristallstruktur zusammenhalten. Da der $2s$-Zustand im Lithiumatom nur teilweise besetzt ist, verteilen sich die Elektronen im $2s$-Band nur auf die unteren Terme; infolgedessen ist die mittlere Energie der $2s$-Elektronen im Lithiumkristall geringer als im Atom (vgl. Abb. 36). Auf dieser Verringerung der Elektronenenergie bei Vereinigung der Lithiumatome zum Kristallgitter und der entsprechenden Vergrößerung der elektrostatischen Anziehungsenergie der Li^+-Ionen beruhen die Stabilität und die Kohäsionskräfte im Lithiumkristall.

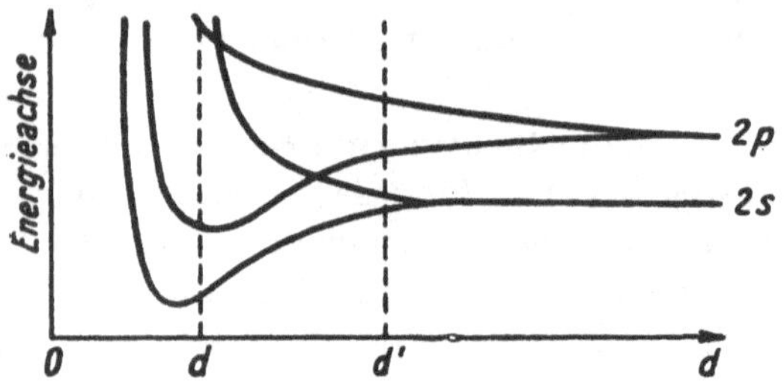

Abb. 36. Die Überlappung des vollbesetzten $2s$-Bandes und des leeren $2p$-Bandes bei dem im Kristall gegebenen Wert d der Gitterkonstante führt zur Bildung eines nur teilweise besetzten Bandes. Hierauf beruhen die metallischen Eigenschaften des Berylliums. Wäre die Gitterkonstante des Berylliums gleich d', so wäre dieses ein Isolator

Beim Zusammenbringen der Heliumatome und der Verbreiterung des vollbesetzten $1s$-Zustandes verhindert die Forderung der Statistik, daß alle Elektronen die untersten Niveaus im Bande einnehmen. Das Band bleibt vollbesetzt, und die mittlere Energie des $1s$-Elektrons verringert sich nicht. Es gibt also keine Elektronenbindung, und Heliumkristalle lassen sich nur bei Temperaturen nahe des absoluten Nullpunktes herstellen (Gefrierpunkt $1{,}22^0$ K bei einem Druck von 25,3 kp/cm²). Aus entsprechenden Gründen bilden das Helium und die anderen „Edelgase" keine Moleküle.

§ 15: Freie und gebundene Elektronen im Kristall

Aus der obigen Betrachtung geht hervor, daß in der Quantentheorie des festen Körpers die Begriffe „freies" und „gebundenes" Elektron im Kristall eine etwas andere Bedeutung haben als in der klassischen Physik. Nach dieser ist ein Elektron in einem bestimmten Atom gebunden, wenn seine Energie kleiner ist als die Höhe der Potentialschwelle U_0, die die Atome voneinander trennt, und vollkommen frei, wenn $\varepsilon > U_0$ ist. Die Quantenmechanik zeigt dagegen, daß infolge des Tunneleffektes das Elektron sich auch bei $\varepsilon < U_0$ von Atom zu Atom bewegen kann. Wie wir sahen, läßt die starke Abhängigkeit des Tunneleffektes von der Höhe der Schwelle dies allerdings nur für die Valenzelektronen wesentlich erscheinen. Die Elektronen der inneren Schalen bleiben in beträchtlichem Maße dynamisch an ihre Gitterpunkte gebunden, wobei diese Bindung ihrer physikalischen Natur nach der klassischen ähnelt.

Etwas ganz anderes ist die wesentlich *quantenhafte* Bindung, die die FERMI-Statistik mit sich bringt. Unabhängig von der Größe der Kräfte im Gitter kann ein Elektron, das einem vollbesetzten Band angehört, nicht beschleunigt werden. Mit anderen Worten nehmen alle Elektronen, die dieses Band füllen, nicht an der elektrischen Leitung teil. Deshalb sind alle Elektronen in vollbesetzten Bändern ebenfalls gebunden, wenn auch aus einem ganz anderen Grunde, der ohne klassisches Analogon ist.

Im Falle eines teilweise besetzten Bandes nehmen an der elektrischen Leitung nur die Elektronen teil, die dem schmalen Energieintervall angehören, in dem die FERMI-Verteilungsfunktion

$$f = \frac{1}{e^{\frac{\varepsilon - \zeta}{kT}} + 1} \qquad (15, 1)$$

verschieden von 1 ist. Die entsprechenden Terme sind nicht voll besetzt, so daß zwischen ihnen und den darüber, im freien Teil des Bandes gelegenen Termen Elektronenübergänge möglich sind. Wie

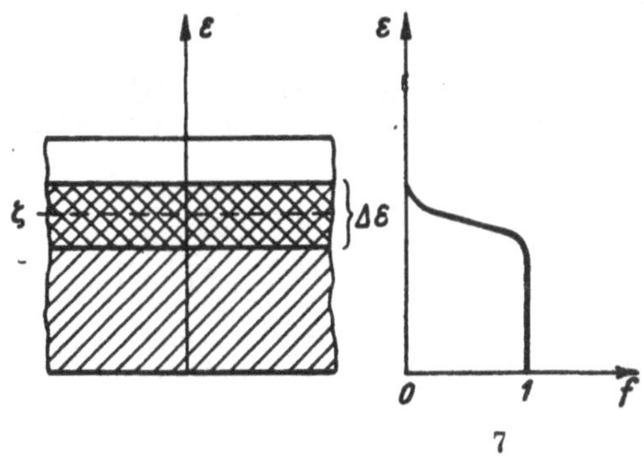

Abb. 37. $\Delta\varepsilon \approx kT$ ist das Energiegebiet in einem teilweise besetzten Band, in dem der Besetzungsgrad der Terme $f \neq 1$ ist und damit eine Beschleunigung der Elektronen durch ein äußeres Feld sowie ein Energieaustausch zwischen Elektronen und Gitter möglich wird

aus (15, 1) ersichtlich ist (vgl. auch Abb. 37), ist die Breite des entsprechenden Energieintervalls ungefähr gleich kT.

In Abb. 37 ist ein teilweise besetztes Band dargestellt, wie es für Metalle typisch ist.

In Isolatoren und Halbleitern, zu denen alle Kristallphosphore gehören, sind die Bänder im nichterregten Zustand des Kristalls teils voll besetzt, teils ganz leer. Elektronen können nur durch Hebung aus dem unteren Band oder aus den lokalen Niveaus (vgl. § 17) durch Licht oder Wärme in das leere Band (das Leitfähigkeitsband) gelangen. Die dadurch erreichte Konzentration von Leitungselektronen entspricht so kleinen Besetzungszahlen, daß die BOLTZMANN-Statistik anwendbar wird*).

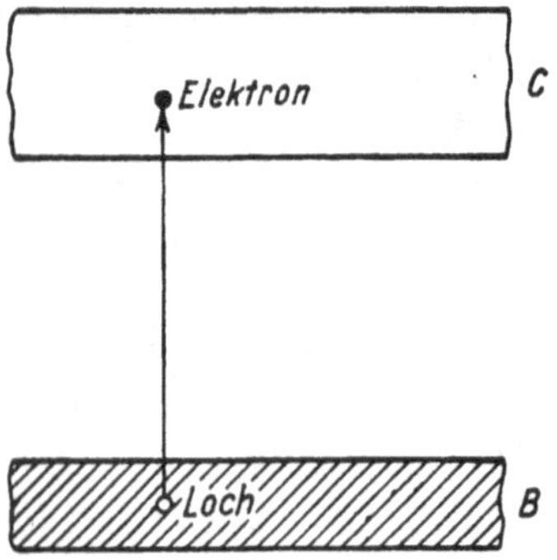

Abb. 38. Entstehung eines Leitfähigkeitselektrons und eines Loches beim inneren Photoeffekt im Kristall eines Isolators

Wenn Elektronen aus dem gefüllten Band ins Leitfähigkeitsband gelangen**), so ist jenes nicht mehr voll besetzt. Es entstehen freie Terme oder, wie man sie gewöhnlich bezeichnet, „Löcher“ in der Elektronenverteilung (Abb. 38). Jetzt können also die übrigen Elektronen des besetzten Bandes durch ein äußeres Feld beschleunigt werden. Die gegenseitige Behinderung ihrer Bewegungen bleibt jedoch wesentlich, da die Anzahl der Elektronen im Band groß und die der freien Terme nur klein ist. Man kann zeigen, daß die Elektronenbewegung in einem besetzten Band, aus dem eine geringe Anzahl Elektronen entfernt ist, im Ergebnis vollkommen gleichwertig der Bewegung der im Band entstandenen „Löcher“ ist. Man hat die

*) Genauer liegt in diesen Kristallen das chemische Potential ζ unterhalb des unteren Randes des Leitfähigkeitsbandes ($\zeta < 0$, wobei $\varepsilon - \zeta \gg kT$ ist). Deshalb ist

$$f = \frac{1}{e^{\frac{\varepsilon - \zeta}{kT}} + 1} \approx c\,(T)\, e^{\varepsilon/kT} \tag{a}$$

**) Für die Elektronenhalbleiter ist die Hebung von Elektronen aus den lokalen Donatortermen kennzeichnend, von denen noch später die Rede sein wird.

letzteren nur als in einem leeren Band sitzende positive Teilchen mit entsprechenden effektiven Massen aufzufassen. Dabei ist die Energie der Löcher am kleinsten am oberen Rand des Bandes und steigt, wenn das Loch tiefer rückt.

§ 16: Die Energiebänder in Ionenkristallen

Alle Kristallphosphore haben Ionengitter. Für solche Gitter ist typisch, daß teilweise besetzte Bänder nicht vorhanden sind, was darauf beruht, daß das Valenzelektron des Metalls sich in das Band begibt, das durch Aufspaltung eines Terms des Nichtmetalls entstanden ist.

Als Beispiel betrachten wir den NaCl-Kristall (Abb. 39). Er hat ein kubisches Gitter, das aus den einfachen kubischen Gittern des Natriums und des Chlors zusammengesetzt ist. Die Elektronenzustände in den getrennten Atomen von Na und Cl sind folgendermaßen besetzt:

$$\text{beim Na:} \quad (1s)^2\,(2\,s^2)\,(2p)^6\,3s,$$
$$\text{beim Cl:} \quad (1s)^2\,(2s)^1\,(2p)^6\,(3s)^2\,(3p)^5\,.$$

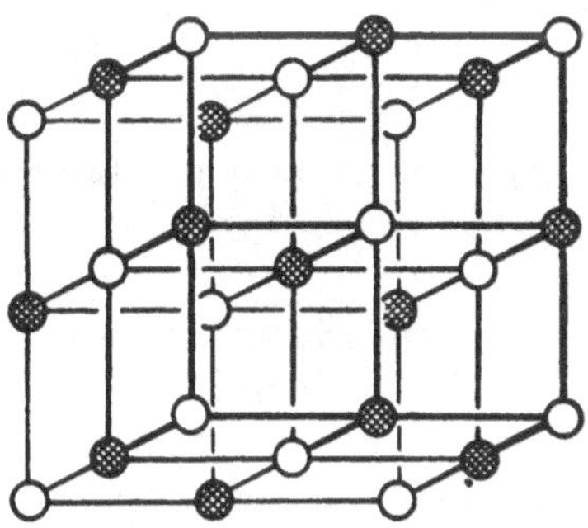
Abb. 39. NaCl-Gitter

Da die Elektronen der gefüllten Schalen keine wesentliche Rolle im Kristall spielen (ihre Bedeutung besteht nur in der Abschirmung der Kernladung), befassen wir uns nur mit den Valenzzuständen $3s$ beim Natrium und $3p$ beim Chlor.

Wir setzen die Energie des Systems getrennter Atome im Zustand $Na^+ + Cl + e$, d. h. mit ionisiertem Natriumatom, gleich Null. Da wir die Ionisierungsarbeit des Natriums (5,2 eV) und die Energie der Elektronenaffinität des Chlors (3,8 eV) kennen, können wir die Energien des $3s$-Terms des Natriums und des $3p$-Terms des Chlors auf einer einzigen Energieskala auftragen.

Tatsächlich befindet sich beim Übergang des Elektrons in den $3s$-Zustand des Natriums das System im Zustand

$$\text{Na} + \text{Cl} \quad (\varepsilon = -5{,}2\,\text{eV})\,,$$

während der Übergang des Elektrons auf das $3p$-Niveau des Chlors zum Zustand

$$Na^+ + Cl^- \quad (\varepsilon = -3{,}8\,\mathrm{eV})$$

führt (Abb. 40). Bei getrennten Atomen ist der erste Zustand energetisch tiefer als der zweite, und deshalb ist der Zustand neutraler Atome stabil.

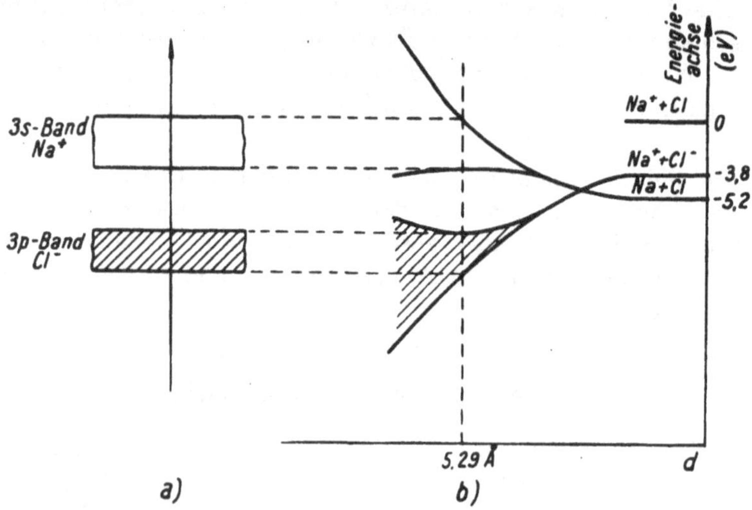

Abb. 40. Bildung der Energiebänder des NaCl-Kristalles aus den Valenzzuständen $3s$ beim Natrium und $3p$ beim Chlor

Beim Zusammenbringen der Atome jedoch ändert sich die Lage der Terme $3s$ beim Natrium und $3p$ beim Chlor im entgegengesetzten Sinne. Im Ionengitter ist jedes Chlorteilchen von positiven Na^+-Ionen umgeben, wodurch sich die Energie eines Elektrons in den Anionenpunkten verringert. Umgekehrt steigt an den Metall-Gitterpunkten, die von negativen Cl^--Ionen umgeben sind, die Elektronenenergie an (vgl. (12, 4)). Infolgedessen liegt bei den in der Natur gegebenen Abmessungen des Gitters (beim Na-Cl ist $d = 5{,}29$ Å) das Band des Natriums höher als das des Chlors, und die $3s$-Valenzelektronen des Natriums gehen in das $3p$-Band des Chlors über und füllen dort alle unbesetzten Terme aus. Das entsprechende Bänderdiagramm für NaCl ist in Abb. 40a dargestellt und bildet den Querschnitt durch die Bänder der Abb. 40b bei $d = 5{,}29$ Å.

Das $3s$-Band des Natriums ist also im NaCl leer, das $3p$-Band des Chlors vollständig besetzt. Nicht nur die $5N$ Valenzelektronen des Chlors, sondern auch die N Valenzelektronen des Natriums bewegen sich im NaCl-Kristall durch das Elementargitter des Nichtmetalls. Das NaCl-Gitter besteht aus Na^+- und Cl^--Ionen, wie auch in der klassischen Theorie angenommen wurde. Wesentlich ist aber, daß die Quantentheorie des Festkörpers die Ursache dieser Struktur der heteropolaren Gitter erklärt, während sie in der klassischen Theorie einfach postuliert wurde.

Die Breite des verbotenen Energiegebietes, das in den heteropolaren Kristallen die Bänder des Metalls und des Nichtmetalls trennt, beträgt größenordnungsmäßig einige Elektronenvolt. Diese Werte wurden experimentell durch Messung der langwelligen Grenze der Grundabsorption des Kristalls bestimmt; diese Grenze hängt mit der Breite der verbotenen Zone folgendermaßen zusammen:

$$\Delta \varepsilon_{\min} = h \nu_{gr} . \tag{16, 1}$$

Unter normalen Bedingungen ist

$$\Delta \varepsilon_{\min} \gg kT \sim 0{,}02 \text{ eV}, \tag{16, 2}$$

und deshalb sind thermische Elektronenübergänge in das Leitfähigkeitsband praktisch unmöglich. Übergänge in dieses Band erfolgen bei Bestrahlung des Kristalls mit Licht einer Wellenlänge, die der Grundabsorptionsbande angehört ($\nu \geqq \nu_{gr}$). Dabei gelangen die Elektronen vom Cl^--Gitter in das Na^+-Gitter. Ein Leitungselektron bewegt sich im Ionenkristall nur im metallischen Elementargitter. Wenn es sich in einem bestimmten Punkt des Na^+-Gitters aufhält, so wird das entsprechende Ion neutralisiert ($Na^+ + e \rightarrow Na$). Deshalb entspricht die Bewegung eines Leitungselektrons im NaCl vollständig einem elektrisch neutralen Na-Zustand, der durch das aus Na^+-Ionen bestehende Gitter wandert.

Entsprechend ist die Bewegung eines Loches im Grundband vollkommen gleichwertig der Bewegung eines elektrisch neutralen Cl-Zustandes, der durch das Cl^--Gitter wandert.

Der umgekehrte Übergang, der einer Rekombination des Elektrons und des Loches entspricht, kann mit Emission von Licht verbunden sein, aber nur, wenn die neutralen Na- und Cl-Zustände in irgendeiner Elementarzelle zusammentreffen; weiterhin müssen dabei bestimmte Auswahlregeln erfüllt sein, die die Wellenvektoren des Elektrons und des Loches verknüpfen:

$$\mathfrak{k}' - \mathfrak{k} + \mathfrak{q} = 0\,. \tag{16, 3}$$

Hier sind $\mathfrak{k}'$ und $\mathfrak{k}$ die Wellenvektoren des Elektrons im oberen bzw. unteren Band, $\mathfrak{q}$ der Wellenvektor des emittierten oder absorbierten Photons $\left(|\mathfrak{q}| = \frac{2\pi}{\lambda}\right)$. Da die Lichtwellenlänge sehr viel größer ist als die DE BROGLIE-Wellenlänge des Elektrons, ist $|\mathfrak{q}| \ll |\mathfrak{k}|$, man kann $\mathfrak{q}$ vernachlässigen und die Auswahlregel schreiben:

$$\mathfrak{k}' = \mathfrak{k}\,. \tag{16, 4}$$

In dieser Form besagt diese Regel die Konstanz des Wellenvektors des Elektrons bei den optischen Übergängen im Kristall.

Eine unabhängige Bewegung von Elektron und Loch und ihre verschiedene Bremsung durch die Wärmeschwingungen des Gitters bedeutet eine Verletzung der Bedingung (16, 4), die bei der Bildung des Elektrons und des Loches durch Lichtabsorption noch erfüllt war. Die verschiedenen Geschwindigkeiten von Elektron und Loch führen dazu, daß diese sich räumlich voneinander entfernen. Das ist schematisch in Abb. 41 dargestellt, das Strukturbild gibt Abb. 42 wieder. Die Wahrscheinlichkeit für die Rekombination von Elektron und Loch, die mit der Emission eines Photons verbunden ist, ist verschwindend klein. In der Regel erfolgen die Übergänge des Elektrons in das Valenzband strahlungslos. Bei der Erklärung dieses Prozesses sieht sich die Theorie großen Schwierigkeiten nicht nur mathematischer, sondern auch grundsätzlicher Natur gegenüber. Zur Deutung der strahlungslosen Übergänge ist das Bändermodell unzureichend. Wir kehren im Kapitel VI zu diesem Problem zurück.

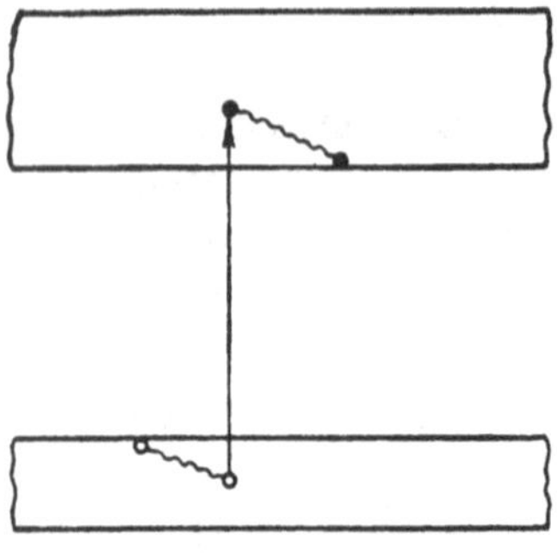

Abb. 41. Schematische Darstellung der Bewegung von Elektron und Loch im Kristall im Energiediagramm

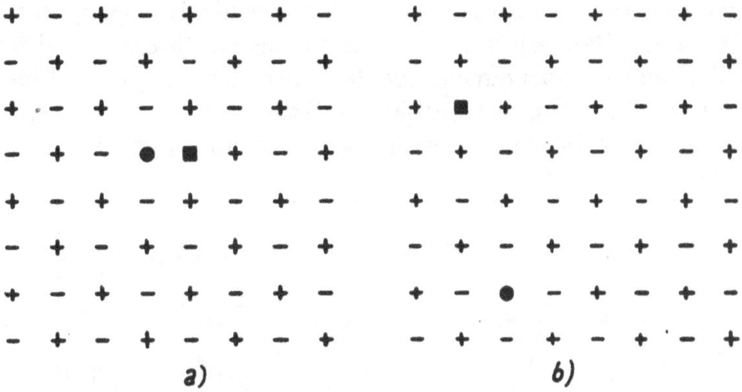

Abb. 42. Bewegung von Elektron und Loch in Form von Wellen, die den neutralen Zuständen M und X im Ionenkristall entsprechen; *a*: Bildung neutraler Atome von Metall (schwarzer Kreis) und Nichtmetall (schwarzes Quadrat) infolge Photoeffekt; *b*: räumliche Trennung der neutralen Zustände infolge der unabhängigen Bewegung von Elektron und Loch

§ 17: Die lokalen Elektronenzustände

In realen Kristallen, die Fehlstellen der verschiedensten Art aufweisen, d. h. Stellen gestörter idealer Periodizität, gibt es neben den Zuständen, die den Bändern angehören, noch besondere lokale Zustände. Ein Elektron in einem solchen lokalen Zustand bewegt sich nicht von Gitterpunkt zu Gitterpunkt, wie dies für ein Niveau eines Bandes der Fall ist; es bleibt in einem bestimmten Gitterpunkt lokalisiert, an die entsprechende Fehlstelle gebunden. Auf der Energieskala liegen die lokalen Niveaus in den im idealen Kristallen verbotenen Gebieten, die die Energiebänder trennen (Abb. 43).

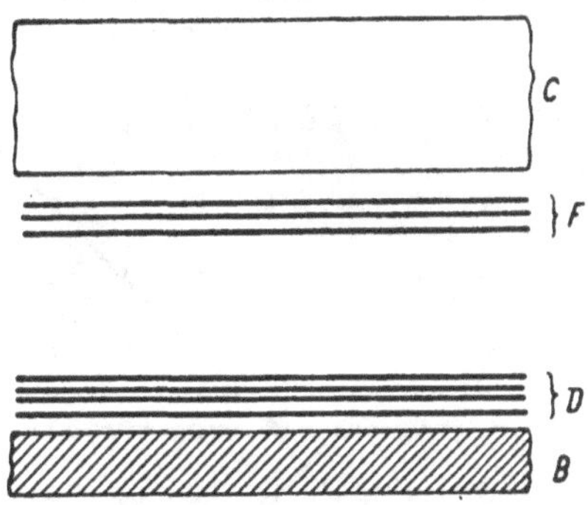

Abb. 43. Energiediagramm eines nichtidealen Kristalles; B besetztes Band; C Leitfähigkeitsband; F und D lokale Zustände

Die Bildung eines diskreten Spektrums lokaler Terme im Realkristall beruht auf den Verzerrungen des Gitterpotentials infolge der Nichtidealität der Gitterstruktur. Wie wir oben sahen, hängen der

Bändercharakter des Energiespektrums und die Bewegung der Elektronen in den Bändern durch das entsprechende Elementargitter mit dem Tunneleffekt zusammen, mit der Durchdringung eines Elektrons bei seiner Bewegung von Atom zu Atom durch den dazwischenliegenden Potentialwall. Dabei ist es von grundlegender Bedeutung,

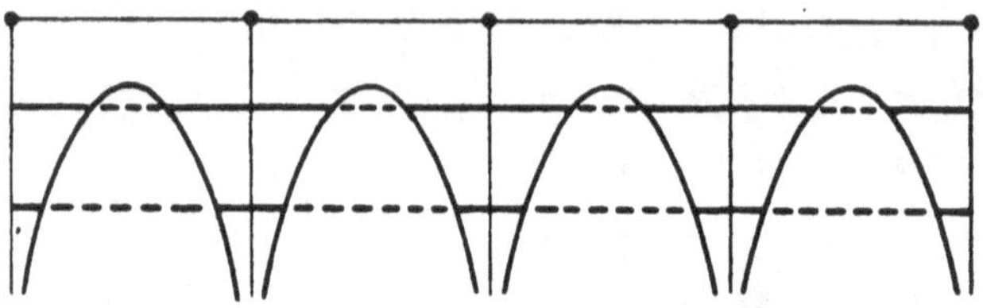

Abb. 44. Energieterme des Elektrons in einer Kette aus gleichartigen Gitterpunkten

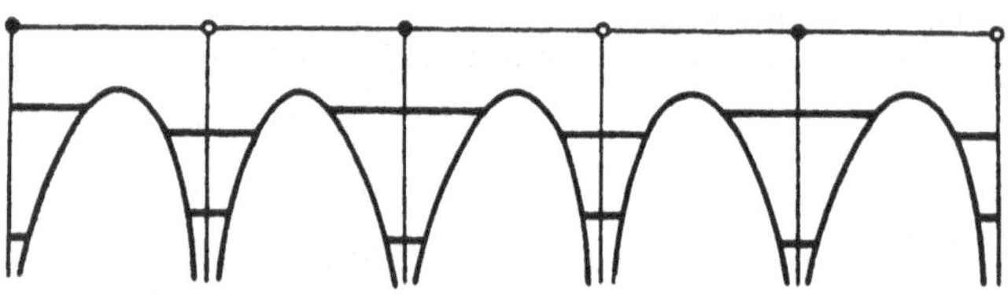

Abb. 45. Energieterme des Elektrons in einer kristallographischen Kette aus verschiedenen Gitterpunkten

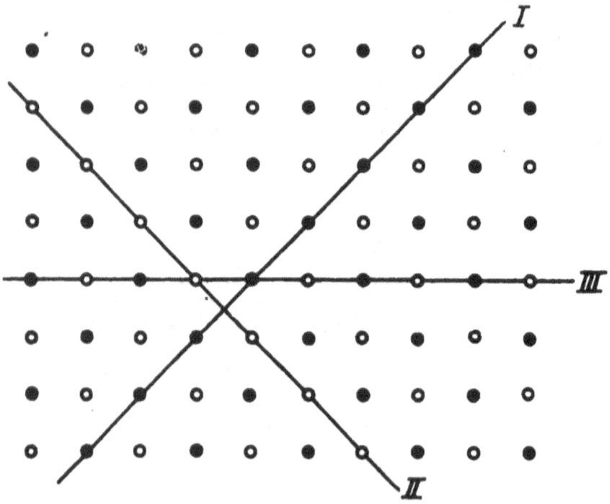

Abb. 46. Eine Elektronenbewegung ist möglich in den Richtungen *I* und *II*, sie ist unmöglich in der Richtung *III*

daß die Atome zu beiden Seiten des Walles Niveaus in energetisch gleicher Lage besitzen (Abb. 44, 45). Eben deshalb kann sich das Elektron nur längs des Gitterpunktes aus gleichartigen Atomen fortbewegen, nicht aber in jeder beliebigen kristallographischen Richtung im Gitter (Abb. 46).

Gleichheit der Elektronenniveaus besteht auch in gleichartigen Atomen nur dann, wenn diese genau gleiche Lage im Gitter haben. Mit anderen Worten: ist ihre Lage im Gitter nicht gleich, so ist auch die Verschiebung der Atomkerne, die durch das Feld des ganzen übrigen Gitters erzeugt wird, verschieden (vgl. (12, 4)). Infolgedessen wird die Resonanzbedingung, die für den Tunneleffekt notwendig ist, für die Energie des Elektrons in den beiden Atomen nicht erfüllt. Ein Elektronenübergang zwischen solchen gleichartigen, aber innerhalb der Struktur nicht gleichwertigen Nachbaratomen ist nur unter Mithilfe eines dritten Körpers möglich, der die Energieerhaltung gewährleistet. Die Rolle dieses „dritten Körpers“ spielt das ganze übrige Gitter, genauer gesagt, eine bestimmte Gruppe von benachbarten Atomen (oder Ionen), die den Energieüberschuß aufnehmen oder den fehlenden Betrag zur Verfügung stellt.

Eine Verzerrung des Gitters stört also die Bewegung der Elektronen in den Bändern und führt zur Lokalisierung von Elektronen in den Fehlstellen.

Um unsere Vorstellungen zu konkretisieren, betrachten wir einen bestimmten Typ der Periodizitätsstörungen des Kristalls, nämlich leere Anionen-Gitterpunkte im Ionengitter. Es ist aller Grund zu der Annahme vorhanden, daß es sich bei den F- und F'-Zentren der Alkalihalogenidkristalle um Fehlstellen dieser Art handelt. Es ist weiterhin wahrscheinlich, daß in einigen Fällen das Haften der Elektronen in Kristallphosphoren in diesen leeren Anionen-Gitterpunkten erfolgt. Die Entstehung solcher freien Anionenstellen beim Tempern der Alkalihalogenidkristalle und beispielsweise auch des Zinksulfids und der Erdalkalisulfide beruht auf einer Diffusion des Nichtmetalls nach außen; dieses hat einen größeren Dampfdruck als die metallische Komponente des Kristalls.

Die Verzerrung des Feldes in einem M^+-X^--Gitter, die durch Entfernung eines X^--Ions hervorgerufen wird, ist gleichwertig der Störung, die eine positive Ladung $+e$ bedingt, die an den Ort dieses Ions gebracht wird und seine Ladung kompensiert. Mit anderen Worten führt die Entfernung eines X^--Ions und die Bildung eines leeren Anionen-Gitterpunktes zu demselben Ergebnis, als wenn dieses Ion an seinem Platz bliebe, aber in den entsprechenden Gitterpunkt zusätzlich eine positive Ladung gebracht würde. Es ist klar, daß dieses Ergebnis in einer Senkung der Elektronenniveaus in den metallischen Nachbarionen, in einer Störung der Energiegleichheit dieser Niveaus mit den

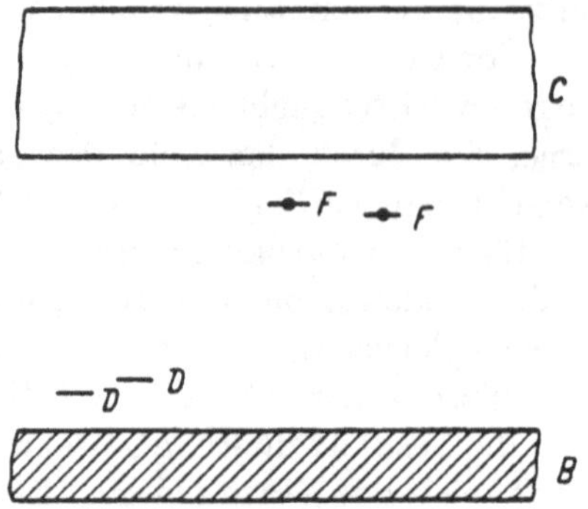

Abb. 47. Lokale Elektronenzustände im Kristall, beruhend auf leeren Nichtmetall-(*F*) und Metall-Gitterpunkten(*D*). Der Punkt in einem lokalen Term bedeutet Besetzung durch ein Elektron

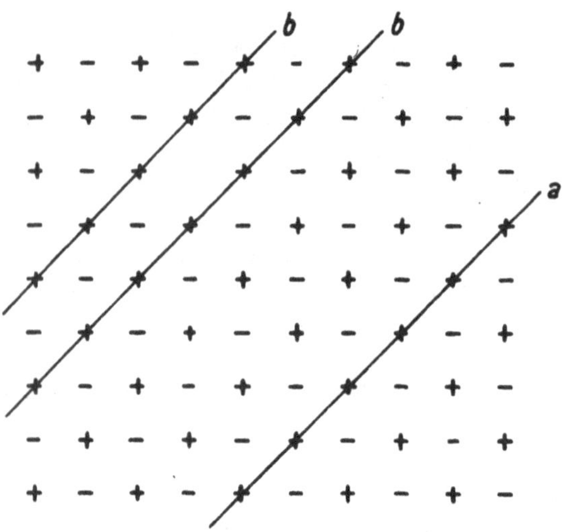

Abb. 48. Die Energiegleichheit der Elektronenterme ist bei den Atomen der Kette *a* gewahrt, in der Kette *b* aber durch die Strukturverzerrung gestört, die auf der Entfernung eines X^--Ions von seinem Gitterpunkt beruht. Deshalb erfolgt an den Metallionen M^+, die dem freien Anionen-Gitterpunkt benachbart sind, ein Haften von Elektronen, das im Energiediagramm durch den Übergang eines Elektrons vom Band *C* auf das Niveau *F* dargestellt wird

Niveaus des entsprechenden Elementargitters und im Auftreten eines lokalen Elektronenzustandes bestehen wird, der in der Nähe des unteren Randes des Leitfähigkeitsbandes gelegen ist (Term *F* in Abb. 47).

In Abb. 48 sind Ketten von Metallionen eingezeichnet, die weit entfernt von dem freien Anionen-Gitterpunkt (*a*) bzw. dicht an ihm (*b*) vorüberlaufen. Die Potentialkurven für das Elektron und die Lage der Terme innerhalb dieser Ketten sind in Abb. 49 dargestellt. Dabei ist nur der Valenzterm des M^+-Ions eingezeichnet, der im Kristall das Leitfähigkeitsband bildet. Wir sehen, daß die Störung des Feldes, bedingt durch die Fehlstelle, zu einem Herabsinken der Elektronenterme in den der Fehlstelle benachbarten Metallionen bis unter den unteren Rand des Leitfähigkeitsbandes führt. Im Kristall entsteht ein diskreter Zustand. Ihm entspricht ein lokaler Elektronenzustand, in dem das Elektron an die der Fehlstelle benachbarten Metallionen gebunden bleibt.

Eine solche Anionen-Fehlstelle ist also gleichwertig einer überschüssigen positiven Ladung. Sie zieht das Elektron in sich hinein; die Verringerung der Elektronenenergie, die auf diesem Hineinziehen in die Fehlstelle beruht, führt dazu, daß sich sein Zustand vom Leitfähigkeitsband als diskreter Term abspaltet; dies bedeutet eine Lokalisierung des Elektrons in den die Fehlstelle umgebenden Metallionen.

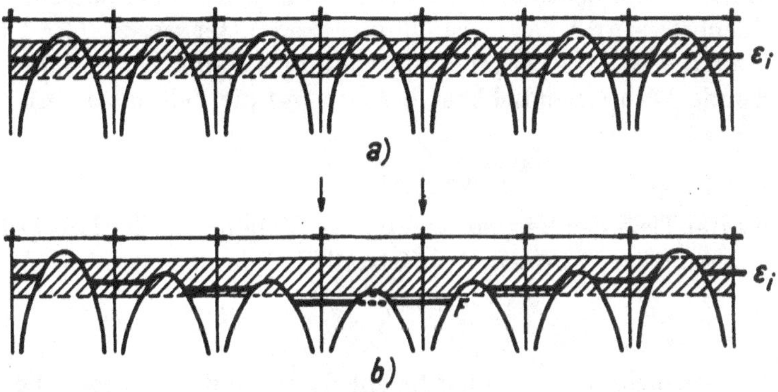

Abb. 49. Potentialkurven und Elektronenterme längs der Metallgitterpunkte, die von der freien Anionenstelle weit entfernt (*a*) bzw. ihr benachbart (*b*) sind. Der leere Anionen-Gitterpunkt bildet einen diskreten Elektronenterm *F*, der eine Lokalisierung des Elektrons in den positiven Ionen, die die Fehlstelle umgeben, bedingt (diese sind durch Pfeile angedeutet)

Beim Tempern des Kristalls diffundieren nicht die Nichtmetallionen X^-, sondern neutrale Atome X nach außen. Dementsprechend verringert sich die Anzahl der Niveaus im unteren (Nichtmetall-) Band. Die im Gitter verbleibenden Elektronen können sich also entweder im Leitfähigkeitsband oder in den entstandenen lokalen Niveaus befinden. Energetisch vorteilhafter ist das letztere, und folglich werden normalerweise diese Niveaus mit Elektronen besetzt sein. Dies ist in Abb. 47 angedeutet*). Ein solcher leerer Chlor-Gitterpunkt im NaCl

*) Wir weisen darauf hin, daß die Darstellung des diskreten Terms durch einen kurzen Strich (vgl. Abb. 47) mit Vorbehalt aufzunehmen ist. Da die ganze Zeichnung ein eindimensionales Energiediagramm darstellt, müßte man die diskreten Zustände durch eine ausgezogene Linie darstellen, die sich durch das ganze Diagramm zieht, wie in Abb. 43. Macht man an Stelle dessen einen kurzen Strich, so betont man dadurch die Tatsache, daß das Elektron in den entsprechenden Zustand an einer bestimmten Stelle des Gitters lokalisiert ist. Diese

oder KCl mit einem darin lokalisierten Elektron stellt nach den modernen Anschauungen auch das F-Zentrum in den Alkalihalogenidkristallen dar. Beim Übergang eines Elektrons aus dem Leitfähigkeitsband in einen lokalen Zustand verringert sich seine Energie. Die Energiedifferenz wird an das Gitter abgegeben und verwandelt sich in Wärme. Das Elektron *haftet* also an der Fehlstelle. Zur Rückkehr des Elektrons in das Leitfähigkeitsband ist der vorher abgegebene Energiebetrag erforderlich. Er kann dem Elektron durch Bestrahlung des Kristalls mit sichtbarem oder ultrarotem Licht oder auch aus dem Wärmeenergievorrat des Kristalls zurückerstattet werden. Im letzten Fall hat der ganze Vorgang Schwankungscharakter, und die entsprechende Wahrscheinlichkeit, bezogen auf die Zeiteinheit, ist

$$p = \frac{p_0}{e^{\varepsilon/kT} - 1} \approx p_0 e^{-\varepsilon/kT}, \tag{17, 1}$$

wobei ε die Tiefe des lokalen Niveaus ist. Folglich ist die Lebensdauer des Elektrons im Haftterm des Kristalls bei der Temperatur T

$$\tau = \frac{1}{p} = \tau_0\,(e^{\varepsilon/kT} - 1) \approx \tau_0\, e^{\varepsilon/kT}. \tag{17, 2}$$

Wir betrachten jetzt einen Ionenkristall, in dem ein Metallion M^+ fehlt. Die Entfernung des M^+-Ions ist in ihrer Wirkung auf das Feld gleichwertig der Einführung einer zusätzlichen negativen Ladung in den entsprechenden Gitterpunkt eines idealen Gitters. Eine Fehlstelle dieser Art muß also die Elektronen abstoßen. Die Energie eines Elektrons in ihrer Nähe muß größer sein als im ungestörten Gitter. Die

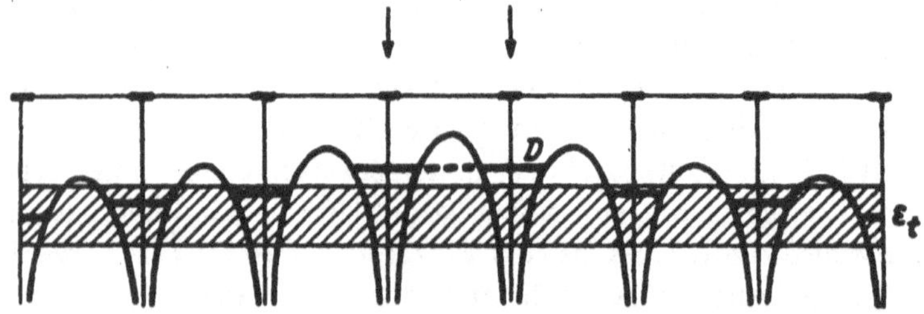

Abb. 50. Zur Abspaltung eines lokalen Niveaus vom oberen Rande des besetzten Bandes

Darstellung ist ebenso schematisch wie die des Elektrons als Kügelchen in dem Niveau. All diese Inkorrektheiten in der Darstellung des Bänderdiagramms führen oft zu Mißverständnissen. Wir heben nochmals hervor, daß es sich *nur um ein Niveauschema, nicht um ein Diagramm der Abhängigkeit der Energie von der Koordinate des Elektrons im Kristall* handelt.

Elektronenterme in den benachbarten Anionen liegen also höher und lösen sich infolgedessen als diskreter Zustand vom oberen Rande des Anionenbandes los. Dieser Term ist in Abb. 47 mit dem Buchstaben *D* bezeichnet, seine Bildung ist in Abb. 50 dargestellt.

Da bei der Loslösung dieses Terms vom besetzten Band die Anzahl der Terme in diesem abnimmt, müßte im Zustand *D* ein Elektron sitzen. Dieses Elektron ist aber mit dem diffundierenden Metall nach draußen gewandert, das den Kristall nicht als M^+-Ion, sondern als neutrales Atom *M* verläßt. Folglich ist der Term *D* unbesetzt. Um ein Elektron aus dem unteren Band dorthin zu bringen, ist eine Aktivierungsenergie erforderlich. In diesem Fall gibt die Formel (17, 1) die Wahrscheinlichkeit für die Lokalisierung des Elektrons (nicht für seine Ablösung, wie beim *F*-Term), die Formel (17, 2) liefert die mittlere Zeit, in der der Term *D* unbesetzt ist.

Wird ein Elektron aus dem Band *B* in den Term *D* gehoben, so entsteht in diesem Band ein Loch. Die Rückkehr des Elektrons kann man als Lokalisierung des Loches in *D* betrachten. Fehlstellen in Form freier Metallgitterpunkte bilden Anziehungszentren für die Löcher; das ist nur ein anderer Ausdruck für die Tatsache, daß sie die Elektronen abstoßen. Die Terme, die durch diese Fehlstellen erzeugt werden, sind Haftterme für die Löcher, wobei das τ in Formel (17, 2) die mittlere Aufenthaltszeit eines Loches in einem Haftterm und p (Formel (17, 1)) die Wahrscheinlichkeit für die thermische Ablösung des Loches und seinen Übergang in das untere Band ist.

Für *Halbleiter* sind die lokalen Niveaus der beiden betrachteten Typen kennzeichnend. In Abb. 51 ist das Energiediagramm eines Elektronenhalbleiters dargestellt. Beim absoluten Nullpunkt befinden sich alle Elektronen in den lokalen Niveaus *F* und der Kristall besitzt keine Leitfähigkeit. Bei einer Temperatur $T > 0$ wird ein Teil der Elektronen in das obere Band gehoben. Die Gleichgewichtskonzentration der Elektronen in diesem Band kann man der Bedingung entnehmen, daß genau so viel Elektronen ins Band gelangen, wie wieder zurück-

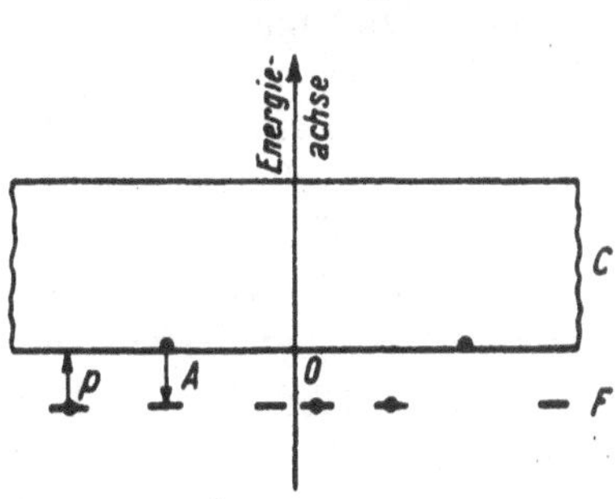

Abb. 51. Das einfachste Energiediagramm eines Elektronenhalbleiters. p und A sind die Übergangswahrscheinlichkeiten

fallen. Bezeichnet man mit ν_1 die Gesamtzahl der Fehlstellen pro Volumeneinheit, mit N die Anzahl der unbesetzten Terme, die gleich der Anzahl der Elektronen im oberen Band ist, so ist die Anzahl der pro Sekunde thermisch abgelösten Elektronen gleich $p(\nu_1 - N)$, die entsprechende Anzahl der Haftprozesse gleich AN^2. Hier ist $p \approx p_0 e^{-\varepsilon/kT}$ die Wahrscheinlichkeit für die Ablösung eines Elektrons und A die Wahrscheinlichkeit für seine Rekombination mit einer bestimmten unbesetzten Fehlstelle. Aus der Gleichgewichtsbedingung

$$AN^2 = p(\nu_1 - N) \tag{17, 3}$$

finden wir N (wenn wir berücksichtigen, daß $N \ll \nu_1$ ist), zu

$$N = \sqrt{\frac{p\,\nu_1}{A}} = a\,e^{-\varepsilon/2kT}. \tag{17, 4}$$

Der Faktor a kann ebenfalls von der Temperatur abhängen, doch ist diese Abhängigkeit gegenüber der Exponentialfunktion $e^{-\varepsilon/2kT}$ unwesentlich. Aus (17, 4) und dem Ausdruck für die Stromdichte

$$\mathfrak{j} = -e N u \mathfrak{E} = \sigma \mathfrak{E}, \tag{17, 5}$$

(u mittlere Beweglichkeit des Elektrons) geht hervor, daß die Leitfähigkeit eines derartigen Kristalls stark von der Temperatur abhängt:

$$\sigma = \sigma_0\, e^{-\varepsilon/2kT}. \tag{17, 6}$$

Bei genügend tiefen Temperaturen ist dieser Kristall ein Isolator, bei Erhöhung der Temperatur wächst seine Leitfähigkeit äußerst rasch an. Diese Abhängigkeit der Leitfähigkeit ist typisch für die Halbleiter (Abb. 52). Wir weisen darauf hin, daß wir nur das einfachste theoretische Modell eines Halbleiters betrachtet haben, in dem sämtliche Haftterme in gleicher Höhe (auf der Energieskala) angenommen werden. Das Vorhandensein von Fehlstellen mit verschiedener Haftenergie für Elektronen macht die Temperaturabhängigkeit der Dunkelleitfähigkeit bedeutend komplizierter.

In dem Modell eines Halbleiters mit Termen der zweiten Art (Abb. 53) ergibt sich genau dasselbe Bild, nur sind die Stromträger in diesen Kristallen nicht mehr die Elektronen, sondern die positiven Löcher. Deshalb muß bei solchen Halbleitern ein anomaler Hall-Effekt auftreten, d. h. trotz des Elektronen- (Nicht-Ionen)-Charakters der Leitfähigkeit ist das Vorzeichen des Hall-Effekts bei ihnen so, als ob die Stromträger positive Ladung hätten. Ein solcher typischer Löcherhalbleiter ist das Kupferoxydul (Cu_2O). Als Beispiel für einen typischen Elektronenhalbleiter mit normalem Vorzeichen des HALL-Effekts kann man das Zinkoxyd (ZnO) nennen.

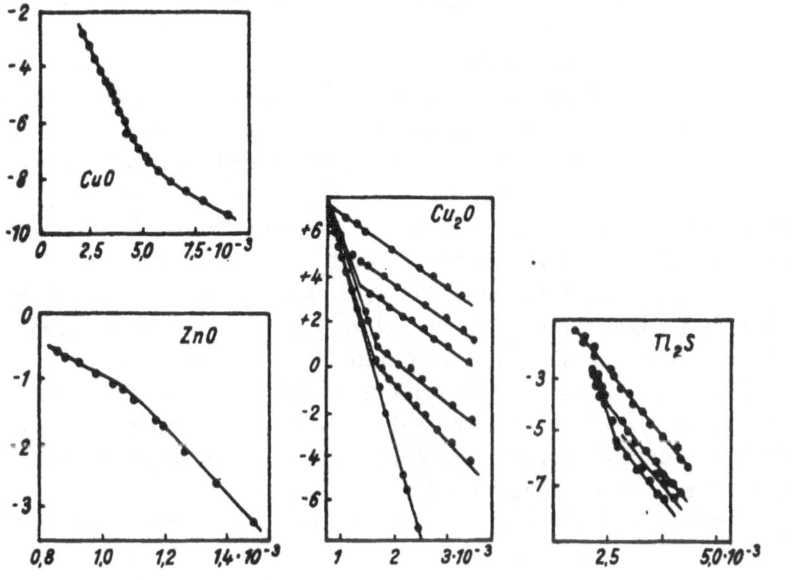

Abb. 52. Temperaturabhängigkeit der elektrischen Leitfähigkeit in den Koordinaten $1/T$ und $\ln \sigma$ für einige Halbleiter (experimentelle Angaben verschiedener Verfasser)

Wir weisen darauf hin, daß in den meisten Fällen die Halbleiter Elektronen- und Löcherleitfähigkeit aufweisen, wobei die Größen der beiden Komponenten wesentlich von der Herstellung der Probe und der Art der zugesetzten Beimischungen abhängen.

Anlaß zum Auftreten diskreter Zustände im Energiediagramm geben nicht nur leere Gitterpunkte, sondern auch alle anderen Störungen der Gitterperiodizität. Wie I. J. TAMM im Jahre 1932 zeigte*), führt die Störung der Periodizität am Rande des Kristalls zum Auftreten besonderer lokaler Oberflächenterme (der sog. *Tammschen Niveaus*). Diese Terme haben eine große Bedeutung für die Oberflächeneigenschaften der Festkörper, insbesondere für die einseitige

*) In dieser Arbeit wird zum ersten Male die Existenz lokaler diskreter Terme im Kristall behauptet.

Leitfähigkeit in gewissen Kontakten und für die Bildung von Sperrschichten. Lokale Zustände entstehen auch an den Grenzen der Kristallkörner in polykristallinen Körpern.

Die Einführung eines Fremdatoms in den Kristall führt ebenfalls zur Entstehung lokaler Zustände. Diese Zustände bilden sich aus den Elektronentermen des eingeführten Atoms, die durch das Gitterfeld aufgespalten und verschoben werden. Ein solcher Atomterm, der infolge der Aufspaltung und Verschiebung gerade in das verbotene Gebiet zwischen dem besetzten und dem Leitfähigkeitsband fällt, bildet ein diskretes Niveau im Energiespektrum des Kristalls. Dabei ist dieses Niveau ein *Donator*- (Elektronenspender) oder ein *Akzeptorterm* (Elektronenempfänger), je nachdem, ob der entsprechende Zustand im freien Atom besetzt oder unbesetzt ist. Als Donatorterme werden Niveaus bezeichnet, die normalerweise besetzt sind und infolgedessen im Kristall Leitungselektronen liefern können. Ein Akzeptorterm ist im normalen Zustand unbesetzt und bildet sozusagen eine Falle für die Leitungselektronen. Man erkennt leicht, daß man hinsichtlich der Elektronenübergänge ins untere Band einen Elektronen-Donatorterm als Akzeptor für ein Loch und einen Elektronen-Akzeptorterm als Donator für Löcher auffassen kann.

Der Kristall als Ganzes bildet ein einziges System, und deshalb wird die Elektronenverteilung in ihm, wie in Abb. 47 angedeutet, nicht dem Gleichgewicht entsprechen. Selbst wenn die Terme F an sich Donatoren sind und die Terme D Akzeptoren (wir sahen, daß dies für Terme zutrifft, die auf freien Anionen- und Kationen-Gitterpunkten im Kristall beruhen), so muß in einem Kristall, der beide Arten von Fehlstellen enthält, notwendigerweise eine Neuverteilung der Elektronen stattfinden. Die potentielle Energie eines Elektrons ist in der Nähe einer Fehlstelle vom Typ D größer als im ungestörten Elementargitter des Nichtmetalls (Band B), aber kleiner als im ungestörten Elementargitter des Metalls (Band C). Folglich stößt eine solche Fehlstelle die Elektronen ab, die sich im X^--Gitter bewegen, und zieht die an, die durch das M^+-Gitter wandern. Da die Terme D tiefer liegen als die Zustände F, ist die Elektronenverteilung im Temperaturgleichgewicht anders als in Abb. 47 dargestellt wurde. Die Elektronen fallen von den Zuständen F nach D; die Terme F werden frei, die Zustände D besetzt. Eine solche Verteilung bleibt praktisch für alle Temperaturen erhalten, für die kT wesentlich kleiner ist als die Differenz der Energien von F und D.

Wir bemerken, daß ein direkter Tunneleffekt zwischen den Zuständen F und D praktisch ausgeschlossen ist: die Neuverteilung der Elektronen auf die diskreten Zustände beider Arten erfolgt über ein Band. Thermodynamisch entspricht dem Gleichgewichtszustand ein dynamisches Gleichgewicht zwischen den Konzentrationen der Elektronen, die in den F- und D-Zuständen lokalisiert sind, und der Konzentration der Leitungselektronen.

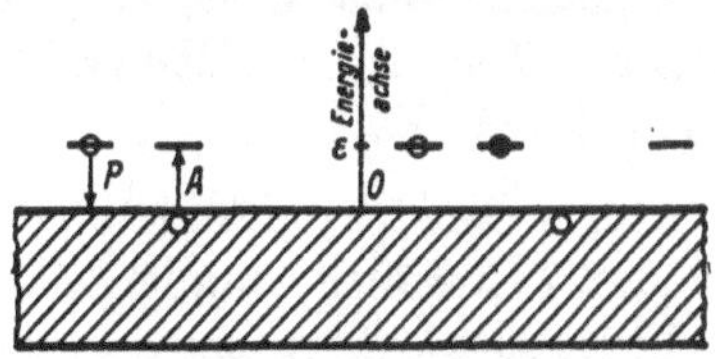

Abb. 53. Das einfachste Energiediagramm eines Löcherhalbleiters

§ 18: Das Bändermodell für die Lumineszenz der Kristallphosphore

Das in Abb. 54 dargestellte Termsystem liegt dem Bändermodell für die Kristallumineszenz zugrunde. Diese Theorie führt die Terme D auf den bei der Herstellung des Phosphors in den Kristall eingeführten Aktivator zurück, die Terme F auf Fehlstellen der Kristallstruktur. Die Absorption von Licht durch den Kristall führt zu einem inneren Photoeffekt und zum Übergang von Elektronen aus dem Valenzband B oder aus Aktivatortermen D in das Leitfähigkeitsband C. Diese Übergänge sind durch die Pfeile 1 bzw. 2 in Abb. 54 dargestellt. Auf den Prozessen der ersten Art beruht die Grundabsorptionsbande des Kristalls; die anderen bewirken eine zusätzliche Absorption, die durch Einführung des Aktivators bedingt wird und sich an die langwellige Grenze der Hauptbande anschließt (vgl. Abb. 81).

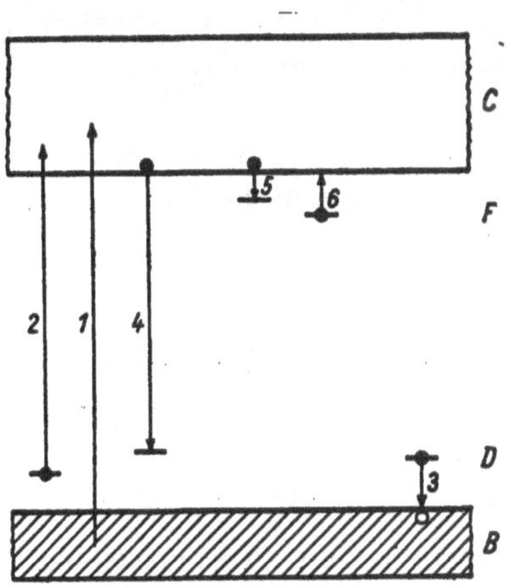

Abb. 54. Energiebänderschema eines Kristallphosphors

Bei Absorption von Licht durch den Aktivator entstehen ionisierte Strahlungszentren, mit anderen Worten unbesetzte Terme D im Energiediagramm des Kristalls. Die Absorption im Gitter führt zur Bildung von Löchern im unteren Band. Diese Löcher werden durch

Elektronen aus den Aktivatortermen aufgefüllt. In Abb. 54 ist dieser Vorgang mit dem Pfeil 3 gekennzeichnet. Man sieht leicht, daß er energetisch günstig ist, da er mit einem Elektronenübergang auf einen tieferen Term verbunden ist. Auch infolge dieses Vorganges bilden sich leere Terme D.

Ein Teil der Elektronen, die ins Leitfähigkeitsband B gelangt sind, rekombiniert unmittelbar mit ionisierten Strahlungszentren, d. h. geht in leere Aktivatorterme über (Übergang 4). Auf diesem Vorgang beruht die kurzlebige Strahlung oder nach der alten Bezeichnungsweise die Fluoreszenz der Kristalle. Diese Komponente der Lumineszenz der Kristallphosphore verschwindet auch bei beliebig kleinen Temperaturen nicht und stellt das „Momentanleuchten" (nach LENARD) dar, das beim Übergang des Phosphors in den unteren „Momentanzustand" erhalten bleibt.

Die übrigen Elektronen, die in das Band C gelangt sind, fallen in die Haftterme F der Störstellen der Kristallstruktur (Übergang 5). Eine direkte Rekombination von dort aus mit den ionisierten Strahlungszentren ist völlig ausgeschlossen. Damit sie möglich wird, muß das Elektron vorher abgelöst werden, d. h. in das Band C zurückkehren können (Übergang 6). Die zu diesem Übergang erforderliche Energie kann unter den üblichen Bedingungen*) nur vom Phosphor geliefert werden, so daß die charakteristische Zeit dieses Vorganges wesentlich von der Temperatur abhängt und durch die Formel

$$\tau = \tau_0 e^{\frac{\varepsilon}{kT}} \tag{18, 1}$$

gegeben wird (vgl. (17,2)).

Nach D. I. BLOCBINZEW kann man die zur direkten Rekombination eines Elektrons, das sich in einem Haftterm befindet, mit einem ionisierten Strahlungszentrum erforderliche Zeit abschätzen. Die Wahrscheinlichkeit für einen solchen Übergang ist proportional $\left|\int \psi_1^* W \psi_2 d\tau\right|^2$, wobei W der Operator der Wechselwirkungsenergie für Elektron und Strahlung und ψ_1 und ψ_2 die Wellenfunktionen des Elektrons im Strahlungszentrum bzw. im Haftterm sind. Da die Lokalisierungsstellen für das Elektron in den Zuständen 1 und 2 räumlich getrennt sind und die Wellenfunktionen für die lokalen Zustände exponentiell

*) Wenn der Phosphor nicht mit ultrarotem Licht bestrahlt wird.

wie $e^{-r/\varrho}$ abfallen, wo r der Abstand vom Lokalisierungszentrum und ϱ größenordnungsmäßig gleich den Abmessungen des Atoms ist, ist

$$P \sim e^{-2l/\varrho}. \tag{18, 2}$$

Hier ist l der Abstand zwischen dem ionisierten Strahlungszentrum und dem im Gitter lokalisierten Elektron.

Die entsprechende Lebensdauer ist

$$\tau = \frac{1}{P} = \tau_0 e^{\frac{2l}{\varrho}}. \tag{18, 3}$$

Ausgehend von der Tatsache, daß bei $l \sim \varrho$ die Lebensdauer des Elektrons genau so groß ist wie im isolierten Atom ($\tau \approx \tau_0 \approx 10^{-8}$ bis 10^{-9} sec), können wir die Größenordnung von τ_0 finden. Der Abstand l ist größenordnungsmäßig gleich dem Abstand zwischen den Atomen des Aktivators. Folglich gilt

$$\frac{l}{d} \approx \frac{1}{\sqrt[3]{C}}, \tag{18, 4}$$

wobei

$$d \approx 2\varrho \tag{18, 5}$$

die Gitterkonstante und C die Konzentration des Aktivators ist. Damit wird

$$\tau = \tau_0 e^{\frac{4}{\sqrt[3]{C}}} \approx 10^{1,7C^{-1/3}-8}. \tag{18, 6}$$

Bei $C \approx 10^{-4}$, was den üblichen Aktivatorkonzentrationen entspricht, ist dann

$$\tau \approx 10^{28}\,\text{sec} \approx 10^{20}\,\text{Jahre}. \tag{18, 7}$$

Diese rohe Abschätzung zeigt, daß eine direkte Rekombination der im Kristall räumlich getrennten lokalisierten Elektronen und ionisierten Strahlungszentren völlig ausgeschlossen ist. Die thermischen Schwankungen sorgen für eine allmähliche Ablösung der in den Haftermen lokalisierten Elektronen, d. h. für ihre Rückkehr ins Leitfähigkeitsband (Übergang 6), von wo aus sie sofort oder auch nach einigen weiteren Haftprozessen mit ionisierten Strahlungszentren rekombinieren (Übergang 4). Die Emission, mit der die Rekombination dieser vorübergehend in den Hafttermen festgehaltenen Elektronen verbunden ist, bildet das Nachleuchten oder die Phosphoreszenz der Kristalle.

Dies sind die Grundgedanken über den Mechanismus der Kristalllumineszenz, von denen das Bändermodell der Kristallphosphore ausgeht.

Zum ersten Male wurden diese Gedanken im Jahre 1934 von D. I. BLOCHINZEW ausgesprochen. Heute stützt sich eine ungeheure Menge experimenteller und theoretischer Arbeiten über Kristalllumineszenz auf diese Annahmen.

Alle zur Zeit bekannten experimentellen Tatsachen führen zu dem Schluß, daß das Bändermodell für die Kristallumineszenz nur eine erste und grobe Annäherung an die Wirklichkeit ist, die den Mechanismus der Elektronenvorgänge in den Kristallphosphoren nur in ganz allgemeinen Zügen beschreiben kann. Eine ganze Anzahl äußerst wichtiger und grundlegender Eigenschaften der Kristalllumineszenz kann das Bändermodell nicht wiedergeben; zu ihrer theoretischen Deutung muß man über die Bändertheorie hinausgehen und eine vollkommenere Theorie entwickeln. Dies ist jedoch erfahrungsgemäß das Schicksal jeder theoretischen Vorstellung. Innerhalb eines bestimmten Problemkreises, der an geeigneter Stelle genauer umrissen wird, hat das Bändermodell zur Lösung einer ganzen Reihe von Grundfragen geführt, die in den vorangegangenen klassischen und halbklassischen Theorien unlösbar gewesen waren.

Vor allem geht diese Theorie vom bimolekularen Mechanismus des Leuchtens der Kristallphosphore aus. Der Elementarakt der Emission erfolgt beim Zusammentreffen zweier unabhängiger Partner unter Rekombination des ionisierten Strahlungszentrums und des Elektrons. Diese erste Annahme der Theorie, die unmittelbar aus dem allgemeinen Bändermodell für den Festkörper hervorgeht, entspricht völlig der experimentell bewiesenen Tatsache, daß die Lumineszenz der Kristallphosphore bimolekularer Natur ist*).

Die räumliche Trennung des Elektrons und des Loches und die Notwendigkeit einer Aktivierungsenergie zu ihrer Rekombination, die von den Wärmeschwingungen des Gitters geliefert wird, führten D. I. BLOCHINZEW zur Deutung der charakteristischsten Eigenschaft der Kristallphosphore, nämlich des ungewöhnlich lange anhaltenden Nach-

*) Vgl. die experimentellen Arbeiten von W. W. ANTONOW-ROMANOWSKI, W. L. LJOWSHIN und anderen Autoren, auf die wir im Kapitel II näher eingegangen sind.

leuchtens, das stark von der Temperatur abhängt (vgl. § 5). Diese Tatsache folgt unmittelbar aus den allgemeinen Eigenschaften des Bändermodells für den Kristallphosphor, nach dem die charakteristische Zeit des Nachleuchtens durch Formel (18, 1) bestimmt wird und bei $kT \ll \varepsilon$ (ε Höhe des Haftterms) beliebig groß werden kann.

Im Rahmen des Bändermodells fand eine ganze Anzahl anderer grundlegender Eigenschaften der Kristallphosphore eine zwanglose Erklärung — die Photoleitfähigkeit, die Rolle der Aktivatoren, die Bedeutung der Kristallstruktur, die Empfindlichkeit gegen Ultrarotbestrahlung usw. Eine so grundlegende Tatsache wie die kristalline Natur der typischen Phosphore mit Rekombinationsleuchten war in den vorangegangenen Theorien nicht organisch enthalten. Im Bändermodell beruht der Rekombinationsmechanismus des Leuchtens wesentlich auf der Kristallstruktur des Phosphors, auf der Periodizität seines Gitters, dessen Eigenschaften den Bänderaufbau des Energiespektrums und die Bewegung der Elektronen in den Bändern bedingen. Eben deshalb wurde die Strahlung der typischen Phosphore als „Kristalleuchten“ bezeichnet.

Ebenso war die Notwendigkeit, einen Aktivator einzuführen, die vom Bändermodell zwanglos mit den Fehlstellen und den lokalen Niveaus im Kristallphosphor verknüpft wird, in den voraufgegangenen theoretischen Konstruktionen ein ganz fremdes Element. Als das Dissoziationsschema der Absorption in der Theorie von Wiedemann und Schmidt durch die Hypothese der Photoionisation ersetzt wurde, hörte der Aktivator, der vorher als Elektrolyt in einer gewöhnlichen Lösung aufgefaßt wurde, auf, eine wesentliche Rolle in der Theorie zu spielen. In noch höherem Grade gilt dies für die Zentrentheorie von Lenard. Obwohl diese Theorie dem Aktivator eine bedeutende Rolle im Aufbau der hypothetischen „Zentren“ zuweist, bleibt völlig unverständlich, weshalb der Photoeffekt und das Haften eines Elektrons in einem Zentrum die Anwesenheit eines Fremdmetalls in diesem „Zentrum“ erforderlich machen, und wodurch es notwendig wird, den Aktivator in die theoretischen Vorstellungen einzubeziehen, außer durch das Streben nach Übereinstimmung mit den experimentellen Tatsachen. Das Bändermodell für die Kristallphosphore ist nicht nur frei von solchen willkürlichen Annahmen, sondern konnte auch ohne zusätzliche besondere Voraussetzungen die offenbar sämtlichen früheren Überlegungen widersprechende Tatsache erklären, daß reines (nichtaktiviertes) Zinksulfid nachleuchtet. Dieses Leuchten wird auf das

Vorhandensein überschüssigen (überstöchiometrischen) Zinks zurückgeführt, das infolge der Diffusion von Schwefelatomen nach außen während des Glühens des Phosphors entsteht.

Diese Ergebnisse, sowie der unmittelbare Zusammenhang mit der allgemeinen Theorie des Festkörpers, geben Grund zu der Annahme, daß das Bändermodell die Grundzüge des Mechanismus der Kristalllumineszenz zum erstenmal richtig erfaßt hat. Die große Mehrzahl ihrer Ergebnisse aber bezieht sich auf die Deutung der qualitativen Seiten der Kristallumineszenz. Versuche, eine Theorie des Abklingens des Nachleuchtens zu schaffen, blieben bis in die allerletzte Zeit erfolglos. Da die empirischen Abklinggesetze das wichtigste und vielleicht das einzige quantitative Kriterium der Theorie sind, ist die grundlegende Bedeutung des Problems des theoretischen Abklinggesetzes nicht nur für die Erforschung des Nachleuchtens, sondern für die ganze moderne Theorie der Kristallphosphore offensichtlich.

KAPITEL IV

DAS ELEMENTARE ABKLINGGESETZ FÜR DIE LUMINESZENZ DER KRISTALLPHOSPHORE

§ 19: Das Abklinggesetz in der modernen Theorie der Kristallphosphore

In ihren ersten Arbeiten nahmen D. I. Blochinzew [1] sowie W. L. Ljowschin und W. W. Antonow-Romanowski [2—7] an, daß das Abklinggesetz entsprechend einem Rekombinationsmechanismus für das Leuchten durch eine Hyperbel zweiten Grades dargestellt wird:

$$I = (a + bt)^{-2}. \tag{19, 1}$$

Sie gingen dabei von der Voraussetzung aus, daß das einfachste bimolekulare Rekombinationsgesetz

$$-\frac{dn}{dt} = kn^2 \tag{19, 2}$$

auch für das Bändermodell des Kristallphosphors gilt, wenn man unter n die Konzentration der von den Löchern räumlich getrennten Elektronen versteht, und wenn der thermische Mechanismus ihrer Ablösung und Rekombination durch den Wahrscheinlichkeitskoeffizienten k beschrieben wird. Diese Ansicht wird von vielen Autoren bis heute geteilt und ist so auch in den einschlägigen Monographien über den festen Körper von Seitz [8] und Mott und Gurney [9] aufgenommen worden. Indes erfordert die Kinetik der Elektronenübergänge in dem Bändermodell der Phosphore, wie D. I. Blochinzew bereits im Jahre 1937 zeigte [10], zu ihrer Beschreibung ein komplizierteres Schema, das die der Rekombination vorausgehenden Vorgänge genauer berücksichtigt. In der Tat erfolgt die Rekombination zwischen den Elektronen, die dem Band C angehören (den „freien" Elektronen), und den „Löchern" in den Aktivatortermen D (ionisierte Zentren)

(Abb. 55). Folglich ist ihre zeitliche Änderung

$$-\frac{dn}{dt} = A\,n\,N\,, \tag{19, 3}$$

wobei n die Konzentration der Aktivatorionen, N die Konzentration der freien Elektronen und A die Wahrscheinlichkeit pro sec für die Rekombination eines Elektrons mit einem ionisierten Zentrum ist. Diese Gleichung stimmt mit (19, 2) nur dann überein, wenn N gleich oder proportional n ist, was durchaus nicht selbstverständlich ist.

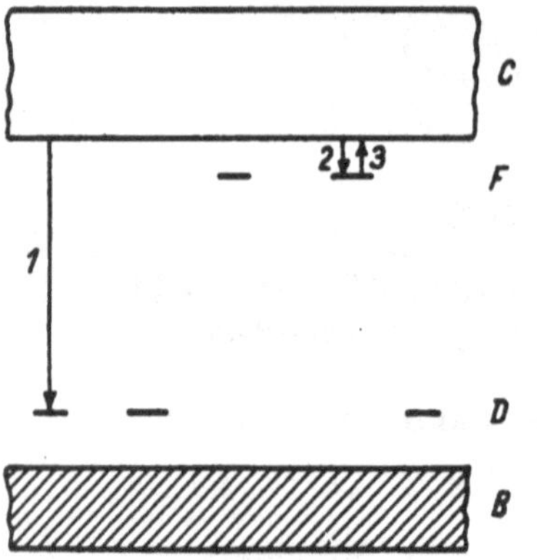

Abb. 55. Energiespektren des Elektrons in einem idealen Kristallphosphor. B: volles Band; C: leeres Band (Leitfähigkeitsband); D: Aktivatorterm; F: Hoftterm. Pfeile bedeuten Elektronenübergänge, (1) bei Rekombination, (2) bei Haften, (3) bei termischer Ablösung des Elektrons aus dem Hoftterm

D. I. Blochinzew gab ein System von Gleichungen an, das drei mögliche Zustände des Elektrons beim Nachleuchten berücksichtigt (im Band C, in den Termen F und in den Termen D (vgl. Abb. 55)*):

$$\frac{dn}{dt} = -A_1 n\,N, \quad \frac{dN}{dt} = p(n-N) - A_1 n\,N - A_2 N\,. \tag{19, 4}$$

Die erste dieser Gleichungen stimmt mit (19, 3) überein, die zweite beschreibt die Konzentrationsänderung der freien Elektronen infolge der Rekombination, des Haftens und der thermischen Ablösung der Elektronen, die in den Hafttermen lokalisiert sind (die Konzentration der letzteren ist $\nu = n - N$).

Die Untersuchung der Integrale dieses Gleichungssystems führte jedoch D. I. Blochinzew zu dem Schluß, daß nach einer längeren oder kürzeren Anfangsperiode, während der die Ausstrahlung schneller erfolgt als (19, 1) beschreibt, das Abklinggesetz in eine Hyperbel zweiten Grades (19, 1) übergeht (Gleichung 11 in der Arbeit [10]); diese Betrachtungsweise gibt also keine Möglichkeit, die empirischen Daten zu erklären, die für ein langsameres Abklingen sprechen (der Exponent $1/m = a$ in (6, 2) ist kleiner als 2).

*) Wir haben die Bezeichnungen geändert, um sie in Übereinstimmung mit dem Folgenden zu bringen.

Nach D. I. Blochinzew behandelte de Groot [11] die Kinetik der Phosphoreszenz. Er ging von den etwas abgeänderten Gleichungen (19, 4) aus; und zwar beschrieb er den Haftvorgang nicht durch ein lineares Glied A_2N, sondern durch ein quadratisches $A_2N\,(\nu_1-\nu)$ *); dies bedeutet die Berücksichtigung der beschränkten Anzahl von Haftstellen im Kristall. Außerdem zeigte de Groot auf Grund einer graphischen Integration, daß sich ein thermisches Gleichgewicht zwischen dem Leitfähigkeitsband und den lokalen Niveaus nur asymptotisch einstellt: d. h. in der Nähe der Sättigung der Phosphoreszenz und bei vollständiger Ausleuchtung des Phosphors. Bei der Begründung der gewonnenen theoretischen Kurven nimmt er jedoch an, daß sich die Bedingungen des Nachleuchtens nur bei hinreichend hohen Temperaturen wesentlich von der Bedingung thermodynamischen Gleichgewichts zwischen Leitfähigkeitsband und Hafttermen unterscheiden; dort ist praktisch keine Phosphoreszenz vorhanden. Sind dagegen die Temperaturen hinreichend klein und durchläuft die Phosphoreszenz das Nachleuchten als besonderes Stadium, das sich vom Anfangsstadium unterscheidet (nach der veralteten Bezeichnungsweise trägt sie die äußerst unzweckmäßige Bezeichnung „*letzte* Fluoreszenz"), so verläuft sie nach Ansicht de Groots unter Bedingungen, die dem Gleichgewicht sehr nahe kommen, woraus notwendig (19, 1) folgt.

Die von de Groot durchgeführte qualitative Behandlung des Einflusses der Erregungsintensität und der Temperatur auf das Leuchten der Kristallphosphore stand im Einklang mit den experimentellen Angaben. Was das Problem der Deutung der Formel von E. Becquerel und der Experimente über die Abklingvorgänge angeht, so ist der Verfasser der Ansicht, daß es über den Rahmen des einfachen Bändermodells hinausgeht; er sucht die Ursachen für die empirischen Gesetzmäßigkeiten in Nebeneffekten. Zu demselben Schluß über die Unzulänglichkeit des einfachen Bändermodells für die Theorie des Abklingens der Kristallphosphore und über die Notwendigkeit, sich den Nebeneffekten zuzuwenden, gelangten auch sämtliche übrigen Forscher. Einige von ihnen [9, 12—14 u. a.] nehmen an, daß die Formel von E. Becquerel das Ergebnis einer Überlagerung mehrerer gleichzeitig ablaufender Vorgänge ist, die entweder in der Ablösung von Elektronen aus Hafttermen von verschiedener Tiefe oder in ihrer Re-

*) ν_1 ist die Anzahl der Haftstellen pro cm³, ν die Konzentration der in den Hafttermen lokalisierten Elektronen. Die Bezeichnungsweise ist verschieden von der de Groots.

kombination mit Zentren von verschiedenen Wirkungsquerschnitten für die Rekombination bestehen. Andere [6, 9, 15—18 u. a.] sehen die Ursache für die Diskrepanz zwischen Theorie und Experiment in der Verfälschung durch Prozesse wie ungleichmäßige Erregung in der Leuchtstoffschicht, Diffusion der Photoelektronen usw. Abgesehen von Einzelheiten stimmen sie aber alle darin überein, daß dem einfachen Bändermodell ein Abklinggesetz im wesentlichen nach einer Hyperbel zweiten Grades entspricht, während die empirischen Daten zu ihrer Deutung die Berücksichtigung von Nebenumständen erfordern. In seinem Vortrag auf der Konferenz über Lumineszenzprobleme in Moskau im Jahre 1944 faßte D. I. Blochinzew [19] die Ergebnisse der modernen theoretischen Untersuchungen über das Problem des Abklingens der Kristalle folgendermaßen zusammen: „Den Abklinggesetzen der Phosphore liegen zwei einfache Formen zugrunde: das bimolekulare ($1/t^2$) und das monomolekulare Abklinggesetz (e^{-gt}). Die im Experiment beobachteten vielfältigen Abklinggesetze kommen offenbar durch Sekundärerscheinungen zustande."

Trotz der grundlegenden Änderungen in unseren Vorstellungen über den Mechanismus der Kristallumineszenz ist also die Sachlage in der Theorie des Abklingens die alte geblieben. Das theoretische Schema in seiner reinen Form wurde für unzureichend zur Ableitung des Abklinggesetzes gehalten, und die Theorie lenkte ihre Aufmerksamkeit auf die Nebeneffekte. Von diesen kann man eine große Anzahl aufzählen und berücksichtigen; trotz der vielen Möglichkeiten in dieser Hinsicht gelang es bisher nicht, Übereinstimmung zwischen den theoretischen und den experimentellen Daten zu erzielen.

Die Ähnlichkeit sozusagen der Situation in der heutigen Theorie mit der entsprechenden in der Zeit vor der Quantentheorie wurde noch deutlicher nach Erscheinen einer Artikelreihe von Randall und Wilkins [13] und Garlick und Wilkins [14] im Jahre 1945. Randall und Wilkins behaupteten, daß dem einfachen Bändermodell (Abb. 55) durchaus keine quadratische Hyperbel, sondern ein exponentielles Abklinggesetz entspreche. Selbst in der Frage nach dem Abklinggesetz, das dem einfachen Modell entspricht, gehen also die Meinungen auseinander, und die Diskussion bewegt sich wiederum innerhalb der Gegenüberstellung Exponentialfunktion — Hyperbel zweiten Grades.

Gehen wir auf die Argumentation von Randall und Wilkins näher ein. Sie nehmen an, daß infolge der kleinen Aufenthaltszeit des Elektrons im Leitfähigkeitsband der zeitliche Verlauf des Nachleuchtens nicht durch die Wahrscheinlichkeit des Zusammentreffens zwischen einem freien Elektron und einem ionisierten Zentrum, sondern durch die Wahrscheinlichkeit für die thermische Ablösung der Elektronen aus den Hafttermen bestimmt wird. Verhält es sich tatsächlich so, d. h. rekombiniert jedes Elektron, das ins Leitfähigkeitsband gelangt, praktisch sofort mit einem freien Zentrum, so wird die Lumineszenzintensität, die der Anzahl der Rekombinationsakte in der Zeiteinheit entspricht, durch die zeitliche Änderung der thermischen Ablösung aus den lokalen Termen F bestimmt. Dieser Prozeß ist aber monomolekular. Deshalb gelangen RANDALL und WILKINS ausgehend von dem „Rekombinations-Bändermodell" zu einem exponentiellen Abklinggesetz. Die empirischen Abklinggesetze, die keinen Exponentialcharakter haben, bilden nach Ansicht von RANDALL und WILKINS das Ergebnis einer Überlagerung von Exponentialausdrücken, die dem Ausleuchten aus Hafttermen verschiedener Tiefe entsprechen.

In der Erklärung des experimentellen Verhaltens durch Überlagerung mehrerer Prozesse, die im Phosphor ablaufen, sind RANDALL, WILKINS und GARLICK, wie wir sahen, nicht originell. Die Eigentümlichkeit ihrer Arbeiten besteht darin, daß sie, ausgehend vom Bändermodell, Exponentialausdrücke überlagern, d. h. annehmen, daß im einfachsten Fall das Abklingen eines Kristallphosphors nach einem Exponentialgesetz erfolge. Im Zusammenhang damit halten sie das bimolekulare Schema und seine Begründung in den Arbeiten sowjetischer Autoren für falsch (vgl. z. B. [14] S. 409).

§ 20: Das elementare und das integrale Abklinggesetz

Trägt das Abklingen der Kristallphosphore integralen Charakter, d. h. mit anderen Worten, stellt es das Ergebnis einer Wechselwirkung vieler Prozesse dar, so verliert das Problem des Abklinggesetzes seine theoretische Bedeutung, jedenfalls in der gegenwärtigen Fassung, wo die experimentellen Kurven durch Summen von Exponentialausdrücken oder Hyperbeln mit Koeffizienten, die aus dem Experiment zu entnehmen sind*), approximiert werden. Eine erzielte „Über-

*) Wir beschränken uns auf ein einziges, hinreichend deutliches Beispiel. Im August 1947 diskutierte JEAN SADDY [20], ob es besser sei, das Abklingen der von ihm untersuchten $ZnS \cdot Cu$-Probe durch neun Hyperbeln oder fünf Exponentialausdrücke zu beschreiben (in beiden Fällen sind 10 willkürliche Konstanten erforderlich!). Er wählte Exponentialausdrücke, und zwar aus dem Grunde, weil sie „den theoretischen Ansichten des Verfassers entsprechen". In

einstimmung“ beweist die Möglichkeit, empirische Gesetzmäßigkeiten nach bestimmten Funktionen zu entwickeln, sagt aber selbstverständlich nichts über die Realität der einzelnen Komponenten in den Summen oder über den Mechanismus des Kristalleuchtens aus. Genau so wenig beweiskräftig sind die Versuche, eine Übereinstimmung mit dem Experiment durch eine theoretische Berücksichtigung der verschiedenen Nebeneffekte zu erzielen. Diese führen zum Auftreten experimentell nicht kontrollierbarer Konstanten in den Schlußformeln, deren Werte dann auf Grund experimenteller Daten über das Abklingen bestimmt werden.

Theoretische Bedeutung hat das *elementare Abklinggesetz*, das dem theoretischen Modell in seiner reinen Form entspricht und nicht durch willkürliche Nebenannahmen kompliziert wird. Wenn es sich zeigt, daß das elementare Gesetz den experimentellen Angaben nicht entspricht, so muß die Theorie die prinzipiellen Schwächen des Modells klären, auf denen diese Diskrepanz beruht. Lediglich auf Grund einer Berücksichtigung der Effekte und Vorgänge, die im Experiment direkt nachgewiesen und untersucht wurden, der Vorgänge, die prinzipiell mit dem Kristalleuchten verknüpft sind und ihm nicht nur zufällig entsprechen, kann und muß man die Theorie der Lumineszenz der festen Körper aufbauen. Ein eklektischer Aufbau der Theorie durch Betrachtung hypothetischer, nicht unmittelbar experimentell beobachtbarer zufälliger Nebenvorgänge entbehrt jeder Beweiskraft und erweckt nur den Anschein eines Verständnisses und einer Erklärung, wo in Wirklichkeit von einem Verständnis und einer Erklärung noch keine Rede sein kann.

Das erste Problem, das die Theorie behandeln muß, ist, das elementare Abklinggesetz zu finden. Wie wir sehen werden, ist dieses Gesetz im allgemeinen Fall ebensosehr von einer Hyperbel zweiten Grades wie von einem Exponentialausdruck verschieden. Es steht im Einklang mit einem weiten Kreis experimenteller Tatsachen über das Abklingen der Kristallphosphore und insbesondere mit der empirischen Formel von E. Becquerel (6, 2). Die theoretische Deutung dieser Tatsachen auf Grund des Bändermodells der Lumineszenzerscheinungen

---

dieser Arbeit hat die grundsätzliche Unzulänglichkeit der Theorien dieser Art, die das Problem des Mechanismus des Kristalleuchtens auf die Beschreibung der experimentellen Kurven durch Summen von irgendwelchen Funktionen beschränken und auf Grund dessen Rückschlüsse auf die Natur der Vorgänge ziehen, einen überaus grotesken Ausdruck gefunden.

der Kristalle ist ohne Komplikation durch Nebenannahmen möglich. Die Vorstellungen der Bändertheorie führen also — zum erstenmal in der Kristallumineszenzforschung — zu einer quantitativen Deutung des für die Kristallphosphore typischen andauernden Nachleuchtens.

§ 21: Die quasistationäre Lösung

Wir werden im folgenden als idealen Kristallphosphor einen Kristall bezeichnen, dessen Energieschema dem einfachen Bändermodell entspricht, das in Abb. 55 dargestellt ist. Im idealen Kristallphosphor werden sämtliche Zentren als identisch und sämtliche Haftterme als in gleicher Höhe liegend angenommen. Im Modell des idealen Kristallphosphors werden natürlich nur die allgemeinen, grundlegenden physikalischen Eigenschaften der Kristallphosphore berücksichtigt und alle Unterschiede weggelassen, die auf der chemischen Zusammensetzung und der Struktur im einzelnen, auf den Bedingungen der thermischen Behandlung usw. beruhen. Die Ergebnisse, die man für den idealen Kristallphosphor erhält, müssen physikalisch die sämtlichen Kristallphosphoren gemeinsamen Züge des Kristallleuchtens wiedergeben.

Die Elektronenübergänge beim Nachleuchten werden in diesem Modell durch folgende Gleichungen beschrieben:

$$\begin{aligned} \frac{dN}{dt} &= p\nu - A_1 N n - A_2 N(\nu_1 - \nu), \\ \frac{dn}{dt} &= -A_1 N n, \\ \frac{d\nu}{dt} &= -p\nu + A_2 N(\nu_1 - \nu). \end{aligned} \qquad (21,\ 1)$$

Hier ist ν die Anzahl der Elektronen in den Hafttermen, N die der Elektronen im Leitfähigkeitsband, n die der „Löcher" in den Aktivatortermen, gleich der Gesamtzahl der vom Licht herausgeschlagenen Elektronen:

$$n = \nu + N, \qquad (21,\ 2)$$

ν_1 ist die Gesamtzahl der Haftstellen. Alle diese Größen sind auf 1 cm^3 bezogen. Dementsprechend sind $A_1 n$ bzw. $A_2(\nu_1 - \nu)$ die Wahrscheinlichkeiten für Rekombination bzw. Haften eines Elektrons, das sich im Leitfähigkeitsband befindet, wobei $A_1 = \sigma_1 u$, $A_2 = \sigma_2 u$ ist, wenn u die mittlere Geschwindigkeit eines Leitungselektrons und σ_1 und σ_2 die Wirkungsquerschnitte für den Einfang des Elektrons durch ein inonisiertes Zentrum bzw. eine lokale Störstelle, die das Haften bedingt, bedeuten. Wie p, die Wahrscheinlichkeit für die Ablösung des Elektrons aus einem Haftterm, sind auch A_1 und A_2 auf die Zeiteinheit bezogen.

Das System (21, 1) läßt sich nicht durch elementare Funktionen lösen und im allgemeinen Fall nicht einmal auf eine Quadratur zurückführen. Es wurde von einer Reihe von Verfassern qualitativ untersucht; diese gelangten, wie wir schon feststellten, zu der Schlußfolgerung, daß in diesem Schema keine Ergebnisse enthalten seien, die von den Ergebnissen des einfachen bimolekularen (Hyperbel zweiten Grades) oder des monomolekularen Schemas (Exponentialausdruck) grundlegend verschieden sind. Auf Grund physikalischer Überlegungen über die Kleinheit der Lebensdauer des Leitungselektrons gelang es uns, dieses System zu lösen [21, 22]. Wir setzen jetzt diese Überlegungen auseinander und geben dann die mathematisch strenge Lösung des Problems an.

Die Dauer des Nachleuchtens eines Kristallphosphors wird durch die größere der beiden charakteristischen Zeiten gegeben, nämlich der mittleren Aufenthaltszeiten des Elektrons in einem Haftterm ($\tau = 1/p$) und im Leitfähigkeitsband (t_0). Sind diese Größen von derselben Größenordnung oder ist $\tau < t_0$, so hat die Dauer des merklichen Nachleuchtens die Größenordnung einiger $10^1 \div 10^2\ t_0$, ist also nach plausibelsten Abschätzungen [23] nicht größer als ein geringer Bruchteil einer Sekunde. Der Phosphor besitzt eine bei den üblichen phosphoroskopischen und photometrischen Anordnungen meßbare Leuchtdauer nur dann, wenn

$$\tau \gg t_0. \tag{21, 3}$$

Ist diese Bedingung erfüllt, so kann man aber annehmen, daß während des Nachleuchtens eine geringe quasistationäre Konzentration freier Elektronen im Phosphor vorhanden ist, d. h. daß $N \ll \nu$ und $\frac{dN}{dt} \ll \frac{d\nu}{dt}$ ist, während im Grenzfall $t_0/\tau \to 0$ N und $\frac{dN}{dt}$ gleich Null sind, und alle Elektronen, die vom Licht herausgeschlagen wurden, in den Haftermen „einfrieren“. Unter der Annahme, daß das Nachleuchten unter Erfüllung der Ungleichung

$$\frac{dN}{dt} \ll \frac{d\nu}{dt} \tag{21, 4}$$

erfolgt, finden wir durch Differentiation von (21,2) und unter Vernachlässigung von $\frac{dN}{dt}$ gegenüber $\frac{d\nu}{dt}$, d. h. unter der Annahme

$$\frac{dn}{dt} = \frac{d\nu}{dt} + \frac{dN}{dt} \approx \frac{d\nu}{dt}, \tag{21, 5}$$

mit Hilfe von (21, 1) den Wert der quasistationären Konzentration der freien Elektronen als

$$N = \frac{p\nu}{A_1 n + A_2 (\nu_1 - \nu)}. \tag{21, 6}$$

Die mittlere Lebensdauer t_0 eines Elektrons ist das Reziproke der Wahrscheinlichkeit für ein Elektron, das Leitfähigkeitsband zu verlassen:

$$t_0 = \frac{1}{A_1 n + A_2 (\nu_1 - \nu)}, \tag{21, 7}$$

während

$$\tau = \frac{1}{p}. \tag{21, 8}$$

Folglich kann man die Gleichung (21, 6) folgendermaßen schreiben:

$$\frac{N}{\nu} = \frac{t_0}{\tau} \ll 1, \tag{21, 9}$$

was zeigt, daß nur eine sehr kleine Konzentration quasistationär sein kann. Aus (21, 9) und (21, 2) folgt, daß

$$n \approx \nu. \tag{21, 10}$$

Durch Einsetzen des Wertes für N in den Ausdruck für $\frac{dn}{dt}$ in der zweiten Gleichung (21, 1) erhalten wir

$$-\frac{dn}{dt} = \frac{pn^2}{n + \gamma (\nu_1 - n)}. \tag{21, 11}$$

Hier ist ν nach (21, 10) durch n ersetzt und

$$\gamma = \frac{A_2}{A_1} = \frac{\sigma_2}{\sigma_1}. \tag{21, 12}$$

Durch Integration von (21, 11) mit der Anfangsbedingung $n(0) = n_0$ erhalten wir die Gleichung

$$(1 - \gamma) \ln \frac{n_0}{n} + \gamma \nu_1 \left(\frac{1}{n} - \frac{1}{n_0}\right) = pt, \tag{21, 13}$$

die implizit die Zeitabhängigkeit von n während des Nachleuchtvorganges ausdrückt. Diese Abhängigkeit hat einen einfachen physikalischen Sinn, da n proportional der im Phosphor aufgespeicherten Lichtsumme ist.

Wir zeigen sofort, daß in der Gleichung (21, 13) auch der Exponentialausdruck (6, 1) und die Hyperbel zweiten Grades (19, 1) enthalten sind*), also die Grundformeln, in deren Rahmen sich bis vor kurzer Zeit die theoretische Behandlung der Abklinggesetze bewegte.

Bei $\gamma \approx 0$, in dem Fall, in dem der Wirkungsquerschnitt für Haften eines Leitungselektrons bedeutend kleiner ist als der Wirkungsquerschnitt für Rekombination mit einem ionisierten Zentrum ($\sigma_2 \ll \sigma_1$), geht (21, 13) über in

$$n = n_0 e^{-pt}. \tag{21, 14}$$

Die durch die Anzahl der Quanten ausgedrückte Lumineszenzintensität ist gleich der Anzahl der Rekombinationsakte pro sec. Folglich ist für $\gamma = 0$

$$I = -\frac{dn}{dt} = pn_0 e^{-pt}. \tag{21, 15}$$

Für $\gamma = 1$, d. h. bei gleichen Wirkungsquerschnitten für Haften und Rekombination, ergibt sich aus (21, 13):

$$\begin{aligned} n &= \frac{n_0}{1 + \frac{pn_0}{\nu_1} t}, \\ I &= \frac{\frac{p\,n_0^2}{\nu_1}}{\left(1 + \frac{pn_0}{\nu_1} t\right)^2}. \end{aligned} \tag{21, 16}$$

Bevor wir zur Untersuchung der Gleichung (21, 13) im allgemeinen Fall und zur Behandlung des Abklinggesetzes schreiten, das man aus ihr ableiten kann, beschäftigen wir uns mit der Klärung von zwei formalen Umständen, die, wie wir sehen werden, mit dem physikalischen Inhalt des Strahlungsproblems eng verknüpft sind. Erstens muß bewiesen werden, daß die Funktionen $n(t)$ und $N(t)$, die durch (21, 13) und (21, 6) definiert sind, tatsächlich eine Lösung des Systems

*) Vgl. auch (6, 2) und (6, 8).

(21, 1) darstellen. Da sich diese Ausdrücke durch eine Einschränkung ergaben, die von vornherein den unbekannten Funktionen und ihren Ableitungen in den Differentialgleichungen auferlegt wurde, ist die Frage, ob sie als Lösungen verwendbar sind, durchaus nicht trivial. Tatsächlich hängen die Funktionen $n(t)$ und $N(t)$, wie aus den Ausdrücken (21, 13) und (21, 6) deutlich wird, von einer und nicht von zwei Integrationskonstanten ab. Folglich können sie bestenfalls nur gewisse spezielle Lösungen darstellen. Dann ist aber eine Klärung der Frage nach den Bedingungen notwendig, unter denen diese Klasse von Lösungen realisiert ist.

§ 22: Beweis der Gültigkeit und Verwendbarkeitsbedingungen der quasistationären Lösung.

Durch Einführung der dimensionslosen Variablen $x = n/\nu_1$, $y = N/\nu_1$, $z = \nu/\nu_1$, durch Elimination von z und nach Einführung der Variablen:

$$x = x\,, \quad u = y/x\,, \tag{22, 1}$$

gelangen wir zu den Gleichungen

$$\begin{gathered} D_1 x^2 \frac{du}{dx} - D_2 - p + p/u - (D_1 - D_2)(1 - u)\, x = 0, \\ \frac{dx}{dt} = -D_1 x^2 u\,, \end{gathered} \tag{22, 2}$$

wobei $D_1 = A_1\nu_1$, $D_2 = A_2\nu_1$ ist. Die erste dieser Gleichungen definiert das geometrische, die zweite das kinematische Bewegungsintegral in der „Phasenebene" x, u. Wir suchen eine Lösung der ersten Gleichung (22, 2) von der Form

$$U = \frac{p\,(1 + a)}{D_1 x + D_2 (1 - x) + p}\,, \tag{22, 3}$$

wobei a eine kleine Zahl ist, die wir noch unbestimmt lassen. Das Ergebnis des Einsetzens der Funktion U in die linke Seite der ersten Gleichung (22, 2) bezeichnen wir mit $\varphi(x, a)$. Durch unmittelbares Einsetzen überzeugen wir uns, daß bei $x < 1 + p/D_2$

$$\varphi(x, 0) \begin{cases} > 0 \text{ für } D_1 > D_2, \\ < 0 \text{ für } D_1 < D_2. \end{cases} \tag{22, 4}$$

ist. Setzen wir

$$a = \begin{cases} p/D_2 \text{ für } D_1 > D_2, \\ -p/D_1 \text{ für } D_1 < D_2, \end{cases} \tag{22, 5}$$

so wird

$$\varphi(x, a) \begin{cases} < 0 \text{ für } D_1 > D_2, \\ > 0 \text{ für } D_1 < D_2. \end{cases} \tag{22, 6}$$

Diese Abschätzungen sind hinsichtlich x im Intervall $0 \leqq x \leqq 1 + p/D_2$ gerechtfertigt, falls p/D*) hinreichend klein ist. Dadurch wird bewiesen, daß

$$u = \frac{p}{D_1 x + D_2 (1 - x) + p} \tag{22, 7}$$

bzw.

$$U = \frac{p (1 + a)}{D_1 x + D_2 (1 - x) + p} \tag{22, 8}$$

(wo a durch (22, 5) definiert ist) im Intervall $(0; 1 + p/D_2)$ eine obere bzw. untere Schranke für die genauen Lösungsfunktionen sind, die die linke Seite der ersten Gleichung des Systems (22, 2) zum Verschwinden bringen. Folglich ist bei

$$\frac{p}{D} \ll 1 \tag{22, 9}$$

die Funktion

$$u = \frac{p}{D_1 x + D_2 (1 - x) + p} \tag{22, 10}$$

im Intervall $0 \leqq x \leqq 1 + p/D_2$ eine Näherungslösung der ersten Gleichung (22, 2), wobei die relative Abweichung der Lösung nicht größer als p/D ist.

Setzen wir das u aus (22, 10) in die zweite Gleichung (22, 2) ein und lösen diese, so gelangen wir zu der Gleichung

$$(1 - \gamma) \ln \frac{x_0}{x} + \left(\gamma + \frac{p}{D_1}\right)\left(\frac{1}{x} - \frac{1}{x_0}\right) = pt, \tag{22, 11}$$

die x als implizite Funktion von p angibt. Die genaue Lösung liegt zwischen den Funktionen $x(t)$, die durch (22, 11) definiert werden, und der Funktion $x_1(t)$, die wir erhalten, wenn wir in (22, 11) rechts p durch $p(1 + a)$ ersetzen. Der früher gefundene Ausdruck (21, 13) approximiert die Lösung mit derselben Genauigkeit. Tatsächlich erhalten wir (21, 13) an Stelle von (21, 11), wenn wir p im Nenner der rechten Seite von (22, 10) gleich Null setzen. Nach (22, 10) ist aber

*) Hier bedeutet D den kleineren der Koeffizienten D_1 und D_2.

$$u = \frac{p}{D_1 x + D_2 (1 - x) + p} \approx \frac{p}{D_1 x + D_2 (1 - x)} \left[1 - \frac{p}{D_1 x + D_2 (1 - x)}\right] \tag{22, 12}$$

und, da

$$\frac{p}{D_1 x + D_2 (1 - x)} < \frac{p}{D}, \tag{22, 13}$$

bleiben wir, wenn wir im Nenner von (22, 10) p gleich Null setzen, innerhalb der Ungenauigkeitsgrenzen für die Lösung.

Wir haben somit gezeigt, daß (21, 13) eine Näherungslösung des Systems (21, 1) ist, und eine Gültigkeitsbedingung für diese Lösung in Form der Ungleichung (22, 9) gefunden. Man sieht leicht, daß diese Bedingung der physikalischen Voraussetzung der Kleinheit der Lebensdauer des Leitungselektrons entspricht, von der wir zu Anfang unserer Überlegungen ausgingen. Wegen

$$t_0 = \frac{1}{A_1 n + A_2 (\nu_1 - \nu)} < \frac{1}{A \nu_1} = \frac{1}{D}, \tag{22, 14}$$

ist bei Erfülltsein der Ungleichung (22, 9)

$$\frac{t_0}{\tau} \ll 1. \tag{22, 15}$$

Wie wir schon feststellten, ist dies eine notwendige und hinreichende Bedingung dafür, daß der Kristallphosphor ein Nachleuchten von merklicher Dauer besitzt*).

Die gefundene Lösung beschreibt die Kinetik eines rein erzwungenen Nachleuchtens, das infolge der thermischen Ablösung der Elektronen aus den Hafttermen erfolgt (Phosphoreszenz). Beim absoluten Nullpunkt, wo p gleich Null ist, geht sie in die triviale Lösung $x = x_0$, $u = y/x = 0$ über, die einem leeren Leitfähigkeitsband und einer in den Hafttermen „eingefrorenen" Lichtsumme des Nachleuchtens entspricht. Bei $T \neq 0$ entspricht sie einem ganz bestimmten Verhältnis zwischen den Konzentrationen der Leitungs- und der Haftelektronen:

$$\frac{y}{x} = u = \frac{p}{D_1 x + D_2 (1 - x) + p}, \tag{22, 16}$$

*) Unter einer „merklichen" Dauer verstehen wir jede Nachleuchtdauer, die eine Messung auf photometrischem, phosphoroskopischem oder taumetrischem Wege zuläßt ($\geqq 10^{-5}$ sec).

das thermisch aufrechterhalten wird und Quasistationarität des Leitfähigkeitsbandes gewährleistet, d. h. angenäherte Gleichheit zwischen den Elektronenströmen, die das Band verlassen bzw. in das Band eintreten. Ein derartiger Fall ist unter Anfangsbedingungen, bei denen gilt

$$\frac{y_0}{x_0} = u_0 = \frac{p}{D_1 x_0 + D_2 (1 - x_0) + p}, \tag{22, 17}$$

verwirklicht, d. h. dann, wenn im Phosphor von Anfang an eine kleine quasistationäre Konzentration von Photoelektronen bestand*). Deshalb hängt die gefundene Lösung von einer Integrationskonstanten statt von zweien ab. Im allgemeinen Fall jedoch kann z. B. mit Hilfe einer hinreichend intensiven Einstrahlung im Kristallphosphor eine Anfangskonzentration der freien Elektronen erzeugt werden, die bedeutend größer ist als $p/D \cdot x_0$**). Es ist deshalb nicht sicher, ob nicht die gefundene Lösung deswegen physikalisch uninteressant ist, weil sie einer speziellen Wahl der Anfangsbedingungen entspricht, die im Experiment nicht zu verwirklichen ist. Um diese Frage beantworten zu können, muß man die allgemeine Lösung des Systems (21, 1) untersuchen, die von den beiden unabhängigen Werten für die Anfangskonzentrationen abhängt.

§ 23: Die Kinetik des Nachleuchtens eines idealen Kristallphosphors beim absoluten Nullpunkt [24, 25].

Wir schreiben die Gleichungen (21, 1) in der Form

$$\frac{dy}{dx} = 1 - \gamma + \gamma \frac{1+y}{x} - \frac{p}{D_1} \frac{x-y}{xy}, \qquad \frac{dx}{dt} = -D_1 x y. \tag{23, 1}$$

Beim absoluten Nullpunkt ist $p = 0$. Mit Hilfe der Substitution $\frac{1+y}{x} = \xi$ läßt sich das System dann auf die Quadratur

---

*) Da $x = y + z$ ist und $z = \nu/\nu_1$ nicht größer als 1 werden kann, kann die Bedingung der reinen Phosphoreszenz $y/x < p/D$ nur bei $x < 1 + p/D$ erfüllt sein, was auch formal bei der Ableitung herauskam.

**) Die Bedingung $y \gg \frac{p}{D} X_0$ oder die schärfere Bedingung $N \gg \frac{P}{A} = \frac{P_0}{A} \cdot e^{-\varepsilon/kT}$ kann wegen des Exponentialfaktors bei genügend tiefen Temperaturen selbstverständlich für jedes ε realisiert werden.

$$y = C_1 x^\gamma + x - 1\,,$$

$$\int \frac{dx}{x\,(C_1 x^\gamma + x - 1)} = C_2 - D_1 t\,, \qquad (23, 2)$$

zurückführen, wobei C_1 und C_2 die Integrationskonstanten sind. Da die Gleichungen (23, 2) die allgemeine Lösung des Systems (23, 1) darstellen, wird durch sie die Kinetik des Nachleuchtens beim absoluten Nullpunkt beschrieben.

Wir betrachten den Spezialfall der sogenannten vollständigen Erregung, in dem die Erregung des Phosphors so lange gedauert hat, daß sich ein stationärer Leuchtzustand einstellen konnte. Unter dieser Bedingung sind alle Konzentrationen konstant, insbesondere ist

$$\frac{d\nu_0}{dt} = -p\,\nu_0 + A_2 N\,(\nu_1 - \nu_0) \equiv 0. \qquad (23, 3)$$

Bei $T = 0$ ist $p = 0$ und folglich

$$\nu_0 = \nu_1\,, \qquad (23, 4)$$

d. h. beim absoluten Nullpunkt wird eine vollständige Erregung erst bei Sättigung der Phosphoreszenz erreicht, d. h. in einem Zustand, in dem sämtliche lokalen Niveaus mit Elektronen besetzt sind. Daher beträgt die Anfangskonzentration der Elektronen in den Hafttermen, die dem Augenblick des Aufhörens der Erregung entspricht:

$$z_0 = \frac{\nu_0}{\nu_1} = 1. \qquad (23, 5)$$

Aus der ersten Gleichung (23, 2) finden wir in diesem Fall:

$$C_1 = \frac{y_0 + 1 - x_0}{x_0^\gamma} = \frac{y_0 + z_0 - x_0}{x_0^\gamma} = 0\,, \qquad (23, 6)$$

denn wegen (21, 2) ist $x_0 = y_0 + z_0$. Die zweite Gleichung (23, 2) führt zu den Beziehungen

$$n = \frac{\nu_1 n_0}{n_0 - N_0 e^{-A_1 \nu_1 t}}\,,$$

$$N = \frac{\nu_1 N_0 e^{-A_1 \nu_1 t}}{n_0 - N_0 e^{-A_1 \nu_1 t}}\,. \qquad (23, 7)$$

Die Abnahme der Anfangskonzentration der freien Elektronen erfolgt also nach einem Exponentialgesetz oder noch schneller, wobei die

Relaxationszeit

$$t_1 \sim \frac{1}{A_1 \nu_1} \tag{23, 8}$$

ist. Für

$$N_0 \ll n_0, \tag{23, 9}$$

was unter den realen Erregungsbedingungen einzig und allein möglich ist *), ist

$$N \approx N_0 e^{-A_1 \nu_1 t}$$
$$n \approx \nu_1 + N_0 e^{-A_1 \nu_1 t}. \tag{23, 10}$$

Im behandelten Fall verläuft ein rein bimolekularer Rekombinationsprozeß der Leitungselektronen mit den Aktivatorionen bei ungleicher Anzahl der rekombinierenden Partner. Dieser Prozeß erfordert keine zusätzliche Aktivierungsenergie. Er entspricht dem nicht eingefrorenen Anteil des Nachleuchtens, den Riehl als spontanes Nachleuchten bezeichnete [32]. Wir behalten diese Bezeichnung bei,

*) Mott und Gurney [9] kommen durch eine theoretische Betrachtung zu dem Schluß, daß der exponentielle Abschnitt, den eine Anzahl von Verfassern [26—32] an Sulfid- und Silikatphosphoren zu Beginn des Abklingens beobachteten, nur in dem Fall auftreten könne, daß $N_0 \approx n_1$ ist. Nur bei einer derartigen Konzentration der freien Elektronen könne die Anfangsintensität

$$I_0 = \hbar\, \omega\, A_1 N_0 n_0 \sim 10^6 kW \tag{a}$$

betragen, da nach einigen Angaben von Mott und Gurney $A_1 \approx 10^{-8}$ cm³ sec⁻¹ ist und die Gesamtkonzentration der Zentren im Phosphor $n_1 \approx 10^{18}$ cm⁻³ beträgt.

Folglich müßten bei Erfüllung der Bedingungen, bei denen nach Mott und Gurney in den Abklingkurven zu Beginn ein exponentieller Abschnitt auftritt, die Erregungsintensitäten größer sein als 10⁶ kW! Offenbar hat der von ihnen gefundene exponentielle Abschnitt des Abklingens zu Anfang keinerlei reale Bedeutung, und die Identifikation dieses Abschnittes mit den experimentellen Angaben von Beese [26] und Strange [27], die die Verfasser vornahmen, ist unzulässig. In der oben dargelegten Theorie ist die Bedingung für das Auftreten einer Exponentialfunktion in den Anfangsstadien des Abklingens ein Zustand des Kristallphosphors, der der Sättigung der Phosphoreszenz nahekommt: $N_0 = \frac{p}{A_2\left(\frac{\nu_1}{\nu_0} - 1\right)} \gg p/A_2$ (vgl. (23, 3) und (23, 4)). Dies ist im Experiment stets zu verwirklichen, denn (vgl. (25, 4))

$$\frac{p}{A_2} = 2\left(\frac{2\,\pi\, m\, k\, T}{h^2}\right)^{3/2} e^{-\varepsilon/kT} \tag{b}$$

wird bei $kT \ll \varepsilon$ beliebig klein.

die auf dem freiwilligen Charakter des Vorganges hindeutet, zu dessen Ablauf keine Aktivierungsenergie erforderlich ist und der deshalb nicht von der Temperatur abhängt. Man muß jedoch daran erinnern, daß ein spontanes Nachleuchten des Kristalls nicht etwa nach der in der Optik üblichen Bedeutung des Ausdrucks „spontan" bedeutet, daß sich die Elektronenvorgänge in getrennten Atomen oder Molekülen abspielen.

Bei vollständiger Erregung beim absoluten Nullpunkt läuft also im idealen Kristallphosphor lediglich die Rekombination der freien Elektronen mit den Aktivatorionen ab, die einem reinen spontanen Nachleuchten entspricht. Bei unvollständiger Erregung wird die Kinetik des Nachleuchtens durch den gleichzeitig ablaufenden konkurrierenden Prozeß des Haftens der freien Elektronen kompliziert. In welcher Beziehung beide Prozesse zueinander stehen, hängt von γ, dem Verhältnis der entsprechenden Wirkungsquerschnitte, ab. Bei jedem vorgegebenen Wert von γ wird die Kinetik des ganzen Prozesses in ihren Einzelheiten beschrieben durch die Gleichungen (23, 2). Bei $\gamma = 1$ zum Beispiel, d. h. bei Gleichheit der Wirkungsquerschnitte für den Einfang eines Elektrons durch ein ionisiertes Zentrum und durch eine Störstelle, erhalten wir:

$$n = \frac{\nu_1 n_0}{\nu_1 + N_0 (1 - e^{-A \nu_1 t})}, \qquad N = \frac{\nu_1 N_0 e^{-A \nu_1 t}}{\nu_1 + N_0 (1 - e^{-A \nu_1 t})}. \tag{23, 11}$$

Da γ stets mit beliebiger Genauigkeit durch eine rationale Zahl dargestellt werden kann, läßt sich die Integration von (23, 2) stets durch elementare Funktionen durchführen, deren Koeffizienten durch die Lösung entsprechender algebraischer Gleichungen gefunden werden können. So erhalten wir zum Beispiel bei $\gamma = 2$:

$$\frac{(n - \alpha)^{\frac{\alpha + 1/C_1'}{\alpha - \beta}}}{n (n - \beta)^{\frac{\beta + 1/C_1'}{\alpha - \beta}}} = C_2 e^{-A_1 \nu_1 t} \tag{23, 12}$$

$$N = C_1' n^2 + n - \nu_1,$$

wobei α und β die Wurzeln der Gleichung

$$C_1' n^2 + n - \nu_1 = 0 \tag{23, 13}$$

sind. Wir merken an, daß die positive Wurzel dieser Gleichung, und im allgemeinen Fall $\gamma \neq 2$ die positive Wurzel der Gleichung

$$C_1' n^\gamma + n - \nu_1 = 0\,, \tag{23, 14}$$

den asymptotischen Wert $n_\infty = \nu_\infty$ liefert. Das ist die Grenzkonzentration der ionisierten Zentren (die also gleich der Grenzkonzentration der Elektronen in den Hafttermen ist), die sich infolge des gleichzeitigen Ablaufens zweier paralleler Prozesse (des Haftens und der Rekombination) unter beliebigen Anfangsbedingungen einstellt *). Insbesondere ist bei $\gamma = 2$

$$n_\infty = \nu_\infty = \frac{\sqrt{1 + 4\,\nu_1 \dfrac{\nu_1 - \nu_0}{n_0^\gamma}} - 1}{2\,\dfrac{\nu_1 - \nu_0}{n_0^\gamma}}\,. \tag{23, 15}$$

Der Grenzwert $n_\infty = \nu_\infty$, d. h. die Größe der Lichtsumme der Phosphoreszenz, die bei $T = 0$ nach Relaxation der Konzentration der freien Elektronen im Phosphor verbleibt, läßt sich (bei beliebigen Anfangsbedingungen und bei beliebigem Verhältnis der Wirkungsquerschnitte $\sigma_2/\sigma_1 = \gamma$) ohne eine zweite Integration bestimmen.

§ 24: Die beiden Stadien des Nachleuchtens eines idealen Kristallphosphors [24, 25].

Unsere Lösung des Problems im Fall $T = 0$ gestattet es, die allgemeine Lösung des Systems (21, 1) bei von Null verschiedenen absoluten Temperaturen zu untersuchen.

Wir gehen wiederum vom System (21, 1), geschrieben in der Form (23, 1), aus. Die Gleichungen (23, 2) geben angenähert die allgemeine Lösung von (23, 1), solange

$$(1 - \gamma)\frac{x y}{x - y} + \gamma \frac{1 + y}{x - y}\, y \gg \frac{p}{D_1} \tag{24, 1}$$

ist. Mit Hilfe der ersten Gleichung (23, 2) läßt sich die Ungleichung (24, 1) in folgender Form schreiben:

$$\frac{p}{D_1} \ll \frac{y x}{x - y}\left\{1 + \gamma\, C_1 x^{\gamma - 1}\right\}. \tag{24, 2}$$

---

*) Die Anfangskonzentrationen gehen ein durch

$$C_1' = \frac{\nu_1 - n_0 + N_0}{n_0^\gamma} = \frac{\nu_1 - \nu_0}{n_0^\gamma}\,. \tag{c}$$

Da

$$C_1 = \frac{1 - x_0 + y_0}{x_0^\gamma} = \frac{1 - z_0}{x_0^\gamma} > 0, \tag{24, 3}$$

verschärfen wir die Ungleichung nur noch, wenn wir die geschweifte Klammer gleich 1 setzen. Aus

$$\frac{p}{D_1} \ll \frac{yx}{x - y} \tag{24, 4}$$

entnehmen wir, daß für $y \gg \frac{p}{D_1} \frac{x}{(x + p/D_1)}$, und erst recht für

$$y \gg \frac{p}{D_1} \tag{24, 5}$$

die Bedingung (24, 1) erfüllt ist und deshalb das Abklingen der Dichte der freien Elektronen bis zu einem Wert von etwa $10 \cdot p/D_1$ nach den Gleichungen (23, 2) erfolgt. Das bedeutet, daß bei Konzentrationen der Leitungselektronen, die größer als $10\ p/D_1$ sind, der erzwungene Vorgang nur ein kleines Korrekturglied zum spontanen Nachleuchten liefert. Bei beliebiger Temperatur also hat eine hinreichend intensive Erregung des Phosphors das Auftreten eines spontanen Vorganges zu Beginn des Nachleuchtens zur Folge.

Wir schätzen die Dauer dieses Anfangsstadiums ab. Nach den Gleichungen (21, 1) ist

$$t = -\int\limits_{y_0}^{10p/D_1} \frac{dy}{y\,[D_1 x + D_2\,(1 - x + y)]} <$$

$$< \frac{1}{D} \int\limits_{10p/D_1}^{y_0} \frac{dy}{y\,(y + 1)} = \frac{2,3}{D} \lg \frac{y_0 \left(10 \frac{p}{D_1} + 1\right)}{10 \frac{p}{D}\,(y_0 + 1)}. \tag{24, 6}$$

Es sei p/D_1 gleich 10^{-k}. Die Formel (24, 6) zeigt, daß die Konzentration der freien Elektronen in einer Zeit

$$t < \frac{2,3\,(k - 1)}{D}, \tag{24, 7}$$

d. h. in einer Zeit, die nicht größer ist als einige $10\ t_0$ (vgl. (22, 14)), von beliebig hohen Werten bis auf etwa $10\ p/D_1$ abnimmt. Verwendet man für t_0 die Abschätzung von Mott und Gurney [9] ($t_0 \approx 10^{-10}$ sec), so beträgt die Dauer des spontanen Nachleuchtens $t \approx 10^{-9}$—10^{-8} sec*).

Nachdem die Konzentration der Elektronen im Leitfähigkeitsband etwa gleich $10\, p/D_1$ geworden ist, erfolgt ihre Abnahme langsamer. Wie in § 22 gezeigt wurde, stellt sich bei

$$y = \frac{p\,x}{D_1 x + D_2 (1 - x)} \tag{24, 8}$$

eine reine Phosphoreszenzstrahlung ein.

Im Intervall zwischen diesen beiden Konzentrationen der Elektronen im Leitfähigkeitsband besitzt das Nachleuchten komplizierten Charakter, denn es kommt dann durch Überlagerung zweier Vorgänge von gleicher Größenordnung zustande. Ist jedoch

$$\frac{p}{D} \ll 10^{-2}, \tag{24, 9}$$

so stellt sich schon in einer Zeit $\ll 1/p$, in der erst ein kleiner Teil der Lichtsumme des Phosphors ausgestrahlt ist, für die freien Elektronen eine Konzentration ein, die praktisch nicht verschieden von der quasistationären ist. Schreiben wir nämlich (21, 1) in der Form

$$\frac{dy}{y} = -\left\{ D_1 x + D_2 (1 - z) - \frac{pz}{y} \right\} dt \tag{24, 10}$$

und stellen wir rechts $y\,(t)$ dar als

$$y\,(t) = [1 + \delta\,(t)]\, y_c\,(t), \tag{24, 11}$$

wobei

$$y_c\,(t) = \frac{pz}{D_1 x + D_2 (1 - z)} \tag{24, 12}$$

und

$$\delta\,(t) = \frac{y - y_c}{y_c} \tag{24, 12a}$$

ist, so wird

$$\frac{dy}{y} = -\{D_1 x + D_2 (1 - z)\} \frac{\delta}{1 + \delta} dt. \tag{24, 13}$$

Aus (24, 13) sieht man, daß, solange $\delta \gg 1$ ist, die Abnahme der Konzentration der freien Elektronen schneller vor sich geht, als es dem Gesetz $\exp(-Dt)$ entspricht.

*) Zu dieser Zeit kommt noch die Lebensdauer des erregten Zentrums, die man für den langsamen Phosphoreszenzvorgang, aber nicht bei $t_0 \approx 10^{-8}$ sec vernachlässigen kann (vgl. Kapitel VII).

Wir geben jetzt einen Wert $\delta_1 \ll 1$ vor. Ersetzen wir in (24, 13) δ durch δ_1 und die Klammer durch D, wo wieder D der kleinere der Koeffizienten D_1 und D_2 ist, so finden wir die Funktion

$$\bar{y} = 10 \frac{p}{D_1} e^{-\frac{D\delta_1}{1+\delta_1} t}, \tag{24, 14}$$

die eine obere Schranke für $y(t)$ im Zeitintervall entsprechend $y \approx 10\, p/D_1$ bis $\delta = \delta_1$ darstellt. Setzen wir jetzt

$$\bar{y} = (1 + \delta_1)\, y_c, \tag{24, 15}$$

so finden wir eine obere Schranke für die Zeit t_1, nach der die Konzentration der Leitungselektronen sich von der quasistationären Konzentration um weniger als δ_1 unterscheidet $\left(\text{genauer: nach der } \frac{y-y_c}{y_c} \text{ kleiner als } \delta_1 \text{ ist}\right)$:

$$t_1 = \frac{1}{d_1} \frac{1}{D} \lg \frac{10\, p/D_1}{y_c}. \tag{24, 16}$$

Bei nicht allzu kleinen Werten z_0, die dem Ende des rein spontanen Vorganges (23, 2) entsprechen, d. h. in allen Fällen, in denen der Phosphor eine Phosphoreszenz aufweist (Lichtsumme der Phosphoreszenz nicht sehr klein, $z \approx \alpha \approx 1$), ist $y_c\big|_{t=0} \approx p/D_1$ (vgl. (24, 12).

Setzen wir diesen Wert y_c in (24, 16) ein, so erhalten wir

$$t_1 \sim \frac{1}{\delta_1} \frac{1}{D}. \tag{24, 17}$$

Dafür, daß diese Zeit wesentlich kleiner als die charakteristische Zeit $1/p$ der Phosphoreszenz ist, ist hinreichend die Ungleichung

$$\frac{p}{D} \ll \delta_1. \tag{24, 17a}$$

Folglich ist bei Erfüllung von (24, 9) die Einstellzeit der quasistationären Konzentration so klein, daß praktisch die gesamte Lichtsumme der Phosphoreszenz während des rein erzwungenen Stadiums des Nachleuchtens ausgestrahlt wird, welches durch die quasistationäre Lösung beschrieben wird.

Wir merken an, daß bei Erfüllung von (24, 9) nach einem Zeitraum von etwa $10^2 \cdot 1/D$ die Änderung von y_c als klein angesehen werden kann. Tatsächlich ist nach der dritten Gleichung (21, 1)

$z(t) > z_0 e^{-pt}$. Folglich kann man die Änderungen von z und y_e nach Ablauf der Zeit $10^2 \cdot 1/D$ vernachlässigen (vgl. (24, 12)).

In allen Fällen, in denen der Phosphor ein anhaltendes Nachleuchten besitzt, ist die Lebensdauer eines Elektrons im Haftterm um viele Größenordnungen größer als die Aufenthaltsdauer im Leitfähigkeitsband. Tatsächlich ist nach der bereits angeführten Abschätzung von Mott und Gurney

$$\frac{1}{t_0} = D_1 = A_1 \nu_1 \sim 10^{10}\,\text{sec}^{-1}. \tag{24, 18}$$

In diesem Fall ist die Bedingung (24, 9) erfüllt für

$$\tau \gg 10^{-8}\,\text{sec}. \tag{24, 19}$$

Die Größe τ ist ein Maß für die Dauer des Nachleuchtens, das eine merkliche Intensität besitzt, solange noch nicht alle Elektronen mit den Aktivatorionen rekombiniert haben. Sogar bei großen Werten von γ, d. h. bei $\sigma_2 \gg \sigma_1$, rekombiniert aber jedes Elektron, nachdem es einige zehn-, hundert- oder sogar tausendmal gehaftet hat, und scheidet aus dem Prozeß aus. Folglich befindet sich bei Werten von τ, die der Bedingung (24, 19) nicht genügen, d. h. wenn also die Bedingung (24, 9) nicht erfüllt ist, der Phosphor im oberen *Momentanzustand*. Das bedeutet aber, daß in allen Fällen, in denen der Kristallphosphor ein Abklingen aufweist, das länger dauert als geringe Bruchteile von Sekunden, sein Nachleuchten aus zwei ihrer Natur und ihren Eigenschaften nach verschiedenen Stadien besteht, nämlich einem spontanen Nachleuchten und einer Phosphoreszenz. Das erstere ist verknüpft mit einem Abklingen der überschüssigen (über die quasistationäre hinausgehenden) Dichte der freien Elektronen im Kristall, wobei der Hauptteil der Lichtsumme des spontanen Nachleuchtens nach den Gleichungen (23, 2) ausgestrahlt wird, und zwar nach Ablauf einer Zeit von etwa $10 \cdot 1/D$. Das zweite Stadium, die Phosphoreszenz, verläuft nach dem Gesetz (21, 13) und beruht auf der thermischen Ablösung der in den Hafttermen lokalisierten Elektronen.

Wir formulieren jetzt das Hauptergebnis. Wir haben nachgewiesen, daß die oben gewonnene quasistationäre Lösung der kinetischen Gleichungen (21, 1) mit der allgemeinen Lösung des Problems des Nachleuchtens eines idealen Kristallphosphors überall übereinstimmt, ausgenommen das kurzlebige spontane Nachleuchten zu Anfang, das durch (23, 2) beschrieben wird. Bei stationärer Erregung des Phosphors wird die Konzentration der Leitungselektronen durch den Eintritt der vom Licht herausgeschlagenen Elektronen in das Leitfähigkeitsband (Übergänge 1 und 2 in Abb. 54) sowie der von den Hafttermen abgelösten Elektronen in dasselbe aufrechterhalten (Übergang 6)*). Die stationäre Elektronenkonzentration im Band C wird durch das dynamische Gleichgewicht dieser und der umgekehrten Vorgänge, durch die die Elektronen aus dem Band wieder austreten, bestimmt. Bei Aufhören der Erregung geht die Elektronenzufuhr zurück (die Vorgänge 1 und 2 fallen aus), während die Zahl der Elektronen, die das Band verlassen, ihren früheren Wert behält, wodurch wegen Verletzung der Gleichgewichtsbedingungen die Phosphoreszenz abklingt. In allen Fällen jedoch, in denen der Phosphor ein Nachleuchten mit visuell, phosphoroskopisch oder taumetrisch beobachtbarer Dauer besitzt [33] ($\tau \gtrsim 10^{-5}$ sec), klingt die überschüssige Konzentration der Leitungselektronen in einer Zeit ab, die wesentlich kleiner als τ ist. Auf diesem Vorgang beruht das exponentielle spontane Nachleuchten des Kristallphosphors. Danach stellt sich im Phosphor eine quasistationäre Konzentration der Leitungselektronen ein, die durch Ablösung der Elektronen von den Hafttermen aufrechterhalten wird. In diesem Zustand läuft die Phosphoreszenz des Kristalls während ihrer ganzen weiteren Dauer ab, da während des spontanen Nachleuchtens die Lichtsumme der Phosphoreszenz praktisch nicht abnimmt. Das Abklingen der Phosphoreszenz wird durch Formel (21, 13) beschrieben.

Wir bemerken noch, daß bei unserer Behandlung der Haftprozeß der „Löcher" in den Zentren (Übergang 3) und die direkten Übergänge der Elektronen vom Band C in das Band B nicht berücksichtigt wurden. Diese Vorgänge, die bei Erregung des Phosphors im Gebiet der Grundabsorption mit größerer oder geringerer Wahrscheinlichkeit ablaufen, beteiligen sich offenbar nur während des ersten spontanen Stadiums des Nachleuchtens an der Kinetik der Elektronenübergänge. Wir wollen jedoch nachher zeigen, daß das kurzlebige Anfangsstadium des Abklingens im Rahmen des einfachsten Bändermodells des idealen Kristallphosphors nicht genau behandelt werden kann und eine Vervollkommnung des Modells erforderlich macht. Dagegen bleiben die Ergebnisse, die sich auf das andauernde erzwungene Nachleuchten beziehen, auch für die realen Kristallphosphore gültig.

---

*) Diese letzteren Übergänge können sowohl thermisch als auch durch Ultrarotbestrahlung des Phosphors hervorgerufen werden.

§ 25: Die Bedingung für das Gebiet des andauernden Nachleuchtens und die Momentanzustände [24].

Ist (24, 9) nicht erfüllt, so befindet sich der Phosphor im oberen Momentanzustand, in dem das Nachleuchten nicht in zwei Stadien — ein spontanes und ein erzwungenes — von verschiedener Größenordnung für ihre Dauer unterteilt werden kann. Das Verhältnis p/D, dessen Wert den Nachleuchtzustand des Phosphors bestimmt, läßt sich explizite durch die Parameter des Phosphors ausdrücken und ist eine universelle Funktion, die von der Struktur der Fehlstellen im einzelnen, auf denen das Auftreten der lokalen Zustände beruht, unabhängig ist. Hierdurch erhält man die Möglichkeit, eine Bedingung für die Temperaturen zu finden, die dem Gebiet des andauernden Nachleuchtens entsprechen.

Wir betrachten einen Kristallphosphor im Zustand des thermodynamischen Gleichgewichts. Aus der Bedingung des detaillierten Gleichgewichts zwischen dem Leitfähigkeitsband und den Hafttermen, d. h. aus $p\nu = A_2 N(\nu_1 - \nu)$, folgt

$$\frac{p}{A_2} = \frac{N(\nu_1 - \nu)}{\nu}. \tag{25, 1}$$

Die rechte Seite von (25, 1) läßt sich auf Grund der FERMI-Statistik ausrechnen, wobei die Termdichte

$$g(\mathsf{E}) = \begin{cases} \frac{4\pi}{h^3}(2m)^{3/2}\sqrt{\mathsf{E}} & \text{für } \mathsf{E} > 0, \\ \nu_1\,\delta(\mathsf{E}+\varepsilon) + n_1\,\delta(\mathsf{E}+E) & \text{für } \mathsf{E} < 0 \end{cases} \tag{25, 2}$$

beträgt. Hier sind ε und E die Abstände der Haftterme bzw. der Aktivatorterme vom unteren Rande des Leitfähigkeitsbandes, der als Energienullpunkt gewählt wurde. Die erste Zeile von (25, 2) gibt die Termdichte im Leitfähigkeitsband an, das man in der Nähe seines unteren Randes als Band völlig freier Elektronen auffassen kann. Die δ-Funktion in der zweiten Zeile von (25, 2) beschreibt die Verteilung der lokalen Niveaus.

Ersetzen wir die FERMI-Verteilung im Band durch die MAXWELL-Verteilung, was für $kT \ll \varepsilon$ zulässig ist, so finden wir:

$$N = \int_0^\infty g(\mathsf{E})\, f(\mathsf{E})\, d\mathsf{E} = 2\left(\frac{2\pi m k T}{h^2}\right)^{3/2} e^{\zeta/kT}, \quad \nu = \frac{\nu_1}{e^{-\frac{\varepsilon+\zeta}{kT}} + 1}. \tag{25,3}$$

Aus (25, 3) und (25, 1) folgt

$$\frac{p}{A_2} = 2\,\frac{(2\,\pi\,m\,k\,T)^{3/2}}{h^3}\,e^{-\varepsilon/k\,T}, \tag{25, 4}$$

und daraus

$$\frac{p}{D} = \frac{2\,r}{\nu_1}\,\frac{(2\,\pi\,m\,k\,T)^{3/2}}{h^3}\,e^{-\varepsilon/kT}, \tag{25, 5}$$

mit $r = 1$, falls $A_2 < A_1$ und $r = \gamma$, falls $A_2 > A_1$.

Aus dem Ausdruck (25, 5) geht hervor, daß bei $\varepsilon = 0{,}5$ eV, $\nu_1 \approx 10^{18}\,\mathrm{cm}^{-3}$ und $r \approx 1$ die Bedingung für das andauernde Nachleuchten (24, 9) bis zu etwa 450^0 K erfüllt ist. Der Exponentialfaktor in (25, 5) macht die Größe p/D gegen Änderungen der Werte von ν_1 und r relativ unempfindlich und sorgt dafür, daß eine Phosphoreszenz (bei hinreichender Abkühlung) in Kristallen mit sehr flachen Hafttermen möglich ist. Die Kinetik der Elektronenvorgänge wird im einfachen Bändermodell unter den Bedingungen des andauernden Nachleuchtens durch die Ausdrücke (21, 13) und (23, 2) erschöpfend wiedergegeben.

Wie später noch gezeigt wird (vgl. die Formeln (26, 3) und (27, 2)), beträgt die Anfangsintensität der Phosphoreszenz

$$I_0 = \frac{\nu_1}{\tau} = \frac{\nu_1}{\tau_0}\,e^{-\varepsilon/k\,T}. \tag{25, 6}$$

Bei hinreichend tiefen Temperaturen ist I_0 kleiner als die Empfindlichkeitsschwelle des Meßinstruments (Auge, Photoelement usw.). In diesem Fall befindet sich der Phosphor im unteren Momentanzustand, die Phosphoreszenz ist „eingefroren", und man beobachtet experimentell nur ein spontanes Nachleuchten. Aus (25, 6) und der Bedingung

$$I_0 < i\,, \tag{25, 7}$$

wobei i der Schwellenwert der Intensität ist, finden wir die Temperaturbedingung für den unteren Momentanzustand:

$$T_u = \frac{\varepsilon}{k\,\ln\dfrac{\nu_1}{\tau_0\,i}}. \tag{25, 8}$$

Dieser Wert beschränkt das Temperaturgebiet des andauernden Nachleuchtens nach unten, während der Wert T_0, den wir aus (24, 9) und

(25, 5) fanden, es nach oben hin beschränkt. Bei Steigerung der Empfindlichkeit der Messung dehnt sich das Gebiet des anhaltenden Nachleuchtens nach tieferen Temperaturen hin aus; daß dieses dort vorher nicht zu beobachten war, lag nicht am Aufhören des Phosphoreszenzvorganges, sondern nur daran, daß seine Intensität unter die Empfindlichkeitsschwelle des Meßgeräts fiel.

§ 26: Das elementare Abklinggesetz der Phosphoreszenz [34].

Die durch die Anzahl der Quanten ausgedrückte Lumineszenzintensität ist gleich der Anzahl der Rekombinationsakte pro sec. Nach (21, 11) beträgt die Phosphoreszenzintensität eines idealen Kristallphosphors

$$I = -\frac{dn}{dt} = \frac{p\,n^2}{n + \gamma\,(\nu_1 - n)}\,. \tag{26, 1}$$

Setzen wir in (26, 1) für n die Funktion $n\,(t)$ ein, die sich aus (21, 13) ergibt, so erhalten wir das elementare Abklinggesetz für die Phosphoreszenz von Kristallphosphoren.

Am bequemsten schreibt man das elementare Abklinggesetz in Parameterform

$$\begin{aligned} I &= \frac{p\,n^2}{n + \gamma\,(\nu_1 - n)}\,, \\ p\,t &= (1 - \gamma)\ln\frac{n_0}{n} + \gamma\,\nu_1\left(\frac{1}{n} - \frac{1}{n_0}\right), \end{aligned} \tag{26, 2}$$

wobei als Parameter hier die im Phosphor aufgespeicherte Lichtsumme dient, die, in der Anzahl der Quanten ausgedrückt, gleich n ist. Dieses Gesetz hängt von den 3 Parametern des Phosphors γ, p und ν_1, sowie der Größe der Anfangserregung n_0 ab. Man kann es dimensionslos schreiben, wenn man charakteristische Einheiten für Intensität, Zeit und Lichtsumme einführt. Wir werden demgemäß die Intensität und die verbleibende Lichtsumme in Bruchteilen der Anfangsintensität bei Sättigung der Phosphoreszenz und der unter diesen Bedingungen im Phosphor enthaltenen Lichtsumme messen. Als Zeiteinheit wählen wir die mittlere Lebensdauer eines Elektrons in einem Haftterm, $\tau = 1/p$. An Stelle von n, I und t enthält das Abklinggesetz nun die dimensionslosen Größen

$$\mu = \frac{n}{\nu_1}\,, \quad B = \frac{I\,\tau}{\nu_1}\,, \quad \vartheta = \frac{t}{\tau}\,. \tag{26, 3}$$

Wir bezeichnen die Größe

$$z = \frac{n_0}{\nu_1} \tag{26, 4}$$

als Erregungsgrad. Diese Größe gibt an, welcher Bruchteil der maximal möglichen Lichtsumme der Phosphoreszenz zu Anfang im Phosphor vorhanden war. Ferner führen wir die Größe

$$L = \frac{n}{n_0}, \tag{26, 5}$$

ein, die das Verhältnis der Lichtsumme, die im Zeitpunkt t im Phosphor enthalten ist, zur Anfangslichtsumme angibt. Wir bezeichnen L als relative Lichtsumme. Zwischen μ und L besteht offenbar die Beziehung

$$\mu = z L. \tag{26, 6}$$

Führen wir die dimensionslosen Größen ein, so bekommt das Abklinggesetz folgende Gestalt:

$$\begin{aligned} B &= \frac{z^2 L^2}{\gamma + z(1-\gamma) L}, \\ \vartheta &= (1-\gamma) \ln \frac{1}{L} + \frac{\gamma}{z}\left(\frac{1}{L} - 1\right). \end{aligned} \tag{26, 7}$$

Das auf diese Weise abgeleitete Abklinggesetz der Phosphoreszenz hängt nur von dem anfänglichen Erregungsgrad z des Phosphors und von dem Parameter γ ab, der gleich dem Verhältnis der Wirkungsquerschnitte der Haft- und der Rekombinationsterme σ_2/σ_1 ist*). Die beiden übrigen Parameter des Kristallphosphors, $p = 1/\tau$ und ν_1, die in (21, 1) eingehen, bestimmen den Maßstab für die Messung von Zeit und Intensität; für Phosphore mit gleichen γ, aber verschiedenen ν_1 und τ stimmen die theoretischen Abklingkurven in den dimensionslosen Koordinatenachsen ϑ und B überein, besitzen aber in absoluten Einheiten t und I verschiedene Achsenmaßstäbe. Wir werden ν_1 und τ als Maßstabparameter und γ als Hauptparameter der Phosphoreszenz bezeichnen.

In zwei Spezialfällen (bei $\gamma = 0$ und $\gamma = 1$) kann man das Abklinggesetz der Phosphoreszenz durch elementare Funktionen aus-

*) Richtiger, aber umständlicher, müßte man statt „Wirkungsquerschnitt des Haftterms" sagen: „Wirkungsquerschnitt für die Lokalisierung eines Leitungselektrons in einer bestimmten Strukturfehlstelle"; ebenso auch für die Rekombination.

drücken. Bei $\gamma = 0$, d. h. in dem Fall, daß σ_2 gegenüber σ_1 verschwindend klein ist, gehen die Formeln (26, 7) in die folgenden über*):

$$L = e^{-\vartheta}, \quad B = z\, e^{-\vartheta} \tag{26, 8}$$

Das bedeutet, daß *in Abwesenheit von sekundären Haftprozessen der Elektronen das Abklinggesetz exponentiell ist.*

Nehmen wir $\gamma = 1$, d. h. $\sigma_2 = \sigma_1$ an, so erhalten wir:

$$L = \frac{1}{1 + z\vartheta}, \quad B = \frac{z^2}{(1 + z\vartheta)^2}. \tag{26, 9}$$

folglich ist, *falls der Wirkungsquerschnitt der Haftterme gleich dem Wirkungsquerschnitt der Rekombinationsterme ist, das Abklinggesetz der Phosphoreszenz eine Hyperbel zweiten Grades.*

Die beiden bis jetzt bekannten theoretischen Formen des Abklinggesetzes, die als die Grundformen angesehen wurden, welche zwei völlig verschiedenen Strahlungsmechanismen entsprechen, sind also zwei Spezialfälle des elementaren Abklinggesetzes des Bändermodells des Kristallphosphors.

Im allgemeinen Fall ist das elementare Abklinggesetz der Phosphoreszenz weder ein Exponentialausdruck, noch eine Hyperbel zweiten Grades. In dimensionslosen Einheiten wird es durch die Gleichungen (26, 7) dargestellt.

§ 27: Das Abklinggesetz bei Sättigung der Phosphoreszenz.

Der Sättigung der Phosphoreszenz entspricht die Bedingung

$$z = 1, \quad L = \mu. \tag{27, 1}$$

Das Abklinggesetz hat in diesem Fall folgende Form:

$$B = \frac{\mu^2}{\gamma + (1 - \gamma)\,\mu}, \quad \vartheta = (1 - \gamma) \ln \frac{1}{\mu} + \gamma \left(\frac{1}{\mu} - 1\right). \tag{27, 2}$$

*) (26, 8) und (26, 9) sind nichts anderes als die Beziehungen (21, 14), (21, 15) und (21, 16), dimensionslos geschrieben.

Setzt man für μ Werte von 1 bis 0 ein, so kann man die Formel (27, 2) tabellarisch darstellen (Tabelle I) und für jedes γ an Hand der Zahlenwerte die diesem Wert γ entsprechende Kurve des Abklinggesetzes $B(\vartheta)$ konstruieren.

Tabelle I

μ	$\lg(1+\vartheta)$	$\lg B$
1	0	0
0,95	$\lg(1{,}051 + 0{,}0013\,\gamma)$	$\bar{1}{,}9555 - \lg(0{,}95 + 0{,}05\,\gamma)$
0,9	$\lg(1{,}105 + 0{,}006\,\gamma)$	$\bar{1}{,}9085 - \lg(0{,}9 + 0{,}1\,\gamma)$
0,8	$\lg(1{,}223 + 0{,}027\,\gamma)$	$\bar{1}{,}8062 - \lg(0{,}8 + 0{,}2\,\gamma)$
0,7	$\lg(1{,}356 + 0{,}072\,\gamma)$	$\bar{1}{,}6902 - \lg(0{,}7 + 0{,}3\,\gamma)$
0,6	$\lg(1{,}51 + 0{,}156\,\gamma)$	$\bar{1}{,}5563 - \lg(0{,}6 + 0{,}4\,\gamma)$
0,5	$\lg(1{,}692 + 0{,}308\,\gamma)$	$\bar{1}{,}3979 - \lg(0{,}5 + 0{,}5\,\gamma)$
0,4	$\lg(1{,}915 + 0{,}585\,\gamma)$	$\bar{1}{,}2041 - \lg(0{,}4 + 0{,}6\,\gamma)$
0,3	$\lg(2{,}202 + 1{,}131\,\gamma)$	$\bar{2}{,}9542 - \lg(0{,}3 + 0{,}7\,\gamma)$
0,2	$\lg(2{,}608 + 2{,}392\,\gamma)$	$\bar{2}{,}6021 - \lg(0{,}2 + 0{,}8\,\gamma)$
0,1	$\lg(3{,}30 + 6{,}70\,\gamma)$	$\bar{2}{,}0000 - \lg(0{,}1 + 0{,}9\,\gamma)$
0,05	$\lg(3{,}99 + 16{,}01\,\gamma)$	$\bar{3}{,}3979 - \lg(0{,}05 + 0{,}95\,\gamma)$
0,01	$\lg(5{,}60 + 94{,}4\,\gamma)$	$\bar{4}{,}0000 - \lg(0{,}01 + 0{,}99\,\gamma)$
0,005	$\lg(6{,}29 + 193{,}7\,\gamma)$	$\bar{5}{,}3979 - \lg(0{,}005 + 0{,}995\,\gamma)$
0,001	$\lg(7{,}90 + 992\,\gamma)$	$\bar{6}{,}0000 - \lg(0{,}001 + 0{,}999\,\gamma)$

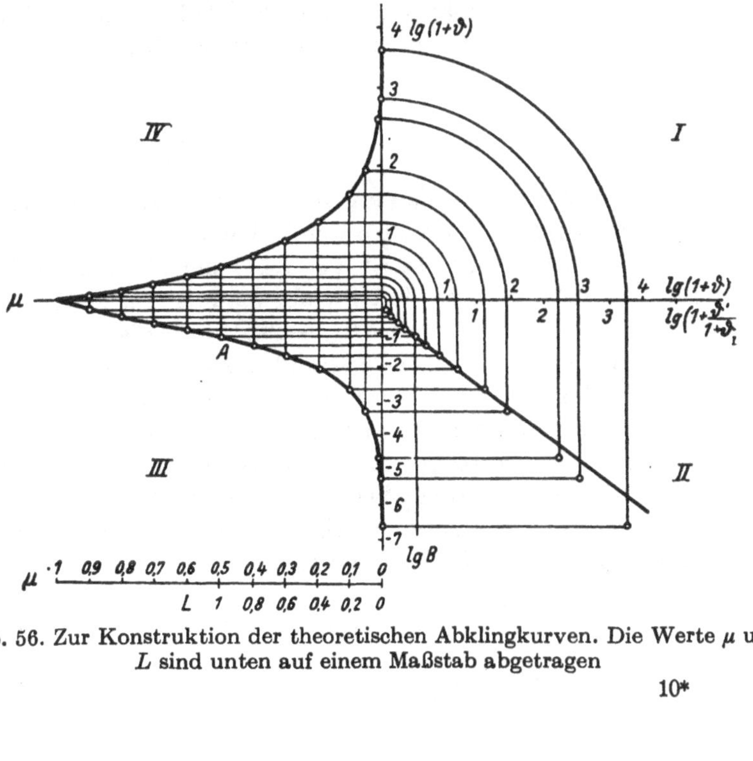

Abb. 56. Zur Konstruktion der theoretischen Abklingkurven. Die Werte μ und L sind unten auf einem Maßstab abgetragen

Abb. 56 gibt diese Konstruktion der theoretischen Abklingkurve in den Koordinaten lg $(1 + \vartheta)$ und lg B wieder. Links auf der Abszissenachse sind die Werte μ aufgetragen, rechts auf der Abszissenachse und oben auf der Ordinatenachse die Werte lg $(1 + \vartheta)$. Unten auf der Ordinatenachse sind die Werte lg B aufgetragen. Die Kurven im dritten und vierten Quadranten sind nach den Angaben der Tabelle I konstruiert und stellen die Abhängigkeit der im Phosphor enthaltenen Lichtsumme von der Zeit (Quadrant IV) und die Abhängigkeit der Intensität von der verbleibenden Lichtsumme (Quadrant III) dar. Zur Konstruktion der Abklingkurve muß man jedem Wert ϑ den entsprechenden Wert B zuordnen, der zum gleichen μ gehört. Dies ist im zweiten Quadranten geschehen, wo die so erhaltene Punktreihe das Abklinggesetz darstellt. Wir bemerken, daß Abb. 56 nur zur Illustration der Methode wiedergegeben ist, während in der Praxis die Punkte (ϑ, B) aus der Tabelle I entnommen werden und die ganze Konstruktion sich auf die Kurve im Quadranten II beschränkt. Diese Kurven sind für verschiedene Werte γ in den Abb. 57—65 dargestellt. Abb. 56 entspricht $\gamma = 5$.

Die Betrachtung dieser Kurven lehrt, daß in ihrem Hauptabschnitt das Abklinggesetz durch die gebrochene Hyperbel

$$B = \frac{C}{(1 + \vartheta)^{\alpha}} \tag{27, 3}$$

approximiert werden kann (die ausgezogene Linie im Quadranten II in Abb. 56), wobei der Exponent α durch den Wert von γ bestimmt wird. Bei $\gamma = 5$ (Abb. 56) z. B. ist $\alpha = 1{,}47$, und B nimmt auf dem Abschnitt (27, 3) auf weniger als 1/100 ab, während der Bruchteil der ausgestrahlten Lichtsumme etwa 70% beträgt. Zu Anfang der Kurve, wo sich der Phosphor in einem Zustand befindet, der nahezu der Sättigung der Phosphoreszenz entspricht ($\mu \sim 1$), entspricht die Formel (27, 3) nicht mehr dem theoretischen Abklinggesetz der Phosphoreszenz. Kehren wir zu (27, 2) zurück, setzen $\mu = 1 - x$ und beschränken uns auf die linearen Glieder in der Entwicklung von (27, 2) nach Potenzen von x, so erhalten wir einen Näherungsausdruck für das Abklinggesetz zu Beginn der Phosphoreszenz:

$$B = 1 - (\gamma + 1)\,\vartheta \approx \frac{C}{(1 + \vartheta)^{\gamma + 1}}, \tag{27, 4}$$

der zeigt, daß bei Darstellung der theoretischen Abklingkurve in den Koordinaten lg $(1 + \vartheta)$ und lg B die Neigung der Kurve im Punkt $\vartheta = 0$ gleich $\gamma + 1$ ist.

Außer in diesem Anfangsabschnitt der Phosphoreszenz weicht die theoretische Kurve im Gebiet geringer verbleibender Lichtsummen und kleiner Intensitäten ebenfalls von der Kurve (27, 3) ab. Aus (27, 2) finden wir bei $\mu \ll 1$, daß in diesem Gebiet das Abklinggesetz der Phosphoreszenz in eine Hyperbel zweiten Grades übergeht

$$B \cong \frac{\mu^2}{\gamma}, \qquad \vartheta \cong \frac{\gamma}{\mu}, \tag{27, 5}$$

woraus folgt, daß

$$B \approx \frac{\gamma}{\vartheta^2} \approx \frac{\gamma}{(1 + \vartheta)^2} \tag{27, 6}$$

ist. Die Schreibweisen von B in der Form γ/ϑ^2 und $\gamma/(1 + \vartheta)^2$ sind in diesem Fall äquivalent, da nach (27, 2) die Ausstrahlung des Phosphors vom Sättigungszustand bis $\mu \ll 1$ im Verlauf von $\vartheta \gg 1$ erfolgt, d. h. in Zeiten, die weitaus größer sind als die charakteristische Zeit τ der Phosphoreszenz.

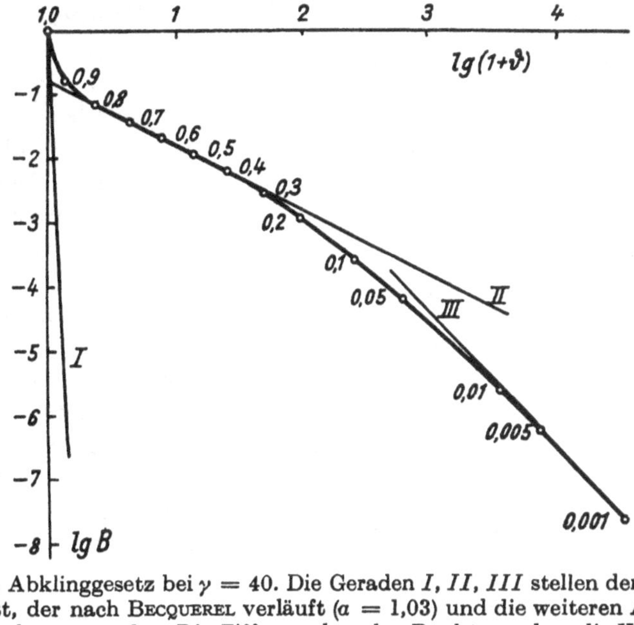

Abb. 57. Abklinggesetz bei $\gamma = 40$. Die Geraden *I, II, III* stellen den Anfangsabschnitt, der nach BECQUEREL verläuft ($\alpha = 1{,}03$) und die weiteren Abschnitte der Phosphoreszenz dar. Die Ziffern neben den Punkten geben die Werte μ an.

Die Formeln (27, 4), (27, 3) und (27, 6) geben uns Kunde über das Abklinggesetz der Phosphoreszenz während der gesamten Dauer des Nachleuchtens. Wir werden vom Anfangsabschnitt (1), vom Becquerelschen Abschnitt (II)*) bzw. von den weiteren Stadien der Phosphoreszenz (III) sprechen (Abb. 57).

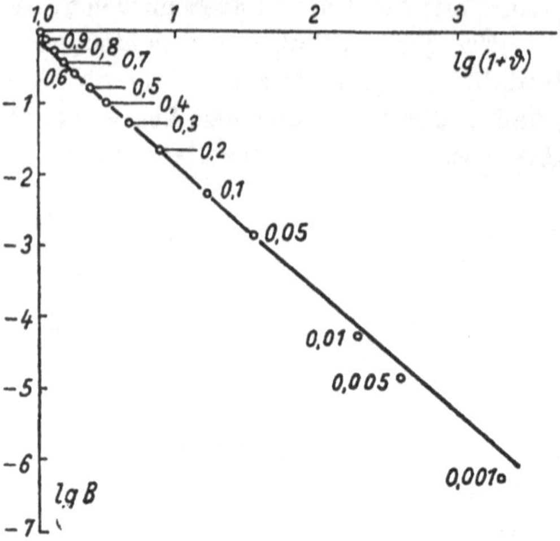

Abb. 58. Abklinggesetz bei $\gamma = 2$ ($a = 1{,}75$).

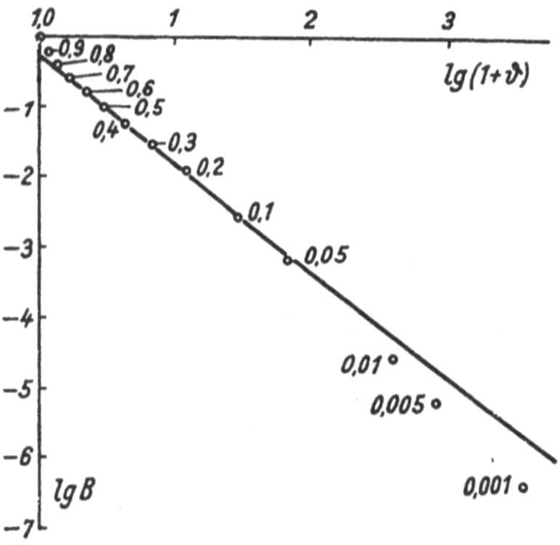

Abb. 59. Abklinggesetz bei $\gamma = 4$ ($a = 1{,}55$).

Kehren wir nun zu (21, 6) und (21, 10) zurück, so sehen wir, daß bei $\mu = n/\nu_1 \ll 1$ gilt: $N \approx pn/A_2\nu_1$. d. h. $N \sim n$. Das bedeutet, daß bei geringen Erregungsgraden das Haften der Elektronen die Proportionalität zwischen den Konzentrationen der freien Elektronen und der ionisierten Zentren nicht stört. Deshalb geht bei kleinen Erregungen oder bei kleinen verbleibenden Lichtsummen das kinetische Schema der Elektronenvorgänge im Kristallphosphor in die einfache bimolekulare Reaktion $-dn/dt \sim n^2$ über, wodurch das Abklingen den Charakter einer quadratischen Hyperbel annimmt (27, 5). Auf dieses Ergebnis haben wir uns bei den Überlegungen im Paragraphen VIII gestützt.

*) Die Formel (27, 3) stimmt mit der empirischen Formel (6, 2) von E. Becquerel überein (vgl. Kapitel II).

In zwei Spezialfällen ($\gamma = 0$ und $\gamma = 1$) ist eine explizite Darstellung des Abklinggesetzes in elementaren Funktionen möglich (s. § 26). Im allgemeinen Fall ist dies unmöglich. Die Ausdrücke (27, 4) und (27, 6) gestatten bei jedem γ den Verlauf der Temperaturkurve des Abklingens im Anfangszustand und in den weiteren Stadien der Phosphoreszenz leicht zu bestimmen. Um jedoch das Abklinggesetz aufzufinden, das im Haupt-*) (BECQUERELschen) Abschnitt gilt, muß man die Korrelation zwischen γ und den Konstanten a und C in (27,3) feststellen. Hier liegt nämlich nur eine Korrelation, keine funktionelle Abhängigkeit vor, da im Gegensatz zu γ — der charakteristischen Größe des Abklingens, die einen präzisen physikalischen Sinn hat —, die Konstanten a und C eines solchen physikalischen Inhalts entbehren, und ihre Einführung nur dadurch gerechtfertigt wird, daß man bei entsprechender Wahl ihrer Werte hinreichend gute Näherungsausdrücke für das Abklinggesetz gewinnt.

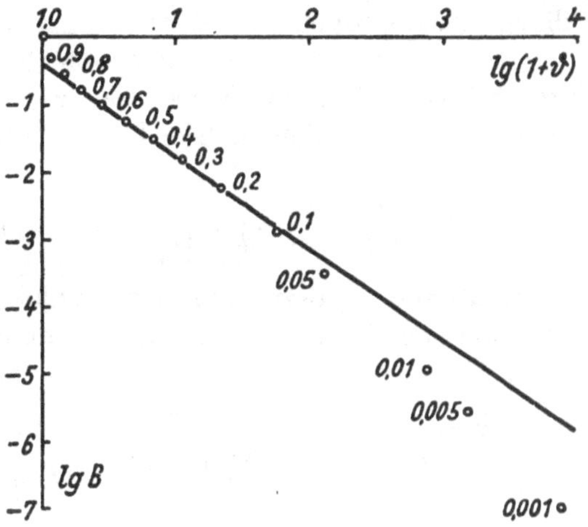

Abb. 60. Abklinggesetz bei $\gamma = 8$ ($a = 1{,}35$).

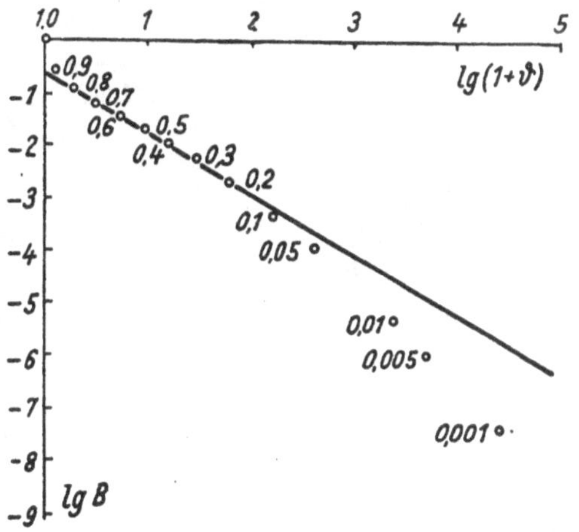

Abb. 61. Abklinggesetz bei $\gamma = 25$ ($a = 1{,}15$).

*) In diesem Abschnitt wird der Hauptteil der Lichtsumme der Phosphoreszenz ausgestrahlt.

Die Werte a und C werden durch die beiden Punkte der Abklingkurve (27, 2) bestimmt, durch die die angenäherte Kurve (27, 3) führt. In den Abb. 56—65 sind die theoretischen Abklingkurven, die (27, 2) entsprechen, durch Punkte, die Hyperbeln, die das theoretische Abklinggesetz approximieren, durch ausgezogene Linien dargestellt.

Setzen wir die Werte für B aus (27, 3) und (27, 2) gleich und drücken das $1 + \vartheta$ im Nenner von (27, 3) durch μ aus, so gelangen wir an Hand der zweiten Gleichung (27, 2) zu zwei Gleichungen für a und C:

$$C\left(\frac{\gamma}{\mu_i^2}-\frac{\gamma-1}{\mu_i}\right)=\left[\frac{\gamma}{\mu_i}-(\gamma-1)\ln\frac{e}{\mu_i}\right]^{\alpha} \quad (i=1,2), \qquad (27,7)$$

wobei μ_1 und μ_2 den gewählten Punkten entsprechen. Durch Elimination von C erhalten wir eine Gleichung*) zur Bestimmung von a:

$$a=\frac{\lg\left[\frac{\gamma}{\mu_2^2}-\frac{\gamma-1}{\mu_2}\right]-\lg\left(\frac{\gamma}{\mu_1^2}-\frac{\gamma-1}{\mu_1}\right)}{\lg\left[\frac{\gamma}{\mu_2}-(\gamma-1)\,(1-2{,}303\lg\mu_2)\right]-\lg\left[\frac{\gamma}{\mu_1}-(\gamma-1)\,(1-2{,}303\lg\mu_1)\right]} \qquad (27,8)$$

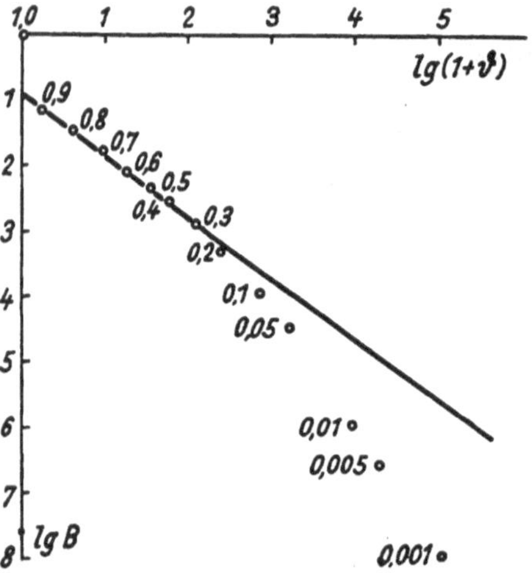

Abb. 62.
Abklinggesetz bei $\gamma = 100$ ($a = 0{,}97$).

Haben wir a aus (27, 8) bestimmt, so finden wir C mit Hilfe von (27, 2).

Die Betrachtung der Kurven $B(\vartheta)$ lehrt, daß man, um die beste Näherung zu erreichen, bei verschiedenen γ verschiedene Punkte zu wählen hat, durch die die Hyperbel (27, 3) gelegt wird. Die analytische Abhängigkeit des a von γ (27, 8) ist verschieden für verschiedene Intervalle der Größe γ, wobei innerhalb jedes Intervalls ebenfalls

*) Der Bequemlichkeit halber sind die berechneten natürlichen Logarithmen durch die dekadischen ersetzt.

eine gewisse Willkür in der Wahl von μ_1 und μ_2 walten kann. Hierdurch wird nochmals die Bedingheit der Größen a und C hervorgehoben. Die Möglichkeit, die Punkte, durch die die Hyperbel (27, 3) gelegt wird, verschieden zu wählen, hat jedoch bei Einhaltung der besten Näherung nur Einfluß auf die zweite Stelle hinter dem Komma von a, und a wird somit hinreichend genau bestimmt. Die Konstante C wird wesentlich weniger genau bestimmt. Im Gegensatz zu a ist sie keine charakteristische Größe des Abklingens und hat nur Einfluß auf den Wert der Anfangsintensität, den man durch Extrapolation der gebrochenen Hyperbel bis zum Koordinatenanfangspunkt erhält, wo die Formel (27, 3) überhaupt aufhört, dem Abklinggesetz zu entsprechen.

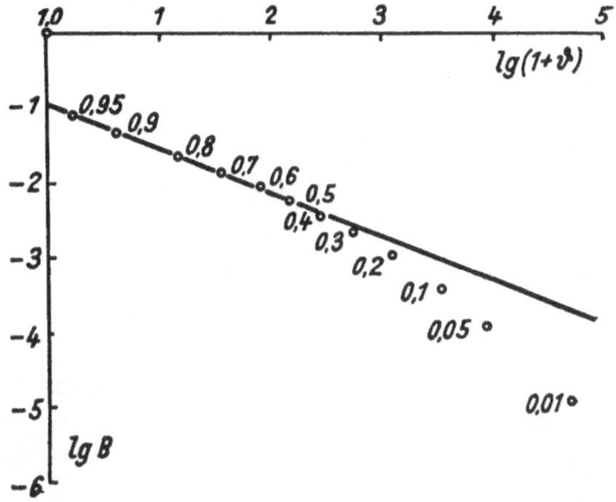

Abb. 63. Abklinggesetz bei $\gamma = 500$ ($a = 0{,}80$).

In der Tabelle II sind die Werte für a und C bei verschiedenen γ und ferner μ_1 und μ_2 in den Punkten angegeben, an Hand deren die Berechnung der Näherungshyperbel erfolgte. Um a und C bei anderen γ zu finden, hat man in die Formeln (27, 7) und (27, 8) die entsprechenden Werte für γ einzusetzen und μ_1 und μ_2 aus der Spalte zu entnehmen, die diesem Wert γ am nächsten kommt. Zur Berechnung von a und C bei $\gamma > 100$ sind die in Tabelle II angeführten Angaben unzureichend.

Tabelle II

γ	1	2	3	4	5	8	10	15	25	40	50	70	100	500
	2	1,75	1,63	1,55	1,47	1,35	1,34	1,25	1,15	1,03	1,01	0,01	0,97	0,80
C	1	0,73	0,61	0,53	0,49	0,38	0,39	0,31	0,23	0,17	0,155	0,158	0,12	0,60
μ_1	0,6	0,6	0,6	0,7	0,7	0,8	0,8	0,8	0,8	0,8	0,8	0,9	0,9	0,95
μ_2		0,1	0,1	0,1	0,2	0,2	0,2	0,2	0,2	0,3	0,3	0,3	0,3	0,5

In den Abb. 56—63 sind die theoretischen Abklingkurven für Werte $\gamma > 1$ dargestellt, d. h. für Phosphore, in denen der Wirkungsquerschnitt für Haften größer ist als der Wirkungsquerschnitt für Rekombination. Wie wir sehen, wird der Hauptteil der Lichtsumme der Phosphoreszenz in diesem Fall nach einer BECQUERELschen gebrochenen Hyperbel mit einem Exponenten $a < 2$ ausgestrahlt. Bei Werten $\gamma < 1$ hört die Formel (27, 3) bald auf, verwendbar zu sein. Je kleiner γ ist, in einem desto schmaleren Intervall approximiert diese Formel in befriedigendem Maße das theoretische Abklinggesetz. Bei $\gamma = 0{,}5$ werden etwa 40 % der Lichtsumme der Phosphoreszenz vor dem BECQUERELschen Abschnitt ausgesandt (Abb. 64); in diesem Fall beträgt $a = 2{,}3$. Bei $\gamma = 0{,}33$ ($a = 2{,}5$) liegen die Punkte erst ab $\mu = 0{,}4$ auf der Hyperbel (Abb. 65), d. h. der Hauptteil der Lichtsumme wird vor dem BECQUERELschen Abschnitt ausgesandt. Bei noch kleineren Werten von γ spielt in den Gleichungen das logarithmische Glied die Hauptrolle; die BECQUERELsche Hyperbel entspricht nicht mehr dem Abklinggesetz, und die Exponentialfunktion ist eine weitaus bessere Näherung (Abb. 66 und 67).

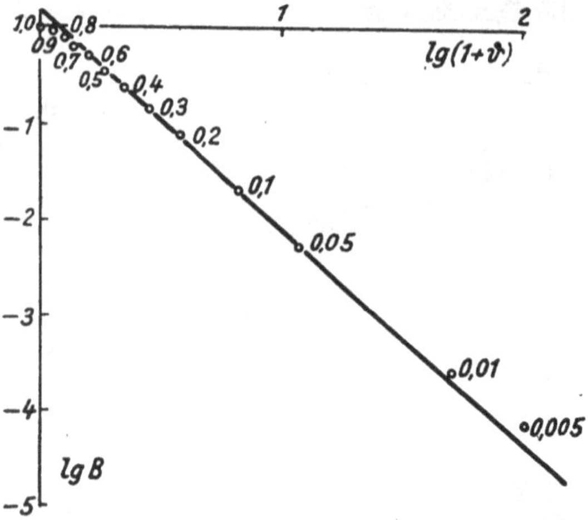

Abb. 64. Abklinggesetz bei $\gamma = 0{,}5$ ($a = 2{,}3$).

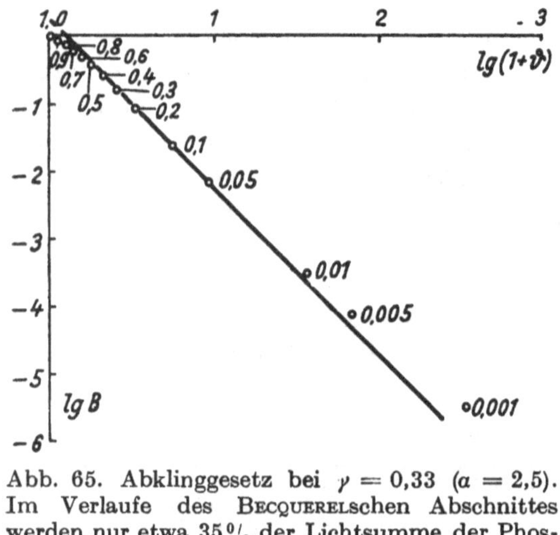

Abb. 65. Abklinggesetz bei $\gamma = 0{,}33$ ($a = 2{,}5$). Im Verlaufe des BECQUERELschen Abschnittes werden nur etwa 35 % der Lichtsumme der Phosphoreszenz ausgestrahlt.

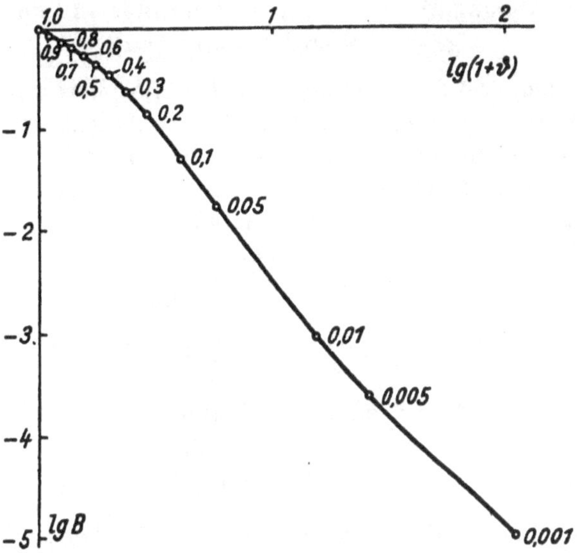

Abb. 66. Abklinggesetz bei $\gamma = 0{,}1$ in den Koordinaten lg $(1 + \vartheta)$ und lg B. Der gradlinige Abschnitt fällt fort, d. h. die Formel von E. BEQUEREL ist nicht mehr verwendbar

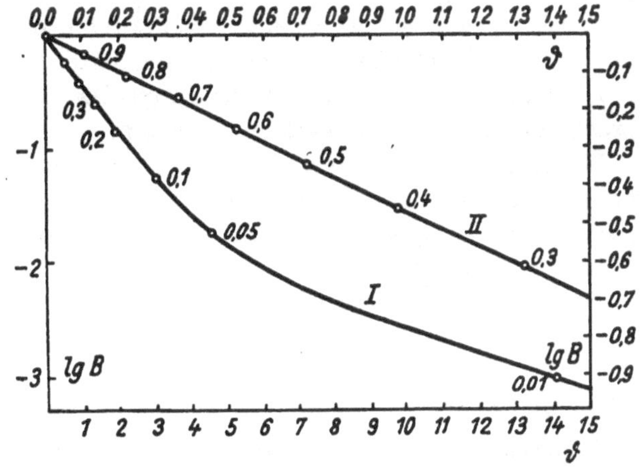

Abb. 67. Abklinggesetz bei $\gamma = 0{,}1$ in den Koordinaten ϑ und lg B. Daraus, daß die Punkte von $\mu = 1$ bis $\mu \approx 0{,}2$ auf einer Graden liegen, geht hervor, daß etwa 80% der Lichtsumme nach einer Exponentialfunktion ausgesandt werden. Die Kurve *II* stellt im vergrößerten Maßstab den Abschnitt der Kurve *I* von $\mu = 1$ bis $\mu = 0{,}25$ dar; die Zahlen sind an ihr rechts und oben angebracht

§ 28: Die Abhängigkeit der Anfangsintensität und des Abklinggesetzes vom Erregungsgrad.

Wir zeigen, daß das Abklinggesetz der Phosphoreszenz bei einem Erregungsgrad z mit dem Abschnitt des Abklinggesetzes bei Sättigung der Phosphoreszenz übereinstimmt, der an dem Punkt beginnt, wo $\mu = z$ ist. Wählen wir in (27, 2) als neuen Zeitnullpunkt den Zeitpunkt ϑ_1, der $\mu = z$ entspricht, so erhalten wir mit Hilfe von (26, 6):

$$B = \frac{z^2 L^2}{\gamma + z(1-\gamma)L},$$

$$\vartheta' = \vartheta - \vartheta_1 = (1-\gamma)\ln\frac{1}{L} + \frac{\gamma}{z}\left(\frac{1}{L} - 1\right), \tag{28, 1}$$

denn wegen der zweiten Gleichung (27, 2) ist:

$$\vartheta_1 = (1-\gamma)\ln\frac{1}{z} + \gamma\left(\frac{1}{z} - 1\right). \tag{28, 2}$$

Die Gleichungen (28, 1) stimmen mit (26, 7) überein. Folglich gilt die Schreibweise des Abklinggesetzes in der Form (27, 2) bei beliebigem Erregungsgrad; man hat lediglich bei $z < 1$ die Zeit nicht von $\vartheta = 0$, sondern von $\vartheta = \vartheta_1$ ab zu rechnen. Dieses Ergebnis trägt dem Umstand Rechnung, daß im idealen Kristallphosphor, in dem sämtliche Haftterme in gleicher Höhe liegen und sämtliche Zentren gleichartig sind, der zeitliche Verlauf der Phosphoreszenz, angefangen von einem beliebigen Zeitpunkt, eindeutig durch die diesem Augenblick entsprechende Lichtsumme bestimmt wird und nicht davon abhängt, ob diese Lichtsumme durch Erregung oder durch vorheriges Ausleuchten erreicht wurde. Die Abhängigkeit des Abklingens der Phosphoreszenz vom Erregungsgrad läßt sich explizit (Gleichungen (26, 7)) und implizit (Gleichungen (27, 2)) darstellen. Im zweiten Fall variiert der Parameter μ im Intervall

$$z \geqslant \mu \geqslant 0, \tag{28, 3}$$

und der Zeitnullpunkt rückt in den Punkt ϑ_1, der $\mu = z$ entspricht.

Dieses Ergebnis zeigt, daß *der Hauptparameter γ die einzige Größe ist, die die Form des elementaren Abklinggesetzes der Phosphoreszenz bestimmt.* Den verschiedenen Graden der Anfangserregung des Phosphors entspricht eine verschiedene Wahl des Anfangspunktes auf einer und derselben Kurve, die für sämtliche Phosphore mit gegebenem Wert γ charakteristisch ist.

Je geringer der Erregungsgrad ist, desto weiter rückt der Anfangspunkt der entsprechenden Kurve, desto geringer ist die Anfangsintensität der Phosphoreszenz und desto langsamer klingt diese ab. Dies wird durch Abb. 68 veranschaulicht, in der die drei theoretischen Abklingkurven für $z = 1$, $z = 0{,}5$ und $z = 0{,}3$ einzeln sowie auch als Abschnitte einer einzigen charakteristischen Kurve dargestellt sind.

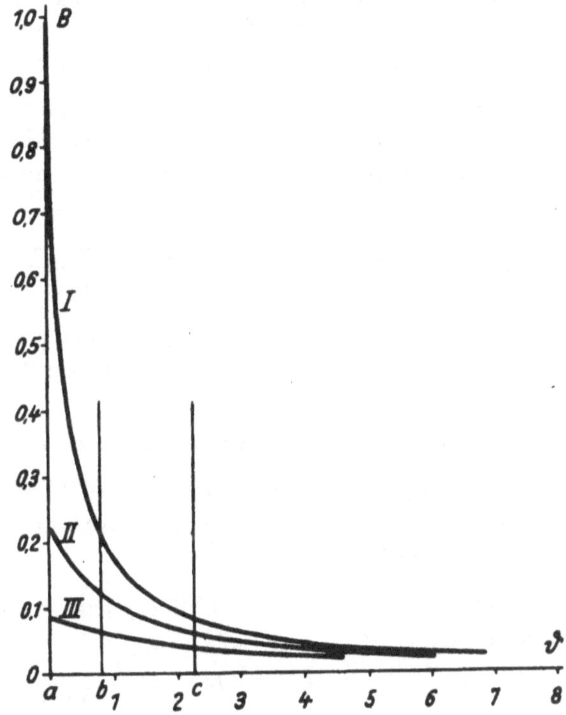

Abb. 68. Die theoretischen Kurven (26, 7) bei verschiedenen Erregungsgraden: $z = 1$ (Kurve I); $z = 0{,}5$ (Kurve II); $z = 0{,}3$ (Kurve III). Unter Benutzung der Gleichungen (27, 2) würden wir statt der drei Kurven nur die Kurve I erhalten, es würde aber bei $z = 1$, $z = 0{,}5$ und $z = 0{,}3$ der Koordinatenanfangspunkt in den Punkten a, b bzw. c liegen, was offenbar (26, 7) äquivalent ist.

Die Abhängigkeit der Anfangsintensität der Phosphoreszenz vom Erregungsgrad

$$B_0 = \frac{z^2}{\gamma + z\,(1 - \gamma)}, \qquad (28,\ 4)$$

die bei $L = 1$ aus (28, 1) folgt, ist identisch mit der Abhängigkeit der Größe B von μ für das Nachleuchten bei Sättigung der Phosphoreszenz (vgl. die erste Gleichung (27, 2)). Folglich gibt die Tabellenschreibweise von $B(\mu)$ (Tabelle I) gleichzeitig $B_0(z)$, und die Kurve im dritten Quadranten (Abb. 56) stellt für einen gegebenen Wert γ nicht nur die Abhängigkeit der Intensität von der Lichtsumme im Fall der Sättigung der Phosphoreszenz, sondern auch die Abhängigkeit der Anfangsintensität vom Erregungsgrad dar. Hierzu hat man nur die Achsen μ und B durch z bzw. B_0 zu ersetzen.

Ersetzt man bei beliebigem festen z das μ auf der Abszissenachse nach (26, 6) durch L, so stellt in den neuen Achsen von $L = 1$ bis $L = 0$ dieselbe Kurve im dritten Quadranten die Abhängigkeit der Strahlungsintensität von der relativen Lichtsumme bei einem Erregungsgrad z dar. In Abb. 56 gibt Punkt A den Anfang der Kurve $B(L)$ bei $z = 0{,}5$, und auf der Abszissenachse sind nach unten hin die diesem Fall entsprechenden L-Werte aufgetragen.

Der Anfang der Abklingkurve rückt im zweiten Quadranten dementsprechend in den Punkt, wo $\mu = z$ ist (Abb. 56). Als Zeitnullpunkt hat man hier die Abszisse dieses Punktes zu nehmen. Dabei ist nach (28, 1) und (28, 2)

$$\lg (1 + \vartheta) - \lg (1 + \vartheta_1) = \lg \left(1 + \frac{\vartheta'}{1 + \vartheta_1}\right) =$$

$$= \lg \left[1 + \frac{\vartheta'}{(1 - \gamma)(1 - \ln z) + \frac{\gamma}{z}}\right], \qquad (28, 5)$$

d. h. auf der Abszissenachse ist jetzt nicht $\lg (1 + \vartheta')$, sondern $\lg \left(1 + \frac{\vartheta'}{1 + \vartheta_1}\right)$ aufgetragen. Hierin findet bei der impliziten Schreibweise in der Form (27, 2) die Abhängigkeit des Abklinggesetzes vom Erregungsgrad ihren Ausdruck.

Wird bei $z = 1$ das Abklinggesetz im BECQUERELschen Gebiet durch die Formel

$$B = \frac{C}{(1 + \vartheta)^{\alpha}}, \qquad (28, 6)$$

approximiert, so geht es bei $z < 1$ über in

$$B = C_z \left[1 + \frac{\vartheta'}{(1 - \gamma)(1 - 2{,}303 \lg z) + \frac{\gamma}{z}}\right]^{-\alpha}, \qquad (28, 7)$$

wobei

$$C_z = C \left[(1 - \gamma)(1 - 2{,}303 \lg z) + \frac{\gamma}{z}\right]^{-\alpha} \qquad (28, 8)$$

ist.

Die Formeln (28, 7) und (28, 8) gestatten, einen Näherungsausdruck für das Abklinggesetz der Phosphoreszenz im BECQUERELschen Gebiet bei beliebigem Erregungsgrad z anzugeben.

Als Beispiel betrachten wir den Fall $\gamma = 5$, dem die Abb. 56 und 68 entsprechen. Bei $z = 1$ haben wir

$$B = \frac{1}{2} \frac{1}{(1 + \vartheta)^{1,47}} \tag{28, 9}$$

(vgl. (28, 6) und Tabelle II).

Bei $z = 0,5$ finden wir aus (28, 7) und (28, 8)

$$B = \frac{0,156}{(1 + 0,31\,\vartheta')^{1,47}}. \tag{28, 10}$$

Ebenso lassen sich die Abklingkurven für andere z berechnen.

Je kleiner z ist, desto kleiner ist auch der Koeffizient bei ϑ' im Ausdruck (28, 7). Kann man bei $z = 1$ die Formel (28, 6) durch die einfachere Formel

$$B = \frac{\text{const}}{\vartheta^{\alpha}} \tag{28, 11}$$

für $\vartheta \gg 1$ ersetzen, so lautet bei geringeren Erregungsgraden die Bedingung für die Zulässigkeit dieser Ersetzung

$$\vartheta' \gg (1 - \gamma)\,(1 - 2,303 \lg z) + \frac{\gamma}{z}. \tag{28, 12}$$

Da die rechte Seite von (28, 12) gleich $1 + \vartheta_1 > 1$ ist, so ist das Zeitintervall, innerhalb dessen nicht die vereinfachte Formel (28, 11) das Abklinggesetz wiedergibt, um so größer, je kleiner der Erregungsgrad ist. Bei kleinen z ist sie überhaupt unbrauchbar. Wir merken an, daß bei Verringerung des Erregungsgrades auch die Gesamtdauer des Becquerelschen Gebietes kürzer wird (27, 3), und daß dieses Gebiet ganz wegfällt und das ganze Abklingen nach der quadratischen Hyperbel (27, 6) verläuft, wenn z hinreichend klein ist [beispielsweise $z = 0,01$ bei $\gamma = 40$ (vgl. Abb. 57, S. 149)].

§ 29: Das elementare Abklinggesetz und die Löschung der Phosphoreszenz.

Das elementare Abklinggesetz der Phosphoreszenz erhielten wir aus der Lösung der Gleichung (21, 1), die dem rein erzwungenen Leuchten entspricht, wobei wir die in der Zahl der Quanten ausgedrückte Intensität des Leuchtens gleich der Anzahl der Rekombinationsakte pro sec

$$I = -\frac{dn}{dt} = A_1 N n. \tag{29, 1}$$

setzten. Das bedeutet die Vernachlässigung der Lumineszenzlöschung, d. h. die Annahme, daß die Quantenausbeute der Phosphoreszenz gleich 1 ist. Die Quantenausbeute der realen Phosphore ist jedoch im allgemeinen nicht gleich 1. Unabhängig von den Einzelheiten des Mechanismus der Löschung besteht ein derartiger Effekt vom Standpunkt der Kinetik darin, daß ein Teil der Rekombinationsakte nicht mit Strahlung verbunden ist. Man zeigt leicht, daß eine Berücksichtigung dieses Umstandes keinen Einfluß auf das dimensionslos geschriebene Abklinggesetz hat, sondern daß dadurch nur einer der Maßstabsparameter abgeändert wird.

Berücksichtigt man die Möglichkeit von strahlungslosen Elektronenübergängen in die Aktivatorterme, so hat man A_1 als Summe zweier Wahrscheinlichkeiten darzustellen, die den Übergängen mit Strahlung und ohne Strahlung entsprechen:

$$A_1 = A_{\text{str}} + A_{\text{therm}}. \tag{29, 2}$$

Die Gleichungen (21, 1) bleiben dabei unverändert, da die Änderungsgeschwindigkeiten der Konzentrationen der freien Elektronen und der Aktivatorionen durch den jetzt aus zwei Termen zusammengesetzten Koeffizienten A_1 bestimmt werden. In diesem Fall bleibt aber auch die Lösung dieser Gleichungen in ihrer früheren Form bestehen (Gleichung (21, 13)). Die Strahlungsintensität ist jedoch nicht mehr gleich der Gesamtzahl der Rekombinationsakte pro sec, sondern nur dem Teil davon, der Übergängen mit Strahlung entspricht:

$$I = A_{\text{str}}\, N n. \tag{29, 3}$$

Aus (29, 3), (29, 2) und der zweiten Gleichung (21, 1) folgt

$$I = -\frac{A_{\text{str}}}{A_{\text{str}} + A_{\text{therm}}} \frac{dn}{dt}. \tag{29, 4}$$

Differenzieren wir (21, 13) nach t und setzen den Wert dn/dt in (29, 4) ein, so gelangen wir zu folgender Parameterschreibweise des Abklinggesetzes:

$$\begin{aligned} I &= \frac{A_{\text{str}}}{A_{\text{str}} + A_{\text{therm}}} \frac{p n^2}{n + \gamma(\nu_1 - n)}, \\ p t &= (1-\gamma) \ln \frac{n_0}{n} + \gamma \nu_1 \left(\frac{1}{n} - \frac{1}{n_0}\right), \end{aligned} \tag{29, 5}$$

das sich von (26, 2) nur durch den Faktor in der ersten Gleichung unterscheidet.

Bei Einführung der dimensionslosen Einheiten geht die Gleichung (29, 5) in das vorher hergeleitete Abklinggesetz (26, 7) über. Es ändert sich nur der eine der Maßstabsparameter, der jetzt nicht mehr ν_1/τ ist, sondern durch $\frac{A_{str}}{A_{str} + A_{therm}} \nu_1/\tau$ zu ersetzen ist. An Stelle von (26, 3) haben wir jetzt als dimensionslosen Größen:

$$R = \frac{I}{\frac{A_{str}}{A_{str} + A_{therm}} \frac{\nu_1}{\tau}}, \quad \mu = \frac{n}{\nu_1}, \quad \vartheta = \frac{t}{\tau}. \tag{29, 6}$$

Der Faktor $\frac{A_{str}}{A_{str} + A_{therm}}$ hat eine einfache physikalische Bedeutung. Aus (29, 4) ergibt sich, daß

$$\frac{A_{str}}{A_{str} + A_{therm}} = \frac{\int\limits_0^\infty I\,dt}{n_0} = \textit{Quantenausbeute der Phosphoreszenz} \tag{29, 7}$$

ist. Somit haben die Löschvorgänge in unserem einfachen Halbleitermodell für den Kristallphosphor keinen Einfluß auf das Abklinggesetz der Phosphoreszenz; sie verkleinern sämtliche Intensitäten nur um einen Faktor, der gleich der Quantenausbeute der Phosphoreszenz ist.

§ 30: Diskussion der Ergebnisse.

Während der ganzen Geschichte der wissenschaftlichen Erforschung der Kristallumineszenz gingen die einander ablösenden Theorien von einem der beiden Strahlungsmechanismen aus, entweder dem monomolekularen oder dem bimolekularen. Dabei entsprach dem ersten ein exponentielles (e^{-kt}), dem zweiten ein hyperbolisches Abklinggesetz ($I_0\,(1 + kt)^{-2}$). Im Kampf der monomolekularen gegen die bimolekulare Anschauung, der sich sowohl durch die klassische (Wiedemann und Schmidt-Lenard), als auch durch die quantenphysikalische (sowjetische Schule der Lumineszenzforschung — Schule von Randall) Periode der Entwicklung der Lumineszenzlehre hindurchzieht, war die Berufung auf die Abklinggesetze einer der entscheidenden Beweisgründe. Wie oben gezeigt wurde, sind diese beiden wohlbekannten Formen nur zwei Spezialfälle des elementaren Abklinggesetzes der Phosphoreszenz, das dem einfachen Bändermodell des Kristallphosphors entspricht. Dieses Gesetz wurde gewonnen an Hand der Vorstellungen über eine Ionisation bei der Lichtabsorption und eine Rekombination des Elektrons mit dem ionisierten Strahlungszentrum als Ursache der Emission des Lumineszenzlichtes, d. h. auf Grund der bimolekularen Anschauung. Die gewonnenen Ergebnisse beweisen vor allem, daß die augenblicklich herrschende Ansicht unzutreffend ist, der bimolekulare Mechanismus in reiner Form müsse zu einem Abklinggesetz führen, das ganz oder fast mit einer Hyperbel zweiten Grades übereinstimmt, und er sei deshalb nicht geeignet, ohne ergänzende Annahmen über Nebeneffekte die Experimente über das Abklingen der Kristallphosphore befriedigend zu deuten. Die Hyperbel zweiten Grades ist nur ein Spezialfall des elementaren Abklinggesetzes; ein zweiter Spezialfall ist die Exponentialfunktion, das Gesetz, das gewöhnlich mit dem Leuchten diskreter Zentren verknüpft wird, welches von dem Kristalleuchten, das Rekombinationscharakter trägt, grundsätzlich verschieden ist. Im allgemeinen Fall stimmt das elementare Abklinggesetz der Phosphoreszenz mit keinem von beiden überein. Dieses Gesetz deckt die Bedeutung der experimentell in weitem Umfange bestätigten Formel von E. Becquerel

$$I = (a + bt)^{-\alpha}, \tag{30, 1}$$

auf, deren theoretische Deutung bisher immer mißlungen war (vgl. Kapitel II). Die Formel von E. Becquerel ist nicht das genaue Abklinggesetz der Phosphoreszenz, sondern nur für dieses ein Näherungsausdruck im Hauptgebiet. Der hohe Näherungsgrad, der durch die Kurven Abb. 56—63 illustriert wird, macht verständlich, daß die Auswertung der experimentellen Ergebnisse zu eben dieser Formel führte.

Es ist wesentlich, daß die Deutung der Formel (30, 1) ohne irgendwelche Hypothesen über Nebeneffekte oder über die Überlagerung mehrerer Prozesse gelingt; sie entspricht dem elementaren Abklinggesetz des Bändermodells, d. h. dem Phosphoreszenzprozeß in seiner reinen Form.

Somit ist es möglich, auf Grund der modernen bimolekularen Vorstellungen über das Leuchten der Kristallphosphore eine quantitative Theorie der Abklinggesetze aufzubauen, was bis dahin nicht einmal mit zahlreichen Nebenannahmen gelang.

Wir vergleichen jetzt diese Theorie mit dem Experiment.

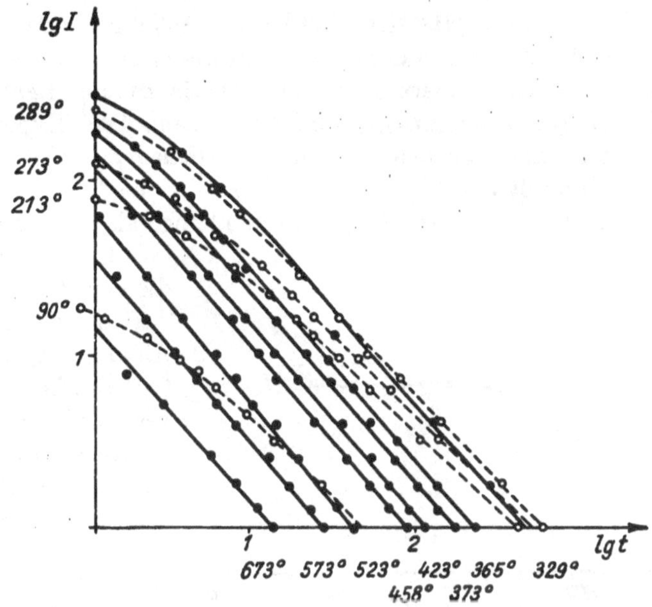

Abb. 69. Abklingkurven eines CaS · Bi-Phosphors bei 12 verschiedenen Temperaturen im Intervall zwischen 90 und 673° K (nach W. A. JASTREBOW).

Oben wurde angedeutet, daß E. BECQUEREL die Formel (30, 1) als empirischen Ausdruck für das Abklingen der Phosphore mit andauerndem Nachleuchten vorschlug. Eine Analyse der experimentellen Angaben über das Abklingen schnell verlöschender Phosphore (Dauer des sichtbaren Nachleuchtens kürzer als eine Sekunde) führte ihn zu einem anderen Ausdruck, nämlich zu einer Exponentialfunktion. Außerdem kann nach den Angaben von E. BECQUEREL der Exponent a in (30, 1) Werte von 1 bis 2 annehmen. BECQUEREL stellte ferner fest, daß zu Beginn des Nachleuchtens der langsam verlöschenden Phosphore das Abklingen nach einem anderen Gesetz verläuft als (30, 1).

Wir haben jetzt zu klären, inwieweit diese Ergebnisse ihre Deutung in der dargelegten Theorie finden. Wir sahen oben, daß in dem großen Intervall für γ von 1 bis etwa 100, d. h. bei Änderung des Verhältnisses der Wirkungsquerschnitte für Haften und Rekombination um zwei Größenordnungen, das theoretische Abklinggesetz durch eine gebrochene Hyperbel mit a zwischen 1 und 2 gut approximiert wird. Dieses Ergebnis stimmt mit den Schlußfolgerungen von E. BECQUEREL überein.

Aus der Theorie ergibt sich, daß bei $\gamma > 100$ die Größe a kleiner als 1 wird und mit wachsendem γ langsam abnimmt (bei $\gamma = 500$ ist z. B. $a = 0{,}8$). Diese Folgerung aus der Theorie, die der Behauptung von E. Becquerel widerspricht, wird durch zahlreiche Experimente bestätigt. Wir verweisen etwa auf die Versuche von W. A. Jastrebow [35, 36], der das Abklingen der Phosphore nach einem hyperbolischen Gesetz mit einem Exponenten kleiner als 1 beobachtete. In Abb. 69 sind die von W. A. Jastrebow aufgenommenen Abklingkurven eines CaS·Bi-Phosphors bei verschiedenen Temperaturen dargestellt. In Abb. 70 sind die Werte a für diese Kurven wiedergegeben. Wie wir sehen, ist bei tiefen Temperaturen a kleiner als 1. Bei $T = 90_0$ K ist $a = 0{,}84$. Wir merken an, daß W. A. Jastrebow die Ergebnisse in Abb. 69 in den gewöhnlich verwendeten Koordinaten lg t und lg I graphisch darstellte, wodurch das Umbiegen der Kurven nach unten hin bei kleinen Zeiten bedingt wird (der Zeitnullpunkt liegt bei der Abszisse $-\infty$). Zum Vergleich ist in Abb. 71 in denselben Koordinaten die theoretische Abklingkurve (27, 2) bei $\gamma = 1$ dargestellt, die in diesem Fall in die Hyperbel zweiten Grades $B = 1/(1 + \vartheta)^2$ übergeht (vgl. (26, 9)).

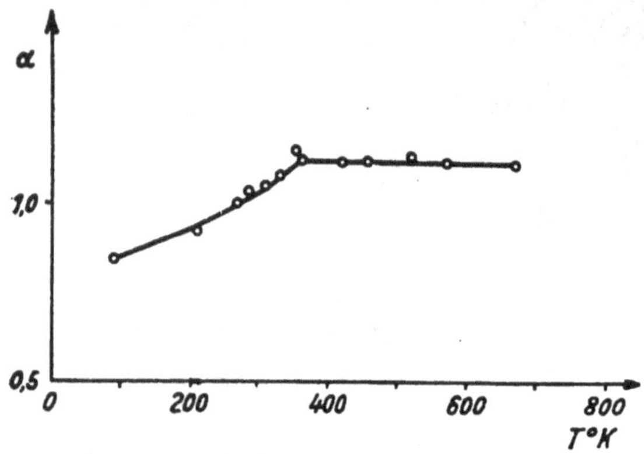

Abb. 70. Die Funktion a (T) für CaS · Bi-Phosphor (nach W. A. Jastrebow).

Die Angaben von W. A. Jastrebow demonstrieren anschaulich, daß Kristallphosphore auch nach einer Hyperbel mit einem Exponenten kleiner als 1 abklingen können. Diese Angaben widersprechen der ursprünglichen empirischen Feststellung von E. Becquerel, befinden sich aber in voller Übereinstimmung mit der oben entwickelten modernen Theorie.

Aus der Theorie folgt, daß es ein schmales Intervall von γ-Werten gibt (von 1 bis etwa 0,3), für die das Abklinggesetz einen hyperbolischen Abschnitt mit einem Exponenten $a > 2$ aufweist (etwa bis zu 2,5). Diese Schlußfolgerung, die ebenfalls der Behauptung von E. BECQUEREL widerspricht, der als obere Grenze für die α-Werte die Zahl 2 angab, wird ebenfalls durch die experimentellen Angaben von W. A. JASTREBOW bestätigt [35, 36], der unter bestimmten Temperaturbedingungen ein Abklingen eines CaJ-Bi-Phosphors nach einer Hyperbel von höherem als zweitem Grade beobachtete ($\alpha \approx 2,5$ bis 2,8).

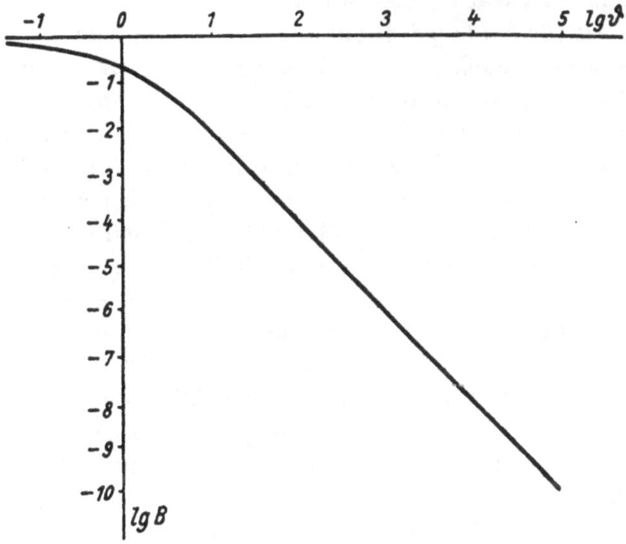

Abb. 71. Verzerrung der theoretischen Kurve in den Koordinaten lg ϑ und lg B, die dadurch bedingt ist, daß $\vartheta = 0$ einem unendlich weit entfernten Punkt auf der Abszissenachse entspricht.

Aus der oben entwickelten Theorie folgt unmittelbar, daß die Neigung der BECQUERELschen Hyperbel nicht wesentlich größer als 2 sein kann, da bei $\gamma \leqq 0,3$ der BECQUERELsche Abschnitt in der Abklingkurve fortfällt. Dieses Ergebnis steht im Einklang mit sämtlichen bekannten experimentellen Angaben. Die einzige Ausnahme — die Versuche von COUSTAL [37], der ein Abklingen eines ZnS-Phosphors mit $\alpha = 4,4$ beobachtete — haben sich in den letzten Untersuchungen von COUSTAL selbst nicht bestätigt und sind auch von anderen Experimentatoren als unzutreffend erkannt worden (vgl. z. B. [35]).

Die oben durchgeführte Betrachtung zeigt, daß die gebrochene Hyperbel das Abklinggesetz der Phosphoreszenz gut approximiert, solange $\gamma \geqq 1$ ist, d. h. solange der Wirkungsquerschnitt für die Lokalisation eines freien Elektrons in einem Haftterm größer oder von der gleichen Größenordnung ist wie der Wirkungsquerschnitt für seine Rekombination mit einem ionisierten Zentrum. In derartigen Phosphoren aber erfährt jedes Elektron im Durchschnitt bis zu seiner Rekombination mehrere Haftprozesse, wobei deren Anzahl in der Größenordnung 10 oder 100 liegen kann. Folglich muß bei $\gamma \geqq 1$ der Phosphor ein andauerndes Nachleuchten aufweisen ($\gg \tau$). Wir gelangen zu dem Schluß, daß die Formel von BECQUEREL (30, 1) als Näherungsausdruck nur für die langsam abklingenden Phosphore Gültigkeit besitzt. Das stimmt auch mit den Angaben von E. BECQUEREL überein. Aus der Theorie geht hervor, daß sich bei $\gamma < 1$, d. h. bei $\sigma_2 < \sigma_1$, der Anwendungsbereich der BECQUERELschen Formel stark verringert. Bei $\sigma_2 \leqq 0{,}1\,\sigma_1$ ist der Näherungsausdruck für das theoretische Abklinggesetz nicht mehr die gebrochene Hyperbel, sondern eine Exponentialfunktion (vgl. die Abb. 66 und 67). Die Bedingung $\sigma_2 \leqq 0{,}1\,\sigma_1$ deutet darauf hin, daß ein wesentlicher Teil der Elektronen unmittelbar mit den ionisierten Zentren rekombiniert und dazwischen nicht haftet, d. h. daß das Nachleuchten kurzzeitig ist. Somit führt uns die Theorie nicht nur zu einem Ausdruck für das Abklinggesetz, der mit den empirischen übereinstimmt, sondern erklärt auch die schon von E. BECQUEREL festgestellte Tatsache, daß das kurzzeitige Nachleuchten durch eine Exponentialfunktion und das andauernde durch die Hyperbel (30, 1) beschrieben wird. Das exponentielle Abklinggesetz, das für das Leuchten diskreter Zentren typisch ist, ist jedoch nicht nur diesem Strahlungsmechanismus eigen. Es kann auch beim Kristallleuchten vorliegen, falls der Wirkungsquerschnitt der Haftterme kleiner ist als der für die Rekombination. In diesem Fall ist die Anzahl der sekundären Haftprozesse der Leitungselektronen unbedeutend und das Ausleuchten erfolgt schnell. Die Formel (30, 1) entspricht Kristallphosphoren, in denen der Wirkungsquerschnitt der Haftterme größer ist als der des ionisierten Zentrums, in denen also die Anzahl der Haftprozesse, die ein Elektron im Durchschnitt bis zu seiner Rekombination erfährt, groß ist und infolgedessen das Ausleuchten langsam erfolgt.

Diese Ergebnisse rechtfertigen eine Annahme über die mögliche Ursache des häufig festgestellten Widerspruchs zwischen den Ergebnissen der Versuche von BÜNGER und FLECHSIG [38] und der Rekombinationstheorie des Leuchtens der Alkalihalogenidphosphore. Das von BÜNGER und FLECHSIG festgestellte exponentielle Abklinggesetz einiger KCl · Tl-Proben

$$I = I_0 e^{-t/\tau}, \tag{30, 2}$$

mit

$$\frac{1}{\tau} = \frac{1}{\tau_0} e^{-\varepsilon/kT} \tag{30, 3}$$

gab Anlaß zu der Behauptung, daß das Leuchten der Alkalihalogenidphosphore metastabilen Charakter hat. Auf Grund dieser Versuche baute SEITZ [8, 39] seine metastabile Molekulartheorie der Lumineszenz der Alkalihalogenidphosphore auf; in der Folge versuchte er, diese auf sämtliche Kristallphosphore auszudehnen [40]. W. W. ANTONOW-ROMANOWSKI [41] bewies indes unmittelbar, daß das Leuchten des KCl·Tl-Phosphors Rekombinationscharakter trägt. Im Zusammenhang damit wurden die Ergebnisse von BÜNGER und FLECHSIG angezweifelt (vgl. z. B. [42]), da es schien, daß sie im Widerspruch zum Rekombinationsmodell stehen. Aus der Theorie folgt jedoch, daß hier gar kein Widerspruch vorliegt, da kein Grund vorhanden ist, aus dem Ergebnis von BÜNGER und FLECHSIG Rückschlüsse auf die Monomolekularität des Leuchtens der Alkalihalogenidphosphore zu ziehen. Falls im Kristallphosphor $\gamma = \sigma_2/\sigma_1 \leqq 0{,}1$ ist, führt die Theorie genau auf die Formeln (30, 2) und (30, 3) (vgl. Abb. 67 sowie Formel (21, 15), in der $p = p_0\, e^{-\varepsilon/kT}$ ist). Die Ergebnisse von BÜNGER und FLECHSIG beweisen ganz und gar nicht den metastabilen Charakter des Leuchtens der Alkalihalogenidphosphore und stehen durchaus nicht im Widerspruch zum Rekombinationsmodell. Sie besagen lediglich, daß in den Proben, mit denen die Verfasser arbeiteten, der Rekombinationsquerschnitt weitaus größer war als der Haftquerschnitt.

Wie die theoretische Behandlung lehrt, approximiert die gebrochene Hyperbel das Abklinggesetz nicht in seinem ganzen Verlauf. Insbesondere erfolgt zu Beginn der Phosphoreszenz das Abklingen bedeutend schneller als nach der Formel von E. BECQUEREL (vgl. Abb. 57). Dieses Ergebnis stimmt mit der schon von E. BECQUEREL selbst festgestellten Tatsache überein, daß zu Beginn des Nachleuchtens der Verlauf des Abklingens von (30, 1) abweicht. Wir merken an, daß ganz zu Anfang noch das spontane Nachleuchten zur Phosphoreszenz hinzukommt, dessen Dauer jedoch von anderer Größenordnung ist.

Bei kleinen Lichtsummen weicht die theoretische Kurve von der BECQUERELschen ab und geht in eine Hyperbel zweiten Grades nach (27, 6) über (vgl. Abb. 57 sowie die übrigen theoretischen Kurven). Das Experiment bestätigt die Gültigkeit dieses Ergebnisses; bei kleinen

Werten der im Phosphor verbleibenden Lichtsumme verlassen die experimentellen Punkte die gebrochene BECQUERELsche Hyperbel und liegen jetzt auf einer Hyperbel zweiten Grades. Dies illustriert Abb. 72, in der die Ergebnisse der Versuche von W. W. ANTONOW-

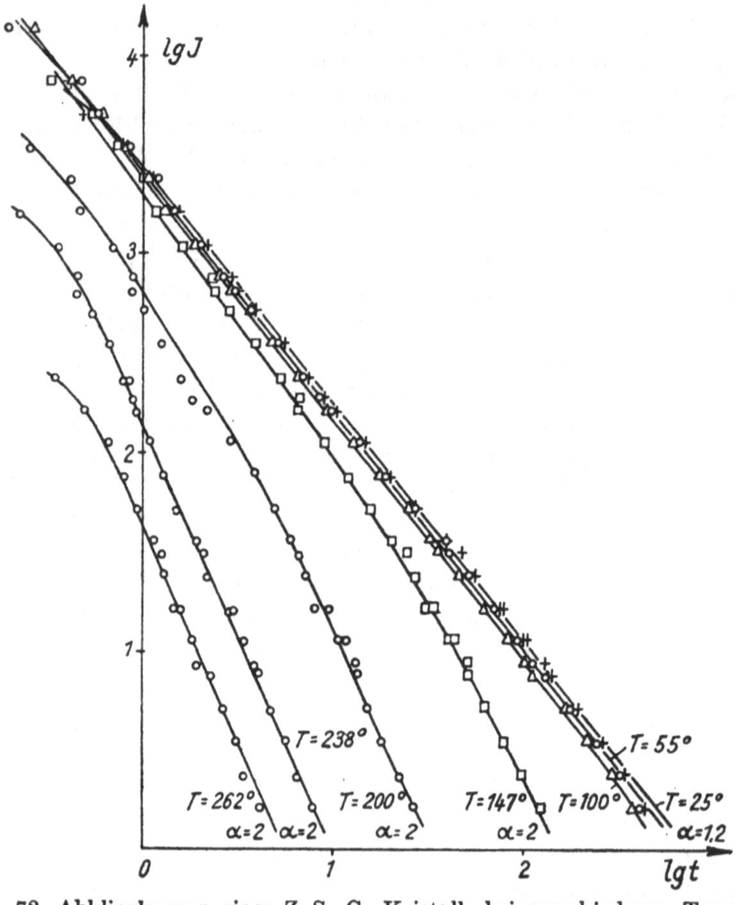

Abb. 72. Abklingkurven eines ZnS · Cu-Kristalls bei verschiedenen Temperaturen (nach W. W. ANTONOW-ROMANOWSKI).

ROMANOWSKI [7] über das Abklingen des Leuchtens eines einzelnen ZnS · Cu-Kristalls bei verschiedenen Temperaturen dargestellt sind.

Schon auf den ersten Blick erkennt man die Ähnlichkeit der experimentellen Kurven in Abb. 72 mit den theoretischen, die das elementare Abklinggesetz darstellen. Diese Übereinstimmung zwischen

Theorie und Experiment gilt auch beim quantitativen Vergleich. Der Knick in den theoretischen Kurven für $B(\vartheta)$, der dem Übergang der theoretischen Formel (27, 2) in die Hyperbel zweiten Grades (27, 6) entspricht, liegt bei einem bestimmten Wert $\vartheta = pt$, d. h. er kommt um so früher, je größer p ist. Es ist aber $p = p_0 e^{-\varepsilon/kT}$; folglich muß sich in den Koordinaten $\lg I$ und $\lg t$ das Übergangsgebiet bei Steigerung der Temperatur des Phosphors nach kleineren t-Werten hin verschieben. Dies ist bei den Kurven von W. W. ANTONOW-ROMANOWSKI auch der Fall. In den dimensionierten Größen I und t hat die Gleichung des weiteren Stadiums*) der Phosphoreszenz (27, 6) die Form

$$I = \frac{\gamma \nu_1}{p t^2}. \tag{30, 4}$$

Folglich beträgt der Abstand zwischen den Punkten, die den hyperbolischen Abschnitten zweier Abklingkurven (bei T_1 und T_2) angehören und gleichen Werten I entsprechen:

$$\Delta_{12} = \lg t_1 - \lg t_2 = \frac{1}{2} (\lg p_{T_1} - \lg p_{T_2}) = \frac{\varepsilon}{4{,}6\, k} \left(\frac{1}{T_1} - \frac{1}{T_2} \right). \tag{30, 5}$$

Die Größe $\dfrac{4{,}6 k\, \Delta_{12}}{\dfrac{1}{T_1} - \dfrac{1}{T_2}}$, berechnet aus den Abständen Δ_{12} zwischen den Kurven mit verschiedenen T, muß konstant und gleich der Tiefe des Haftterms ε sein. W. W. ANTONOW-ROMANOWSKI berechnete sie bei $T_1 = 420^0$ K und $T_2 = 473$, 511 und 535^0 K und erhielt $\varepsilon = 1{,}03$, 1,11 bzw. 1,11 eV. Diese Ergebnisse sprechen dafür, daß das Modell des idealen Kristallphosphors trotz seines groben und angenäherten Charakters die Grundzüge der Kinetik der realen lumineszierenden Kristalle hinreichend gut wiedergibt**). Tatsächlich liefert die Theorie, die von diesem Modell ausgeht, wie wir sehen, eine vollständige quanti-

*) Wir werden dieses Stadium der Kürze halber als „hyperbolischen Abschnitt des Abklingens" bezeichnen, wobei wir an eine Hyperbel zweiten Grades denken.

**) Im Kapitel VII wird gezeigt, daß in einem hinreichend späten Stadium des Nachleuchtens die Abweichung der Eigenschaften der realen Kristallphosphore von dem vereinfachten Modell des idealen Kristallphosphors keinen Einfluß auf das Abklinggesetz hat. Dabei bestimmt die charakteristische Abklingzeit $\tau = 1/p = \tau_0\, e^{\varepsilon/kT}$ die Bindungsenergie des Elektrons in den tiefsten lokalen Niveaus; dem entspricht auch der von W. W. ANTONOW-ROMANOWSKI gefundene Wert $\varepsilon \approx 1{,}1$ eV.

tative Deutung sowohl des Auftretens der hyperbolischen Abschnitte und der Konstanz des Verhältnisses $\frac{4{,}6h\,\Delta_{12}}{1/T_1 - 1/T_2}$ für diese, als auch der Tatsache, daß dem hyperbolischen Abschnitt ein Abschnitt mit einer Neigung $\alpha < 2$ vorangeht, wobei dieser Abschnitt bei tiefen Temperaturen im Nachleuchten vorherrscht. Das Abklingen der Kristallphosphore nach dem BECQUERELschen Gesetz und die Abweichung davon bei geringen Lichtsummen folgen unmittelbar aus dem theoretischen elementaren Abklinggesetz. Wo das theoretische Abklinggesetz von der E. BECQUERELschen Formel abweicht (im Gebiet kleiner verbleibender Lichtsummen), bestätigt das Experiment nicht diese empirische Formel, sondern das theoretische Gesetz (27, 2).

In der bereits erwähnten (vgl. S. 123) Arbeit von JEAN SADDY [20] liegen die experimentellen Angaben über das Abklingen des vom Verfasser untersuchten Phosphors innerhalb von etwa 30 Minuten auf der Hyperbel

$$I = I_0\,(1 + kt)^{-\alpha}\,, \tag{30, 6}$$

mit $\alpha = 1{,}715$, wobei I in dieser Zeit auf etwa 1/100 abnimmt (Abb. 73). Weiterhin liegen die experimentellen Punkte, wie die Kurve c in Abb. 73 zeigt, unterhalb der Kurve von E. BECQUEREL (während sie gut auf der Hyperbel zweiten Grades liegen).

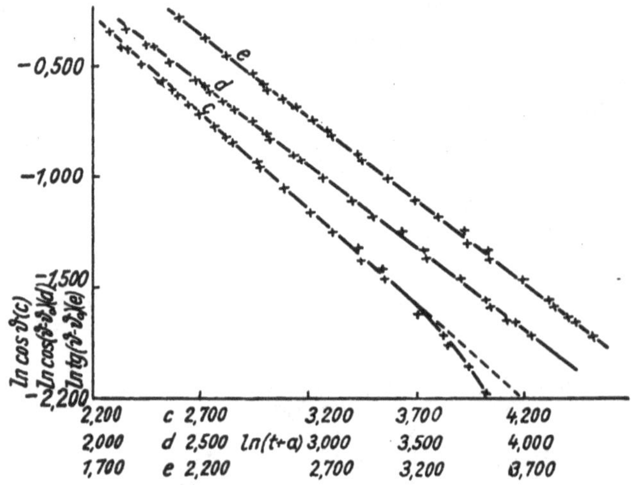

Abb. 73. Experimentelle Abklingkurven für ZnS · Cu in den Koordinaten ln $(a + t)$ und ln I (Kurve c; nach J. SADDY).

Das theoretische elementare Abklinggesetz der Phosphoreszenz (27, 2) beschreibt also genau die Experimente von SADDY in ihrem ganzen Verlauf, sowohl in dem Abschnitt, wo sie der Formel von E. BECQUEREL entsprechen, als auch dort, wo sie davon abweichen. Dabei wird keinerlei Zusatzannahme gemacht. Für SADDY selbst, der den Näherungscharakter der Formel von E. BECQUEREL, die ja einen Ausdruck darstellt, der das Abklingen in einem bestimmten Wertebereich der im Phosphor aufgespeicherten Lichtsumme approximiert, nicht durchschaut hatte, — für SADDY selbst war das Auftreten eines hyperbolischen Abschnittes in den späteren Stadien des Leuchtens ein Anlaß, von dieser Formel abzugehen und mit Summen von Exponentialausdrücken und Hyperbeln zu arbeiten, die etwa zehn willkürliche Konstanten enthielten. Hierdurch erreichte er, daß der Endabschnitt der Abklingkurven gradlinig wurde (Kurven *d* und *e*).

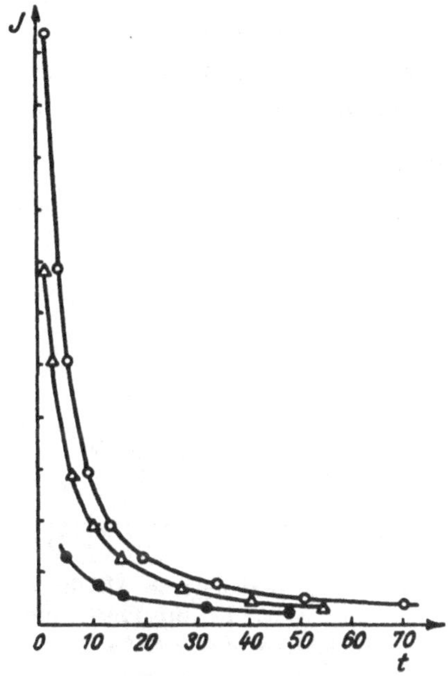

Abb. 74. Experimentelle Abklingkurven für CaS · Bi bei verschiedenen Intensitäten des erregenden Lichtes (nach W. A. JASTREBOW).

Wir stellen ferner qualitative Übereinstimmung zwischen den Ergebnissen der Theorie, die sich auf die Abhängigkeit des Abklingens vom Erregungsgrad des Phosphors beziehen, und dem Experiment fest. W. W. ANTONOW-ROMANOWSKI [6], W. A. JASTREBOW [35, 36] und andere beobachteten, daß die Abnahme der Anfangskonzentration der ionisierten Aktivatorterme ein Absinken der Anfangsintensität und ein langsameres Abklingen zur Folge hat. In Abb. 74 sind diese experimentellen Abklingkurven bei verschiedenen Erregungsintensitäten dargestellt, die W. A. JASTREBOW mit CaS · Bi-Proben feststellte. Die entsprechenden theoretischen Kurven sind in Abb. 68 dargestellt. Man kann hier nur von einer qualitativen Übereinstimmung mit der Theorie sprechen, denn die Beobachtung erfolgte an einer dicken Schicht des Luminophors, innerhalb derer der Erregungsgrad nicht konstant war.

§ 31: Die letzten Arbeiten über die Theorie des Nachleuchtens der Kristallphosphore.

Nach unserem Artikel [21], in dem zum erstenmal das dem Bändermodell des Festkörpers entsprechende elementare Abklinggesetz der Phosphoreszenz der Kristallphosphore abgeleitet wurde, erschienen eine Reihe von Aufsätzen anderer Verfasser, die sich mit demselben Problem beschäftigten. Ellickson und Parker [15] erhielten dasselbe Gesetz für Phosphore, die gegen Ultrarotlicht empfindlich waren. Wegen der mathematischen Schwierigkeiten beschränkten sie sich jedoch auf die Behandlung des Falles gleicher Wirkungsquerschnitte, der zu der trivialen Hyperbel zweiten Grades führt. Dadurch wurden Ellickson und Parker, die ja die Hauptlösung, die $\gamma \neq 1$ entspricht, unberücksichtigt gelassen hatten, zur Erklärung ihrer experimentellen Kurven gezwungen anzunehmen, daß der Strahlungsprozeß durch Nebeneffekte gestört wird. Sie erklären damit insbesondere die Tatsache, daß in den Koordinaten lg t und lg I ihre experimentellen Punkte auf einer Geraden mit einer Neigung von nahezu 1 liegen (d. h., daß das Abklingen nach der Formel von E. Becquerel erfolgt!) (Abb. 75). Infolge ihrer falschen Annahme, daß das theoretische Abklinggesetz der Bändertheorie eine Hyperbel zweiten Grades ist, erklären Ellickson und Parker das Abklingen nach einer gebrochenen Hyperbel durch die Absorption des ausleuchtenden ultraroten und des ausgesandten sichtbaren Lichtes in der Leuchtstoffschicht. Die Geschichte der Kristallumineszenzforschung zeigt, daß solche willkürlichen Komplikationen des theoretischen Schemas stets ein beliebtes Mittel waren, jede beliebige Theorie in „Übereinstimmung" mit dem Experiment zu bringen. Die experimen-

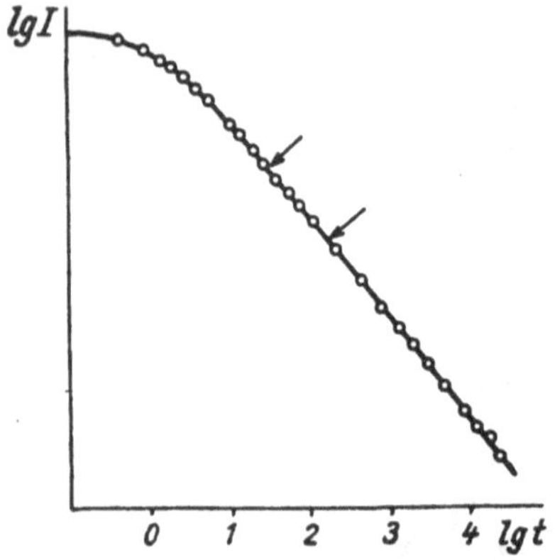

Abb. 75. Experimentelle Abklingkurve eines SrSe · Eu, Sm-Phosphors (nach Ellickson und Parker).

tellen Ergebnisse von ELLICKSON und PARKER entsprechen indes genau dem theoretischen Abklinggesetz (27, 2) und machen zu ihrer Deutung keine zusätzlichen Hypothesen erforderlich. Es ist interessant, daß ELLICKSON und PARKER die Lösung des Problems in Händen hielten, sie sich aber entgleiten ließen.

Später integrierten KLASENS und WISE [43] das System der kinetischen Gleichungen (21, 1) und (21, 2) für den Fall $\gamma = 1$; sie bemerkten ebenso wie wir [21, 22] die Unzulässigkeit der von RANDALL und WILKINS vorgenommenen Vernachlässigung der sekundären Haftprozesse des Elektrons. Durch Elimination von N und ν aus diesem System gelangen KLASENS und WISE zu der Gleichung

$$\frac{1}{n}\frac{d^2n}{dt^2} - \left(\frac{1}{n}\frac{dn}{dt}\right)^2\left(1 + \frac{A_2}{A_1}\right) + \\ + \frac{1}{n}\frac{dn}{dt}\left[(A_1 - A_2)\,n + A_2\nu_1 + p\right] + A_1\,pn = 0. \tag{31, 1}$$

Aus der zweiten Gleichung (21, 1) folgt

$$-\frac{dn}{dt} = A_1\,n\,N = A_1 n^2 \frac{N}{n}. \tag{31, 2}$$

Mit der Bezeichnung

$$r = \frac{N}{n} = 1 - \frac{\nu}{n} = -\frac{1}{A_1 n^2}\frac{dn}{dt} \tag{31, 3}$$

und entsprechenden Substitution in (31, 1) erhalten KLASENS und WISE die Gleichung *)

$$A_1\,n^2\frac{dr}{dn} = A_2\,\nu_1 + p - \frac{p}{r} + (A_1 - A_2)\,(1 - r)\,n. \tag{31, 4}$$

Diese Gleichung, die die Zeit nicht mehr enthält, gibt die Abhängigkeit der Konzentration der Leitungselektronen $N = rn$ von der An-

*) Wir haben die Bezeichnungen von KLASENS und WISE durch die in diesem Buche benutzten ersetzt. Die folgende Tabelle gibt den Zusammenhang zwischen den beiden Bezeichnungen:

Verfasser	Konzentration der ionisierten Zentren	Konzentration der Haftelektronen	Konzentration der Leitungselektronen	Gesamtkonzentration der Haftstellen	Rekombinationskoeffizient	Haftkoeffizient	Koeffizient der Ablösung eines Elektrons aus einem Haftterm	Hauptparameter der Phosphoreszenz A_2/A_1
ADIROWITSCH	n	ν	N	ν_1	A_1	A_2	p	γ
KLASENS und WISE	n	l	n_e	L	β	α	γ	nicht eingeführt

zahl der ionisierten Zentren, d. h. von der Lichtsumme der Phosphoreszenz, an.

Die Lösung dieser Gleichung gelingt den Verfassern nur in dem Spezialfall der Gleichheit der Wirkungsquerschnitte für Haften und Rekombination $A_2 = A_1 = A$ (d. h. $\gamma = A_2/A_1 = 1$). Dabei geht das letzte Glied rechts in (31, 4) gegen Null, und die Variablen lassen sich separieren:

$$\frac{dr}{A\nu_1 + p - \frac{p}{r}} = \frac{dn}{An^2}. \tag{31, 5}$$

Der Ausdruck, der rechts steht, ist aber nichts anderes als $- r\,dt$ (vgl. (31, 3)). Folglich ist

$$-\frac{dr}{at} = \frac{r^2}{(A\,\nu_1 + p)\,r - p}. \tag{31, 6}$$

Die unmittelbare Integration liefert

$$r - r_0 - \{1 - e^{-(A\nu_1 + p)t}\}(R - r_0). \tag{31, 7}$$

Hier ist r_0 der Wert von r bei $t = 0$ und

$$R = \frac{p}{A\nu_1 + p}. \tag{31, 8}$$

Aus (31, 5) und (31, 7) ergibt sich das Abklinggesetz, d. h. die Abhängigkeit der Lumineszenzintensität

$$I = A_1 n N = A n^2 r \tag{31, 9}$$

von der Zeit:

$$I = A \frac{R + (r_0 - R)\,e^{-(A\nu_1 + p)t}}{\left[\frac{1}{n_0} + ARt + \frac{A\,(r_0 - R)}{A\,\nu_1 + p}\,[1 - e^{-(A\nu_1 + p)t}]\right]^2}. \tag{31, 10}$$

Die Lösung hängt von zwei Integrationskonstanten ab, nämlich von der Anfangskonzentration der ionisierten Zentren und der Anfangskonzentration der Leitungselektronen. Wie bereits festgestellt (vgl. § 22), lassen sich diese Konzentrationen experimentell unabhängig voneinander variieren, wobei nur die Ungleichung gelten muß:

$$N_0 = r_0 n_0 \leqq n_0. \tag{31, 11}$$

Unter der Annahme, daß dem Abklingen eine genügend lange Erregung des Phosphors voraufgegangen sei, finden Klasens und Wise aus der Stationaritätsbedingung (sämtliche Ableitungen in (21, 1) verschwinden) den Zusammenhang zwischen r_0 und n_0. Dann drücken sie r_0 und n_0 durch die Anfangsintensität der Lumineszenz aus, die der Zahl der Quanten nach gleich

$$I_0 = A_1 n_0^2 r_0, \tag{31, 12}$$

ist, und konstruieren die theoretischen Abklingkurven für verschiedene Werte von I_0 (Abb. 76a). Die Kurven in Abb. 76b stellen die Formel (31, 10) für verschiedene Temperaturen dar, d. h. für verschiedene Lebensdauern des Elektrons im Haftterm

$$\tau = \frac{1}{p} = \frac{1}{p_0} e^{\varepsilon/kT}. \tag{31, 13}$$

Wie man aus Abb. 76 sieht, bestehen die Abklingkurven von KLASENS und WISE aus zwei Stadien. Nach einer Zeit

$$t \gg \frac{1}{A\nu_1 + p} \tag{31, 14}$$

nach Aufhören der Erregung verschwinden die exponentiellen Glieder in (31, 10) und die Kurven verwandeln sich in Hyperbeln zweiten Grades

$$I = \frac{I_0'}{(1 + \sqrt{ARI_0'}\, t)^2}, \tag{31, 15}$$

die der Phosphoreszenz entsprechen.

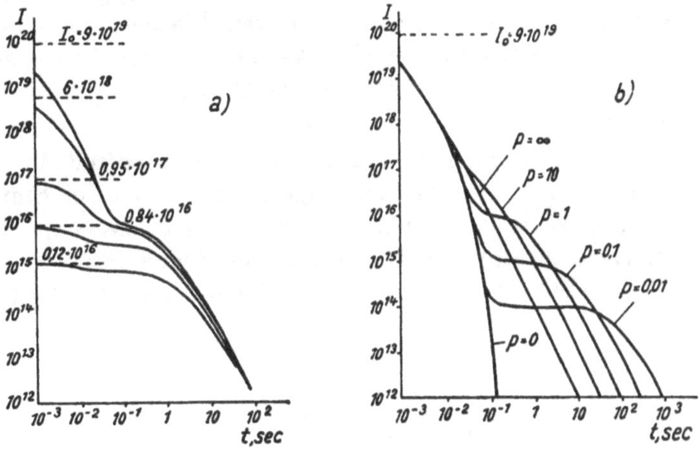

Abb. 76. Theoretische Abklingkurven für den Fall $A_2 = A_1$ ($\gamma = 1$): *a* bei verschiedenen Intensitäten des erregenden Lichtes; *b* bei verschiedenen Temperaturen (nach KLASENS und WISE). Bei Steigerung der Erregungsintensität sowie bei Senkung der Temperatur (beides führt zu $N \gg N_{st}(T)$) erscheinen in den Abklingkurven zu Anfang exponentielle Abschnitte, die dem spontanen Nachleuchten entsprechen. Es ist deutlich zu sehen, daß spontanes Nachleuchten und Phosphoreszenz sehr verschieden sind; die spontanen Abschnitte der Kurven in Abb. 76 *b* stimmen mit dem spontanen Nachleuchten des Phosphors bei $T = 0$ (Kurve $p = 0$) überein.

Der Anfangsabschnitt der Kurven stellt das spontane Nachleuchten dar. Bei $T = 0$, wo die Phosphoreszenz „eingefroren" ist, erfolgt das ganze Nachleuchten in diesem spontanen Prozeß (Kurve $p = 0$ in Abb. 76b). Der spontane Vorgang verläuft nach einem Gesetz, das nahezu exponentiellen Charakter hat *), wobei die Dauer des spontanen Abschnittes etwa $\frac{1}{A\nu_1 + p} \approx \frac{1}{A\nu_1}$ beträgt, wie sich auch im allgemeinen Fall ergab (§ 24) **).

Die von Klasens und Wise gewonnene Formel (31, 10) beschreibt für den Spezialfall der Gleichheit der Wirkungsquerschnitte ($\gamma = A_2/A_1 = 1$) den ganzen Nachleuchtvorgang. Sie ist nur in den ersten Sekundenbruchteilen von einer Hyperbel zweiten Grades verschieden. Infolge der mathematischen Kompliziertheit des Problems gelang es Klasens und Wise nicht, seine Lösung im allgemeinen Fall aufzufinden.

Wie die in diesem Kapitel durchgeführte theoretische Betrachtung lehrt, beruht die mathematische Kompliziertheit des Problems auf dem physikalischen Umstand, daß die Ausgangsgleichungen die Beschreibung zweier ihrer Natur nach verschiedener Vorgänge umfassen: des spontanen Nachleuchtens und der Phosphoreszenz. Die Trennung dieser Vorgänge führt uns leicht zur allgemeinen Lösung des Problems.

Im Februar 1947 erschien eine Notiz von Herman und Meyer [44], in der die Verfasser die Fehlerhaftigkeit der früher im Sinne von Randall und Wilkins vorgenommenen Vernachlässigung der sekundären Haftprozesse der Elektronen feststellen [45]. Sie teilten mit, daß es ihnen mit Hilfe von Rechenmaschinen gelungen sei,

*) Bei $p=0$ finden wir aus (31,10) (vgl. auch (31,8)).

$$I = \frac{A\,r_0\,e^{-A\nu_1 t}}{\left[\frac{1}{n_0} + \frac{r_0}{\nu_1}\left(1 - e^{-A\nu_1 t}\right)\right]^2} < A\,n_0^2\,r_0\,e^{-A\nu_1 t}\,. \tag{a}$$

**) Die Kurven von Klasens und Wise sind für folgende Werte der Konstanten konstruiert, die die Verfasser den Arbeiten von de Groot und Randall und Wilkins entnahmen: $A = 10^{-14}$ cm^3 sec^{-1}, $\nu_1 = 10^{-16}$ cm^{-3}, $p_0 = 10^8$ sec^{-1}, $\varepsilon = 0{,}48$ eV. Die Dauer des spontanen Nachleuchtens beträgt in diesem Fall etwa $10 \cdot 1/D$ (vgl. § 24), d. h. etwa 0,1 sec. In Abb. 76 ist dies nicht der Fall. Wir stellen fest, daß die Zahlenwerte, die ohne Kritik aus verschiedenen Arbeiten entnommen wurden, miteinander nicht im Einklang stehen, so daß wahrscheinlich eine zu große Dauer des spontanen Abschnittes herauskommt.

das allgemeine Abklinggesetz der Kristallphosphore zu gewinnen, und zwar in Abhängigkeit vom Verhältnis der Wirkungsquerschnitte für den Einfang eines Elektrons durch einen Haftterm bzw. ein ionisiertes Zentrum. Im Zusammenhang damit bemerkten wir [34], daß die von HERMAN und MEYER mit Hilfe von Rechenmaschinen gewonnenen Ergebnisse sich von dem früher von uns aufgefundenen elementaren Abklinggesetz der Phosphoreszenz nur innerhalb der ersten Sekundenbruchteile unterscheiden können, in denen sie durch die Überlagerung der beiden Elektronenprozesse (des spontanen Nachleuchtens und der Phosphoreszenz) beschrieben werden, die wir einzeln behandelt haben.

Das Gleiche ergab sich auch bei der Veröffentlichung der Durchrechnungen von HERMAN, MEYER und HOPFIELD [46].

Die meisten der Kurven, die sie mit Hilfe des Elektrointegrators konstruiert hatten, entsprechen in unseren Bezeichnungen der Ungleichung *)

$$10^{-2} \leqq \frac{p}{D_1} \leqq 10^2. \tag{31, 16}$$

Nach den Abschätzungen jedoch, die die Autoren dann selbst durchführten, wobei sie $p/D_1 \approx 10^{-8}$ erhielten, entsprechen diese Werte nicht den realen Bedingungen und haben deshalb keinen physikalischen Sinn. Für den Fall $p/D_1 \ll 1$ (den einzigen Fall von realer Bedeutung) leiten HERMAN, MEYER und HOPFIELD unsere quasistationäre Lösung **)

$$(1-\gamma)\ln\frac{\nu_1}{n} + \gamma\left(\frac{\nu_1}{n} - 1\right) = pt, \tag{31, 17}$$

ab, die schon im Jahre 1946 ohne alle Rechenmaschinen gewonnen wurde, und konstruieren in Übereinstimmung mit ihr die Abkling-

*) Wir behalten im Text unsere früheren Bezeichnungen weiter bei, die mit denen von HERMAN, MEYER und HOPFIELD nicht übereinstimmen. Den Zusammenhang zwischen diesen beiden Bezeichnungssystemen gibt die Tabelle auf S. 178.

**) In der Schreibweise dieser Gleichung im Artikel von HERMAN, MEYER und HOPFIELD (Formel (16) in [46]) in der Form

$$\varepsilon\left(1 - \frac{1}{\eta}\right) + (1-\varepsilon)\ln\eta = \gamma\tau \tag{A}$$

(Bezeichnungsweise der Verfasser) ist rechts das Minuszeichen vergessen worden. Tatsächlich muß etwa bei $\varepsilon = 0$ gelten $\eta = e^{-\gamma\tau}$ und nicht $\eta = e^{\gamma\tau}$. Die Kurven sind jedoch richtig in genauer Übereinstimmung mit (31, 17) konstruiert.

kurven für Strahlung und Photostrom. Die Verfasser verwahren sich nur gegen unsere Ausdehnung dieser Lösung auf den Fall $\gamma = 0$ (Exponentialfunktion (21, 14)), da ihrer Ansicht nach in diesem Fall wie

HERMAN, MEYER und HOPFIELD	ADIROWITSCH	Verfasser
N_1 ; 1	ν_1 ; 1	Haftstellenkonzentration
n_0 ; $\eta = \frac{n_0}{N_1}$	n ; $\mu = \frac{n}{\nu_1}$	Konzentration der ionisierten Zentren
n ; $\xi = \frac{n}{N_1}$	N ; $y = \frac{N}{\nu_1}$	Konzentration der Leitungselektronen
n_1 ; $\zeta = \frac{n_1}{N_1}$	ν ; $z = \frac{\nu}{\nu_1}$	Konzentration der Elektronen in den Hafttermen
A ; $a = AN_1$	A_1 ; $D_1 = A_1\nu_1$	Wahrscheinlichkeitskoeffizient für die Rekombination
K ; $k = KN_1$	A_2 ; $D_2 = A_2\nu_1$	Wahrscheinlichkeitskoeffizient für das Haften
c_0	p	Wahrscheinlichkeitskoeffizient für die Ablösung aus einem Haftterm
$\varepsilon = \frac{K}{A} = \frac{k}{a}$	$\gamma = \frac{A_2}{A_1} = \frac{D_2}{D_1}$	Hauptparameter der Phosphoreszenz
$\gamma = \frac{c_0}{a}$	$\frac{p}{A_1\nu_1} = \frac{p}{D_1}$	Parameter der Quasistationarität
$\frac{1}{c_0}$	$\frac{1}{p}$ $(\vartheta = pt)$	charakteristische Zeiteinheit nach ADIROWITSCH
$\frac{1}{a}$ $(\tau = at)$	$\frac{1}{A_1\nu_1} = \frac{1}{D_1}$	charakteristische Zeiteinheit nach HERMAN, MEYER und HOPFIELD

auch in allen anderen bei genügend großem t das Abklingen nach einer Hyperbel zweiten Grades erfolgen soll. Wir zeigen sofort die Unrichtigkeit dieses Einwandes.

Übrigens verweisen die Verfasser bei Ableitung der Gleichung (31, 17) nicht nur auf unseren Aufsatz [21], sondern auch auf den von Randall und Wilkins [13], wo diese Gleichung nicht vorkommt. Das ist um so seltsamer, als den Verfassern das Ergebnis von Randall und Wilkins wohlbekannt ist, die eine Exponentialfunktion als elementares Abklinggesetz erhielten; anfangs [45] wiederholten sie sogar diesen Fehler von Randall und Wilkins und berichtigten ihn erst später.

Wir wenden uns nun dem Ausgangssystem der kinetischen Gleichungen (21, 1) und dem Ausdruck (21, 6) für die quasistationäre Konzentration der Elektronen im Band zu. Bei hinreichend großem t wird

$$A_1 n - A_2 \nu \ll A_2 \nu_1 \qquad (31, 18)$$

und folglich

$$N = \frac{p\nu}{A_1 n + A_2 (\nu_1 - \nu)} \approx \frac{p\nu}{A_2 \nu_1} \approx \frac{pn}{A_2 \nu_1}. \qquad (31, 19)$$

Wir setzen diesen Ausdruck für N in die zweite Gleichung (21, 1) ein und erhalten eine Hyperbel zweiten Grades. Eben in dieser Proportionalität zwischen N und n bei kleinen Lichtsummen liegt der Grund dafür, daß das elementare Abklinggesetz in den späteren Stadien in eine Hyperbel zweiten Grades übergeht.

Je kleiner $\gamma = A_2/A_1$ ist, desto später sind die Bedingungen (31, 18) und (31, 19) erfüllt, und bei $\gamma = 0$ sind sie überhaupt nicht erfüllt. Deshalb liefern sämtliche quasistationären Lösungen, außer der, die $\gamma = 0$ entspricht, im Grenzfall ein Abklingen nach einer Hyperbel zweiten Grades, während die Lösung für $\gamma = 0$ eine Ausnahme bildet und *während ihres ganzen Verlaufs* eine Exponentialfunktion darstellt.

Bei sehr kleinen Werten von γ jedoch ist die Quasistationaritätsbedingung *)

$$\frac{t_0}{\tau} = \frac{p}{A_1 n + A_2 (\nu_1 - \nu)} \ll 1 \qquad (31, 20)$$

*) Wir merken an, daß die schärfere Bedingung (22, 9)

$$\frac{p}{A \nu_1} \ll 1, \qquad (a)$$

wo A der kleinere der Koeffizienten A_1 und A_2 ist, hinreichend, aber nicht not-

auch in späteren Stadien des Nachleuchtvorganges nicht erfüllt, wo sie nach (31 18) folgendermaßen geschrieben werden kann:

$$\frac{t_0}{\tau} \approx \frac{p}{A_2 \nu_1} = \frac{p/A_1 \nu_1}{\gamma} \ll 1. \tag{31, 21}$$

Deshalb ist bei sehr kleinen γ die Quasistationaritätsbedingung in den späten Stadien der Phosphoreszenz selbst bei $p/A_1\nu_1 \ll 1$ verletzt. Dies geschieht, wie (31, 21) zeigt, bei Werten

$$\gamma \sim \frac{p}{A_1 \nu_1} \tag{31, 22}$$

und bei solchen n, bei denen $A_1 n$ von der Größenordnung $A_2(\nu_1 - \nu)$ ist, d. h. wenn

$$A_1 n \lesssim A_2 \nu_1 , \tag{31, 23}$$

oder

$$\frac{n_1}{\nu_1} \lesssim \gamma . \tag{31, 24}$$

ist.

Für den Fall, daß $\gamma = 0$ genau gilt, erhalten wir statt (31, 23) und (31, 24) aus (31, 20) folgende Bedingung für Abweichung von der Quasistationarität:

$$\frac{p}{A_1 n} \gtrsim 1 \tag{31, 25}$$

oder

$$\frac{n}{\nu_1} \lesssim \frac{p}{A_1 \nu_1} . \tag{31, 26}$$

Nach den eigenen Abschätzungen von Herman, Meyer und Hopfield [46] ist

$$\frac{p}{A_1 \nu_1} \sim 10^{-8}. \tag{31, 27}$$

Folglich tritt bei $\gamma = 0$ eine Verletzung der Quasistationaritätsbedingung erst bei $n/\nu_1 \ll 10^{-8}$ ein, d. h. nach einer Hyperbel zweiten

wendig für die Quasistationarität ist. Während des Hauptteils des Nachleuchtvorganges ist innerhalb von ein bis zwei Größenordnungen

$$n \sim (\nu_1 - \nu) \sim \nu_1 , \tag{b}$$

und deshalb bestimmt der Wert t_0/τ das *größere* der Glieder im Nenner von (31,20). Nur bei Sättigung, wenn $n \simeq \nu_1 \gg (\nu_1 - \nu)$ ist, und in sehr späten Stadien des Nachleuchtens, wenn $(\nu_1 - \nu) \approx \nu_1 \gg n$ ist, bestimmt das Verhältnis der Zeiten t_0/τ die Koeffizienten A_1 und A_2 selbst. Das Erfülltsein von (22, 9) garantiert aber die Quasistationarität der Phosphoreszenz während ihres ganzen Verlaufs.

Grades wird weniger als 0,000001% der gesamten Lichtsumme der Phosphoreszenz ausgestrahlt, sofern es irgendeinen Sinn hat, von einer solchen Größe zu sprechen. Der Einwand von HERMAN, MEYER und HOPFIELD ist offenbar dadurch bedingt, daß der Elektrointegrator, mit dem sie arbeiteten, selbst nicht imstande ist, die Anwendbarkeitsbereiche für die mit seiner Hilfe gewonnenen Ergebnisse abzuschätzen.

§ 32: Die „metastabile“ Theorie der Kristallphosphore.

Wir sprachen schon von den theoretischen Ansichten von RANDALL und WILKINS [13], die zu dem Schluß führten, daß dem Bändermodell des idealen Kristallphosphors ein exponentielles Abklinggesetz entspricht. Hier ist die Bemerkung notwendig, daß RANDALL und WILKINS die von ihnen entwickelte Theorie sehr unglücklich als „metastabile“ Theorie bezeichnen und sie der bimolekularen gegenüberstellen. Durch diese Bezeichnung heben die Verfasser die ihrer Meinung nach wesentliche Rolle hervor, die ihre Auffassung von den Haftermen als metastabile Niveaus im Kristall spielen soll. Jedoch sind die Erscheinung des Steckenbleibens von Elektronen in den lokalen Niveaus (den Hafttermen) und die Möglichkeit der Rekombination dieser Elektronen mit den Zentren des Aktivators, die nur über das Leitfähigkeitsband erfolgen kann, ganz bekannte Züge des Rekombinationsschemas des Leuchtvorganges. Die grundlegende Bedeutung dieser Erscheinungen wurde schon im Jahre 1934 in der ersten Arbeit über das Bändermodell der Lumineszenz von D. I. BLOCHINZEW [1] festgestellt. Da RANDALL und WILKINS von der Vorstellung einer Ionisation der Zentren bei Erregung des Phosphors und der Rekombination des Elektrons beim Emissionsakt ausgehen, bleibt das Schema notgedrungen bimolekular. Die eingeschobenen Haftvorgänge des Elektrons im Kristall spielen in dieser Hinsicht gar keine Rolle, und die Verwendung des Ausdrucks „metastabil“ als Gegensatz zu dem Begriff „bimolekular“ verschleiert nur die Angelegenheit, da für die wirklich entgegengesetzte monomolekulare Auffassung weder der spontane noch der metastabile Charakter der Vorgänge von irgendeiner Bedeutung ist, sondern diese Auffassung für beide Strahlungsmechanismen gilt, sofern sich die entsprechenden Vorgänge in diskreten Zentren abspielen.

Die oben gewonnenen Ergebnisse gestatten einen Hinweis auf einen grundlegenden Fehler in den Überlegungen von RANDALL und

WILKINS, der diese Verfasser auch zu der Exponentialfunktion als elementarem Abklinggesetz führte. Die Tatsache, daß die mittlere Aufenthaltszeit eines Elektrons im Leitfähigkeitsband sehr klein ist gegenüber seiner Aufenthaltszeit in einem lokalen Niveau, bedingt noch lange keinen exponentiellen Charakter des Abklinggesetzes. Dazu ist noch die Annahme erforderlich, daß keine sekundären Haftvorgänge des Elektrons vorkommen ($\gamma = 0$). RANDALL und WILKINS gehen von dieser zusätzlichen Voraussetzung aus (vgl. [13], S. 372), erhalten dementsprechend ein exponentielles Abklinggesetz und nehmen dann an, daß die Erscheinung des sekundären Haftens der Elektronen den Charakter der Abklingkurve nicht beeinflußt. Wie die oben durchgeführten Rechnungen zeigen, ist diese Annahme falsch: bei $\gamma \neq 0$ ist das Abklinggesetz wesentlich verschieden von einem exponentiellen. Dieses Ergebnis ist eine notwendige Folge der Gleichung (21, 1) und der Bedingung, daß N und dN/dt klein sind (21, 4), d. h. eben der Gleichungen und Bedingungen, von denen auch RANDALL und WILIKNS ausgingen.

Nach den experimentellen Angaben von RANDALL und WILKINS ist bei den von ihnen untersuchten ZnS · Cu- und ZnS · Mn-Proben $\gamma = A_2/A_1 \approx 1$. Die richtig durchgeführte Berechnung des elementaren Abklinggesetzes liefert für diesen Fall eine Hyperbel zweiten Grades (26, 9), d. h. eben das allgemein bekannte einfachste Gesetz der bimolekularen Theorie, gegen das sich die Einwände der Verfasser richten.

Auf diese Fehler haben wir schon im Jahre 1946 hingewiesen [21, 22], kurz nach der Veröffentlichung der Aufsätze von RANDALL und WILKINS. Gleichzeitig zeigte W. W. ANTONOW-ROMANOWSKI [47], daß die experimentellen Angaben von RANDALL und WILKINS zwanglos im Sinn der bimolekularen Theorie der Kristallumineszenz gedeutet werden können.

Die Fehlerhaftigkeit der Behauptungen von RANDALL und WILKINS ist, wie wir sahen, auch von anderen Forschern bemerkt worden — von KLASENS und WISE [43], von HERMAN und MEYER [44] und anderen. Einer grundlegenden Kritik wurden diese Behauptungen in allerletzter Zeit in Arbeiten von DANIEL CURIE unterzogen. Er zollt zuerst [48] selbst dem „Theorienbau“ mit Hilfe einer Summierung von Exponentialausdrücken seinen Tribut und gelangt dann [49, 50] zur Einsicht, daß diese Operation inhaltsleer ist. Er hebt hervor, daß die Darstellung des Abklinggesetzes in Form einer Summe von Exponentialausdrücken mit willkürlichen Koeffizienten nichts über die Realität der einzelnen Komponenten und die Monomolekularität der Elektronenvorgänge im Kristallphosphor aussagt [49, S. 184]. Indem er richtig feststellt, daß der Grundfehler von Randall und Wilkins in der Vernachlässigung des sekundären Haftens der Elektronen zu suchen ist, berücksichtigt Daniel Curie diese Erscheinung und gelangt zu den beiden Spezialfällen des elementaren Abklinggesetzes, der Exponentialfunktion ($\gamma = 0$) und der Hyperbel zweiten Grades ($\gamma = 1$). Er führt auch den experimentellen Nachweis der Existenz des sekundären Haftens der Elektronen [50]. Bei der Bestrahlung von CaS · Bi- und ZnS-Phosphoren, die vorher bei höherer Temperatur erregt und ausgeleuchtet worden waren, mit Ultrarotlicht beobachtete Daniel Curie ein Aufleuchten, das auf der Ablösung der Elektronen aus den tiefen Hafttermen beruht. Dabei erfolgte das Anwachsen der Intensität des Aufleuchtens langsam (Abb. 77), und nach Aufhören der ultraroten Einstrahlung war eine andauernde Phosphoreszenz zu beobachten (Abb. 78). Diese Tatsachen beweisen, wie Daniel Curie richtig feststellt, daß die Elektronen, die das Ultrarotlicht herausschlägt, ein sekundäres Haften in den flachen Termen erfahren.

Wir sehen, daß sich Daniel Curie auf dem richtigen Wege befindet, obwohl man bei näherer Bekanntschaft mit seinen Aufsätzen feststellt, daß er sich bei weitem noch nicht vollständig von den Ran-

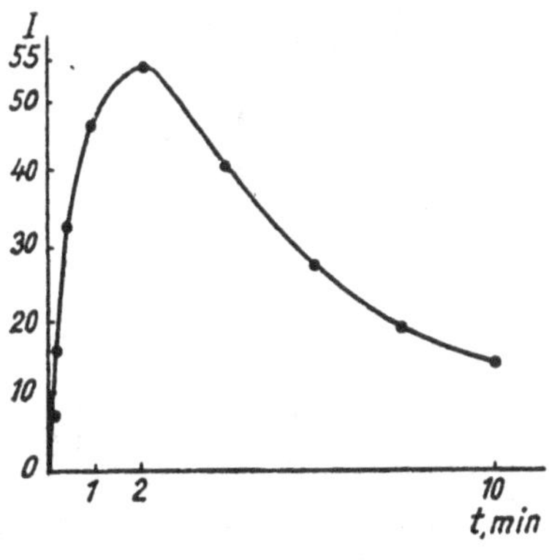

Abb. 77. Aufleuchten eines CaS · Bi-Phosphors unter der Einwirkung von Ultrarotlicht (nach D. Curie).

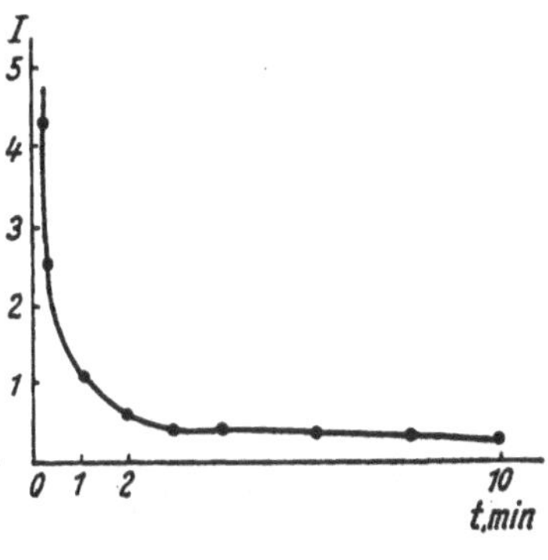

Abb. 78. Phosphoreszenz eines vorher erregten und ausgeleuchteten CaS · Bi-Phosphors, nach Einstrahlung von Ultrarotlicht (nach D. Curie).

DALLschen Ideen über die „Monomolekularität" freigemacht hat. Es ist nur zu bedauern, daß DANIEL CURIE die Arbeiten der sowjetischen Verfasser nicht kennt und infolgedessen — unvollständig und ver-

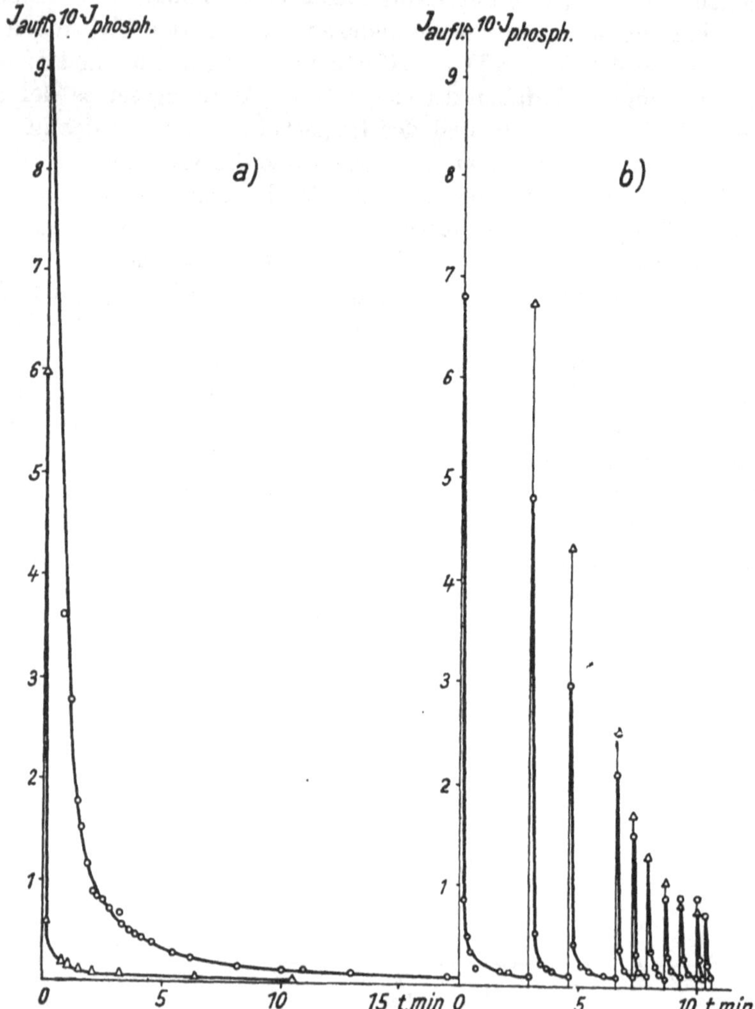

Abb. 79. Aufleuchten und sekundäre Phosphoreszenzen bei einem CaS · SrS · Ce, Sm, La-Phosphor. *a* normales Abklingen der Phosphoreszenz und des Aufleuchtens; *b* Auftreten von sekundären Phosphoreszenzen unter der Einwirkung kurzzeitiger Ultrarotimpulse (Aufleuchten, Phosphoreszenz). Der Intensitätsmaßstab des Aufleuchtens ist 10mal kleiner als der Intensitätsmaßstab der Phosphoreszenz (nach W. L. LJOWSCHIN)

spätet — die schon bekannten theoretischen und experimentellen Ergebnisse wiederholt. Insbesondere wurde der von ihm vollständig richtig durchgeführte experimentelle Nachweis der Existenz von sekundären Haftvorgängen der Elektronen von W. L. Ljowschin [51, 52] schon im Jahre 1948 geliefert. In Abb. 79 ist die Kurve dargestellt, die W. L. Ljowschin bei mehreren aufeinanderfolgenden Einstrahlungen von Ultrarotlicht in einen vorher erregten und natürlich ausgeleuchteten CaS · SrS · Ce, Sm, La-Phosphor erhielt. Jedesmal trat nach dem Aufleuchten eine Phosphoreszenz auf, die, wie W. L. Ljowschin feststellte, auf den sekundären Haftvorgängen der Elektronen in den flachen Termen beruht.

Wir stellen fest, daß bei speziellen doppelt und mehrfach aktivierten Kristallphosphoren, zu denen der von W. L. Ljowschin untersuchte CaS · SrS · Ce, Sm, La-Phosphor gehört, das Aufleuchten praktisch trägheitslos verläuft. Auch bei ihnen jedoch wurde bei kleiner Intensität der ausleuchtenden Ultraroteinstrahlung ein geringes Anwachsen des Leuchtens beobachtet (Abb. 80), das auf dem sekundären Haften der Elektronen in den flachen Termen beruht. W. L. Ljowschin bemerkt [52], daß bei den Erdalkaliphosphoren, die mit Schwermetallen aktiviert werden und kein scharf ausgeprägtes Aufleuchten zeigen, das Anwachsen des Leuchtens unter der Einwirkung des ausleuchtenden Ultrarotlichtes bei Null ohne Sprung beginnt und dann wesentlich langsamer erfolgt.

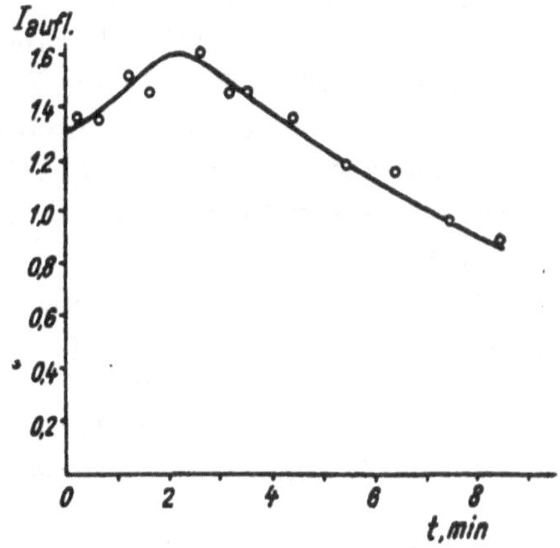

Abb. 80. Intensitätsänderung des Aufleuchtens eines CaS · SrS · Ce, Sm, La-Phosphors in den Anfangsstadien des Ausleuchtens bei kleiner Intensität des ausleuchtenden Ultrarotlichtes (nach W. L. Ljowschin)

Erstaunlich ist die Tatsache, daß die weitgehende Kritik der Gedanken von Randall, Wilkins und Garlick, die anfangs die sowjetischen, dann auch die ausländischen Forscher gaben, von seiten der erstgenannten keine direkte Antwort enthielt. In einer Reihe von Aufsätzen, die Garlick [53] und Garlick und Gibson [54] in den letzten fünf Jahren veröffentlichten, werden die Ausgangsannahmen über die

Monomolekularität des Strahlungsmechanismus der Kristallphosphore nicht nur ohne jeden Versuch, auf ihre Kritik einzugehen, sondern sogar ohne jegliche Erwähnung der Arbeiten, in denen die Fehlerhaftigkeit dieser Gedanken bewiesen wird, wiederholt. Indessen lehrt eine Betrachtung dieser Arbeiten, daß die Auffassungen von Randall, Wilkins und Garlick sich in diesen Jahren so entwickelt haben, daß sie sich von den inneren Widersprüchen, die die Kritik aufdeckte, doch in bestimmter Weise entfernt haben. Dies sieht man deutlich beim Vergleich der wichtigsten Arbeiten aus dem Jahre 1945 [13, 14] mit der Monographie von Garlick [40], die im Jahre 1949 herauskam.

Eine eingehendere Behandlung dieser Monographie ist an dieser Stelle ohne Interesse. Ihre Besprechung wurde in einem besonderen Aufsatz vorgenommen [55]. Die Auffassung von Garlick wiederholt genau die Vorstellung von Lenard über die isolierten Zentren, in denen sämtliche Vorgänge verlaufen sollen: die Abtrennung des Elektrons vom Aktivator, das Haften, die thermische Ablösung, die Rekombination. Auf Grund dieses monomolekularen Schemas kann Garlick den grundlegenden inneren Widerspruch der „metastabilen" Theorie vermeiden, nämlich den Widerspruch zwischen der Annahme, daß kein sekundäres Haften von Elektronen vorkomme, und der Tatsache, daß die Wirkungsquerschnitte für Haften und Rekombination ungefähr gleich sind. Obwohl die ganze Monographie einer Aufgabe gewidmet ist, nämlich dem Nachweis der Gültigkeit der „metastabilen" Theorie von Randall und Wilkins (die, wie wir sehen, von Garlick von Grund aus korrigiert wurde), bleibt das „überzeugendste" Argument für sie wie bisher die Möglichkeit, die Kurven des Abklingens und des Aufleuchtens als Summe von Exponentialausdrücken darzustellen. Nachdem die moderne bimolekulare Theorie die gebrochene Hyperbel von E. Becquerel als elementares theoretisches Abklinggesetz erhalten hatte, machen Hinweise auf die Möglichkeit, die gebrochene Hyperbel als Summe von Exponentialausdrücken darzustellen, was als entscheidendes Argument für die monomolekulare Theorie gewertet wird, einen seltsamen Eindruck und zeugen vom völligen Fehlen stichhaltiger Argumente.

KAPITEL V

DIE BEIDEN MECHANISMEN DER LICHTABSORPTION IN KRISTALLEN UND DAS BÄNDERMODELL DER KRISTALLPHOSPHORE

§ 33: Einleitung

Die Absorption von Licht in Kristallen kann sowohl im Grundgitter als auch unmittelbar in den Zentren erfolgen. Auf dem ersten Vorgang beruht die Grundgitterabsorptionsbande des Kristalls, auf dem zweiten die sogenannten Absorptionsbande des Aktivators. In Abb. 81 sind die Ergebnisse von Gisolf [1] schematisch dargestellt, der die Lichtabsorption in Proben von Kupfer- und Silberaktiviertem Zinksulfid bestimmte. Diese Angaben sind typisch für Kristallphosphore, die durch Metallbeimischungen aktiviert wurden; an die scharf abbrechende langwellige Kante der Grundgitterabsorptionsbande des Kristalls schließt sich die verhältnismäßig schwache Absorptionsbande des Aktivators an. Es muß darauf hingewiesen werden, daß bis in die letzte Zeit hinein die Messungen der Absorption in Phosphoren halbqualitativen Charakter hatten, da sie durch die Streuung des Lichtes an den feinkristallinen Pulvern, aus denen alle gebräuchlichen Kristallphosphore bestehen (außer den Alkalihalogenidkristallen), außerordentlich erschwert werden. Vor kurzem erst entwickelten J. M. Brumberg und F. M. Pekerman [2] eine von S. I. Wawilow vorgeschlagene neue Meßmethode für die Absorptionsspektren von Mikrokristalliten mit Hilfe eines Ultraviolettmikroskops und eines Spektralaufsatzes.

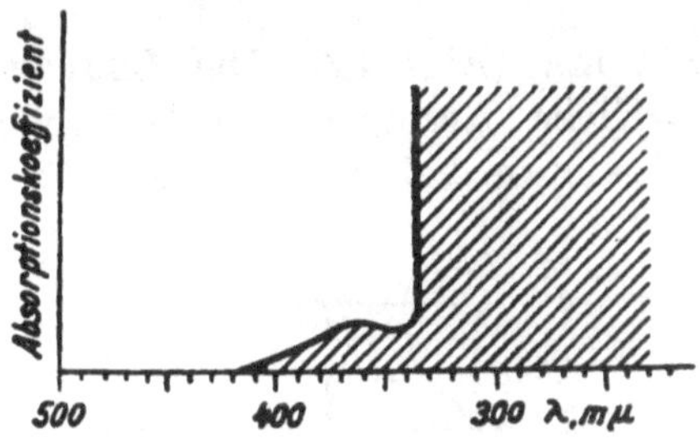

Abb. 81. Absorption von ZnS · Cu-Phosphoren nach Angaben von Gisolf (schematisch)

Nach dieser Methode kann man die diffuse Streuung des Lichtes durch das Filter ausschalten und quantitative Angaben über die Absorption der Kristallphosphore (und allgemein aller Kristalle) in einem großen Spektralbereich gewinnen. In den Abb. 82, 83 und 84 sind die Ergebnisse der Messungen von J. M. Brumberg und F. M. Pekerman für reines ZnS, für $ZnS \cdot 10^{-4}Cu$ und für $ZnS \cdot 10^{-3}Cu$ dargestellt *).

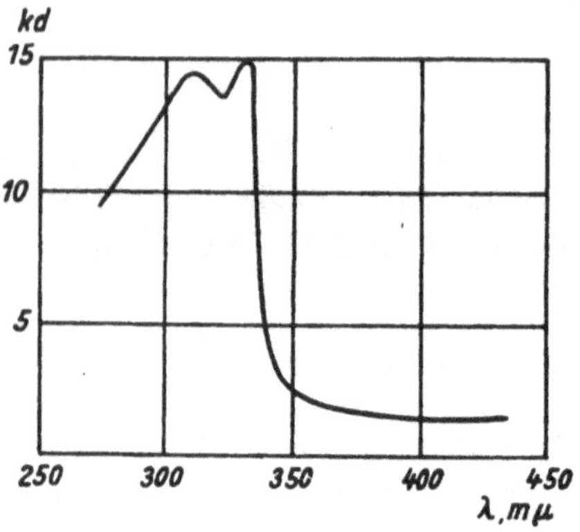

Abb. 82. Mikrophotogramm des Absorptionsspektrums von reinem ZnS (nach J. M. Brumberg und F. M. Pekerman).

In diesen Diagrammen ist nicht nur die langwellige Grenze der Grundphosphore zu sehen, die für das reine ZnS mit dem Ergebnis von Gisolf übereinstimmt (335 mμ), sondern auch die Struktur der Banden. Die Bande des reinen Zinks enthält zwei Maxima: bei 313 mμ und 334 mμ (Abb. 82). Die Einführung von Kupfer bringt eine zusätzliche Absorption im langwelligen Teil des Spektrums mit sich (Maximum bei 365 mμ, Abb. 83), wobei für genügend hohe Konzen-

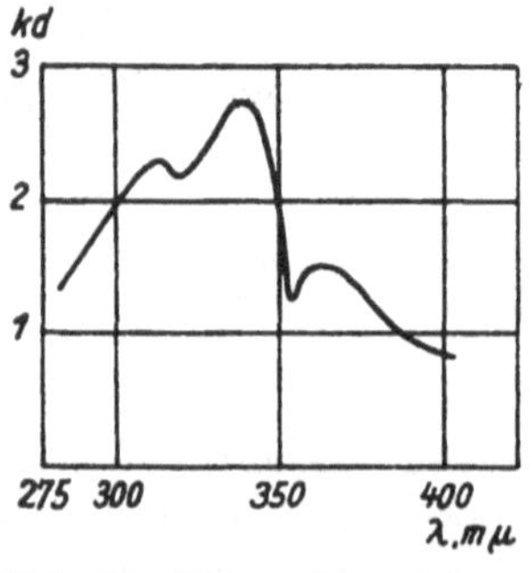

Abb. 83. Mikrophotogramm des Absorptionsspektrums eines $ZnS \cdot 10^{-4}Cu$-Phosphors (nach J. M. Brumberg und F. M. Pekerman).

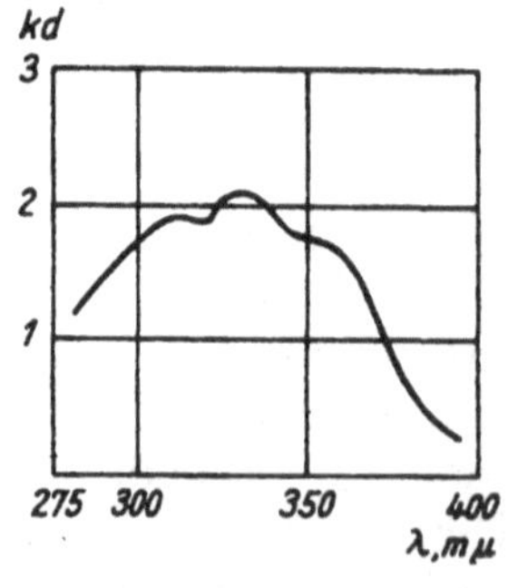

Abb. 84. Mikrophotogramm des Absorptionsspektrums eines $ZnS \cdot 10^{-3}Cu$-Phosphors (nach J. M. Brumberg und F. M. Pekerman).

*) Die Konzentration des Aktivators ist in Gramm pro Gramm der Grundsubstanz angegeben.

trationen des eingeführten Kupfers die Absorptionsbande des Aktivators mit der Grundabsorptionsbande verschmilzt (Abb. 84).

Die Elektronenübergänge, die nach den Vorstellungen des Bändermodells der Grundabsorption bzw. der Absorption des Aktivators entsprechen, sind in dem Energiediagramm (Abb. 85 und 88) dargestellt. Die Tatsache, daß die Absorptionsbande des Aktivators gegenüber der des Kristallgitters stets nach der längerwelligen Seite des Spektrums verschoben ist, folgt unmittelbar aus dem Energiebänderdiagramm des Kristallphosphors, in dem die lokalen Terme des Aktivators näher am Leitfähigkeitsband liegen als die Terme des Valenzbandes.

Die Klärung der Frage, wo im Versuchskörper die Absorption von Licht einer bestimmten Wellenlänge erfolgt — in der Grundsubstanz oder im Aktivator —, begegnet bedeutenden experimentellen Schwierigkeiten. Man hat an Pulvern oder noch besser an einzelnen Kriställchen das gesamte Absorptionsspektrum des Phosphors zu photometrieren. Bei einer scharf ausgeprägten langwelligen Kante der Grundabsorptionsbande bedeutet die Tatsache, daß die untersuchte Linie rechts (bei größeren Wellenlängen) von dieser Kante liegt, daß sie unmittelbar durch die Zentren, den „Aktivator" absorbiert wird (z. B. $\lambda = 365$ mμ in den ZnS · Cu-Phosphoren (Abb. 83)). Erfolgt jedoch der scharfe Abfall der Absorption bei größeren λ als denen des untersuchten Spektralbereiches, so heißt das, daß dieser vom Grundgitter absorbiert wird (z. B. $\lambda = 313$ mμ in den ZnS · Cu-Phosphoren (Abb. 83). Abgesehen von allen Schwierigkeiten, mit denen die Durchführung derartiger photometrischer Messungen verbunden ist, sehen wir (Abb. 84), daß bei hohen Konzentrationen des Aktivators das Ergebnis selbst unbestimmt wird.

Die Behandlung der Kinetik der Elektronenvorgänge im Energiebändermodell des Kristallphosphors führte zur Entwicklung einer anderen, nicht photometrischen, sondern thermischen Methode, die Frage nach dem Mechanismus der Lichtabsorption in den Kristallphosphoren zu beantworten [3, 4]. Ihre Darlegung und ihr Vergleich mit den Experimenten bildet den Inhalt dieses Kapitels.

§ 34: Das Leuchten des idealen Kristallphosphors bei konstanter Erregung

Für das stationäre Leuchten sind die kinetischen Gleichungen besonders einfach, da dann sämtliche zeitlichen Ableitungen der Konzentrationen Null sind. Für das Modell, bei dem die Absorption im Aktivator erfolgt, wird die Kinetik der Elektronenübergänge im stationären Leuchtzustand durch folgende Gleichungen beschrieben (Abb. 85):

$$p\nu = A_2 N (\nu_1 - \nu). \quad \varkappa S i (n_1 - n) = A_1 N n, \quad n = \nu + N. \tag{34, 1}$$

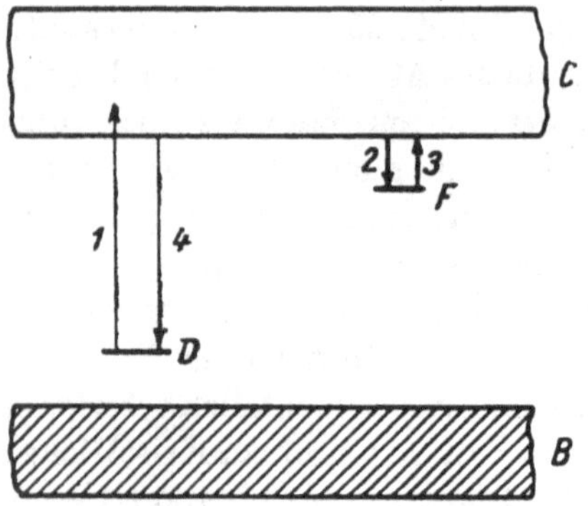

Abb. 85. Elektronenübergänge bei stationärem Leuchten eines Kristallphosphors und Erregung im Absorptionsgebiet des Aktivators; 1 Ionisation eines Zentrums bei Lichtabsorption; 2 Haften eines Elektrons; 3 Ablösung eines Elektrons von einem Haftterm; 4 Rekombination eines Elektrons mit einem ionisierten Zentrum (in der Regel nicht mit demselben, aus dem es bei der Absorption herausgeschlagen wurde).

Hier sind die Konzentrationen und die Übergangswahrscheinlichkeiten wie früher bezeichnet: $\varkappa$ ist die Absorptionswahrscheinlichkeit bezogen auf ein Aktivatoratom, S die Fläche, auf die ein Gramm des Leuchtstoffes kommt, i die Intensität des auf den Phosphor auffallenden Erregungslichtes.

Die in der Anzahl der Quanten ausgedrückte Intensität der Lumineszenzstrahlung beträgt

$$I = \frac{1}{S} A_1 N n = \varkappa i (n_1 - n). \tag{34, 2}$$

Solange

$$n \ll n_1, \tag{34, 3}$$

ist das Verhältnis zwischen der Intensität der Lumineszenz und der des auffallenden Lichtes

$$\frac{I}{i} = \varkappa (n_1 - n) \tag{34, 4}$$

praktisch konstant. Mit anderen Worten: der Zusammenhang zwischen I und i ist bei Erfülltsein von (34, 3) linear. Abweichungen von der Linearität treten bei Werten von n auf, die mit n_1 vergleichbar sind.

Aus (34, 1) entnehmen wir, daß

$$\nu = \frac{\nu_1}{1 + \frac{p}{A_2 N}}, \tag{34, 5}$$

und wegen $n = \nu + N > \nu$ ist

$$n > \frac{\nu_1}{1 + \frac{p}{A_2 N}}, \tag{34, 6}$$

Bei $T \to 0$ geht die Wahrscheinlichkeit für die thermische Ablösung eines Elektrons von einem Haftterm

$$p = \frac{p_0}{e^{\varepsilon/kT} - 1} \approx p_0 e^{-\varepsilon/kT} \tag{34, 7}$$

ebenfalls gegen Null. Folglich (vgl. (34, 6)) ist bei hinreichend tiefen Temperaturen $n \sim \nu_1 \sim n_1$*) und I gehört bei jedem Wert i zum nichtlinearen Abschnitt der Kurve der Strahlungsintensität in Abhängigkeit von der Intensität des erregenden Lichtes (Abb. 86). Mit anderen Worten: *bei Verringerung der Temperatur wird der lineare Abschnitt der Kurve I (i) verkürzt, und das Verhältnis I/i nimmt bei einem beliebig vorgegebenen i ab.* Dies ist in Abb. 87 dargestellt, wo die Kurve II die Formel (34, 4) bei einer Temperaturabhängigkeit n (T) wiedergibt, wie sie (34, 6) und (34, 7) entspricht.

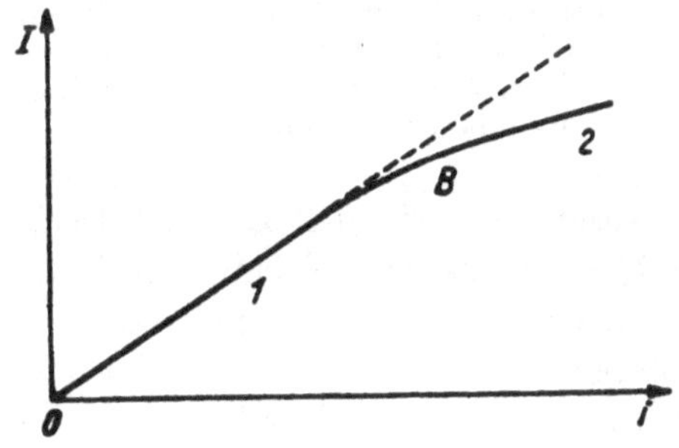

Abb. 86. I als Funktion von i im Fall der Absorption im Aktivator: 1 Anfangsabschnitt, 2 Sättigungsgebiet, B Übergangsgebiet.

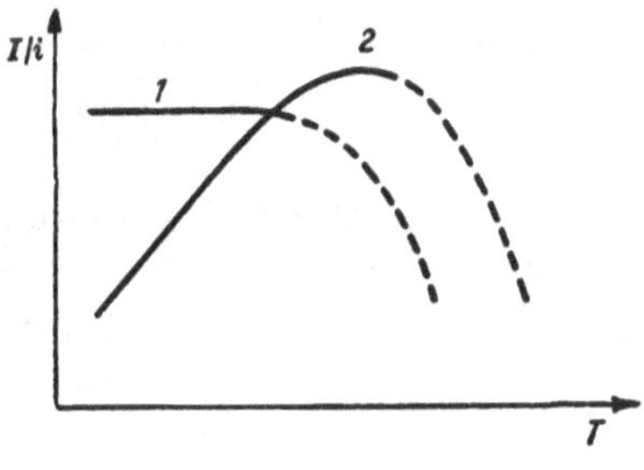

Abb. 87. Theoretischer Verlauf der Kurven $I/i = f(T)$ bei tiefen Temperaturen. 1 im Falle der Grundabsorption, 2 im Falle der Absorption des Erregungslichtes durch den Aktivator. Der Verlauf der Kurven bei hohen Temperaturen ist punktiert dargestellt, was auf Temperaturlöschung der Lumineszenz beruht.

*) Aus (34, 1) folgt unmittelbar, daß bei $p \to 0$ die Konzentration N der Elektronen im Leitfähigkeitsband endlich bleibt, falls $n_1 > \nu_1$ ist. Diese Konzentration wird durch das erregende Licht, das der Phosphor absorbiert, aufrechterhalten.

Anders liegen die Dinge bei stationärem Leuchten des Phosphors im Fall der Absorption des Erregungslichtes durch das Gitter der Grundsubstanz. Dieser Zustand wird durch folgende Gleichungen beschrieben:

$$\begin{aligned} p\nu &= A_2 N (\nu_1 - \nu), \quad A_1 N n = A_3 (n_1 - n)\, m, \\ \varkappa i S &= A_3 (n_1 - n)\, m + A_4 N m, \quad n + m = \nu + N. \end{aligned} \tag{34, 8}$$

Außer den früheren Bezeichnungen gehen hier ein: m, die Konzentration der Löcher im Valenzband, sowie A_3 und A_4, die Übergangswahrscheinlichkeiten von einem Aktivatorterm bzw. aus dem Leitfähigkeitsband in das Valenzband (Abb. 88).

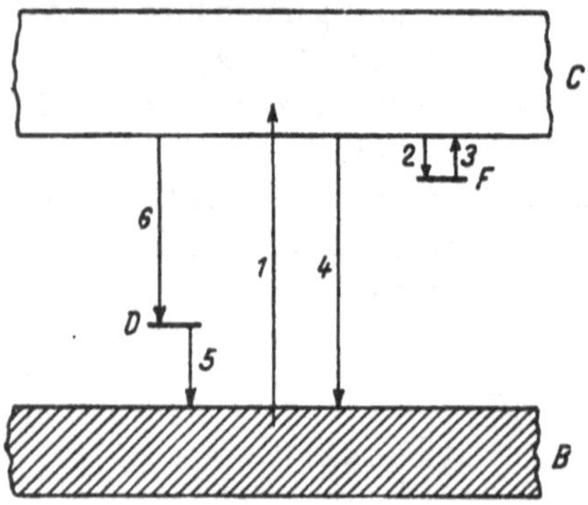

Abb. 88. Elektronenübergänge bei stationärem Leuchten eines Kristallphosphors im Fall der Absorption in der Grundsubstanz. 1 Übergang eines Elektrons aus dem Nichtmetall- in das Metall-Elementargitter des Kristalls bei der Lichtabsorption, 2 Haften, 3 Ablösung, 4 direkte Rekombination mit einem Loch im Valenzband, 5 Übergang aus einem Aktivatorterm in das Valenzband (exotherme Ionisierung des Zentrums), 6 Rekombination eines Elektrons mit einem ionisierten Zentrum.

Bei der Absorption in der Grundsubstanz wird das kinetische Schema verwickelter durch die Möglichkeit von Band-Band-Übergängen und von den Aktivatortermen in das Valenzband (vgl. Abb. 88). Der zweite dieser Übergänge eröffnet einem Leitungselektron die Möglichkeit, mit einem Zentrum zu rekombinieren. Der erste bringt eine Verringerung der Lumineszenzausbeute mit sich, jedenfalls im sichtbaren Gebiet. Indem wir die Frage, ob Elektronenübergänge aus dem Leitfähigkeitsband in das Valenzband stets mit einer Umwandlung von absorbierter Energie in Wärme verbunden sind oder ob sie von einer ultravioletten Emission begleitet sein können, zurückstellen (die Lösung dieser Frage liegt außerhalb der Zuständigkeit des Bändermodells), müssen wir den Schluß ziehen, daß auf jeden Fall dieser Teil der Lichtsumme für die Emission des Kristalls im sichtbaren Gebiet verloren ist. Die direkte Rekombination von Leitungselektronen mit Löchern im Band B führt also zu einer partiellen Löschung der Lumineszenz des Phosphors im sichtbaren Gebiet. Dieser Löschvorgang, der bei allen Temperaturen im Phosphor ablaufen muß, sofern die Absorption der Erregungsenergie in der Grundsubstanz erfolgt, ist verschieden von der Löschung, die darauf beruht, daß ein Teil der Rekombinationsakte von Leitungselektronen mit ionisierten Zentren strahlungslos verläuft. Dieser Vorgang ist für beide Absorptionsmechanismen im Kristall im gleichen Maße möglich. Das Experiment lehrt, daß seine Wahrscheinlichkeit nur bei hinreichend hohen Temperaturen merklich ist (*Temperaturlöschung*). Weder in (34, 1) noch in (34, 8) ist eine Löschung dieses Typs berücksichtigt, und folglich gelten alle Betrachtungen nur für hinreichend tiefe Temperaturen.

Nach den Gleichungen (34, 8) beträgt die Lumineszenzintensität

$$I = \frac{1}{S} A_1 Nn = \frac{1}{S} A_3 (n_1 - n)\, m = \varkappa i - \frac{1}{S} A_4 Nm. \qquad (34,\ 9)$$

Die Linearität der Funktion $I(i)$ ist für Werte i verletzt, bei denen die Anzahl der Elektronenübergänge vom Band C in das Band B vergleichbar wird mit der Anzahl der strahlenden Übergänge

$$A_4 Nm \sim A_1 Nn. \qquad (34,\ 10)$$

Dies sind jedoch Vorgänge verschiedener Größenordnung, was offenbar wird, wenn wir zur Gleichung (34, 9) zurückkehren, aus der hervorgeht, daß

$$A_1 Nn = A_3 (n_1 - n)\, m \sim A_3 n_1 m. \qquad (34,\ 11)$$

Die Lumineszenzlöschung wird durch das quadratische Glied $A_4 Nm/S$ beschrieben; die Emission dagegen hängt bei hinreichend kleinen Intensitäten der Erregung linear von der Konzentration ab:

$$I = \frac{1}{S} A_1 Nn \approx \frac{1}{S} A_3 n_1 m. \qquad (34,\ 12)$$

Folglich tritt eine Löschung der betrachteten Art, die auf Band-Band-Übergängen beruht, nur bei hinreichend großen Erregungsintensitäten in Erscheinung. Solange

$$A_4 N \ll A_3 (n_1 - n), \qquad (34,\ 13)$$

ist die Abhängigkeit der Größe I von i linear:

$$I = \varkappa i, \qquad (34,\ 14)$$

d. h. das Verhältnis

$$\frac{I}{i} = \varkappa = \text{const} \qquad (34, 15)$$

ist konstant, unabhängig von der Temperatur.

Im Gegensatz zum Fall der Absorption des Lichtes in den Zentren hängt die Absorption im betrachteten Fall überhaupt nicht davon ab, welcher Bruchteil der Zentren ionisiert ist. Der Zusammenhang zwischen I und i ist im Falle der Grundabsorption ein rein kinetischer Effekt. Obwohl die Emission der Lumineszenz bei den Übergängen von C nach B erfolgt (s. Abb. 88), wird die Anzahl dieser Übergänge pro sec durch die Ionisierungsgeschwindigkeit der Zentren bei der Lokalisierung von Löschern aus dem Band B in ihnen (Vorgang $D \to B$) bestimmt. Solange $n \ll n_1$ ist, ist dieser letztere Vorgang monomolekular (seine Geschwindigkeit beträgt $A_3 n_1 m$). Daher ist bis zu bestimmten Werten der Erregungsintensität die Lokalisierung der Löscher im Aktivator (Prozeß $D \to B$), die zu einem strahlenden Übergang von C nach D führt, bedeutend wahrscheinlicher als der direkte strahlungslose Übergang von C nach B (bimolekularer Prozeß). Nur bei hinreichend großen Erregungen, bei denen n ungefähr gleich n_1 wird, genügen die direkten Übergänge von C nach B nicht mehr der Gleichung (34, 15). Bei Erregungsintensitäten, wo dies noch nicht der Fall ist, kann eine Abkühlung des Phosphors die Konstanz des Verhältnisses I/i nicht stören.

Dieses Ergebnis bedeutet, daß *im Fall der Absorption in der Grundsubstanz der lineare Abschnitt der Kurve* I (i) *bei beliebig tiefen Temperaturen eine endliche Breite behält.* Mit anderen Worten: *bei Werten von* i, *die* (34, 13) *entsprechen, ist das Verhältnis* I/i *bei weiterer Temperatursenkung konstant* (Kurve I in Abb. 87).

Die kinetische Behandlung zeigt also, daß der Grund für die Nichtlinearität der Funktion I (i) — der Abhängigkeit der Intensität der stationären Lumineszenz von der Intensität des einfallenden Lichtes — bei der Absorption in den Zentren ein anderer ist als bei der Gitterabsorption. Im ersten Fall beruht die Nichtlinearität auf der Verringerung der Absorption durch Steigerung von n, der Anzahl der ionisierten (und deshalb nicht absorbierenden) Zentren. Unter gleichen sonstigen Bedingungen ist n um so größer, je mehr Elektronen sich in den Hafttermen aufhalten (siehe (34, 6)). Folglich muß bei einer Abkühlung die Breite des linearen Abschnitts der Funktion

$I\ (i)$ geringer werden und bei gegebenem i muß das Verhältnis I/i abnehmen.

Im Fall der Grundabsorption beruht die Nichtlinearität der Funktion $I\ (i)$ nur auf der Zunahme der Anzahl direkter Übergänge von freien Elektronen in das untere Band. Dabei wird die Temperaturabhängigkeit der Anzahl dieser Übergänge durch die Funktion $N\ (T)$ in dem Ausdruck A_4Nm bestimmt. Bei Verkleinerung der Temperatur nimmt N ab, und infolgedessen steigt

$$I = \varkappa i - \frac{1}{S} A_4 N m \qquad (34, 16)$$

anfangs; wenn dann das zweite Glied rechts in (34, 16) hinreichend klein geworden ist, bleibt das Verhältnis I/i konstant.

Aus der kinetischen Behandlung des stationären Leuchtens eines idealen Kristallphosphors ergibt sich, daß die Temperaturabhängigkeit der Funktion $I\ (i)$ bei der Absorption durch den Aktivator und durch das Gitter der Grundsubstanz grundsätzlich verschieden ist. Hieraus kann man den Schluß ziehen, daß Temperaturuntersuchungen eine Methode zur experimentellen Lösung der Frage nach dem Absorptionsmechanismus in Kristallphosphoren bilden können. *Führt eine Temperaturerniedrigung zu einer Verringerung der Strahlungsintensität I bei festgehaltener Intensität i des erregenden Lichtes, so erfolgt die Absorption in den Zentren. Bleibt dagegen I bei hinreichend tiefer Abkühlung konstant, so absorbiert das Gitter der Grundsubstanz* (siehe Abb. 87). Bei Zimmertemperatur und höherer Temperatur muß eine Temperaturlöschung der Lumineszenz eintreten, die bei der theoretischen Behandlung vernachlässigt wurde und den Unterschied im Verhalten der Phosphore bei den beiden Absorptionsmechanismen verwischt (punktierte Abschnitte der Kurven in Abb. 87). Deshalb muß der ganze Versuch bei hinreichend tiefen Temperaturen durchgeführt werden.

§ 35: Vergleich mit dem Experiment

Etwa 1½ Jahre nach Veröffentlichung dieser Ergebnisse [4], die aus der Behandlung der Kinetik des Leuchtens der Kristallphosphore bei konstanter Erregung folgten, wurden sie durch die Versuche von Peyrou bestätigt [5].

In Abb. 89 ist eine der Reihen experimenteller Kurven dargestellt, die Peyrou durch Erregung einer ZnS · CdS-Probe (70% ZnS,

30% CdS) mit sechs Wellenlängen im Temperaturintervall von + 20 bis —180° C erhielt. Die Erregungsintensität war während der Aufnahme jeder Temperaturkurve konstant. Den Wellenlängen 302, 312, 334 und 365 mμ entsprechen Kurven, die bei hoher Temperatur übereinstimmen und bei Abkühlung des Phosphors konstant verlaufen. Bei Erregung mit den Wellenlängen 405 und 436 mμ stimmen die Temperaturkurven nicht nur rechts überein, wo die Lumineszenzlöschung einsetzt, sondern auch links, bei hinreichender Verringerung der Temperatur. Die langwellige Grenze der Grundabsorptionsbande der Probe liegt bei 371 mμ. Folglich ist der Charakter der Temperaturkurven $I(T)$, die der Absorption in der Grundsubstanz bzw. im Aktivator entsprechen, vollständig verschieden und entspricht den oben hergeleiteten theoretischen Schlüssen (s. Abb. 87). Dieses Ergebnis ist ausnahmslos bei allen Proben bestätigt, die Peyrou untersuchte.

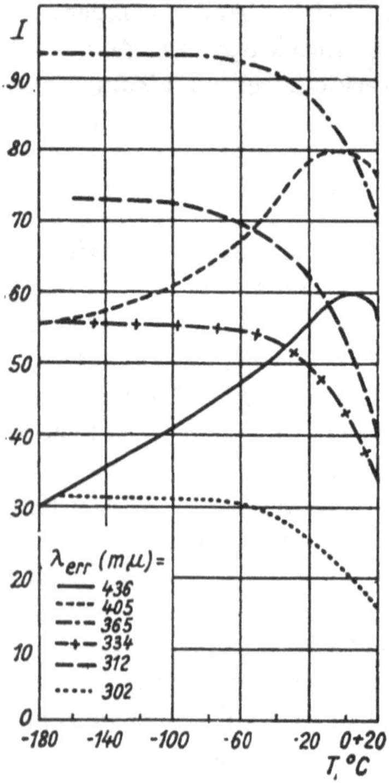

Abb. 89. Temperaturkurven des stationären Leuchtens von ZnS · CdS (70% ZnS, 30% CdS) bei Erregung durch verschiedene Spektrallinien. Die langwellige Grenze der Grundabsorption der Probe liegt bei 371 mμ (nach Ch. Peyrou).

Der Verlauf der Kurven, die der Grundabsorption entsprechen, erklärt Peyrou durch die Lumineszenzlöschung, die auf den Übergängen von Elektronen aus dem Leitfähigkeitsband in das Valenzband beruht. Diese Übergänge machen sich bei Zimmertemperatur bemerkbar, verschwinden aber bei genügender Abkühlung des Phosphors. Es sind offenbar dieselben Übergänge, die in den kinetischen Gleichungen (34, 8) durch das Glied A_4Nm dargestellt wurden und auf denen die Nichtlinearität von I und i beruht (im Fall der Grundabsorption). Aus den Abb. 89, 91 und 92 sehen wir, daß dieses Glied bei Temperaturen verschwindet unterhalb derjenigen, bei denen der Tieftemperaturabfall der Kurven einsetzt, welche der Absorption im Aktivator entsprechen (siehe (34, 4)). In dem Gebiet, wo die Abnahme von I/i bei den Kurven der letzten Art schon sehr wesentlich ist, rücken die der Grundabsorption entsprechenden Kurven $I/i = f(T)$ bei Verringerung von T noch mehr nach oben und gehen dann erst in den konstanten Teil über (vgl. (34, 16)).

Das Maximum in den Kurven, die mit der Absorption im Aktivator verknüpft sind, und ihr Abfall bei tiefen Temperaturen wird von PEYROU mit der Tatsache in Verbindung gebracht, daß bei der Erregung außerhalb der Grundabsorptionsbande die Leuchtstoffe eine bedeutende Phosphoreszenz aufwiesen, die bei den Temperaturen einfriert, bei welchen der Abfall der Kurven $I/i = f(T)$ eintritt. Der Zusammenhang zwischen diesen Tatsachen ist PEYROU nicht ganz klar. Er nimmt zunächst an, daß das Einfrieren der Phosphoreszenz nur auf die Einstellzeit des stationären Leuchtvorganges von Einfluß ist, aber nicht auf diesen Zustand selbst. Die weitere Analyse der Tatsachen führt ihn dann jedoch zu dem richtigen Schluß, daß der Abfall dieser Kurven im Gebiet geringer Temperaturen auf der Verringerung der Absorption infolge der Steigerung der Anzahl der ionisierten Aktivatoratome beruht. Das ist dieselbe Schlußfolgerung, zu der uns die kinetische Behandlung des Problems geführt hat.

Die Kurven von PEYROU stellen die Gleichung (34, 4) in der T-I-Ebene bei $i = \text{const.}$ dar (siehe Abb. 87). Bei gegebener Erregungsintensität stellt die Gleichung (34, 4) I als implizite Funktion der Temperatur dar, denn wegen (34, 6) und (34, 7) ist $n = n(T)$. Wie gezeigt wurde, steigt n bei Abkühlung an, weil immer mehr Elektronen in den Haftermen „einfrieren". Folglich nimmt die Ordinate der Kurve $I = \varkappa i\,(n_1 - n)$ in der T-I-Ebene ab. In der i-I-Ebene besteht dieser Effekt bei Abkühlung des Phosphors in einer Abnahme der Steigung der Kurve $I\,(i)$ bei festem i, d. h. in einem Schmalerwerden des linearen Abschnitts (Abb. 90).

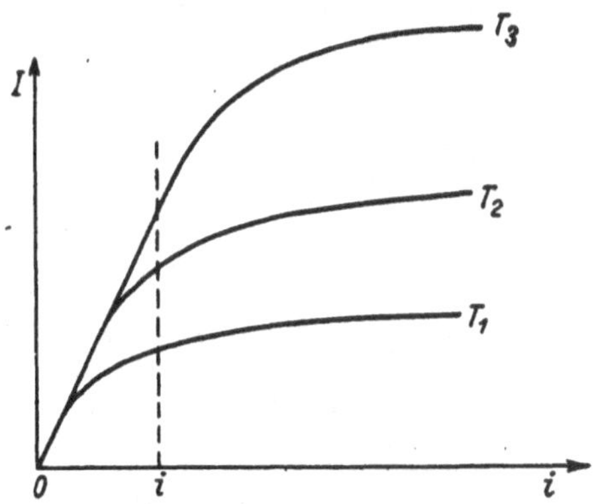

Abb. 90. Isothermen $I = f\,(i)$ für den Fall der Absorption des Erregungslichtes im Aktivator; $T_1 < T_2 < T_3$.

Der Vergleich der experimentellen Kurven von PEYROU mit der theoretischen Behandlung des Problems, die wir im vorhergehenden Paragraphen durchführten, beweist, wie wir sehen, die vollständige Übereinstimmung zwischen Theorie und Experiment.

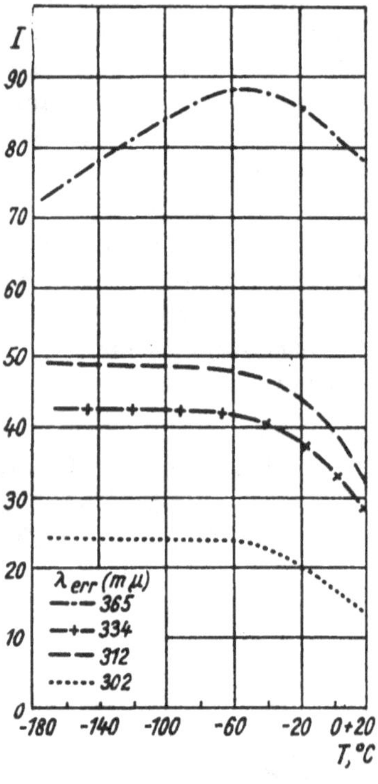

Abb. 91. Temperaturkurven des stationären Leuchtens von ZnS bei Erregung mit verschiedenen Spektrallinien. Die langwellige Grenze der Grundabsorption der Probe liegt bei 335 mμ (nach CH. PEYROU).

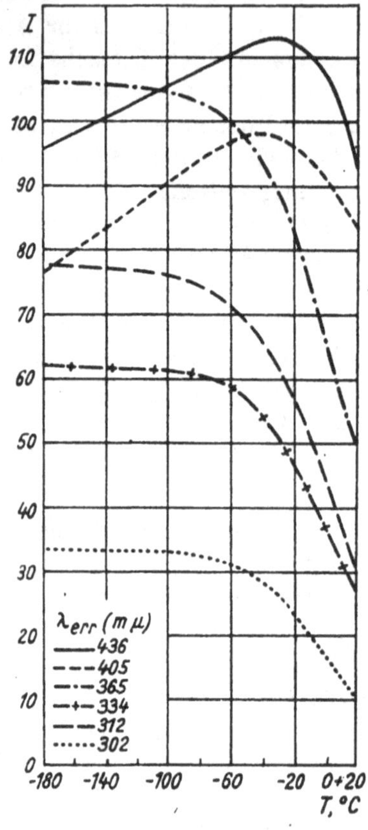

Abb. 92. Temperaturkurven des stationären Leuchtens eines ZnS · CdS-Phosphors (50 % ZnS, 50 % CdS) bei Erregung mit verschiedenen Spektrallinien. Die langwellige Grenze der Grundabsorption der Probe liegt bei 405 mμ (nach CH. PEYROU).

Die Behandlung der Kinetik der Strahlungsvorgänge in Kristallphosphoren bei konstanter Erregung führte zu dem Schluß, daß Experimente bei tiefen Temperaturen als Methode zur Klärung der Frage nach dem Mechanismus der Absorption im Leuchtstoff dienen können; sie können Antwort auf die Frage geben, ob die Absorption im Aktivator oder in der Grundsubstanz erfolgt. Die Richtigkeit dieser Behauptung wird durch die Kurven von Peyrou vollständig bestätigt. Es genügt, einen Blick auf die Abb. 89, 91 und 92 zu werfen, um an Hand des Kurvenverlaufs bestimmen zu können, wann der Aktivator und wann die Grundsubstanz absorbiert.

Darüber hinaus hat sich die Untersuchung des Temperaturverhaltens des Leuchtens bei konstanter Erregung als sehr genaue Methode zur Lösung der Frage nach dem Absorptionsmechanismus erwiesen, die imstande ist, sogar in solchen Fällen eine bestimmte Antwort zu geben, wo die photometrischen Versuche versagen. Gehört die Linie 334 mμ zur Grundabsorptionsbande des reinen ZnS, deren langwellige Grenze bei 335 mμ liegt? Gehört die Linie 405 mμ zur Grundabsorptionsbande des ZnS · CdS (50% ZnS, 50% CdS), deren langwellige Grenze bei 405 mμ liegt? Photometrische Versuche reichen nicht aus, um die Grenze der Bande so genau zu bestimmen, wie zur Beantwortung dieser Fragen notwendig ist. Dagegen ist die Antwort, die man aus thermischen Versuchen erhält, vollkommen eindeutig. Der Verlauf der Kurven, die der Erregung von ZnS durch die Wellenlänge 334 mμ entsprechen (Abb. 91), zeigt, daß die Erregung in der Grundsubstanz erfolgt (kein Abfall im Gebiet tiefer Temperaturen). Der Verlauf der Kurve, die der Erregung des ZnS · CdS (50% ZnS, 50% CdS) durch die Wellenlänge 405 mμ entspricht, zeigt (Abb. 92), daß die langwellige Grenze der Grundabsorption dieses Phosphors tatsächlich etwas kleiner ist als 405 mμ und daß demzufolge die Linie 405 mμ schon vom Aktivator absorbiert wird.

Peyrou verwendet also thermische Experimente zur Lösung der Frage nach dem Mechanismus der Lichtabsorption in Kristallphosphoren. Seine Ergebnisse geben Grund zu der Annahme, daß diese Methode, die wir in [3, 4] 1½ Jahren vor diesen Experimenten vorschlugen, auch in den Arbeiten anderer Experimentatoren Verwendung finden wird.

Ähnliche Ergebnisse wie Peyrou erhielten Garlick und Gibson mit einem ZnS · Zn-Phosphor [6]. In Abb. 93 ist die Abhängigkeit von I/i von T für vier verschiedene Wellenlängen des Erregungslichtes dargestellt *). Ein Blick genügt, um festzustellen, daß die Kurven *a* und *b* der Grundabsorption entsprechen, während *c* und *d* der Absorption im Aktivator zuzuordnen sind. Dies wird bestätigt durch einen Vergleich der in der Unterschrift zur Abb. 93 angegebenen Wellenlängen des erregenden Lichtes mit der langwelligen Grenze der Grundabsorption der Probe, die hier 334 mμ beträgt.

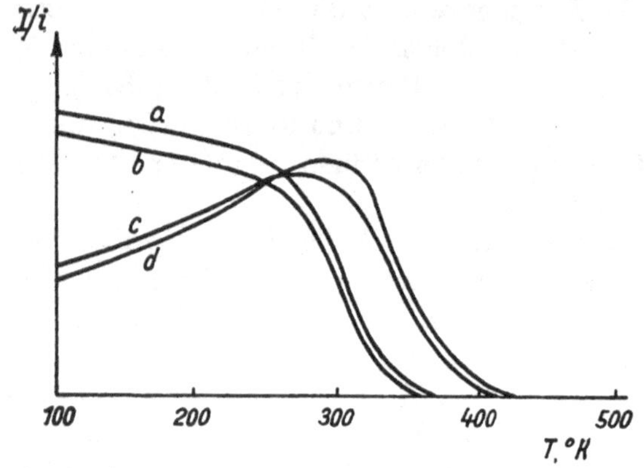

Abb. 93. Temperaturkurven des stationären Leuchtens von ZnS · Zn bei Erregung mit verschiedenen Spektrallinien. *a*: $\lambda_{err} = 253{,}7\,m\mu$; *b*: $\lambda_{err} = 313{,}2\,m\mu$; *c*: $\lambda_{err} = 365{,}3\,m\mu$; *d*: $\lambda_{err} = 404{,}3\,m\mu$. Die langwellige Grenze der Grundabsorption der Probe liegt bei 334 mμ (nach GARLICK und GIBSON).

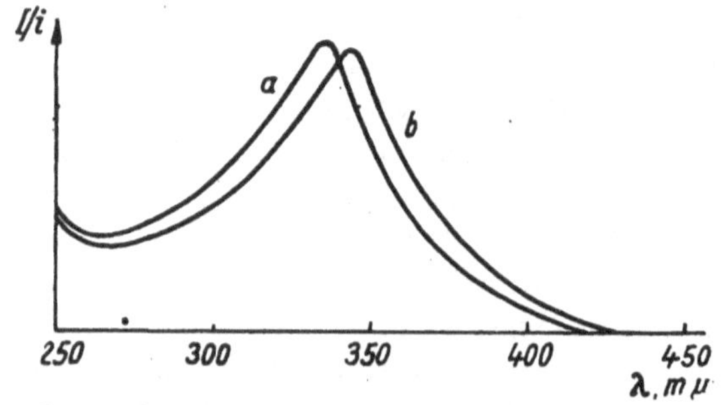

Abb. 94. Abhängigkeit des Verhältnisses I/i von der Wellenlänge des erregenden Lichtes für ZnS · Zn; *a*: 90° K; *b*: 230° K (nach GARLICK und GIBSON).

GARLICK und GIBSON, die in den Vorstellungen der „metastabilen" Theorie von RANDALL befangen sind, „erklären" den verschiedenen Temperaturverlauf der Kurven in Abb. 93 folgendermaßen: Eine Steigerung der Temperatur ruft eine Ausdehnung des Kristallgitters des Phosphors hervor. Der Einfluß dieses Effekts auf die Zentren, die im Gitter verteilt sind, führt zu der beobachteten Abhängigkeit des Verhältnisses I/i von der Temperatur bei verschiedenen Wellen-

*) GARLICK und GIBSON bezeichnen die Größe, die auf der Ordinatenachse in Abb. 93 abgetragen ist, als Lumineszenzausbeute. Das ist nicht exakt, denn die Ausbeute ϱ ist bei stationären Leuchten gleich dem Verhältnis der Lumineszenzintensität zur Intensität des *absorbierten* und nicht zu der des *auffallenden* Lichtes. In der Arbeit von GARLICK und GIBSON wird dieses zweite Verhältnis, d. h. I/i, gemessen.

längen des erregenden Lichtes. Zur Bestätigung führen sie die Kurven an, die die Abhängigkeit der Größe I/i von λ_{err} bei zwei verschiedenen Temperaturen wiedergeben (Abb. 94), und die genau dieselben Ergebnisse darstellen, nur in anderen Koordinaten. Die Erklärung von Garlick und Gibson stimmt weder quantitativ mit dem Experiment überein, noch enthält sie eine qualitative Deutung der Erscheinung. Am Beispiel des in diesem Kapitel behandelten Effekts werden die Übereinstimmung mit dem Experiment und die Fruchtbarkeit der bimolekularen Theorie sowie die Hilflosigkeit der monomolekularen Theorie von Randall in allen ihren konkreten Schlußfolgerungen besonders deutlich; diese Unzulänglichkeit der Randallschen Vorstellungen beruht auf ihrer mangelnden Übereinstimmung mit dem wirklichen Mechanismus des Leuchtens der Kristallphosphore.

KAPITEL VI

DIE HAFTTERME UND DAS PROBLEM DER STRAHLUNGSLOSEN ELEKTRONENÜBERGÄNGE

§ 36: Allgemeine Bemerkungen

Mit der Kinetik der Elektronenprozesse in den Kristallphosphoren sind selbstverständlich die Probleme der Theorie der Kristallumineszenz noch nicht erschöpft. Sie stellt nur den ersten Schritt der Theorie dar und stützt sich dabei auf die phänomenologische Beschreibung der Elementarprozesse mit Hilfe der Wahrscheinlichkeitskoeffizienten des Haftens, der Ablösung und der Rekombination des Elektrons. Die nächste Aufgabe der Theorie ist die Aufdeckung der physikalischen Natur dieser Prozesse.

Wie weiter unten gezeigt wird, reicht das Bändermodell hierzu nicht mehr aus. Zur Lösung dieses Problems müssen eine Reihe von Umständen berücksichtigt werden, die man beim Bändermodell vernachlässigt. Wir verschieben die allgemeine Erörterung der Grenzen der Anwendbarkeit des Bändermodells auf das nächste Kapitel und behandeln hier die Frage nach den Prozessen des Haftens und der thermischen Ablösung der Elektronen im Kristall, die mit dem allgemeinen Problem des Energieaustausches zwischen Elektronen und Kristallgitter eng zusammenhängt.

Die Vorstellung von den lokalen Hafttermen bildet die Grundlage des modernen theoretischen Bildes der Kristallumineszenz. Durch diese Terme wird die gesamte Kinetik der Phosphoreszenz bestimmt, die auf der thermischen Ablösung der dort lokalisierten Elektronen beruht. Die lokalen Haftterme bestimmen auch die Fähigkeit des Aufleuchtens der ultrarotempfindlichen Phosphore. Die große Allgemeinheit der Vorstellungen über die Ursachen des Auftretens von Hafttermen in Kristallen („gewisse Strukturfehlstellen“) führt zu ihrer rein phänomenologischen Beschreibung durch die Wahrscheinlichkeiten für den Einfang und die Ablösung eines Elektrons. In solchem formalen Schema für die Kinetik der Vorgänge wird die grundlegende theoretische Schwierigkeit, die in Zweifel stellt, ob die Behandlung des Haftens und der thermischen Ablösung von Elektronen innerhalb des Bändermodells gerechtfertigt ist, einfach umgangen.

Der Übergang eines Elektrons in einen lokalen Haftterm ist mit einer Verringerung seiner Energie um etwa 0,5 bis 1 eV verbunden. Die Annahme eines solchen strahlenden Überganges und des umgekehrten Überganges infolge einer Absorption von Licht aus dem ultraroten Teil des Spektrums begegnet keinen grundsätzlichen theoretischen Schwierigkeiten. Kennt man die Wellenfunktionen des Anfangs- und des Endzustandes, so kann man die entsprechende Übergangswahrscheinlichkeit berechnen: sie ist proportional dem Quadrat des Betrages des Matrixelementes zum Operator des elektrischen Momentes [1, 2]. Die Durchführung dieser Rechnungen ist aber faktisch nicht möglich, da uns die experimentellen Daten, die zur Beschreibung der Wechselwirkung des Elektrons mit der Strukturfehlstelle notwendig sind, nicht in ausreichendem Maße zur Verfügung stehen; weiterhin treten rechnerische Schwierigkeiten bei der Lösung der Wellengleichung für das Elektron im Realkristall auf.

Ganz anders liegen die Dinge hinsichtlich der *strahlungslosen* Elektronenübergänge im Kristall. Hier erheben sich nicht nur mathematische, rechnerische, sondern prinzipielle physikalische Schwierigkeiten. Bis heute ist man sich über die physikalische Natur der strahlungslosen Elektronenübergänge im Kristall noch nicht hinreichend klar. Der Mechanismus der Übertragung der Elektronenenergie auf das Gitter selbst wird von den verschiedenen Forschern ganz verschieden aufgefaßt. Eine mehrfach hervorgehobene Schwierigkeit besteht hier in der Klärung der Frage, wie die Elektronenenergie in einem einzigen Akt auf eine große Anzahl von Phononen verteilt werden kann. In der üblichen harmonischen Näherung für das Gitterpotential haben solche Vielquantenprozesse eine verschwindend kleine Wahrscheinlichkeit.

Im Kapitel III wurde gezeigt, daß im starren periodischen Gitter aus unbeweglichen Ionen die Elektronen des Leitfähigkeitsbandes sich ungehindert mit einer konstanten mittleren Geschwindigkeit $\mathfrak{v} = 1/\hbar \operatorname{grad}_{\mathfrak{k}} \varepsilon$ in beliebigen kristallographischen Richtungen bewegen können. Die Energie jedes Elektrons bleibt in einem solchen Gitter konstant.

Die thermischen Schwingungen der Ionen stören die Periodizität des Gitters, wodurch eine Wechselwirkung und dann die Möglichkeit eines Energieaustausches zwischen Elektronen und Gitter entsteht. Dieser Umstand wird im Bändermodell implizit schon durch die Einführung der Elektronenstatistik, der Verteilung der Elektronen über die Terme gemäß der FERMI-Funktion berücksichtigt. Das bedeutet, daß das Kristallgitter nicht nur als Erzeuger des periodischen Feldes, sondern auch als Thermostat betrachtet wird, in dem sich das Elektronenkollektiv befindet.

Im thermodynamischen Gleichgewicht, in dem der gegenseitige Energieaustausch zwischen den Teilsystemen der Elektronen und Ionen im Kristall ausbalanciert ist, reicht eine solche implizite Berücksichtigung der Wechselwirkung durch Einführung der Statistik völlig aus. Im anderen Falle, in dem dann die Relaxationszeiten eine wesentliche Rolle spielen und kein Gleichgewicht im Energieaustausch zwischen Elektronen und Gitter besteht, muß man den störenden Einfluß des Gitters auf die Elektronenbewegung explizit berücksichtigen. Die potentielle Energie des Gitters

$$\mathfrak{v}(\mathfrak{R}_1, \mathfrak{R}_2, \ldots) = \mathfrak{v}_0(\mathfrak{R}_1, \mathfrak{R}_2, \ldots) + W(\mathfrak{R}_1, \mathfrak{R}_2, \ldots) \qquad (36,\ 1)$$

(siehe (10, 6)) entwickeln wir zu diesem Zwecke in eine Reihe nach den Verschiebungen $\mathfrak{u}_\alpha = \mathfrak{R}_\alpha - \overline{\mathfrak{R}}_\alpha$ der Ionen, und zwar bis zu Gliedern zweiter Ordnung. Hierbei sind sämtliche linearen Glieder gleich Null, da die Ionen um ihre *Gleichgewichtslage* $\mathfrak{R}_\alpha = \overline{\mathfrak{R}}_\alpha$ schwingen, für welche die potentielle Energie ein Minimum hat. Mit Hilfe einer Substitution kann man die potentielle Energie allein als Summe der Betragsquadrate der so definierten *Normalkoordinaten* [3, 4] darstellen, wobei diese Summe keine Glieder vom Typ const. $\cdot u_i \cdot u_k$ enthält. Dadurch zerfällt die Gleichung (10, 6) in voneinander unabhängige Gleichungen für die Normalschwingungen, die sämtlichen bei gegebenen Grenzbedingungen möglichen elastischen Wellen im Gitter entsprechen. In einem Kristall aus N Atomen beträgt ihre Anzahl $3N$, ist also gleich der Gesamtzahl der Freiheitsgrade.

Jede der Normalschwingungen wird durch eine SCHRÖDINGER-Gleichung beschrieben, in der die potentielle Energie proportional dem Quadrat der Koordinate ist. Folglich ist die Gesamtheit aller elastischen Wellen im Kristall, in die sich die Wärmebewegung des Gitters zerlegen läßt, äquivalent $3N$ unabhängigen harmonischen Oszillatoren. Die Wechselwirkung der Elektronen mit dem Gitter, die in (10, 12) als Störung infolge der Änderung von V' durch die thermischen Verschiebungen der Ionen eingeht, ist äquivalent der Wechselwirkung mit $3N$ unabhängigen harmonischen Oszillatoren. Bekanntlich (siehe z. B. [1, 2]) sind die möglichen Energiewerte eines harmonischen Oszillators

$$E_n = h\nu\left(n+\frac{1}{2}\right) \quad (n = 0, 1, 2, \ldots). \tag{36, 2}$$

Die Frequenzen der Normalschwingungen des Kristallgitters erstrecken sich von tiefen Schallfrequenzen an bis zu sehr hohen Werten, die der Absorption von ultrarotem Licht durch das Gitter entsprechen. Die charakteristische Frequenz der Gitterschwingungen ist die sog. DEBYEsche Frequenz ν_D[4, 5], die für Ionengitter etwa 10^{13} bis 10^{14} sec^{-1} beträgt.

In der Störungstheorie erster Näherung für den harmonischen Oszillator sind nur Einquantenprozesse möglich, d. h. die Emission oder Absorption nur eines Phonons $h\nu$. Alle übrigen Matrixelemente des Störoperators verschwinden. Da die Wellenfunktion des Systems der $3N$ unabhängigen Oszillatoren als Produkt der individuellen Wellenfunktionen dargestellt werden kann*), bleibt auch für das System unabhängiger Oszillatoren dieselbe Auswahlregel gültig. Das bedeutet, daß innerhalb der harmonischen Entwicklung des Potentials die Absorption und Abgabe von Energie durch das Kristallgitter nur in Beträgen von einem Phonon $h\nu_j$ erfolgen kann.

Die Energie, die ein Elektron bei einem strahlungslosen Übergang vom Leitfähigkeitsband in das Grundband oder vom Leitfähigkeitsband in einen Haftterm verliert, beträgt aber größenordnungsmäßig

$$\Delta\varepsilon \sim 1\,\mathrm{eV} \sim 10 \div 100\, h\nu_D\,. \tag{36, 3}$$

Folglich muß ein strahlungsloser Elektronenübergang das Ergebnis eines Vielquantenprozesses, der Erzeugung von 10 bis 100 Phononen sein. Die Wahrscheinlichkeit für einen solchen Vorgang ist erst in höheren Näherungen der Störungstheorie von Null verschieden (der entsprechende Grad der Näherung ist gleich der Anzahl der entstehenden Phononen) und ist deshalb verschwindend klein. Das Experiment zeigt jedoch in bezug auf Phosphore und nichtlumineszierende Kristalle, daß die Wahrscheinlichkeit für die strahlungslosen Übergänge durchaus nicht klein ist, sondern daß diese Übergänge in Konkurrenz mit den strahlenden (den Prozessen erster Ordnung) treten und daß sie diese sogar manchmal ganz und gar verdecken.

*) Genauer als Summe solcher Produkte, genommen über sämtliche Permutationen; die Phononen gehorchen nämlich der BOSE-Statistik.

Die Lösung dieses Widerspruches ist die erste und wichtigste Aufgabe einer Theorie der strahlungslosen Elektronenübergänge in Kristallen. Bei der Lumineszenz der Kristallphosphore hat man dies mit den Problemen der Löschung in Zusammenhang gebracht [6 bis 12 u. a.]. Diese Frage besitzt jedoch weitaus größere Allgemeinheit und umfaßt auch die Elektronenübergänge zwischen dem Leitfähigkeitsband und den Hafttermen, das Hauptglied sämtlicher Halbleitervorgänge in Kristallen, unter anderem auch den Phosphoreszenzprozeß.

§ 37: Die Theorie der „Vielfachstöße"

In der modernen Literatur wird das Problem der strahlungslosen Übergänge in Kristallen gewöhnlich mit der Theorie von Möglich und Rompe in Verbindung gebracht.

Die Grundlage dieser Theorie ist die Annahme der Möglichkeit von „Vielfachstößen", d. h. einer gleichzeitigen Wechselwirkung eines Elektrons mit einer großen Anzahl elastischer Gitterschwingungen. Dabei entsteht nach Möglich und Rompe gleichzeitig eine große Anzahl von Phononen, so daß die Gesamtenergie, die das Gitter bei einem solchen Stoß aufnimmt, groß sein kann.

Bei der dabei auftretenden momentanen Übertragung seiner Energie auf die thermischen Gitterschwingungen

$$\Delta\varepsilon \rightarrow \Sigma\, h\nu_j\,, \tag{37, 1}$$

geht das Elektron strahlungslos aus dem Leitfähigkeitsband in das untere Band oder ein lokales Niveau über. Dabei entstehen

$$\frac{\Delta\varepsilon}{h\nu_D} \sim 100 \tag{37, 2}$$

Phononen, denn es ist $\Delta\varepsilon \sim 1\,\text{eV}$, und die mittlere Energie eines Phonons im Kristallgitter beträgt etwa $h\nu_D \approx 10^{-2}$ eV. Beim Übergang in einen Haftterm ist $\Delta\varepsilon$ etwas kleiner, bleibt aber trotzdem noch in der Größenordnung von 10 Phononen. Die Möglichkeit von Vielfachstößen beruht nach Möglich und Rompe auf der Anharmonizität des Gitterpotentials. Wir schieben die Diskussion dieser Behauptung noch etwas auf und besprechen jetzt, wie Möglich und Rompe auf sie ihre Theorie aufbauen.

Sämtliche Ergebnisse dieser Theorie lassen sich aus statistischen Überlegungen gewinnen, die gedanklich der bekannten Einsteinschen

Ableitung der PLANCKschen Strahlungsformel entsprechen (siehe z. B. [1]).

Wir betrachten zwei Energieintervalle $\varepsilon_i + \Delta\varepsilon_i$ und $\varepsilon_s + \Delta\varepsilon_s$ im Energiediagramm des Kristalls (Abb. 95). Die Gesamtanzahl der Terme in diesen Intervallen bezeichnen wir mit z_i bzw. z_s, die Anzahl der in ihnen befindlichen Elektronen mit n_i bzw. n_s *). Das Problem besteht in der Berechnung der Wahrscheinlichkeit für einen strahlungslosen Übergang des Elektrons von ε_i nach ε_s, wobei g Phononen mit den Frequenzen ν_1, $\nu_2, \ldots, \nu_g$ entstehen sollen.

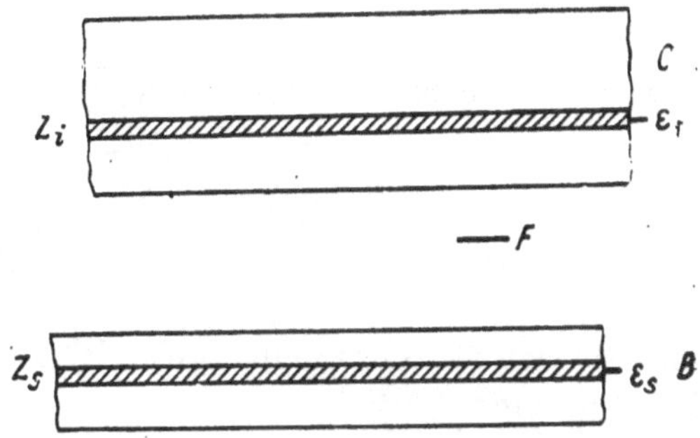

Abb. 95. Zur Ableitung der Formel von MÖGLICH und ROMPE

Dabei ist

$$\Delta\varepsilon = \varepsilon_i - \varepsilon_s = h \sum_j^{1-g} \nu . \qquad (37, 3)$$

Die Anzahl der Elektronenübergänge vom Zustand s in den Zustand i,

$$N_{si} = Q_{si}\, n_s\, (z_i - n_i) \prod_j \sigma_{\nu j}, \qquad (37, 4)$$

von denen jeder mit der Absorption von g Phononen mit den Frequenzen $\nu_1, \nu_2, \ldots, \nu_g$ verbunden ist, wird als proportional erstens der Anzahl der Elektronen im Zustand s (n_s), zweitens der Anzahl der freien Plätze im Zustand i ($z_i - n_i$), drittens der Anzahl der Phononen mit den Frequenzen $\nu_1, \nu_2, \ldots, \nu_g$ (σ_{ν_j}) angesehen. Die Anzahl der umgekehrten Übergänge beträgt**)

$$N_{is} = Q_{is}\, n_i\, (z_s - n_s) \prod_j (\sigma_{\nu j} + a_j) . \qquad (37, 5)$$

Die Koeffizienten a_j in (37, 5) geben die Wahrscheinlichkeit für spontane Übergänge von i nach s an, während die Übergänge von s nach i nur induziert erfolgen können.

*) Nach dem Vorgang von MÖGLICH und ROMPE [10] führen wir die Überlegung für Band-Band-Übergänge durch. Wie sich aus dem Verlauf der Ableitung ergibt, gilt sie gleichermaßen auch für die Übergänge vom Band in ein lokales Niveau.

**) N_{si} und N_{is} beziehen sich auf 1 sec.

Bei thermischen Gleichgewicht verteilen sich die Elektronen nach der FERMI-Statistik:

$$n_i = \frac{z_i}{e^{\frac{\varepsilon_i - \zeta}{kT}} + 1}, \qquad n_s = \frac{z_s}{e^{\frac{\varepsilon_s - \zeta}{kT}} + 1}, \tag{37, 6}$$

und die Phononen nach der BOSE-Statistik*):

$$\sigma_{\nu_j} = \frac{12\pi\nu_j^2}{v^3} \frac{1}{e^{\frac{h\nu_j}{kT}} - 1}. \tag{37, 7}$$

Dabei muß die Anzahl der einen Übergänge gleich der der umgekehrten sein:

$$N_{si} = N_{is}. \tag{37, 8}$$

Setzen wir (37, 6) in (37, 8) ein, und bedenken, daß

$$\frac{n_s (z_i - n_i)}{n_i (z_s - n_s)} = e^{\frac{\varepsilon_i - \varepsilon_s}{kT}}, \tag{37, 9}$$

ist, so erhalten wir

$$\frac{N_{si}}{N_{is}} = \frac{Q_{si}}{Q_{is}} e^{\frac{\varepsilon_i - \varepsilon_s}{kT}} \prod_j \frac{\sigma_{\nu_j}}{\sigma_{\nu_j} + a_j} \equiv 1. \tag{37, 10}$$

Diese Gleichung bleibt bei beliebiger Temperatur gültig. Bei $T \to \infty$ ist

$$\sigma_{\nu_j} \gg a \tag{37, 11}$$

und daher

$$\frac{N_{si}}{N_{is}} \to \frac{Q_{si}}{Q_{is}} = 1. \tag{37, 12}$$

Damit ist die Gleichheit der Koeffizienten Q für den einen und den umgekehrten Übergang bewiesen.

Unter Benutzung dieses Ergebnisses erhalten wir, wenn wir $\varepsilon_i - \varepsilon_s$ durch $\Sigma h\nu_j$ ersetzen (siehe (37, 3)) und in (37, 10) die Werte für σ_{ν_j} aus (37, 7) einsetzen,

*) v ist die Schallgeschwindigkeit im Kristall.

$$\prod_{j}^{1-g} \frac{\frac{12\pi\nu^2}{v^3} \cdot \frac{e^{h\nu_j/kT}}{e^{h\nu_j/kT}-1}}{\frac{12\pi\nu^2}{v^3} \cdot \frac{1}{e^{h\nu_j/kT}-1} + a_j} = 1. \tag{37, 13}$$

Dieses Produkt muß für jede Kombination der Frequenzen $\nu_1, \nu_2, \ldots, \nu_g$ gleich Eins sein. Folglich sind die Faktoren in (37, 13) unabhängig und jeder von ihnen ist einzeln gleich Eins:

$$\frac{12\pi\nu_j^2}{v^3} \frac{e^{h\nu_j/kT}}{e^{h\nu_j/kT}-1} = \frac{12\pi\nu_j^2}{v^3} \frac{1}{e^{h\nu_j/kT}-1} + a_j. \tag{37, 14}$$

Aus (37, 14) finden wir

$$a_j = \frac{12\pi\nu_j^2}{v^3}. \tag{37, 15}$$

Die nun zu bestimmende Wahrscheinlichkeit für den strahlungslosen Übergang von i nach s ist

$$A_{is} = \frac{N_{is}}{n_i(z_s - n_s)} = Q_{is} \prod_j (\sigma_{\nu_j} + a_j). \tag{37, 16}$$

Sämtliche Größen (außer Q_{is}!), die in (37, 16) eingehen, sind explizit gegeben (siehe Formeln (37, 6), (37, 7) und (37, 15). Setzen wir sie ein, so finden wir

$$A_{is} = Q_{is} \left(\frac{12\pi}{v^3}\right)^g \prod_j^{1-g} \frac{\nu_j^2 e^{h\nu_j/kT}}{e^{h\nu_j/kT}-1}. \tag{37, 17}$$

Unter der Voraussetzung, daß

$$kT \gg h\nu_j \tag{37, 18}$$

ist, und unter Beschränkung auf die ersten Glieder der Taylorschen Entwicklung der Exponentialausdrücke erhalten Möglich und Rompe

$$A_{is} = Q_{is} \left(\frac{12\pi k}{hv^3}\right)^g \prod_j^{1-g} \nu_j T^g. \tag{37, 19}$$

Es ist aber

$$g = \frac{\sum^{1-g} h\nu_j}{h\nu_D} = \frac{\Delta s}{h\nu_D}. \tag{37, 20}$$

Aus (37, 19) und (37, 20) ergibt sich die Formel von Möglich und Rompe für die Wahrscheinlichkeit eines strahlungslosen Elektronenüberganges

$$A_{\text{therm}} = A T^{\Delta \varepsilon / h \nu_D}, \qquad (37, 21)$$

wobei A der Koeffizient von T^q in Formel (37, 19) ist; diese Formel wird weitgehend und nicht immer mit genügender Kritik in der modernen Lumineszenzliteratur zitiert [6, 7, 8, 12, 13, 14 u. a.]. Sie besagt, daß die Wahrscheinlichkeit für die strahlungslosen Übergänge eine Potenz der absoluten Temperatur mit einem Exponenten von der Größenordnung 50 ist.

Schon die Voraussetzung (37, 18), die äquivalent

$$T \gg T_D, \qquad (37, 22)$$

ist, nimmt der Formel von Möglich und Rompe die klare physikalische Bedeutung, denn für Ionenkristalle beträgt die Debyesche Temperatur T_D etwa 200 bis 300°K. Deshalb ist ihr Vergleich mit den experimentellen Angaben über die Lumineszenzlöschung, die gewöhnlich bei niedrigen Temperaturen, oftmals unterhalb der Zimmertemperatur beobachtet wird (siehe z. B. die Abb. 89, 91 und 92, wo der auf der Temperaturlöschung beruhende Abfall der Kurven links unter 0° C beginnt), durchaus nicht gerechtfertigt.

Die Hauptschwäche der Theorie von Möglich und Rompe ist jedoch bedeutend ernster und liegt nicht im letzten Schritt der Ableitung, durch den die Formel (37, 17) durch die einfachere (37, 21) ersetzt wird, sondern schon in der Ausgangsannahme über die Vielfachstöße, auf die sich die gesamte Theorie gründet.

In der oben durchgeführten Ableitung, die sich auf das Prinzip des detaillierten Gleichgewichtes und die Formeln der Quantenstatistik stützt, wird die Möglichkeit von Vielfachstößen einfach postuliert und ihre Wahrscheinlichkeit durch den unbekannten Koeffizienten Q_{ts} ausgedrückt. Dieser Koeffizient geht auch in (37, 21) als Faktor in den Ausdruck A_{therm} ein. Solange sein Wert nicht einmal größenordnungsmäßig bekannt ist, bleibt das Temperaturgebiet, innerhalb dessen die Vielfachstöße eine wesentliche Rolle spielen, vollkommen unbestimmt. Selbst wenn solche Stöße vorkommen, wird die Lumineszenzlöschung, die sie hervorrufen, nur bei

$$A_{\text{therm}} \approx A_{\text{str}} \qquad (37, 23)$$

merklich sein. Nur unter dieser Bedingung nämlich ist die Quantenausbeute der Lumineszenz (siehe § 29)

$$\varrho_Q = \frac{A_{\text{str}}}{A_{\text{str}} + A_{\text{therm}}} \frac{1}{1 + \frac{A}{A_{\text{str}}} T^{\Delta s/h\nu_D}} \tag{37, 24}$$

merklich verschieden von 1.

Eine statistische Behandlung des Problems führt nicht zur Bestimmung von Q_{is}, da die beiden Faktoren Q_{is} und Q_{si} nicht der Bedingung des detaillierten Gleichgewichtes (37, 10) genügen. Wenden wir uns wieder der hierfür wichtigsten Arbeit von Möglich und Rompe [9] zu, so finden wir, daß in der dort durchgeführten detaillierten quantenmechanischen Berechnung der Wechselwirkung des Elektrons mit dem Gitter der Koeffizient Q_{is} unbestimmt bleibt. Die Verfasser können nur sagen, er sei „äußerst klein". Dann ist aber erstens das Temperaturgebiet unbestimmt, in dem die Ergebnisse von Möglich und Rompe gelten, und zweitens bleibt die Frage nach der Existenz der Vielfachstöße selbst offen, da keinerlei Grund zu der Annahme vorhanden ist, daß $Q \neq 0$ ist.

Daß der Faktor bei $T^{\Delta s/h\nu}$ in der Formel (37, 21) unbestimmt bleibt, erklären Möglcih und Rompe mit rechnerischen Schwierigkeiten. Bei genauerer Bekanntschaft mit ihrer Theorie kann man damit jedoch nicht einverstanden sein. Es handelt sich nicht um rechnerische Schwierigkeiten, sondern um die Unrichtigkeit der physikalischen Ausgangsannahme über die „Vielfachstöße". Wie schon weiter oben festgestellt wurde, sind in der harmonischen Näherung für das Gitterpotential derartige Mehrquantenprozesse unmöglich. Möglich und Rompe [9] nehmen an, daß solche Vielfachstöße bei Berücksichtigung der Anharmonizität des Gitterpotentials möglich werden. Die Berücksichtigung von anhormanischen Gliedern 50. Ordnung in der Entwicklung der potentiellen Gitterenergie, die sie durchführen, wobei sie gleichzeitig die Gitterschwingungen durch die Matrizen des harmonischen Oszillators beschreiben, macht jedoch die Theorie von Möglich und Rompe in sich widerspruchsvoll.

Die Einführung entsprechender Matrizen der Normalschwingungen des Gitters kann nur dann einen Sinn haben, wenn die Anharmonizität als kleine Störung aufgefaßt wird (schwache Kopplung zwischen den Normalschwingungen). In diesem Fall müssen auch alle Effekte, die auf dieser Anharmonizität beruhen, klein sein. Dieser Umstand fand auch seinen formalen Ausdruck im Auftreten des äußerst kleinen Faktors in dem Ausdruck für die Wahrscheinlichkeit der strahlungslosen Übergänge. Physikalisch liegen die Dinge so, daß gleichzeitige unelastische Stöße eines Elektrons mit einer großen Anzahl von Gitterwellen — die praktisch nicht vorkommen, wenn diese Wellen unabhängig sind (harmonische Näherung) — auch bei einer schwachen Kopplung zwischen den Normalschwingungen unwesentlich sein müssen. Wir erinnern daran, daß es sich nicht um einen langsamen Vorgang von der Art der Einstellung einer Gleichgewichtsverteilung in einem verdünnten Gas handelt, wo die Zeiten unbeschränkt sind und schon eine schwache Kopplung entscheidend ist, sondern einen Vorgang, der während der Dauer eines Elektronenüberganges abläuft.

Deshalb kann man Möglich und Rompe nicht beistimmen, wenn sie zu Beginn zugeben, daß das Temperaturgebiet, in dem ihre Theorie anwendbar ist, unbestimmt bleibt, dann aber behaupten, man könne „offenbar erwarten, daß diese Vielfachstöße schon bei sehr tiefen Temperaturen bemerkbar sind und ihre lumineszenzlöschende Wirkung entfalten" [9]. Sind die Vielfachstöße überhaupt möglich*), so spielen sie nur bei sehr hohen Temperaturen eine merkliche Rolle, bei denen die Bewegung der Ionen wesentlich anharmonisch ist. Diese Temperaturen haben mit den realen Temperaturen nichts zu tun, bei denen man gewöhnlich eine Löschung der Lumineszenz der Kristallphosphore und eine nicht mit Strahlung verbundene Absorption des nichtlumineszierenden Kristalls beobachtet. Es kann nicht wundernehmen, daß die experimentellen Versuche [6, 7, 12, 13 u. a.] zur Prüfung der Formel von Möglich und Rompe nicht zu befriedigenden Ergebnissen führten.

Die Theorie von Möglich und Rompe ist in ihren Grundlagen falsch und gibt weder eine quantitative noch eine qualitative Lösung des Problems der strahlungslosen Übergänge.

§ 38: Die Unzulänglichkeit des Bändermodells zur Behandlung der strahlungslosen Übergänge

Es wäre falsch, anzunehmen, daß der Mißerfolg der Theorie von Möglich und Rompe zufällig sei und auf der unglücklichen, von außen in die Theorie hineingetragenen Hypothese der Vielfachstöße beruhe.

*) Möglich und Rompe beweisen dies nicht, sondern nehmen nur als wahrscheinlich an, daß bei einer Verschiebung der Ionen über Abstände von der Größenordnung der Gitterperioden solche Effekte möglich zu werden beginnen.

Diese Hypothese muß zwangsläufig gemacht werden, da es im Rahmen des Bändermodells keine andere Lösung des Problems gibt. Dies wird deutlich in Abb. 95. Die Energiedifferenz zwischen dem unteren Rande des Leitfähigkeitsbandes C und dem oberen Rande des Bandes B oder einem Haftterm F beträgt größenordnungsmäßig 1 eV. Dazwischen gibt es keine Terme. Daher müssen die Übergänge von C nach B oder von C nach F in einem einzigen Akt erfolgen und mit der gleichzeitigen Entstehung von einigen 10 Phononen verbunden sein.

Die experimentelle Tatsache der Existenz strahlungsloser Übergänge und die theoretische Unmöglichkeit von Vielfachstößen bedeuten, daß das Bändermodell zur Behandlung der strahlungslosen Elektronenübergänge unzureichend ist.

Zu demselben Schluß führt auch eine unmittelbare Analyse der Näherungen, auf die sich das Bändermodell gründet.

Ihr liegt zugrunde die Gleichung (10, 12). Das bedeutet, daß die Gleichgewichtskonfiguration der Ionen im Gitter als unveränderlich angenommen wird, und daß die kleinen thermischen Bewegungen der Ionen, die eine Änderung von V hervorrufen, als Störung behandelt werden. Demnach ist die einzige Form der Energieübertragung von den Elektronen auf das Gitter der Energieaustausch mit den thermischen Schwingungen. Bei Übergängen zwischen Termen eines und desselben Bandes erfolgt der Energieaustausch auch durch Entstehung oder Vernichtung einzelner Phononen. Bei diesen Vorgängen, auf denen insbesondere der elektrische Widerstand der Kristalle beruht, ist die Ausgangsannahme des Bändermodells erfüllt, nämlich die Unveränderlichkeit der Gleichgewichtskonfiguration der Strukturelemente des Gitters. Tatsächlich bleibt bei Übergängen der Elektronen von Term zu Term in einem bestimmten Band seine Ladung über das gesamte entsprechende Elementargitter verteilt. Die damit verbundenen geringen Änderungen der räumlichen Ladungsverteilung eines Elektrons innerhalb jeder Elementarzelle haben keinen merklichen Einfluß auf das Feld im Gitter, das von sämtlichen Elektronen erzeugt wird, deren Anzahl etwa 10^{22} cm^{-3} beträgt. Bei diesen Elektronenübergängen ändert sich also die Potentialverteilung im Gitter nicht, d.h., auch die Gleichgewichtskonfiguration der Ionen bleibt ungeändert. Ganz anders liegen die Dinge bei einem Übergang eines Elektrons in ein diskretes Niveau. Ein solcher Übergang ist verbunden mit einer Lokalisierung des Elektrons an einem bestimmten Gitterpunkt, mit dem Auftreten einer lokalen elektrischen Ladung im Gitter. Hierdurch wird unvermeidlich eine Änderung des Gitterpotentials in der Umgebung der Stelle hervorgerufen, an der sich das Elektron lokalisiert hat; es treten neue Kräfte auf, die auf die Ionen wirken, und infolgedessen ändert sich die Gleichgewichtslage der Nachbarionen. Die Ionen erleiden endliche Verschiebungen und gehen in neue Gleichgewichtslagen über. Die Ausgangsannahme des Bändermodells ist nicht erfüllt, d. h. diese Theorie ist streng genommen auf die Elektronenübergänge vom Band in lokale Zustände nicht anwendbar*). Wir merken an, daß die Bandübergänge aller Wahrscheinlichkeit nach ebenfalls mit Hilfe einer vorübergehenden Lokalisierung des Elektrons an einem Gitterpunkt erfolgen.

Wir sehen, daß der Deutungsversuch der strahlungslosen Übergänge als Wechselwirkung des Elektrons mit dem Kristall als Ganzem, d. h. mit einem System von sehr vielen Oszillatoren, der physikalischen Natur der Erscheinung nicht Rechnung trägt. Die Schwierigkeiten der plötzlichen Umwandlung der Elektronenenergie in Wärme sind in diesem Fall in der Problemstellung selbst enthalten und lassen sich mit Hilfe spezieller zusätzlicher Annahmen nicht beseitigen. Man kann zudem annehmen, daß diese Schwierigkeiten nichts weiter als das Ergebnis einer unrichtigen theoretischen Auffassung der Erscheinung sind. Die Deutung des Mechanismus der strahlungslosen Übergänge hat man vielmehr in der lokalen Wechselwirkung des Elektrons mit der kleinen Gruppe von Ionen zu suchen, die den „Strukturdefekt" bilden, in der Wechselwirkung, die, wie D. I. Blochinzew andeutete [15], zu einer örtlichen Änderung der Kopplung im Gitter führt. Eine Folge davon ist die Änderung der potentiellen Energie der Ionen. Die Umwandlung der potentiellen Energie in kinetische und ihre Vernichtung jedoch erfolgen durchaus nicht in einem einzigen Akt, wie unten gezeigt wird; ihre Erklärung macht somit keine Schwierigkeiten.

Eine qualitative Behandlung der Bedingungen für strahlende und strahlungslose Elektronenübergänge in Kristallen gaben Mott und Gurney [16—18] und Seitz [4, 19]. In Abb. 96 sind die schematischen Kurven von Seitz dargestellt, die die Abhängigkeit der potentiellen Energie des Kristallgitters von einem Konfigurationsparameter, der

*) Im Kapitel VII wird gezeigt werden, daß das Bändermodell zur Erklärung des Mechanismus dieser Prozesse im einzelnen unzureichend, aber für eine rein kinetische Behandlung der Elektronenübergänge in Kristallen völlig ausreicht.

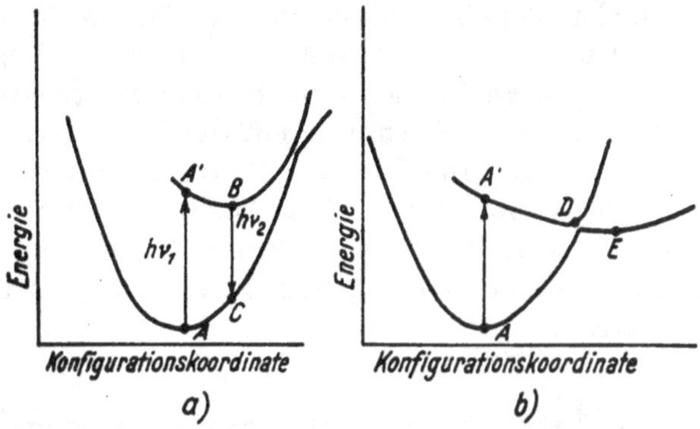

Abb. 96. Die beiden möglichen Lagen des Grund- und des angeregten Zustandes in Abhängigkeit von einer Konfigurationskoordinate, die die Lage der Atome im Gitter symbolisch kennzeichnet.
a) entspricht der Lumineszenz, *b*) einer strahlungslosen Absorption (nach SEITZ).

die Verschiebung der Ionen kennzeichnet, wiedergegeben. Die obere und die untere Kurve entsprechen verschiedenen Elektronenzuständen; deshalb stimmen ihre Minima (die den Gleichgewichtskonfigurationen der Ionen entsprechen) im allgemeinen nicht überein. SEITZ postuliert, daß zwei verschiedene gegenseitige Lagen der Potentialkurven möglich seien, die in Abb. 96a und b dargestellt sind. Im ersten Fall geht durch Absorption eines Lichtquants (Übergang AA') das Gitter in die Konfiguration B über, von der aus ein strahlender Übergang BC unter Aussendung eines Lumineszenzquants mit $h\nu_2 < h\nu_1$ (STOKESsche Verschiebung) möglich ist. Im zweiten Fall ist ein strahlender Übergang unmöglich und das Gitter geht von A' über D strahlungslos wieder nach A über.

Die Kurven von SEITZ berücksichtigen richtig die Verschiebung der Ionen, mit der die Elektronenübergänge verbunden sind, stellen aber nicht mehr dar als eine Übersetzung dieser Tatsache in die Sprache der Geometrie. Die Behandlung des Mechanismus der strahlungslosen Übergänge im einzelnen und die Klärung der Bedingungen für das Vorliegen einer oder der anderen gegenseitigen Anordnung der Potentialkurven fehlen. Wir merken weiter an, daß die von MOTT [16 bis 18] und SEITZ [4, 19] durchgeführte qualitative Behandlung des Problems der Löschung sich auf die erregten Zustände des Elektrons im Kristall beschränkt und die ionisierten nicht berücksichtigt; das hängt mit den allgemeinen Vorstellungen dieser Forscher über das metastabile Leuchten der Erdalkalihalogenidkristalle zusammen.

Da das Problem der strahlungslosen Übergänge nicht nur im Zusammenhang mit der Lumineszenzlöschung, sondern auch bei der Behandlung des einfacheren Problems des Haftens der Elektronen auftaucht, untersuchen wir es gleichzeitig mit der Frage nach der physikalischen Natur der Haftterme [20—22]. Hierzu müssen wir ein Modell der Fehlstelle konstruieren, auf der diese Therme beruhen, ein Modell, das die Haupteigenschaften eines solchen Gebildes wiedergibt und gleichzeitig grob und schematisch genug ist, um eine quantitative Berechnung zuzulassen.

§ 39: Das Modell der gestörten Kristallstruktur und die Problemstellung

Wir betrachten ein Ionengitter, in dem ein Anionengitterpunkt unbesetzt ist. Bekanntlich hat dies das Auftreten eines diskreten Niveaus zur Folge, dessen Besetzung einer Lokalisierung des Elektrons in den der Fehlstelle benachbarten positiven Ionen entspricht. Solche Gebilde stehen im engen Zusammenhang mit den F-Zentren in den Alkalihalogenidkristallen [18, 23 bis 27]. Die dieser Fehlstelle benachbarten positiven und negativen Ionen ersetzen wir durch eine kugelförmige elektrische Doppelschicht, die imstande ist, um ihren Gleichgewichtsradius $x = x_0$ zu oszillieren (Abb. 97). Die Ladung aller übrigen Ionen stellen wir als gleichmäßig über den Raum verteilt dar (Ladungsdichte also Null), den Kristall als Ganzes sehen wir als Thermostaten an, in dem sich das Untersystem Schicht—Elektron (die Strukturfehlstellen) befindet. Das ist das Modell, das unserer Rechnung zugrunde liegt.

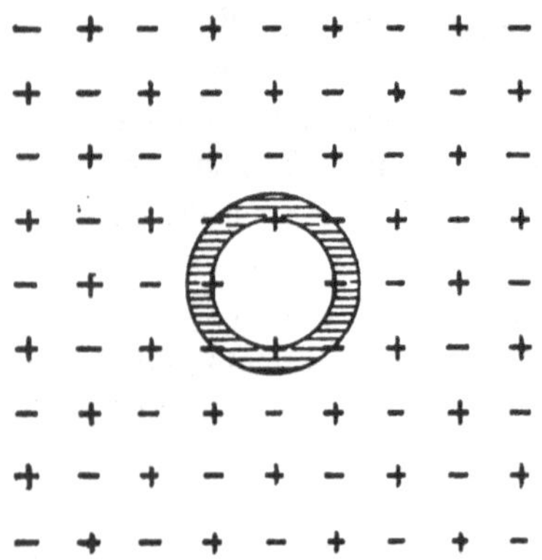

Abb. 97. Zum Modell eines freien Anionengitterpunktes.

Unter den Bedingungen der *äußeren Adiabasie*, d. h. wenn die Wechselwirkung des Strukturdefekts mit dem Gitter sich auf konfigurative Kräfte beschränkt, die auf ein System unbeweglicher Gitterionen zurückzuführen sind, hat die SCHRÖDINGER-Gleichung für das System Schicht—Elektron folgende Form (siehe (10, 1)):

$$-\nabla_{\mathfrak{r}}^2 \Phi(\mathfrak{r}, x) - \frac{1}{\mu}\frac{\partial^2 \Phi(\mathfrak{r}, x)}{\partial x^2} + V(\mathfrak{r}, x)\,\Phi(\mathfrak{r}, x) + v_0(x)\,\Phi(\mathfrak{r}, x) = = \mathsf{E}\,\Phi(\mathfrak{r}, x), \qquad (39,1)$$

mit

$$V(\mathfrak{r}, x) = \begin{cases} 0 \text{ für } z > x, \\ -1 \text{ für } z < x, \end{cases} \qquad (39,2)$$

$z = |\mathfrak{r}|$, μ ist die Masse der Schicht, $v_0(x)$ die potentielle Energie der deformierten Fehlstelle im Gitter, $V(\mathfrak{r}, x)$ die potentielle Energie des Elektrons im Felde der Doppelschicht. Die Gleichung ist in dimensionslosen Größen aufgestellt, was durch folgende Änderung der Maßstäbe der Grundeinheiten erreicht wird: Als Masseneinheit wird die Masse m des Elektrons angenommen, als Längeneinheit $\hbar/\sqrt{2mU}$, als Zeiteinheit $\hbar/\sqrt{2}\,U$, wo U der Sprung der Elektronenenergie beim Durchgang durch die Doppelschicht ist. Die Energie wird in (39,1) und (39, 2) in Bruchteilen von U gemessen.

Die nullte Näherung, die der Vernachlässigung des zweiten Gliedes auf der linken Seite von (39,1) entspricht, d. h. der physikalischen Voraussetzung einer unbeweglichen Schicht, besitzt keine Bedeutung, da in ihrem Rahmen ein Energieaustausch zwischen Elektron und Schicht ausgeschlossen ist. Die nächste Näherung erzielt man durch adiabatische Behandlung des Problems (vgl. § 10).

Wir suchen die Wellenfunktionen des Systems Schicht—Elektron von der Form

$$\Phi(\mathfrak{r}, x) = \varphi(\mathfrak{r}, x)\,\xi(x). \qquad (39,3)$$

Durch Einsetzen von (39,3) in (39,1) gelangen wir zu den beiden Gleichungen

$$-\nabla_{\mathfrak{r}}^2 \varphi(\mathfrak{r}, x) + V(\mathfrak{r}, x)\,\varphi(\mathfrak{r}, x) = W(x)\,\varphi(\mathfrak{r}, x), \qquad (39,4)$$

$$-\frac{1}{\mu}\frac{\partial^2 \xi(x)}{dx^2} + v(x)\,\xi(x) = \mathsf{E}\,\xi(x), \qquad (39,5)$$

unter Vernachlässigung der Glieder

$$\mathscr{L}\Phi(\mathfrak{r}, x) = -\frac{1}{\mu}\,\xi(x)\frac{\partial^2 \varphi(\mathfrak{r}\, x)}{\partial x^2} - 2\frac{1}{\mu}\frac{d\xi(x)}{dx}\frac{\partial \varphi(\mathfrak{r}, x)}{\partial x}, \qquad (39,6)$$

wobei gilt

$$v(x) = v_0(x) + W(x). \qquad (39,7)$$

Die Gleichung (39,4) beschreibt die Bewegung des Elektrons im Felde der Doppelschicht bei einem beliebigen festen Radius der

Schicht. Die Gleichung (39,5) bestimmt die Bewegung der Schicht, die das Gitter und die Ladung des Elektrons, gemittelt über den Elektronenzustand $\varphi(\mathfrak{r}, x)$, hervorrufen. Die Möglichkeit einer solchen „adiabatischen" Behandlung des Problems beruht, wie im Kapitel III gezeigt wurde, auf dem großen Unterschied zwischen den Massen von Elektron und schweren Teilchen.

§ 40: Die Elektronenzustände

Das Problem, die Elektronenzustände im Feld der unbeweglichen Schicht aufzufinden, läßt sich auf die Lösung der Gleichung (39,4) unter der Zusatzbedingung der Stetigkeit von $\varphi(\mathfrak{r}, x)$ und $\operatorname{grad}_{\mathfrak{r}} \varphi(\mathfrak{r}, x)$ an der Oberfläche der Schicht ($z = x$) und der üblichen Forderung der Endlichkeit der Lösung für sämtliche Argumentwerte zurückführen. Für den s-Zustand des Elektrons sieht die Wellengleichung folgendermaßen aus:

$$\begin{aligned} \frac{\partial^2 u}{\partial z^2} + (1 + W)\, u = 0 \ \text{ für } z < x, \\ \frac{\partial^2 u}{\partial z^2} + W\, u = 0 \ \text{ für } z > x, \end{aligned} \tag{40, 1}$$

dabei ist

$$u(z, x) = 2\sqrt{\pi}\, z\, \varphi(z, x)\,. \tag{40, 2}$$

Bei positiven Werten von W hat die Lösung der Gleichung (40,1) folgende Form

$$u(z, x) = \begin{cases} B_1 e^{i\sqrt{1+W} z} + B_2 e^{-i\sqrt{1+W} z} & \text{für } z < x\,, \\ C_1 e^{i\sqrt{W} z} + C_2 e^{-i\sqrt{W} z} & \text{für } z > x\,. \end{cases} \tag{40, 3}$$

Aus der Bedingung der Endlichkeit von $\varphi(\mathfrak{r}, x)$ bei $z = 0$ ergibt sich $B_1 + B_2 = 0$ oder

$$u(z, x) = B \sin\sqrt{1 + W}\, z \ \text{ für } z < x\,. \tag{40, 4}$$

Die Bedingung der Stetigkeit und der stetigen Differenzierbarkeit von $\varphi(z, x)$ an der Oberfläche der Schicht führt zu den beiden Gleichungen:

$$\begin{aligned} C_1 e^{i\sqrt{W} x} + C_2 e^{-i\sqrt{W} x} &= B \sin\sqrt{1 + W}\, x, \\ C_1 e^{i\sqrt{W} x} - C_2 e^{-i\sqrt{W} x} &= -i\sqrt{\frac{1+W}{W}}\, B \cos\sqrt{1 + W}\, x, \end{aligned} \tag{40, 5}$$

die in Verbindung mit der Normierungsbedingung die Werte der Konstanten festlegen.

Die Gleichungen (40,5) besitzen bei jedem $W>0$ eine nichttriviale Lösung. Die positiven Werte von W bilden also ein Energieband.

Lösen wir das System (40,5) und setzen die Werte für C_1 und C_2 in (40,3) ein, so erhalten wir

$$u_W(z, x) = \begin{cases} B \sin \sqrt{1+W}z \quad \text{für } z < x\,, \\ B\Big\{ \sin \sqrt{1+W}\,x \cos \sqrt{W}\,(z-x) + \\ + \sqrt{\frac{1+W}{W}} \cos \sqrt{1+W}x \sin \sqrt{W}\,(z-x) \Big\} \quad \text{für } z > x. \end{cases} \tag{40, 6}$$

B wird durch die Normierungsbedingungen gegeben:

$$\int \varphi_W^* (\mathfrak{r}, x)\, \varphi_{W'} (\mathfrak{r}, x)\, z^2 \sin \vartheta \, dz\, d\vartheta\, dx =$$

$$= \int_0^\infty u_W(z, x)\, u_{W'}(z, x)\, dz = \delta\,(W - W'). \tag{40, 7}$$

Setzen wir den Wert $u_W(z, x)$ aus (40,6) in (40,7) ein, so erhalten wir nach einigen Umformungen

$$\frac{1}{BB'} \int_0^L u_W(z, x)\, u_{W'}(z, x)\, dz =$$

$$= \frac{1}{2}\, \frac{\sin (\sqrt{W} - \sqrt{W'})\, L}{\sqrt{W} - \sqrt{W'}} \Big[\sin \sqrt{1+W}\,x \sin \sqrt{1+W'}\,x +$$

$$+ \sqrt{\frac{1+W}{W}} \sqrt{\frac{1+W'}{W'}} \cos \sqrt{1+W}x \cos \sqrt{1+W'}x \Big] +$$

$$+ \frac{1}{2}\, \frac{\sin (\sqrt{W} + \sqrt{W'})\, L}{\sqrt{W} + \sqrt{W'}} \Big[\sin \sqrt{1+W}\,x \sin \sqrt{1+W'}\,x -$$

$$- \sqrt{\frac{1+W}{W}} \sqrt{\frac{1+W'}{W'}} \cos \sqrt{1+W}x \cos \sqrt{1+W'}\,x \Big] -$$

$$- \frac{1}{2}\, \frac{\cos (\sqrt{W} - \sqrt{W'})\, L}{\sqrt{W} - \sqrt{W'}} \times$$

$$\times \Big[\sqrt{\frac{1+W}{W}} \cos \sqrt{1+W}\,x \sin \sqrt{1+W'}x -$$

$$- \sqrt{\frac{1+W}{W'}} \sin \sqrt{1+W}\,x \cos \sqrt{1+W'}\,x \Big] -$$

$$-\frac{1}{2}\frac{\cos(\sqrt{W}+\sqrt{W'})\,L}{\sqrt{W}+\sqrt{W'}}\times$$

$$\times\left[\sqrt{\frac{1+W}{W}}\cos\sqrt{1+W}x\sin\sqrt{1+W'}x+\right.$$

$$\left.+\sqrt{\frac{1+W'}{W'}}\sin\sqrt{1+W}x\cos\sqrt{1+W'}\,x\right]. \qquad (40,\,8)$$

Bei $L\to\infty$ kann man die schnell oszillierenden letzten Glieder weglassen, da sie nichts zum Ausdruck für den Mittelwert beitragen. Folglich ist bei $L\to\infty$

$$\int_0^L u_W(z,x)\,u_{W'}(z,x)\,dz=\frac{\pi}{2}\,BB'\left[\sin\sqrt{1+W}x\sin\sqrt{1+W'}\,x+\right.$$

$$\left.+\sqrt{\frac{1+W}{W}}\sqrt{\frac{1+W'}{W'}}\cos\sqrt{1+W}x\cos\sqrt{1+W'}x\right]\times\delta(\sqrt{W}-\sqrt{W'})\,. \qquad (40,\,9)$$

Hier ist

$$\delta(\sqrt{W}-\sqrt{W'})=\frac{1}{\pi}\left.\frac{\sin(\sqrt{W}-\sqrt{W'})\,L}{\sqrt{W}-\sqrt{W'}}\right|_{L\to\infty} \qquad (40,\,10)$$

die DIRICHLETsche Funktion.

Wegen der Randbedingungen (40,5) sind die Zustände mit gegebenem W nicht entartet in bezug auf $\sqrt{W}$. Deshalb müssen die Funktionen $u_n(z,x)$ auf

$$\delta(W-W')=\frac{\delta(\sqrt{W}-\sqrt{W'})}{2\sqrt{W}}\,. \qquad (40,\,11)$$

normiert werden. Setzt man (40,9) gleich $\delta(W-W')$, so findet man

$$B=\frac{\sqrt[4]{W}}{\sqrt{\pi}\sqrt{W+\cos^2\sqrt{1+W}x}}\,. \qquad (40,\,12)$$

Aus (40,6) und (40,12) erhalten wir die Wellenfunktionen, die ein Elektron im Band beschreiben ($0< W<\infty$):

$$u_W(z, x) = \begin{cases} \dfrac{\sqrt[4]{W}}{\sqrt{\pi}\sqrt{W + \cos^2\sqrt{1+W}\,x}} \sin\sqrt{1+W}\,z \quad \text{für } z < u, \\[2ex] \dfrac{\sqrt[4]{W}}{\sqrt{\pi}} \cdot \dfrac{\sin\sqrt{1+W}\,x\cos\sqrt{W}\,(z-x) + \sqrt{\dfrac{1+W}{W}}\cos\sqrt{1+W}\,x\sin\sqrt{W}\,(z-x)}{\sqrt{W+\cos^2\sqrt{1+W}\,x}} \quad \text{für } z > x. \end{cases} \tag{40, 13}$$

Durch Umformung der zweiten dieser Gleichungen können wir $u_W(z, x)$ bei $0 < W < \infty$ folgendermaßen schreiben

$$u_W(z, x) = \begin{cases} \dfrac{\sqrt[4]{W}}{\sqrt{\pi}} \dfrac{\sin\sqrt{1+W}\,z}{\sqrt{W+\cos^2\sqrt{1+W}\,x}} \quad \text{für } z < x, \\[2ex] \dfrac{\sin[\sqrt{W}\,(z-x) + \alpha]}{\sqrt{\pi}\sqrt[4]{W}} \quad \text{für } z > x, \end{cases} \tag{40. 13a}$$

wo

$$\alpha = \operatorname{arctg}\left[\sqrt{\frac{W}{1+W}}\operatorname{tg}\sqrt{1+W}\,x\right]. \tag{40, 13b}$$

Für $W < 0$ hat die Lösung der Gleichung (40,1) die Form

$$u(z, x) = \begin{cases} B\sin\sqrt{1+W}\,z \quad \text{für } z < x, \\ C_1 e^{\sqrt{-W}z} + C_2 e^{-\sqrt{-W}z} \quad \text{für } z > x. \end{cases} \tag{40, 14}$$

Außer den früheren Annahmen wird jetzt den Koeffizienten die Forderung auferlegt, daß $u(z, x)$ im Unendlichen beschränkt bleiben soll ($C_1 = 0$); sie führt zu einer Quantelung der negativen Werte der Elektronenenergie $W(x)$. Die Bedingungen der Stetigkeit und der stetigen Differenzierbarkeit der Lösung beim Durchgang durch die Doppelschicht führen in diesem Fall zu den Gleichungen

$$\begin{aligned} C_2 e^{-\sqrt{-W}x} - B\sin\sqrt{1+W}\,x &= 0, \\ -C_2\sqrt{-W}\,e^{-\sqrt{-W}x} - B\sqrt{1+W}\cos\sqrt{1+W}\,x &= 0, \end{aligned} \tag{40, 15}$$

die nur bei ganz bestimmten Werten $W(x)$, die der Gleichung

$$\operatorname{tg}\sqrt{1+W}\,x = -\sqrt{\frac{1+W}{-W}}. \tag{40, 16}$$

genügen, eine nichttriviale Lösung haben. Die letzte Gleichung kann man folgendermaßen umformen:

$$x = \frac{n\pi - \arccos\sqrt{-W_n}}{\sqrt{1+W_n}}, \tag{40, 17}$$

wobei $\arccos\sqrt{-W_n}$ im ersten Quadranten liegt. Hier ist $n = 1, 2, 3\ldots$ die Hauptquantenzahl des Elektronenzustandes, der der Energie W_n entspricht.

Die Funktion $W(x)$, die durch die Gleichung (40,17) definiert wird, besitzt unendlich viele Äste. Die ersten drei Äste, die den Zuständen $1s$, $2s$ und $3s$ entsprechen, sind in Abb. 98 dargestellt. Auf der Abszissenachse ist der Radius der Schicht, auf der Ordinatenachse

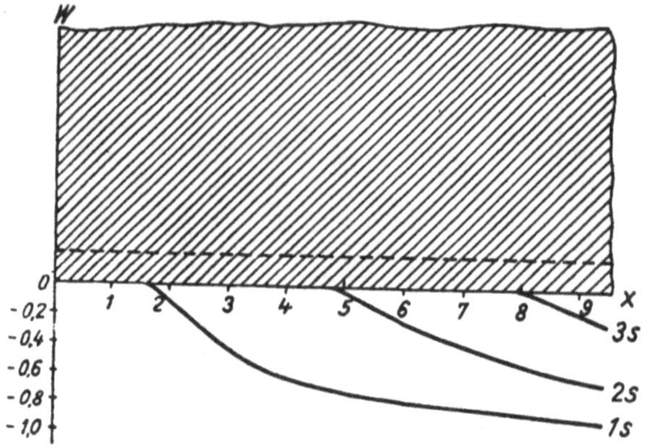

Abb. 98. Energiespektrum des Elektrons als Funktion des Schichtradius. Die punktierte Linie stellt einen der Zustände des Bandes dar, die Kurven $1s$, $2s$ und $3s$ die drei ersten lokalisierten Zustände.

die Elektronenenergie aufgetragen. Das schraffierte Gebiet positiver Werte von W ist das Energieband, in dem die Elektronenzustände durch die Wellenfunktionen (40,13) beschrieben werden. Die Energie eines Elektrons, das sich in einem bestimmten Zustand des Bandes befindet, hängt nicht vom Radius x der Schicht ab (punktierte Linie in Abb. 98), während die Energie eines Elektrons in jedem lokalisierten Zustand wesentlich von x abhängt (Kurven $1s$, $2s$ und $3s$). Für jeden lokalisierten Zustand gibt es einen bestimmten minimalen Radius der Schicht, bei dem das lokale Niveau mit dem unteren Rand des Bandes zusammenfällt ($W_n = 0$); bei kleineren Werten des Radius der Schicht ist das gegebene lokale Niveau nicht mehr vorhanden. Die Werte für die charakteristischen Radien

$$x_n = (2n - 1)\frac{\pi}{2} \tag{40, 18}$$

finden wir aus (40, 17), indem wir W_n gleich Null setzen.

Bei $x = x_n$ löst sich das n-te lokale Niveau vom unteren Bandrand ab und entfernt sich bei Vergrößerung des Schichtradius von ihm; für $x \to \infty$ strebt es gegen $W = -1$ (in dimensionierten Größen gegen $-U$). Bei Verringerung des Radius der Schicht nähert sich das lokale Niveau dem Band und geht bei $x = x_n$ in diesem auf.

Die Absolutwerte für x_n finden wir, indem wir die rechte Seite von (40, 18) mit $l = \frac{\hbar}{\sqrt{2mU}}$, d.h. unserer Längeneinheit multiplizieren. Bei $U = 1$ eV ist $l = 1{,}86$ Å. Das erste lokale Niveau löst sich bei einem Radius der Schicht von 2,92 Å los, das zweite bei $x = 8{,}75$ Å. Der Begriff der Mikrostrukturfehlstelle selbst hat nur dann einen Sinn, wenn ihre Abmessungen von der Größenordnung einiger Gitterkonstanten sind. Unter der Annahme, daß die Gleichgewichtsabmessungen einer leeren (kein Elektron enthaltenden) Strukturfehlstelle etwa 10 Å betragen, kommen wir zu dem Schluß, daß die charakteristischen Radien sämtlicher ns-Zustände außer den ersten beiden oder dreien größer sind als der Gleichgewichtsradius x_0 der leeren Doppelschicht. Wir werden sehen, daß solchen Elektronenzuständen in der Regel instabile Zustände des Systems Schicht—Elektron entsprechen.

Die drei ersten Äste der Kurve $W(x)$, die in Abb. 98 dargestellt sind, lassen sich auch in Tabellenform wiedergeben (Tabelle III).

Wir suchen die Wellenfunktionen, die die lokalisierten Elektronenzustände beschreiben. Aus (40, 14) und (40, 15) erhalten wir:

$$u_n(z, x) = \begin{cases} B \sin \sqrt{1 + W_n}\, z & \text{für } z < x, \\ B \sin \sqrt{1 + W_n}\, x e^{-\sqrt{-W_n}(z-x)} & \text{für } z > x. \end{cases} \tag{40, 19}$$

Tabelle III

$-W$	0	0,1	0,2	0,3	0,4	0,5
x (1. Ast)	1,571	1,997	2,275	2,571	2,914	3,334
x (2. Ast)	4,71	5,32	5,78	6,32	6,96	7,78
x (3. Ast)	7,85	8,62	9,30	10,07	11,02	12,21

$-W$	0,6	0,7	0,8	0,9	1,0
x (1. Ast)	3,883	4,677	5,991	8,921	∞
x (2. Ast)	8,85	10,42	13,02	18,86	∞
x (3. Ast)	13,80	16,15	20,06	28,80	∞

Nach (40,19) ist

$$\frac{1}{B_n B_m}\int u_n(z,x)\,u_m(z,x)\,dz = \frac{\sin\sqrt{1+W_n}\,x\,\sin\sqrt{1+W_m}\,x}{\sqrt{-W_n}-\sqrt{-W_m}} +$$

$$+\frac{1}{2}\frac{\sin(\sqrt{1+W_n}-\sqrt{1+W_m})\,x}{\sqrt{1+W_n}-\sqrt{1+W_m}} - \frac{1}{2}\frac{(\sin\sqrt{1+W_n}+\sqrt{1+W_m})\,x}{\sqrt{1+W_n}+\sqrt{1+W_m}}. \quad (40,\,20)$$

Fassen wir die beiden letzten Glieder zusammen und führen die Substitution

$$\sqrt{1+W_k} = -\sqrt{-W_k}\,\mathrm{tg}\,\sqrt{1+W_k}\,x \quad (40,\,21)$$

entsprechend (40,16) durch, so überzeugen wir uns, daß

$$\frac{1}{B_n B_m}\int u_n(z,x)\,u_m(z,x)\,dz = \frac{\sin\sqrt{1+W_n}\,x\,\sin\sqrt{1+W_m}\,x}{\sqrt{-W_n}+\sqrt{-W_m}} +$$

$$+\frac{\sqrt{1+W_m}\sin\sqrt{1+W_n}\,x\cos\sqrt{1+W_m}\,x}{W_n-W_m} -$$

$$-\frac{\sqrt{1+W_n}\cos\sqrt{1+W_n}\,x\sin\sqrt{1+W_m}\,x}{W_n-W_m} = \quad (40,\,22)$$

$$=\frac{\sin\sqrt{1+W_n}\,x\,\sin\sqrt{1+W_m}\,x}{\sqrt{-W_n}+\sqrt{-W_m}} +$$

$$+\frac{(\sqrt{-W_n}-\sqrt{-W_m})\sin\sqrt{1+W_n}\,x\,\sin\sqrt{1+W_m}\,x}{W_n-W_m} \equiv 0,$$

Normieren wir $u_n(z, x)$ auf Eins, so finden wir mit Hilfe von (40,20) und (40,21):

$$B_n = \frac{\sqrt{2}\,\sqrt[4]{-W_n}}{\sqrt{1+x\sqrt{-W_n}}}. \quad (40,\,23)$$

Setzen wir diesen Ausdruck in (40,19) ein, so erhalten wir den gesuchten Ausdruck für die Wellenfunktionen, die die diskreten Elektronenzustände beschreiben:

$$u_n(z,x) = \begin{cases} \dfrac{\sqrt{2}\,\sqrt[4]{-W_n}\sin\sqrt{1+W_n}\,z}{\sqrt{1+x\sqrt{-W_n}}} & \text{für } z < x, \\[2ex] \dfrac{\sqrt{2}\,\sqrt[4]{-W_n}\sin\sqrt{1+W_n}\,x\,e^{-\sqrt{-W_n}(z-x)}}{\sqrt{1+x\sqrt{-W_n}}} & \text{für } z > x. \end{cases} \quad (40,\,24)$$

Der Zustand mit der Energie $W = 0$ („unterer Rand des Bandes") erfordert gesonderte Betrachtung. Dies sieht man schon daraus, daß bei $W = 0$ die Lösung (40,13) ihre Gültigkeit verliert. Bei jedem

$W \neq 0$ kann man durch Wahl eines hinreichend großen L dafür sorgen, daß die in (40,8) weggelassenen Glieder beliebig schnell oszillieren. Für $W = 0$ ist jedoch diese Bedingung nicht erfüllt.

Der mathematische Ausdruck für die Sonderstellung des Zustandes $W = 0$ ist die Vielfachheit der charakteristischen Wurzeln der Wellengleichung (40, 1). Ihre Lösung hat bei $W = 0$ folgende Form:

$$u_0(z, x) = \begin{cases} B \sin z & \text{für } z < x\,, \\ C_1 + C_2 z & \text{für } z > x\,. \end{cases} \qquad (40, 25)$$

Wegen der Bedingung der Endlichkeit der Lösung für $z \to \infty$ ist $C_2 = 0$. Die Randbedingungen an der Schicht liefern:

$$C_1 - B \sin x = 0, \quad B \cos x = 0\,. \qquad (40, 26)$$

Dieses System hat überall nur eine triviale Lösung, mit Ausnahme der diskreten Folge von Werten des Schichtradius, die der Bedingung $\cos x = 0$ genügen. Wegen der Stetigkeitsforderung ist

$$u_0(z, x) \equiv 0 \qquad (40, 27)$$

für sämtliche Argumentwerte.

Die Werte x, die die Determinante des Systems (40, 26) zum Verschwinden bringen, sind genau die charakteristischen Radien der Schicht (40, 18), bei denen die diskreten Elektronenzustände mit dem unteren Bandrand zusammenfallen. Wenden wir uns (40, 24) zu, so sehen wir, daß

$$\lim_{x \to x_n} u_n(z, x) = 0 \qquad (40, 28)$$

ist, denn es ist $W_n(x_n) = 0$. Der Ausdruck (40, 27) ist die stetige Fortsetzung der Lösung (40, 24), die den ns-Zustand des Elektrons für $x \geq x_n$ beschreibt, in das Gebiet $x < x_n$. Bei Verkleinerung des Schichtradius nähert sich das n-te diskrete Niveau dem Band; bei $x = x_n$ fällt es mit dessen unteren Rand zusammen ($W_n \to 0$ für $x \to x_n$). Bei weiterer Verkleinerung des Schichtradius ändert sich die Energie des Elektrons nicht mehr. Das Elektron bleibt am unteren Bandrand und wird durch eine gleichmäßige Verteilung über den ganzen Raum (d. h. über den ganzen Kristall) mit unendlich kleiner Wahrscheinlichkeitsdichte beschrieben.

Diese Ergebnisse werden anschaulicher, wenn man das Elektron als Wolke mit einer Ladungsdichte

$$\varrho(z, x) = 4\pi z^2 \varphi^*(z, x)\, \varphi(z, x) = u^2(z, x) \qquad (40, 29)$$

in der Kugelschale zwischen z und $z + dz$ darstellt. Hier ist $\varrho\,(z, x)$ eine dimensionslose Größe, die in Bruchteilen der Elektronenladung ausgedrückt ist. Bei $W > 0$ bleibt $\varrho\,(z, x)$ für beliebig große Werte von z endlich (siehe (40,13a)). Folglich ist die Ladungsmenge, die sich innerhalb der Schicht befindet, verschwindend klein. Das Elektron befindet sich außerhalb der Schicht und tritt mit ihr in keine Wechselwirkung (Abb. 99). Offenbar hängt in diesem Fall seine Energie nicht vom Radius der Schicht ab (punktierte Linie in Abb. 98).

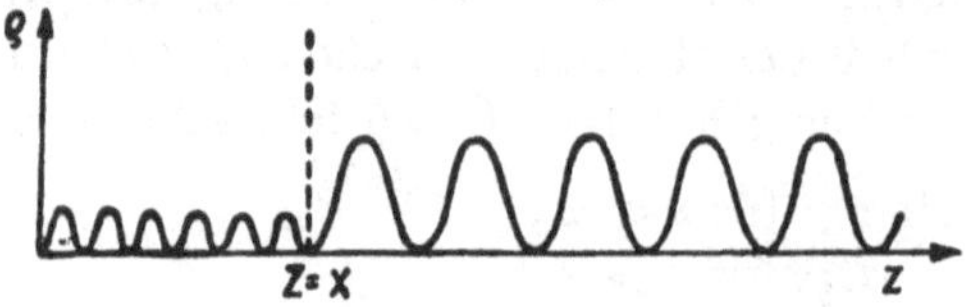

Abb. 99. Räumliche Ladungsverteilung eines Elektrons, das sich im Band befindet.

Bei $W < 0$ nimmt $\varrho_n\,(z, x)$ nach außen hin monoton ab (siehe (40,24)). Aus (40,19) und (40,16) folgt

$$\left.\frac{\partial \varrho_n\,(z, x)}{\partial z}\right|_{z=x} = 2\,B^2 \sqrt{1 + W_n}\,\sin\sqrt{1 + W_n}\;x\,\cos\sqrt{1 + W_n}\;x < 0\,. \quad (40,30)$$

Es ist aber $\varrho_n\,(0, x) \equiv 0$. Folglich hat in den Zuständen, die (40,24) beschreibt, die Ladungsdichte der Elektronenwolke mindestens ein Maximum bei $z < x$, d. h., das Elektron ist in dem Potentialtopf innerhalb der Schicht lokalisiert (Abb. 100).

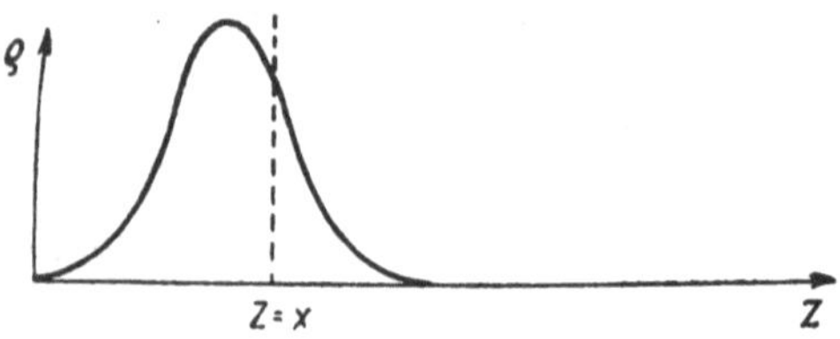

Abb. 100. Räumliche Ladungsverteilung eines Elektrons, das sich in einem lokalen Niveau befindet.

Die charakteristischen Radien (40, 18) der Schicht, bei denen sich die lokalen Zustände vom unteren Rand des Bandes abspalten, entsprechen dem Auftreten des ersten Maximums der Ladungsdichte an der Grenze der Schicht, d. h. dem Beginn der Lokalisierung des Elektrons.

§ 41: Die Ionenbewegung in einer Störstelle der Kristallstruktur

Die Bewegung der Doppelschicht, die die Gesamtheit der Ionen repräsentiert, die die Strukturfehlstelle bilden, wird durch die Gleichung

$$-\frac{1}{\mu}\,\frac{d^2\xi\,(x)}{dx^2} + v\,(x)\,\xi\,(x) = \mathsf{E}\,\xi\,(x), \quad (41,\,1)$$

dargestellt, wobei die Potentialfunktion $v(x)$ die Form hat:

$$v(x) = v_0(x) + W(x) . \qquad (40, 2)$$

Das erste Glied auf der rechten Seite von (41,2) beschreibt die Wechselwirkung der Schicht mit dem Gitter, das zweite ihre Wechselwirkung mit dem Elektron. Die Eigenwerte der Gleichung (41,1) bilden das Spektrum der Gesamtenergie des Systems Schicht—Elektron.

Zur Lösung der Gleichung (41,1) muß $v_0(x)$ explizit vorgegeben werden. Der Umstand, daß die Schicht ein quasiklassischer Teil [2] des Systems Schicht—Elektron ist ($\mu \gg 1$), gestattet jedoch, spezielle Voraussetzungen über die Wechselwirkungskräfte im Gitter zu umgehen und hinreichend genaue Auskünfte über die Bewegung der Schicht aus einer Analyse ihrer Potentialkurven in ihrer allgemeinen Form zu entnehmen.

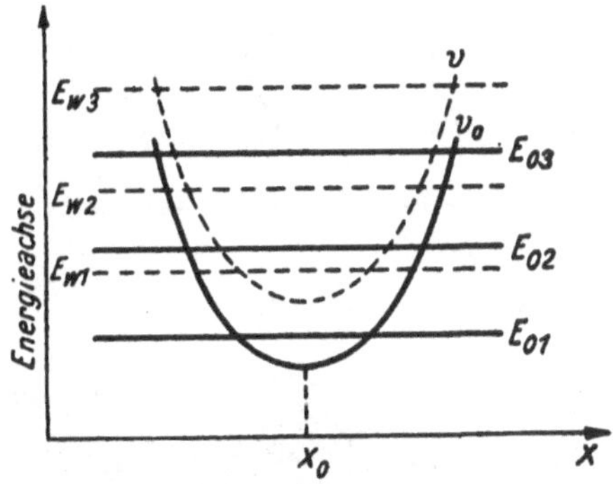

Abb. 101. Potentialkurven der Schicht und Energieterme des Systems Schicht-Elektron, wenn sich das Elektron im Band befindet. Die punktierten Linien entstehen aus den ausgezogenen durch eine Verschiebung um W längs der Energieachse.

Wir behandeln den Fall, in dem das Band leer ist (nichterregter Phosphor). Dann ist $v(x) = v_0(x)$. In der Umgebung des Gleichgewichtsradius x_0 bildet die Funktion $v_0(x)$ eine Kurve vom Typ einer Parabel (Kurve v_0 in Abb. 101). Das System der Schwingungsterme E_{0k} stellt das Energiespektrum der leeren Fehlstelle in Abwesenheit von freien Elektronen im Kristall dar. Diese E_{0k} sind aber die Werte der Gesamtenergie des Systems Schicht—Elektron, falls sich das Elektron am unteren Rand des Bandes befindet ($W(x) = 0$, d. h. $v(x) \equiv v_0(x)$).

Befindet sich das Elektron im Band, so ist

$$W = \text{const} > 0 . \qquad (41, 3)$$

Folglich sind die Kurven der potentiellen Energie der Schicht, die den verschiedenen Zuständen des Elektrons im Band entsprechen, kongruent und hinsichtlich $v_0(x)$ um den Betrag W längs der Energieachse verschoben. Eine dieser Kurven ist punktiert in Abb. 101 dargestellt.

Aus (41,1), (41,2) und (41,3) folgt unmittelbar, daß bei jedem Zustand des Elektrons im Band

$$\mathsf{E}_{Wk} = \mathsf{E}_{0k} + W \tag{41, 4}$$

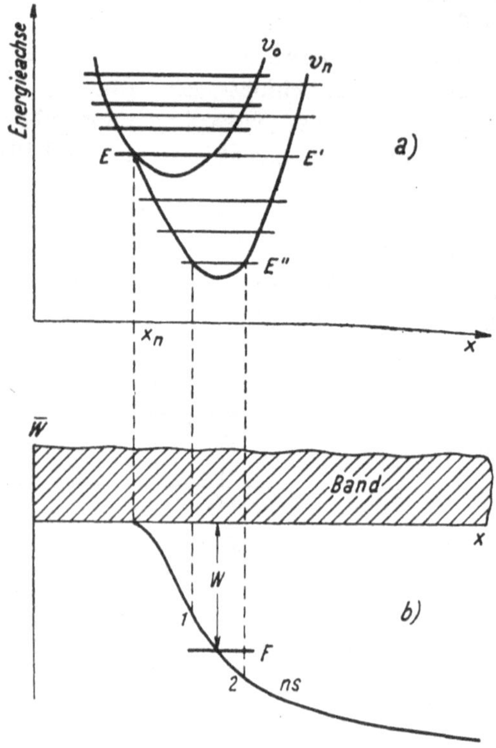

Abb. 102. *a*) Potentialkurven der Schicht und Energieterme des Systems Schicht-Elektron für ein Elektron am unteren Bandrand (v_0) und in einem *ns*-Term (v_n); *b*) Energie des Elektrons im Band und in einem lokalisierten Zustand als Funktion des Schichtradius. Im Zustand E'' des Systems Schicht-Elektron befindet sich das Elektron im lokalen Niveau F.

ist. Die Elektronenübergänge im Band haben, wie (41,4) zeigt, weder auf die Art der Bewegung der Schicht, noch auf die Struktur des Energiespektrums des Systems Schicht—Elektron einen Einfluß, sondern ändern nur die additive Konstante in dem Ausdruck für die Energie des Systems. Obwohl das Energiespektrum des Systems Schicht—Elektron bei gegebenem W diskret ist (Abb. 101), bilden die Werte E_{W_k}, die sämtlichen Zuständen des Elektrons im Band entsprechen, eine kontinuierliche Menge, da sich W in (41,4) im Gebiet positiver Werte stetig ändern kann.

Die negativen Werte von W hängen von x ab. Folglich ist die potentielle Energie der Schicht (41,2) und damit auch ihre Bewegung bei Lokalisierung des Elektrons wesentlich anders als wenn es sich im Band befindet. Die Kurven $v_0(x)$ und $v_n(x)$ in Abb. 102 stellen die potentielle Energie der Schicht in dem Fall dar, daß sich das Elektron am unteren Rande des Bandes bzw. im n-ten lokalisierten Zustand befindet. Die dünnen Linien stellen die Energieterme E_{nk} dar, die dicken die Werte E_{0k}. Die Kurve $v_n(x)$ erhält man durch eine Addition der Ordinaten der Potentialkurve für die leere Schicht $v_0(x)$ und der der Kurve $W_n(x)$, die die Elektronenenergie in einem ns-Zustand als Funktion des Radius der Schicht darstellt. Die links vom Punkt x_n gelegenen Zweige der Kurven $v_0(x)$ und $v_n(x)$ fallen zusammen. Im Punkt $x = x_n$ trennen sich die Kurven, wobei der Wert des Gleichgewichtsradius der Schicht bei Lokalisierung eines Elektrons größer ist, als wenn sich das Elektron im Band befindet, und wobei dementsprechend der Wert der potentiellen Energie bei gleichem x kleiner ist.

Der Übergang eines Elektrons aus dem Band in einen ns-Zustand führt also zu einer Änderung der Bindungskräfte in der Strukturfehlstelle. Der physikalische Sinn dieses Ergebnisses ist klar. Denn der Übergang eines Elektrons in den diskreten Zustand ist mit einer Lokalisierung der Ladung des Elektrons in der Strukturfehlstelle verbunden. In dem behandelten Modell der Fehlstelle ist dieses Ergebnis jedoch auf den ersten Blick mit einer Schwierigkeit verbunden, die sich allerdings bei näherer Betrachtung nur als scheinbar erweist.

Daß ein freies Elektron, das dem Band angehört, die potentielle Energie der Schicht nicht ändert und keinen Einfluß auf deren Bewegung hat, ist völlig verständlich. Denn ein Elektron im Band befindet sich außerhalb der Schicht und steht mit ihr nicht in Wechselwirkung. Ein klassisches Elektron aber, das ins Innere einer elektrischen Doppelschicht gelangt, steht mit dieser ebenfalls nicht in Wechselwirkung, weil innerhalb des Raumes, den die Schicht umgibt, kein Feld herrscht. Die Rechnung zeigt indes, daß die Lokalisierung des Elektrons zu einer Änderung der Bindungskräfte am Ort der Schicht führt, d. h. zu einer Wechselwirkung zwischen Elektron und Schicht.

Die Lösung dieses scheinbaren Widerspruches finden wir in den Welleneigenschaften des Elektrons. Man erzielt völlige Übereinstimmung, wenn das punktförmige Elektron durch eine Elektronenwolke ersetzt, die mit einer Ladungsdichte $\varrho(z, x)$, die durch (40,29) definiert ist, im Raum verteilt ist. Die Kraft, die die Schicht auf das Elektron ausübt,

$$F = e\int_0^\infty E(z, x)\,\varrho_n(z, x)\,dz\,, \qquad (41, 5)$$

beruht auf dem Teil der Ladung der Elektronenwolke, der sich in der Schicht selbst befindet, die als unendlich dünn angenommen wird. Die Kraft F ist dabei endlich, denn es ist

$$E(z, x) = \frac{\delta(z-x)}{e}. \tag{41, 6}$$

Den Ausdruck (41, 6) für E finden wir aus der Bedingung für den Potentialsprung an der Schicht

$$\int_0^\infty E(z, x)\, dz = \frac{1}{e}, \tag{41, 7}$$

die wir im System der Einheiten m, $\hbar/\sqrt{2mU}$, $\hbar/\sqrt{2}\,U$ schreiben.

Aus (41, 5), (41, 6), (40, 29) und (40, 24) folgt, daß die Kraft, die die Schicht auf ein Elektron ausübt, das sich in einem ns-Zustand befindet, folgenden Wert hat:

$$F = \frac{2\sqrt{-W_n}}{1 + x\sqrt{-W_n}} \sin^2 \sqrt{1 + W_n}\, x. \tag{41, 8}$$

Unter der Einwirkung der Kraft F wird die Elektronenwolke ins Innere der Schicht gezogen. Dabei wirkt das Elektron mit derselben Kraft auf die Schicht zurück, und zwar im Sinne einer Vergrößerung ihres Radius. Diese Kraft führt auch zu der Änderung der potentiellen Energie der Schicht, d. h. zu der Änderung der Bindungskräfte im Gitter an der Strukturfehlstelle.

Die Änderung der Wechselwirkungsenergie von Schicht und Elektron bei der Bewegung der Schicht wird gegeben durch die Gleichung

$$-\frac{dW_n}{dx} = F, \tag{41, 9}$$

die einen Ausdruck für den Energieerhaltungssatz darstellt. Setzen wir den Wert von F aus (41, 8) ein, so gelangen wir zu der Differentialgleichung

$$-\frac{dW_n}{dx} = \frac{2\sqrt{-W_n}}{1 + x\sqrt{-W_n}} \sin^2 \sqrt{1 + W_n}\, x, \tag{41, 10}$$

die die Abhängigkeit der Wechselwirkungsenergie zwischen Schicht und Elektron vom Radius der Schicht angibt. Ist unsere Deutung der Ergebnisse richtig, so muß der Ausdruck (40, 17) eine Lösung dieser Differentialgleichung sein, die die Formulierung des Problems bei einer solchen halbklassischen Behandlung darstellt. Durch Einsetzen von (40, 17) in (41, 10) bestätigt man dies. Dadurch ist bewiesen, daß die

Verringerung der Energie des Elektrons bei seiner Lokalisierung gleich der Energie der elektrostatischen Anziehung zwischen Elektron und Strukturfehlstelle ist.

Die Bewegung der Schicht bei Lokalisierung des Elektrons ist also mit einer Änderung der Wechselwirkungsenergie verbunden, die durch die Kurven $W_n(x)$ in den Abb. 98 und 102 dargestellt ist. Dabei hat der Mittelwert von $W_n(x)$ in einem Zustand mit einer bestimmten Energie $\mathsf{E} = \mathsf{E}_{nk}$ des Systems Schicht—Elektron den Wert

$$\overline{W}_{nk} = \int \xi_{nk}^*(x)\, W_n(x)\, \xi_{nk}(x)\, dx. \qquad (41, 11)$$

Das ist derselbe Wert, der im üblichen Bänderdiagramm durch den Abstand vom unteren Bandrand bis zum Haftterm dargestellt wird (siehe Abb. 102). Wir sehen, daß die „Tiefe des lokalen Niveaus" die Energie, die das Elektron im stationären Zustand besitzt, nur im Mittel kennzeichnet. Infolge der Ionenschwingungen an der Lokalisierungsstelle des Elektrons ändert sich dessen Energie; dabei können ihre Abweichungen vom Mittelwert bedeutend sein. Abb. 102 zeigt, daß sogar im tiefsten Zustand E'' des Systems Schicht—Elektron die Energie des Elektrons zwischen den Ordinaten der Punkte 1 und 2 variiert.

In jedem Zustand E_{W_k} oszilliert die Schicht um ihren Gleichgewichtsradius x_{W_0}, wobei die Amplitude und die mittlere kinetische Energie dieser Schwingungen der Schicht um so größer sind, je größer der Index k ist, d. h. je weiter der Term E_{W_k} vom Minimum der Potentialkurve $v_n(x)$ entfernt ist. Falls $W < 0$ ist, ändert sich der Anteil der Ladung der Elektronenwolke, der sich innerhalb der Fehlstelle befindet, bei einer Verschiebung der umliegenden Ionen. Dabei ändert sich auch $W(x)$, die Wechselwirkungsenergie der Schicht und des Elektrons. In einem Zustand mit vorgegebener Gesamtenergie des Systems Schicht—Elektron muß aber die Verringerung der potentiellen Energie mit einer entsprechenden Zunahme der kinetischen Energie der Schicht verbunden sein. Hierfür sorgt die Kraft, mit der das Elektron, das ins Innere der Schicht hineingezogen wird, auf diese einwirkt.

Zwischen Schicht und Elektron findet also ein Energieaustausch statt. Er trägt aber reversiblen Charakter; der Mittelwert der Energie des Elektrons (41, 11) und der Mittelwert der Energie der Schicht

$$\mathscr{E}_{nk} = \mathsf{E}_{nk} - \overline{W}_{nk} = \frac{1}{\mu}\int\left|\frac{d\xi_{nk}(x)}{dx}\right|^2 dx + \int \xi^*_{nk}(x)\, v_0(x)\, \xi_{nk}(x)\, dx \quad (41, 12)$$

bleiben konstant. *In der adiabatischen Näherung findet keine Neuverteilung der Energie innerhalb des Systems Schicht—Elektron statt.*

Wir müssen hier unsere Bezeichnungsweise präzisieren. Der Ausdruck „Adiabasie" hat, angewandt auf das betrachtete System, zwei Bedeutungen. Erstens wird eine *Adiabasie der äußeren Bedingungen* vorausgesetzt, d. h., die Wechselwirkung der Fehlstelle mit dem Kristallgitter durch eine Potentialfunktion $v_0(x)$ beschrieben. Zweitens haben wir unter der adiabatischen Näherung die Darstellung von $\Phi(\mathfrak{r}, x)$ in der Form (39, 3) verstanden, die, wie wir sehen, zum Fortfall einer Energieumlagerung *innerhalb* des Systems führt. Wir werden in der Folge von einer äußeren und einer inneren Adiabasie sprechen. Eine Abkehr von diesen theoretischen Einschränkungen, d. h., eine Berücksichtigung der Anadiabasie der äußeren und inneren Bedingungen für die Bewegung von Elektronen und Ionen in der Strukturfehlstelle führt zu den strahlungslosen Elektronenübergängen.

§ 42: Die strahlungslosen Elektronenübergänge

Die innere Adiabasie des Systems Schicht—Elektron ist das Ergebnis der Vernachlässigung des Operators *):

$$\mathscr{L} = -\frac{1}{\mu}\frac{\partial^2_\varphi}{\partial x^2} - \frac{2}{\mu}\frac{d_\xi}{dx}\frac{\partial_\varphi}{\partial x}, \quad (42, 1)$$

in der exakten SCHRÖDINGER-Gleichung (39, 1). Infolge dieses Schrittes zerfiel die Gleichung (39, 1) in eine Gleichung für die Elektronen (39, 4) und eine für die Kerne (39, 5) mit rein konfigurativer Wechselwirkung. Das Spektrum der Energiewerte E_{nk}, das man durch Lösung dieser Gleichungen erhält, ist das Eigenwertspektrum des Operators

$$\mathscr{H}' = \mathscr{H} - \mathscr{L} \quad (42, 2)$$

wobei

$$\mathscr{H} = -\nabla^2_{\mathfrak{r}} - \frac{1}{\mu}\frac{\partial^2}{\partial x^2} + V(\mathfrak{r}, x) + v_0(x) \quad (42, 3)$$

der HAMILTON-Operator des Systems Schicht—Elektron ist.

---

*) Die Indizes φ und ξ deuten an, daß die Differentialoperatoren sich auf die Elektronen- bzw. auf die Kernfunktionen beziehen. Eine Ableitung ohne Index wirkt auf die gesamte Wellenfunktion.

Nach den allgemeinen Annahmen der Störungstheorie [1, 2] führt die Berücksichtigung des weggelassenen kleinen Operators $\mathscr{L}$ dazu, daß die E_{nk} nicht mehr die exakten, sondern nur angenäherte Bewegungsintegrale sind. Die Störung, die der Operator $\mathscr{L}$ bedingt, ermöglicht Übergänge zwischen diesen Zuständen. Dabei können Übergänge des Systems nur zwischen energetisch gleichen Zuständen (Resonanz) vorkommen, da der Operator $\mathscr{L}$ klein ist und nicht explizite von der Zeit abhängt. Dieses allgemeine Ergebnis der Störungstheorie ist bekanntlich ein Ausdruck des Energieerhaltungssatzes.

Die Wahrscheinlichkeit für einen derartigen Übergang des Systems in einen anderen Zustand mit derselben Gesamtenergie ist proportional dem Quadrat der Matrixelemente des Störoperators. Bezogen auf die Zeiteinheit beträgt die Wahrscheinlichkeit für einen Übergang des Systems Schicht—Elektron zwischen zwei Resonanzzuständen, die etwa durch E_{nk} und $\mathsf{E}_{Wk'}$ in Abb. 103 dargestellt werden,

$$\Omega = \frac{2\pi U}{\hbar} \left|(nk)\left|\mathscr{L}\right|Wk')\right|^2, \tag{42, 4}$$

wobei nach (41, 4) gilt

$$W = \mathsf{E}_{Wd\,k'} - \mathsf{E}_{0d\,k'} \tag{42, 5}$$

Das behandelte Problem unterscheidet sich von den üblichen Aufgaben der Störungstheorie dadurch, daß der Störoperator nicht mit der potentiellen, sondern mit der kinetischen Energie der in Wechselwirkung stehenden Teile des Systems verknüpft ist. Um den physikalischen Sinn dieses Umstandes aufzudecken, formen wir — mit Hilfe der trivialen Differentialbeziehung

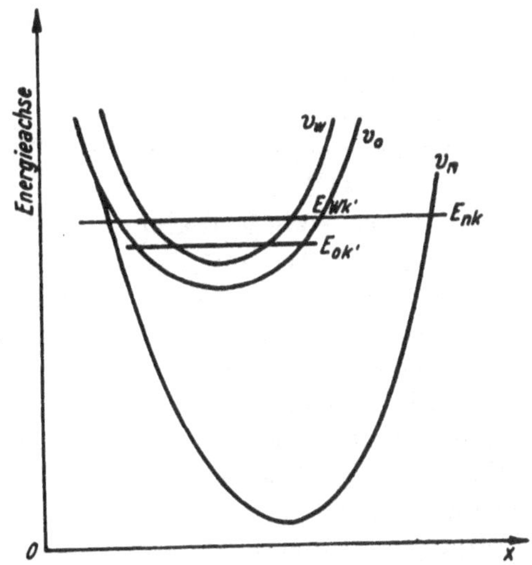

Abb. 103. Ein strahlungsloser Elektronenübergang von einem Term W des Bandes auf das lokale Niveau F ist nur bei Energiegleichheit der Zustände $\mathsf{E}_{Wk'}$ und E_{nk} des Systems möglich.

$$\frac{\partial^2}{\partial x^2} = \frac{d^2_\xi}{dx^2} + 2\,\frac{d_\xi}{dx}\,\frac{\partial_\varphi}{\partial x} + \frac{\partial_\varphi}{dx^2} \tag{42, 6}$$

um und erhalten

$$\mathcal{L} = -\frac{1}{\mu}\,\frac{\partial^2}{dx^2} + \frac{1}{\mu}\,\frac{d^2_\xi}{dx^2}. \tag{42, 7}$$

Der Operator $\frac{1}{\mu}\,\frac{d^2_\xi}{dx^2}$ wirkt nicht auf die Elektronenwellenfunktionen $\varphi_{nk}(z, x)$ ein, und seine Matrixelemente, die zwei verschiedenen Elektronenzuständen entsprechen, sind infolge der Orthogonalität der Eigenfunktionen gleich Null. Deshalb gelangen wir durch Einsetzen des Ausdrucks (22,7) für $\mathcal{L}$ in (42,4) zu folgendem Ausdruck für die Wahrscheinlichkeit eines isoenergetischen Überganges des Systems Schicht —Elektron:

$$\Omega = \frac{2\pi U}{\hbar}\left|\left(nk\left|-\frac{1}{\mu}\,\frac{\partial^2}{\partial x^2}\right|Wk'\right)^2\right. . \tag{42, 8}$$

Wir sehen, daß die nichtdiagonalen Elemente des Störoperators mit den nichtdiagonalen Elementen des Operators der kinetischen Energie der Schicht übereinstimmen. Die Störung $\mathcal{L}$ gibt die im System Schicht—Elektron vorhandene nichtkonfigurative Wechselwirkung an, die von der Geschwindigkeit der schweren Teilchen abhängt. Da das System wegen des Vorhandenseins von geschwindigkeitsabhängigen Kräften nicht konservativ ist, werden isoenergetische Übergänge möglich, d. h., Umlagerungen der Energie innerhalb des Systems zwischen der Schicht (den Ionen) und den Elektronen (vgl. (41,11) und (41,12).

Hier könnte ein Einwand gemacht werden: Die exakte Ausgangsgleichung (39, 1) enthält nur konfigurative Wechselwirkung zwischen Ionen (Schicht) und Elektronen, und deshalb kann eine solche Wechselwirkung auch bei Berücksichtigung der Störglieder, die zur Näherungslösung des Problems hinzukommen, nicht auftreten. Hierauf ist folgendes zu antworten: In der Gleichung (39, 1) sind der Ionen- und der Elektronenanteil des Systems nicht getrennt, und deshalb liefert eine Lösung dieser Gleichung nur die Gesamtenergie des Systems Schicht—Elektron, nicht aufgeteilt in Elektronenenergie und Energie der schweren Teilchen. Der Operator der Gesamtenergie und die Operatoren der Energien des Elektronen- und des Ionenuntersystems sind nicht vertauschbar. Deshalb erfolgt in einem Zustand mit vorgegebener Gesamtenergie eine Umlagerung von Energie zwischen Elektronen und Ionen. Die oben gewonnenen Ergebnisse zeigen, daß diese Energieumlagerung darauf beruht, daß sich das Elektron in einem Feld *bewegter* und nicht ruhender Ionen bewegt. Wegen der Kleinheit des Massenverhältnisses m/μ von Elektron und Ion (in dimensionslosen Einheiten $1/\mu$) ist der relative Fehler in den Energien, der bei Vernachlässigung der Ionenbewegung und ihrer Einwirkung auf die Elektronen entsteht, nicht groß ($\approx m/\mu$). Die Berücksichtigung dieses Umstandes ist jedoch sehr wesentlich in der Hinsicht, daß nur infolge eben dieses Umstandes der Energieaustausch zwischen Elektronen und Ionen im Gitter möglich wird, d. h. insbesondere strahlungslose Elektronenübergänge möglich werden. Die Lösung der exakten Gleichung (39, 1) mit einer Energie E entspricht einer Überlagerung sämtlicher Zustände mit dieser Gesamtenergie, die sich durch die Verteilung dieser Energie auf die Teile des Systems unterscheiden. Jeder dieser Zustände ist kein Eigenzustand des exakten Hamilton-Operators des ganzen Systems und bleibt infolgedessen zeitlich nicht erhalten. In dem System Schicht—Elektron, das aus einem Elektron und schweren Teilchen besteht und die Energie E besitzt, kommen alle möglichen Verteilungen der Energie zwischen dem Elektronen- und dem Ionenanteil des Systems vor, und zwar mit Wahrscheinlichkeiten, die gleich den Gewichten sind, mit denen die entsprechenden adiabatischen Lösungen (39, 3) in die Superposition eingehen. Durch Aufteilung des Systems in einen Elektronen- und einen Kernanteil deckt man den Grund für die Energieumlagerung im Gitter auf, der in der nichtkonfigurativen (von der Geschwindigkeit der schweren Teilchen abhängenden) Wechselwirkung zwischen Elektronen und Ionen besteht. Wir bemerken, daß hier eine weitgehende Analogie zu der Erscheinung der trockenen Reibung besteht, bei der ebenfalls, selbst wenn man die Zerstörungseffekte der reibenden Oberflächen, die das Bild komplizieren, ausschließt, die rein konfigurativen Wechselwirkungskräfte der beiden Körper, die sich relativ zueinander bewegen, zum Auftreten einer resultierenden Reibungskraft führen, die von der Relativgeschwindigkeit der Körper abhängt [28].

Die gewonnenen Ergebnisse und die Schlußfolgerungen aus ihnen hängen in keiner Weise von der speziellen Natur des zugrunde gelegten Modells der Strukturfehlstelle ab und gelten im vollen Umfang für die allgemeine Problemstellung im § 10.

Das Bändermodell, das die Anadiabasie der Wechselwirkung im Kristall nicht berücksichtigt, kann selbstverständlich ihrer Natur nach keine Deutung der strahlungslosen Übergänge geben.

Aus dem Ausdruck für das Matrixelement des Operators $\mathscr{L}$, das in (42, 4) eingeht,

$$(nk|\mathscr{L}|Wk') = \int \varphi_n^* (z, x)\, \xi_{nk}^* (x)\, \mathscr{L}\, \varphi_W (z, x)\, \xi_{Wk'} (x) \cdot 4\pi z^2\, dz\, dx =$$

$$= \int u_n^* (z, x)\, \xi_{nk}^* (x)\, \mathscr{L}\, u_W (z, x)\, \xi_{Wk'} (x)\, dz\, dx, \qquad (42, 9)$$

geht hervor, daß die isoenergetischen Übergänge, die mit einer Energieumlagerung zwischen Schicht und Elektron verbunden sind, nur in einer kleinen Umgebung des Berührungspunktes der Potentialkurven des Anfangs- und des Endzustandes des Systems möglich sind. Nur in diesem Fall (Zustände E_{nl} und $E_{ok''}$ in Abb. 104) liegt eine merkliche

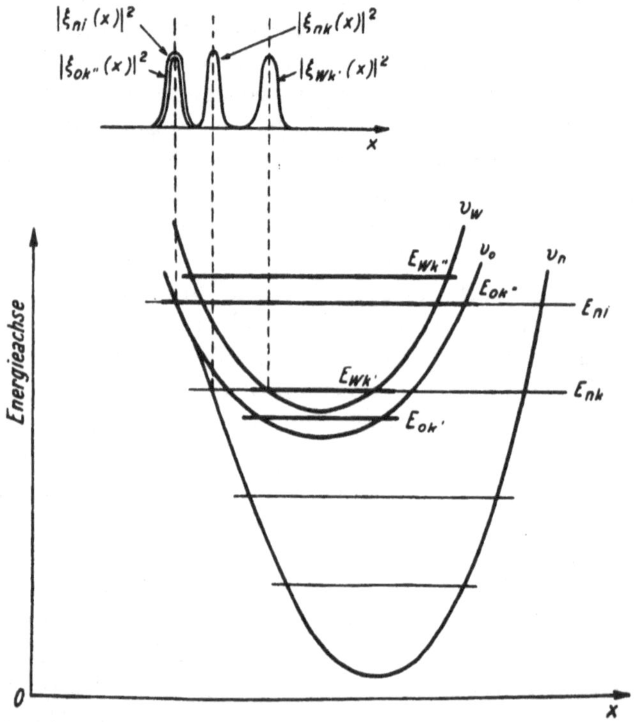

Abb. 104. Nur beim Übergang eines Elektrons auf einen lokalen Term, der vom unteren Bandrand aus erfolgt, überdecken sich die Wellenfunktionen ξ für die Kerne in dem Ausdruck für die Wahrscheinlichkeit des strahlungslosen Überganges. Die Übergänge $E_{Wk'} \rightleftharpoons E_{nk}$ sind unmöglich. Die Übergänge $E_{ok''} \rightleftharpoons E_{nl}$ sind möglich.

Überdeckung der Wellenfunktionen der Ionen vor, die notwendig ist, damit das Matrixelement $(nk \mid \mathscr{L} \mid Wk')$ in dem Ausdruck für Ω nicht verschwindet. Das entspricht dem bekannten Prinzip von Franck und Condon. Da die Potentialkurve der Schicht sich bei Lokalisierung des Elektrons im Punkt $x = x_n = (2n - 1)\, 2/\pi$ von der Potentialkurve für $W = 0$ löst und überall einen endlichen Abstand von den Kurven hat, die von Null verschiedenen Energien der Elektronen im Band entsprechen (siehe Abb. 104), *können strahlungslose Elektronenübergänge zwischen dem Leitfähigkeitsband und diskreten Termen nur vom unteren Bandrand aus (oder zum unteren Bandrand hin) erfolgen.*

Ein strahlungsloser Übergang auf einen *ns*-Term kommt bei $x = x_n$ vor, d. h. bei einer Deformation der Strukturfehlstelle, bei der das lokale Niveau mit dem unteren Bandrand zusammenfällt (siehe Abb. 102).

Folglich ist der Elektronenübergang aus dem Band in einen lokalen Zustand selbst mit gar keiner Energieübertragung auf den Kristall als Ganzes oder auf die Ionen, die die Strukturfehlstelle bilden, verbunden. Er erfolgt bei einer Konfiguration dieser Ionen, bei der die Energiedifferenz zwischen dem unteren Bandrand und dem lokalen Niveau gleich Null ist. Eine Energieübertragung vom Elektron auf die benachbarten Ionen erfolgt erst bei der darauffolgenden durch den Elektronenübergang veranlaßten Verschiebung dieser Ionen.

Wir betrachten einen isoenergetischen Übergang $\mathsf{E} \to \mathsf{E}'$ des Systems Schicht—Elektron (Abb. 102). Damit er möglich ist, ist notwendig, daß infolge der thermischen Schwingungen der Schicht im Zustand E ihr Radius den Wert $x = x_n$ annimmt. Der Elektronenübergang, der bei $x = x_n$ zustande kommt, erfolgt ohne Übergabe von Energie vom Elektron auf die Schicht. Erst danach, bei der Vergrößerung des Schichtradius, wird die Elektronenwolke in die Strukturfehlstelle hineingezogen (Lokalisierung des Elektrons). Infolgedessen ändert sich der Gleichgewichtsradius der Schicht und verringert sich die potentielle Energie der Wechselwirkung zwischen Schicht und Elektron. Die Gesamtenergie des Systems bleibt aber konstant ($\mathsf{E} = \mathsf{E}'$). Folglich nimmt bei diesem Übergang die kinetische Energie der Schicht zu. Dies sieht man deutlich in Abb. 102, in der der Term E' wesentlich weiter vom Minimum der Kurve $v_n(x)$ entfernt ist als der Term E vom Minimum der Kurve $v_0(x)$.

Infolge des Überganges des Systems von E nach E' verringert sich die mittlere Energie des Elektrons um den Betrag

$$\overline{W}_n = \int \xi^*_{nk}(x)\, W(x)\, \xi_{kn}(x)\, dx. \tag{42, 10}$$

Um ebensoviel wächst die mittlere Schwingungsenergie der Schicht an. Die Beziehung (42, 10) und der entsprechende Term in Abb. 102 charakterisieren jedoch nur die mittlere Energie des lokalisierten Elektrons. Bei einer Änderung der Abmessungen der Schicht infolge von deren Schwingungen ändert sich die Energie des Elektrons von dem Wert W, der dem rechten Umkehrpunkt im Zustand E' entspricht und kleiner als $\overline{W}$ ist, bis auf $W = 0$ bei $x = x_n$. Wir bemerken, daß die Amplituden der Schwingung der Schicht, die gleich dem Abstand zwischen dem Minimum und den Umkehrpunkten auf der Potentialkurve sind, im Zustand E' bedeutend größer sind als im Zustand E.

Beschränkte sich die Wechselwirkung des Systems Schicht—Elektron in dem ganzen Kristallgitter auf das konfigurative Glied in (39, 1) (äußere Adiabasie), so wäre die Gesamtenergie des Systems ein exaktes Bewegungsintegral, d. h., sie bliebe beliebig lange Zeit konstant. Nach einer bestimmten Anzahl von Schwingungen der Schicht, die proportional $1/\Omega$ ist, würde das System im Punkt $x = x_n$ in den Zustand E zurückkehren, das Elektron wäre wieder im Band und die Schwingungsenergie der Schicht würde abnehmen. Dann würde wieder ein Übergang $\mathsf{E} \to \mathsf{E}'$ erfolgen usw. Wir sehen, daß E und E' einen einzigen Zustand des Systems darstellen, in dem das Elektron einen Teil der Zeit im Band und den anderen Teil im Haftterm verbringt.

Den wirklichen Bedingungen entspricht jedoch keine äußere Adiabasie, sondern ein isothermes Verhalten des Systems Schicht—Elektron, d. h., eine Wechselwirkung der Fehlstelle mit dem Kristall als Thermostaten. Befand sich im Zustand E das Untersystem Schicht—Elektron im thermodynamischen Gleichgewicht mit dem Kristallgitter, so stört der Übergang in den Zustand E' dieses Gleichgewicht und führt zu einer Zunahme der Schwingungsenergie der Schicht, d. h. zu einer lokalen Temperaturerhöhung an der Strukturfehlstelle. Unter adiabatischen äußeren Bedingungen ist der Übergang $\mathsf{E} \to \mathsf{E}'$ reversibel, und die Wahrscheinlichkeiten für den einen und den umgekehrten Übergang sind gleich. Befindet sich das Untersystem Schicht—Elektron in einem Thermostaten, was den wirklichen Bedingungen für die Strukturfehlstelle entspricht, so ist der Übergang $\mathsf{E} \to \mathsf{E}'$ praktisch irreversibel. Das Untersystem hält sich genügend lange im Zustand E auf (Gleichgewicht mit dem Thermostaten), so daß der Übergang

E → E′ auch dann eintritt, wenn seine Wahrscheinlichkeit Ω gering ist. Im Zustand E′ dagegen befindet sich das Untersystem nicht im Gleichgewicht mit dem Thermostaten und geht deshalb fast mit Sicherheit auf tiefere Terme der Kurve $v_n(x)$ über, ehe der umgekehrte Übergang E′ = E eintreten kann. Die Übergänge des Untersystems Schicht—Elektron auf noch tiefere Terme der Kurve $v_n(x)$, die mit einer Energieabgabe an den Thermostaten (das Kristallgitter) verbunden sind, erfolgen solange, bis sich das thermodynamische Gleichgewicht zwischen der Fehlstelle und dem ganzen Kristall eingestellt hat. E″ sei ein solcher Gleichgewichtsterm auf der Kurve $v_n(x)$*). Der Übergang des Systems vom Term E auf den Term E″, der mit der Lokalisierung des Elektrons im Zustand F verbunden ist, besteht aus aufeinanderfolgenden Über-

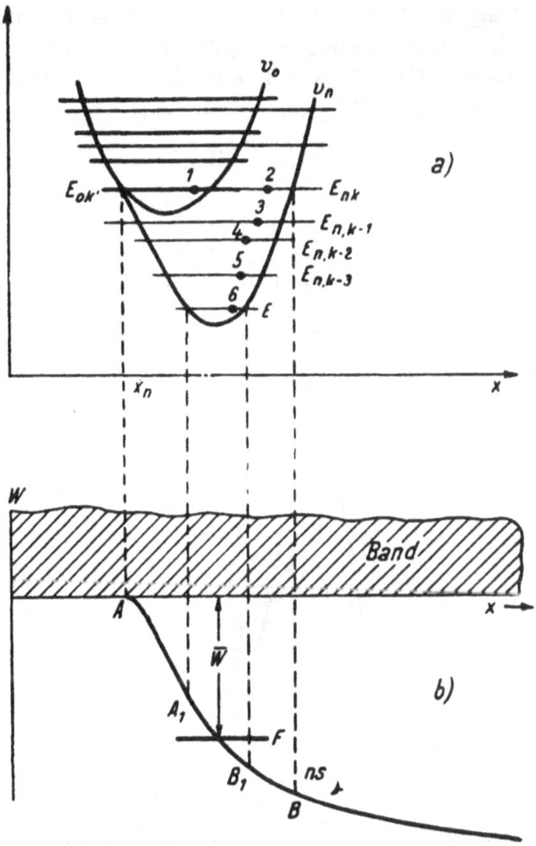

Abb. 105. Die Abgabe der Energie des lokalisierten Elektrons an den Kristall erfolgt in einer Reihe von Einquantenprozessen. *1*: das Elektron befindet sich im Band; *2*: das Elektron ist auf dem Term E_{nk} übergegangen, der mit $E_{ok'}$. gleiche Energie besitzt; *3—6*: Übergänge des Systems Schicht—Elektron auf tiefere Schwingungsterme, deren jeder mit der Erzeugung eines Phonons im Gitter verbunden ist. Die Amplitude der Verschiebung des lokalen Terms F verringert sich bei jedem dieser Übergänge (das Elektron „haftet"). Im Zustand E_{nk} verschiebt sich das lokale Niveau innerhalb des Intervalls von A bis B, im Zustand E nur von A_1 bis B_1.

*) Natürlich ist E″ nicht notwendig der tiefste Term der Kurve $v_n(x)$.

gängen zwischen den Schwingungstermen, deren Anzahl zwischen E′ und E″ bedeutend größer ist als in Abb. 102 dargestellt. Jeder dieser Übergänge ist mit der Erzeugung eines Phonons verbunden (Abb. 105). Folglich *erfolgt die Abgabe der Elektronenenergie an den Kristall nicht auf einmal, sondern in einer Reihe von Einquantenvorgängen.*

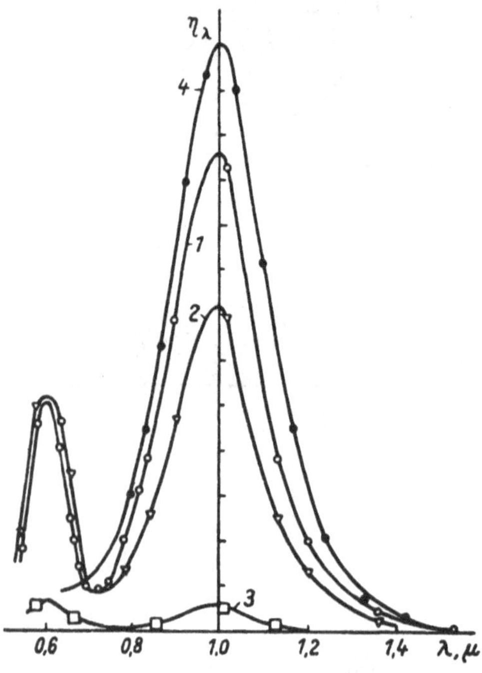

Abb. 106. Spektrale Empfindlichkeit des Aufflammens von vorher erregten Phosphoren. *1*: SrS · Ce, Sm-Phosphor mit einem Ce-Gehalt von 10^{-4} und einem Sm-Gehalt von 10^{-5}; *2*: SrS · Ce, Sm-Phosphor mit Ce 10^{-4} und Sm 10^{-6}; *3*: SrS · Ce, Sm-Phosphor mit einem Gehalt von Ce 10^{-3} und Sm 10^{-5}; *4*: SrS · Eu, Sm-Phosphor mit einem Gehalt von 10^{-4} Eu und 10^{-5} Sm (nach W. W. Antonow-Romanowski, W. L. Ljowschin, S. L. Morgenstern und S. A. Trapesnikowa).

Infolgedessen lokalisiert sich das Elektron in dem Haftterm, dessen Tiefe eine veränderliche Größe ist; sie hängt von der Konfiguration der Ionen ab, die der Lokalisierungsstelle des Elektrons benachbart sind. Die Tiefe des Haftterms, durch die man gewöhnlich seine Lage im Energiebänderdiagramm kennzeichnet, stellt nur den Mittelwert der Elektronenenergie dar ($\overline{W}$ in Abb. 105). Selbst wenn sich das System Schicht—Elektron in einem unteren Energiezustand befindet, variiert die Elektronenenergie zwischen den Punkten A_1 und B_1 in Abb. 105; sie kann sich also in Abhängigkeit von der Anordnung der benachbarten Ionen wesentlich von $\overline{W}$ unterscheiden. Hiermit hängt unter anderem die Tatsache zusammen, daß die Absorption von Ultrarotlicht durch Haftelektronen nicht den Charakter schmaler Linien, sondern breiter Banden hat (Abb. 106).

Zur Ablösung des lokalisierten Elektrons, d. h. zum Übergang des Systems vom Zustand E'' in den Zustand E, ist eine thermische Schwankung an der Fehlstelle notwendig, die das System Schicht—Elektron auf den Therm E' bringt, der mit E gleiche Energie hat (Abb. 102). Die Wahrscheinlichkeit für den Übergang des Elektrons aus dem lokalen Zustand ns in das Leitfähigkeitsband ist gleich dem Produkt von Ω mit der Aufenthaltswahrscheinlichkeit des Systems Schicht—Elektron im Zustand E'. Diese letztere Wahrscheinlichkeit beträgt

$$\omega_n(\mathsf{E}') = \frac{g' e^{-\mathsf{E}'/kT}}{\sum_i g_{ni} e^{-\mathsf{E}_{ni}/kT}}, \tag{42, 11}$$

wobei sich die Summe über sämtliche Terme der Kurve $v_n(x)$ erstreckt und g_{ni} die statistischen Gewichte der entsprechenden Zustände sind. Da sich die Formel (42,4) auf die Zeiteinheit bezieht, ist

$$p = \Omega\,\omega(\mathsf{E}') = p_0\, e^{-\mathsf{E}'/kT} \tag{42, 12}$$

die Wahrscheinlichkeit für den Übergang des lokalisierten Elektrons in das Band pro sec (siehe Gleichungen (21,1)). Nach (42,11) hängt

$$p_0 = \frac{\Omega g'}{\sum_i g_{ni} e^{-\mathsf{E}_{ni}/kT}} \tag{42, 13}$$

ebenfalls von der Temperatur ab. Rechnen wir alle E_{ni} von dem tiefsten Term der Kurve $v_n(x)$ ab, so sehen wir, daß p_0 eine gegenüber dem Exponentialausdruck in (42,12) nur langsam veränderliche Funktion der Temperatur ist.

Die Potentialkurve $v(x)$ der Schicht erhält man bei einem im ns-Zustand lokalisierten Elektron nach (41,2), indem man die Ordinaten von $v_0(x)$ und des n-Zweiges der Funktion $W(x)$ addiert, die durch (40,16) definiert wird. Das Ergebnis hängt wesentlich ab von dem Verhältnis zwischen dem Wert x_0 des Gleichgewichtsradius der leeren Schicht und dem Wert $x_n = (2n - 1)\pi/2$ des Schichtradius, bei dem sich das n-te lokale Niveau vom unteren Bandrand löst. In Abb. 107 sind die vier möglichen Fälle dargestellt.

Bei $x_n < x_0$ (Abb. 107a) ist nicht nur zur Ablösung des lokalisierten, sondern auch zum Haften eines freien Elektrons eine thermische Aktivierung erforderlich. Die Wahrscheinlichkeit für das Haften, die gegeben wird durch den Ausdruck *)

$$A = \Omega\omega_0(\mathsf{E}') = \frac{\Omega g' e^{-\frac{\mathsf{E}'-\mathsf{E}_1}{kT}}}{\sum\limits_j g_{0j}\, e^{-\frac{\mathsf{E}_j-\mathsf{E}_1}{kT}}} = A_0 e^{-\frac{\mathsf{E}'-\mathsf{E}_1}{kT}}, \qquad (42, 14)$$

muß in diesem Fall wesentlich von der Temperatur abhängen, entgegen der üblichen Annahme $A = \text{const.}$ Dieses Ergebnis steht, wie wir etwas später sehen werden, im Einklang mit den experimentellen Tatsachen. Abb. 107b entspricht den Bedingungen, unter denen das Haften bei jeder Temperatur erfolgen kann. Bei der Situation, die in Abb. 107c dargestellt ist, erfordern wieder beide Vorgänge — sowohl

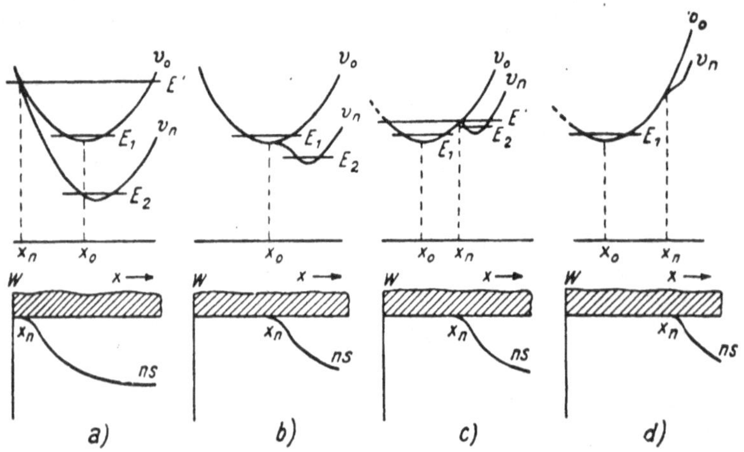

Abb. 107. Potentialkurven der Schicht, wenn sich das Elektron am unteren Bandrand (v_0) oder im ns-Haftterm (v_n) befindet, bei den verschiedenen möglichen Beziehungen zwischen x_0 und x_n.

die Ablösung als auch das Haften des Elektrons — eine thermische Aktivierung. Dieser Fall unterscheidet sich von dem in Abb. 107a dargestellten dadurch, daß jetzt die Aktivierung, die zur Ablösung des lokalisierten Elektrons notwendig ist (E'—E_2), kleiner ist als die zum Haften erforderliche (E'—E_1). Mit anderen Worten erfolgt in

---

*) Die zwischen den Zuständen E_1 und E' liegenden Terme E_j auf der Kurve $v_0(x)$ sind in Abb. 107a nicht angegeben.

diesem Fall *das Haften des Elektrons endotherm, die Ablösung exotherm.* Die Möglichkeit eines derartigen Verhaltens dieser Vorgänge wurde, soweit uns bekannt ist, noch nie in Betracht gezogen. Schließlich ist in dem Fall, der Abb. 107d entspricht, der lokale Zustand nicht stabil. Selbst wenn infolge einer bedeutenden Schwankung der Radius der Schicht so groß wird, daß eine Lokalisierung des Elektrons möglich wird, so ist die Veränderung der Bindungskräfte, die mit der Lokalisierung verbunden ist, nicht groß genug, um die Schicht im ausgedehnten Zustand mit einem Radius größer als x_n halten zu können. Im Laufe einer Zeit von der Größenordnung der Periode der Schwingungen der Schicht kehrt das Elektron ins Band zurück.

Bei jedem Wert von x_0 entspricht einem diskreten Elektronenzustand mit genügend großer Hauptquantenzahl ein instabiler Zustand des Systems Schicht—Elektron, ähnlich dem in Abb. 107d dargestellten.

Wir merken an, daß ein Halbleiter mit Strukturfehlstellen von der in Abb. 107c dargestellten Art eine anomale Temperaturabhängigkeit der elektrischen Leitfähigkeit aufweisen muß. Bei Temperatursenkung muß sich die Elektronenkonzentration im Band vergrößern (falls $E_2 > E_1$) oder konstant bleiben (falls $E_2 \cong E_1$ ist). Ein Halbleiter mit derartigen Hafttermen besitzt also die sogenannte *metallische Leitfähigkeit.* Zur Erklärung eines solchen Verlaufes der elektrischen Leitfähigkeit braucht man nicht zu willkürlichen Hypothesen über Elektronenterme, die auf den Beimischungen beruhen und sich im Leitfähigkeitsband befinden [29], seine Zuflucht zu nehmen, zu Hypothesen, die den allgemeinen Annahmen widersprechen, nach denen ein elektropositives Niveau sich stets unterhalb des unteren Randes des freien Bandes befindet [30]. In dem Modell, das der Abb. 107c entspricht, ist diese Forderung erfüllt (vgl. das Bänderdiagramm in dieser Abbildung). Die Energie, die bei der Lokalisierung des Elektrons in dieser Fehlstelle frei wird, ist jedoch kleiner als die Energie, die zu der Deformation des Gitters aufgewandt wird, welche zur Erhaltung des lokalisierten Zustandes erforderlich ist. Deshalb besteht der energetische Gesamteffekt der Lokalisierung eines Elektrons in dem elektropositiven Niveau in einem Energieverbrauch, und die Ablösung eines Elektrons aus einem solchen Term ist insgesamt für den Kristall energetisch vorteilhaft. Dieses Ergebnis läßt sich leicht auf den Fall der Löcherhalbleiter mit elektronegativen Termen übertragen.

Wir betrachten die Abb. 108. Hier sind zwei stabile Zustände 1 und 2 des Systems dargestellt, denen eine Lokalisierung des Elektrons in den Hafttermen F_1 und F_2 entspricht. Die Stabilität dieser Zustände beruht darauf, daß die entsprechenden Potentialkurven der Schicht Minima besitzen. Ein strahlungsloser Übergang (ein „Haften“) eines Elektrons vom Band in den Term F_1 ist nur möglich von dem Zustand E' des Systems Schicht—Elektron aus, der einem hohen Schwingungsterm der Schicht entspricht. Der Übergang in das Niveau F_2 erfolgt von einem tiefen Schwingungsterm E der Schicht aus. Deshalb *lokalisieren sich bei tiefen Temperaturen die Elektronen nur in den Termen F_2, da der Übergang in einen Term F_1 eine höhere thermische Aktivierung erfordert und daher weniger wahrscheinlich ist.* Umgekehrt werden sich bei hohen Temperaturen, d. h. bei $E'—E \approx kT$, die Elektronen nur in den tiefen Hafttermen F_1 lokalisieren. Die Lebensdauer im Zustand 2 ist bei diesen Temperaturen verschwindend klein ($E—\overline{E}_{20} \ll kT$); gelangt ein Elektron in den Term F_2, so wird es im Laufe einer Zeit von der Größenordnung der Periode der Schwingungen der Schicht wieder in das Band heraufgebracht.

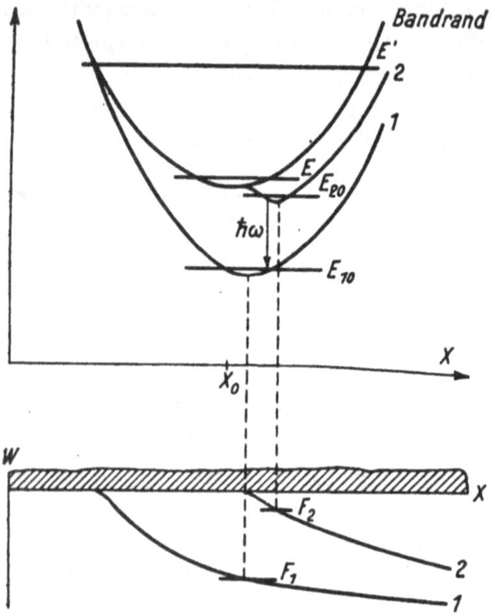

Abb. 108. Zum verschiedenen Auffüllungsgrad der Haftterme bei hohen und tiefen Temperaturen. Der Pfeil bezieht sich auf eine erweiterte Deutung der Ergebnisse (siehe S. 246).

Die gewonnenen Ergebnisse führen zur Erklärung des von W. W. Antonow-Romanowski, S. L. Morgenstern, W. L. Ljowschin und S. A. Trapesnikowa beobachteten interessanten Effekts, daß die Auffüllung der tiefen Haftterme bei tiefen Temperaturen unterbrochen wird. In Abb. 109 sind die Kurven des Temperaturausleuchtens eines $SrS \cdot Ce$, Sm-Phosphors nach seiner Erregung bei $+20^0$ C (punktierte Kurve) und bei -139^0 C (ausgezogene Kurve) dargestellt. Der Abfall der

Kurven zu Anfang entspricht der schnell abklingenden Phosphoreszenz. Wie die Autoren feststellen, hätte man naheliegenderweise erwarten müssen, daß die Auffüllung sämtlicher Haftterme am besten bei tiefen Temperaturen vor sich gehen müsse, wo doch die Vorgänge der thermischen Ablösung der Elektronen unterdrückt sind. Man hätte also erwarten müssen, daß die Senkung der Temperatur, bei der der Phosphor erregt wird, zum Auftreten von Spitzen bei tiefen Temperaturen in der Kurve des thermischen Ausleuchtens führen müsse, die den flachen Haftstellen entsprechen, in denen sich die Elektronen bei Zimmertemperatur praktisch nicht halten können. Was die Spitzen bei hoher Temperatur angeht ($T > 300^0$ K), so müßten sie scheinbar entweder ebenfalls bei Senkung der Erregungstemperatur des Phosphors wachsen (ihre Ablösewahrscheinlichkeit $p = p_0\, e^{-\varepsilon_1 k/T}$ nimmt ab), oder konstant bleiben (wenn die entsprechenden lokalen Niveaus praktisch schon bei Zimmertemperatur alle besetzt sind). Das Experiment lieferte ein unerwartetes Ergebnis: eine Senkung der Erregungstemperatur führte nicht nur zum Auftreten der Tieftemperaturspitze, sondern auch zu einer starken Verkleinerung der Hochtemperaturspitze in der Kurve des thermischen Ausleuchtens (siehe Abb. 109). *Eine Senkung der Temperatur, bei der der Phosphor erregt wurde, führte zu einer fast vollständigen Unterbrechung der Lokalisierung der Elektronen in den tiefen Haftstellen.*

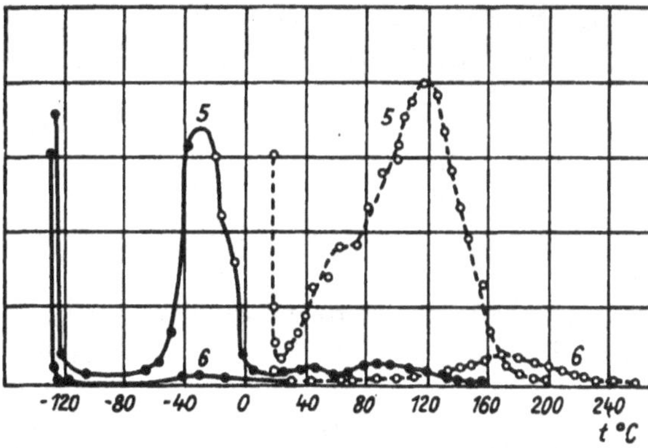

Abb. 109. Kurven des Temperaturausleuchtens eines SrS · 10^{-4} Ce, 10^{-5} Sm-Phosphors bei den Erregungstemperaturen $+20^0$ C (punktierte Kurve *5*) und -130^0 C (ausgezogene Kurve *5*). (Nach W. W. Antonow-Romanowski, W. I. Ljowschin, S. M. Morgenstern und S. A. Trapesnikowa.

Dieselbe Erscheinung beobachteten RANDALL und WILKINS an KCl · Tl-Phosphoren [33].

Das Auftreten der Tieftemperaturspitze bei Senkung der Erregungstemperatur des Phosphors läßt sich leicht deuten; keiner der Verfasser gibt jedoch eine Erklärung für den unerwarteten Effekt der starken Verminderung des Haftens der Elektronen in den tiefen Termen. Wir haben diese Erscheinung oben als unmittelbare theoretische Folge des betrachteten Mechanismus der Haft- und Ablösevorgänge der Elektronen verstehen gelernt.

Wir werden jetzt die Abb. 108 allgemeiner behandeln, wobei wir unter E_{10} und E_{20} zwei Zustände des Systems Schicht—Elektron verstehen wollen, zwischen denen ein optischer Übergang möglich ist*). In diesem Fall führt ein Übergang des Elektrons aus dem Band in den Term 2 zur Emission von Licht bei dem darauffolgenden Übergang des Systems von E_{20} nach E_{10}, während der unmittelbare Übergang des Elektrons aus dem Band in den Term 1 mit einer Löschung der Lumineszenz verbunden ist.

Nach (42, 14) betragen die entsprechenden Wahrscheinlichkeiten

$$A_{\text{therm}} = \frac{\Omega' g' e^{-\mathsf{E}'/kT}}{\sum\limits_j g_j e^{-\mathsf{E}_j/kT}}, \quad A_{\text{str}} = \frac{\Omega g e^{-\mathsf{E}/kT}}{\sum\limits_j g_j e^{-\mathsf{E}_j/kT}} \tag{42, 15}$$

(die Summe erstreckt sich über sämtliche Terme der Kurve $v_0(x)$), woraus wir folgende Temperaturabhängigkeit der Strahlungsintensität erhalten:

$$I \sim \frac{A_{\text{str}}}{A_{\text{str}} + A_{\text{therm}}} = \frac{1}{1 + \frac{\Omega' g'}{\Omega g} e^{-\frac{\mathsf{E}' - \mathsf{E}}{kT}}}. \tag{42, 16}$$

Eine derartige Formel für die Temperaturabhängigkeit der Lumineszenz gaben zuerst MOTT und GURNEY [16—18] auf Grund phänomeno-

*) Zur Berechnung solcher Übergänge muß man bei der Lösung der Gleichung (39, 4) außer den s-Zuständen auch die p-, d- und die übrigen Zustände aufsuchen. Eine unmittelbare Durchführung dieser Rechnungen hat im Rahmen des Modells der Strukturfehlstelle alsDoppelschicht keine besondere Bedeutung, da dieses grobe Modell nur zu einer qualitativen Klärung der grundlegenden Probleme herangezogen wurde.

logischer Überlegungen an*); sie wurde dann von vielen Verfassern im Zusammenhang mit Experimenten über die Temperaturlöschung diskutiert [6, 7, 13, 34—36 u. a.]. Diese Formel steht in bedeutend besserer Übereinstimmung mit den Tatsachen als ein Gesetz von der Form (37,24), das den „Vielfachstößen" entspricht. Wir merken an, daß bei einer Konfiguration, wie sie in Abb. 108 dargestellt ist, der Übergang in den Zustand E_{20} vom Grundterm der Kurve $v_0(x)$ aus erfolgt und deshalb keine Aktivierung erfordert ($\mathsf{E} = 0$). Nach (42, 15) jedoch bleibt die Formel (42, 16) auch in dem allgemeineren Fall gültig, daß der Übergang in den Zustand E_{20} von einem höheren Term der Kurve $v_0(x)$ aus erfolgt und einer Aktivierung bedarf. Auf die Gültigkeit einer Formel vom Typ (42, 16) sogar in dem Fall, daß beide Übergänge, nicht nur der strahlungslose, einer Aktivierung bedürfen, wiesen zuerst W. J. Laschkarow und K. M. Kossonogowa hin [35]. Für das Modell, dessen Betrachtung uns auf die Formel (42, 16) führte, ist der physikalische Sinn beider Aktivierungsvorgänge klar. Die Aktivierungsenergie ist die Mindestenergie, die zu einer Deformation der Strukturfehlstelle erforderlich ist, bei der der Grundterm 1 bzw. der angeregte Term 2 den unteren Rand des Bandes berühren. Dabei muß der Berührungspunkt der Kurven $v_0(x)$ und $v_1(x)$, wie sich aus Abb. 108 und aus der voraufgegangenen Betrachtung ergibt, links über dem Berührungspunkt der Kurven $v_0(x)$ und $v_2(x)$ liegen. Folglich ist die Aktivierungsenergie für den strahlungslosen Übergang stets größer als die Aktivierungsenergie für den Übergang des Systems in den erregten Zustand: $\mathsf{E}' > \mathsf{E}$. Dieses Ergebnis ist äußerst wichtig, denn bei der gewöhnlichen phänomenologischen Herleitung der Formel

$$I \sim \frac{1}{1 + b e^{-\varepsilon/kT}} \qquad (42, 17)$$

muß diese Behauptung, die aus dem betrachteten Modell unmittelbar folgt, als zusätzliche Annahme hineingesteckt werden. (Mott und

*) Ist A_{str} die Wahrscheinlichkeit für einen strahlenden und A_{therm} die Wahrscheinlichkeit für einen strahlungslosen Übergang, so beträgt die Quantenausbeute (siehe § 29)

$$\varrho_{\text{qu}} = \frac{A_{\text{str}}}{A_{\text{str}} + A_{\text{therm}}} = \frac{1}{1 + \frac{A_{\text{therm}}}{A_{\text{str}}}}. \qquad (a)$$

Unter der Annahme, daß $A_{\text{str}} = \text{const}$, $A_{\text{therm}} = \text{const.}\ e^{-\varepsilon/kT}$ erhalten wir die Formel (42,16).

GURNEY [16—18] nehmen sogar an, daß der strahlende Übergang ganz ohne Aktivierung erfolgt.) Wir bemerken auch, daß wir die Formel (42, 16) für den Rekombinationsmechanismus des Leuchtens der Kristalle und nicht für das Leuchten lokaler Zentren abgeleitet haben, wie das MOTT und GURNEY tun, und daß die Löschung in unserem Modell auf dem Wege über das Leitfähigkeitsband erfolgt (siehe ferner § 45).

Der leere Anionengitterplatz, den wir modellmäßig durch eine oszillierende elektrische Doppelschicht dargestellt haben, entspricht einer Haftstelle des Elektrons im Gitter, aber selbstverständlich nicht einem Zentrum, das anerkanntermaßen auf dem Eindringen von Aktivatoratomen beruht (siehe Kapitel VII). Deshalb hat man bei der Übertragung der oben gewonnenen Ergebnisse auf die Vorgänge der Lumineszenz und der Löschung Vorsicht walten zu lassen. Am meisten entspricht diesen Ergebnissen ihrer physikalischen Natur nach die ultrarote Lumineszenz der Halbleiter, die an die Haftstellen geknüpft ist. Interessante Ergebnisse über eine ultrarote Lumineszenz, die in Übereinstimmung mit der Formel (42, 17) verläuft, erhielten W. J. LASCHKARJOW und K. M. KOSSONUGOWA [35]. Im Fall der Strahlungszentren, die für die Lumineszenz im sichtbaren Gebiet verantwortlich sind, kann man annehmen, daß das betrachtete Modell den Einfluß der Bewegung der umgebenden Ionen auf die Elektronenzustände in den Zentren in seinen Grundzügen wiedergibt.

Für das wichtige Problem des Übertragungsmechanismus der Elektronenenergie auf den Kristall bei strahlungslosen Übergängen, der sowohl bei der Lumineszenzlöschung als auch bei den Haftprozessen eine Rolle spielt, fanden wir eine Lösung, die frei von der Schwierigkeit ist, welche die Deutung der Umwandlung der Elektronenenergie in Wärme durch einen einzigen Akt in sich schließt. Die oben entwickelten Vorstellungen zeigen, daß diese Schwierigkeit nichts anderes ist als das Ergebnis eines fehlerhaften theoretischen Vorgehens, nämlich der Annahme, daß das Elektron mit dem ganzen Kristall auf einmal in Wechselwirkung tritt. Bei dieser Fassung des Problems ist zur Übertragung der Elektronenenergie auf den Kristall ein Vielquantenprozeß unentbehrlich. Indes erfolgt die *Übertragung der Elektronenenergie auf den Kristall nicht in einem einzigen Akt*; das ist die Lösung des Problems. Infolge der nichtkonfigurativen Wechselwirkung des Elektrons mit der Gruppe der Ionen, die die Strukturfehlstelle bilden — diese Wechselwirkung wird durch den Operator $\mathscr{L}$ in der Wellengleichung beschrieben —, lokalisiert sich ein Elektron, das sich in der Nähe des unteren Randes des Leitfähigkeitsbandes befindet, in der Strukturfehlstelle. Dabei wird seine Energie in einer Zeit von der Größenordnung der Schwingungsperiode der Nachbarionen an diese übergeben und der Energieübertragungsprozeß selbst wird durch die Kräfte (41,5) vermittelt, die beim Hineinziehen der Elektronenwolke in die Strukturfehlstelle entstehen. Auf Kosten einer Verringerung der potentiellen Energie der Wechselwirkung des Elektrons mit den Ionen, die die Strukturfehlstelle bilden, nimmt also die kinetische Energie dieser Ionen zu. Das führt zu einer örtlichen Temperatursteigerung, d. h. zu einer Verletzung des thermodynamischen Gleichgewichts zwischen der Strukturfehlstelle und dem restlichen Kristall. Die weitere Energieübertragung auf den Kristall erfolgt dann einfach wie die übliche Relaxation einer örtlichen Energieschwankung in einem Thermostaten, und zwar nicht in einem einzigen Akt, sondern in aufeinanderfolgenden Übergängen des nicht im thermodynamischen Gleichgewicht stehenden Untersystems auf tiefere Terme.

KAPITEL VII

HALBLEITER- UND OPTISCHE PROZESSE IN KRISTALLPHOSPHOREN

§ 43: Bemerkungen über das Bändermodell und die Grenzen seiner Anwendbarkeit

Bei ihren ersten Schritten stützt sich die moderne Wissenschaft von der Lumineszenz der Kristallphosphore auf das Bändermodell des Festkörpers. Das Halbleiter-Bändermodell (Abb. 54) ist die Grundlage der theoretischen Behandlung der Kristallumineszenz. Mit seiner Hilfe erzielte man eine Reihe von Erfolgen, die den Schluß rechtfertigen, daß das Bändermodell viele Seiten der Lumineszenzvorgänge richtig wiedergibt. Eine ganze Anzahl von Fragen, die das Experiment aufwirft, hat jedoch im Rahmen des Bändermodells keine Antwort finden können. Dazu gehört das Problem der strahlungslosen Elektronenübergänge in Kristallen. Auch die ganze optische Seite der Kristallumineszenz ist der modernen Theorie völlig unzugänglich: die Struktur der Spektren und ihre Intensitätsverteilung, die Multipolarität der Emission usw. lassen sich durch sie nicht erklären. Es gibt noch keine Theorie dieser optischen Eigenschaften der Kristallumineszenz. Es gibt noch nicht einmal Hinweise auf die Art und Weise, wie man eine solche Theorie auf Grund des Bändermodells der Kristallphosphore aufbauen könnte. Offenbar ist es notwendig, den Problemkreis abzugrenzen, innerhalb dessen mit Hilfe des Bändermodells Antworten zu erwarten sind, und die Fragen zu präzisieren, zu deren Lösung man neue Wege einschlagen muß.

Vor allem sind die Möglichkeiten der gegenwärtigen Theorie der Kristallumineszenz dort erschöpft, wo das Bändermodell des Festkörpers seine Gültigkeit verliert, d. h. wo in die Theorie der Lumineszenz der Kristallphosphore die beiden hauptsächlichen Vereinfachungen für den wirklichen Kristall übernommen wurden, auf die eben das Bändermodell beruht. Die erste dieser Annahmen ist die

Rückführung des Vielelektronenproblems auf das Einelektronenproblem, die zweite ist der Ausschluß sämtlicher Vorgänge, die mit endlichen Verschiebungen der Kerne oder Ionen verknüpft sind, d. h. mit Änderungen der Gleichgewichtskonfiguration des Gitters.

Der Ersatz eines Vielteilchenproblems durch ein Einteilchenproblem, bei dem sich das Teilchen in einem gegebenen äußeren Feld bewegt, ist nicht nur für die Kristalltheorie typisch. Das geschieht ja ausnahmslos in der Theorie der Teilchengesamtheiten (Atom, Molekül usw.). Dieser Weg ist bedingt durch die mathematischen Schwierigkeiten des Vielteilchenproblems. Mehrmals aber ist schon die Möglichkeit, sukzessive eine „self-consistent" Lösung für die Einelektronennäherung im Kristall zu finden, kritisiert worden [7, 2, 3, 4 u. a.]. Die wesentlichste Schwäche des qualitativen Energiebänderdiagramms aus Einelektronentermen, das in Abb. 55 dargestellt ist, besteht darin, daß man bei seiner Aufstellung die angeregten Zustände übersieht, in denen eine nicht mit einer Leitfähigkeit verbundenen Energieübertragung im Kristall möglich ist. Auf die Möglichkeit solcher Zustände wies zuerst J. I. Frenkel [1] hin.

Wir betrachten einen idealperiodischen Kristall, in dem sich sämtliche Atome außer einem im Grundzustand befinden, während dieses eine Atom angeregt ist (Abb. 110). Für den entsprechenden Zustand im Kristall besteht Austauschentartung, da in den Zuständen, in denen nicht dieses, sondern ein beliebiges andere Atom desselben Elementargitters angeregt ist, die Energie E des ganzen Kristalls den gleichen Wert hat. Folglich ist der Zustand mit der Energie E eine Überlagerung von Zuständen, bei denen die Anregungsenergie jeweils an einem anderen Gitterpunkt des entsprechenden Elementargitters lokalisiert ist. Bei $t = 0$ sei ein ganz bestimmtes Atom angeregt. Infolge der Austauschentartung dieses erregten Zustandes hat die Lösung der zeitabhängigen Schrödinger-Gleichung die Form einer Anregungswelle, die durch den Kristall läuft. Die Anregungsenergie

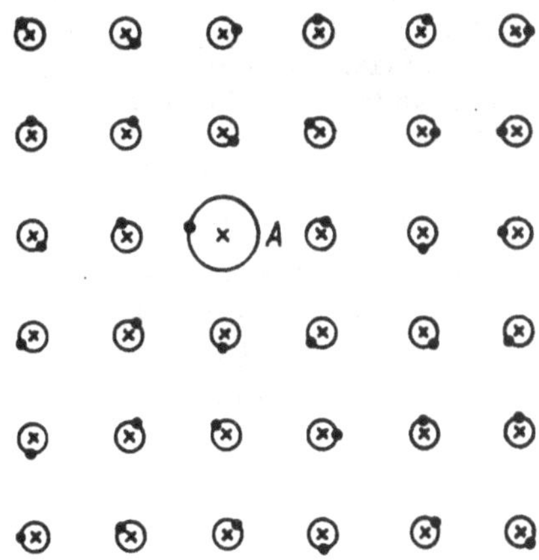

Abb. 110. Das Atom A im Gitter ist angeregt (× Atomrest; ○ Elektron).

geht von Atom zu Atom über, wie in Abb. 111 dargestellt, wobei diese Energiewanderung ohne dazwischenliegende Übertragung von Photonen (Emission und Reabsorption von Licht) oder von Elektronen (Ionisation und Rekombination) erfolgt. Eine solche Anregungswelle im Kristall hat man als *Exciton* bezeichnet. Die Strahlung, die durch die Excitonen hervorgerufen wird, stellt ein typisches Kristalleuchten dar, da sich Absorption und Emission des Lichtes in verschiedenen Atomen abspielen und durch die Energieübertragung im Kristall auf Abständen erfolgt, die größenordnungsmäßig viele Gitterkonstanten betragen. Dieses Leuchten trägt jedoch monomolekularen Charakter und ist nicht mit einer Photoleitfähigkeit verbunden, da das absorbierte Quant das Atom nicht ionisiert, sondern anregt. Einen derartigen Excitonenmechanismus für das Leuchten weisen organische Kristalle molekularen Typs auf, für die ein exponentielles Abklinggesetz gilt.

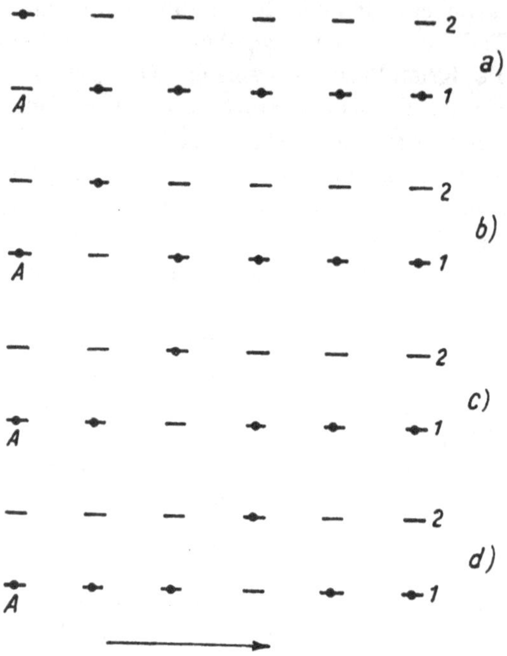

Abb. 111. Die Anregung bleibt nicht beim Atom *A* lokalisiert, sondern wandert als Exciton von Atom zu Atom. *1* Grundterm; *2* Anregungsterm. Der Pfeil gibt die Bewegungsrichtung des Excitons an.

Das Bändermodell des Kristalls enthält keine angeregten Elektronenzustände. Das Elektron in einem unbesetzten Band bildet den Stromträger, unabhängig davon, ob dieses Band aus dem Valenzgrundterm des isolierten Metallatoms oder aus einem angeregten Term des Nichtmetallatoms entstanden ist (für Ionenkristalle; Abb. 112). Im Rahmen des Bändermodells kann man aber das Exciton als im Kristall wanderndes Teilchenpaar darstellen, nämlich ein Elektron und ein Loch, die durch die gegenseitige Anziehung zusammengehalten

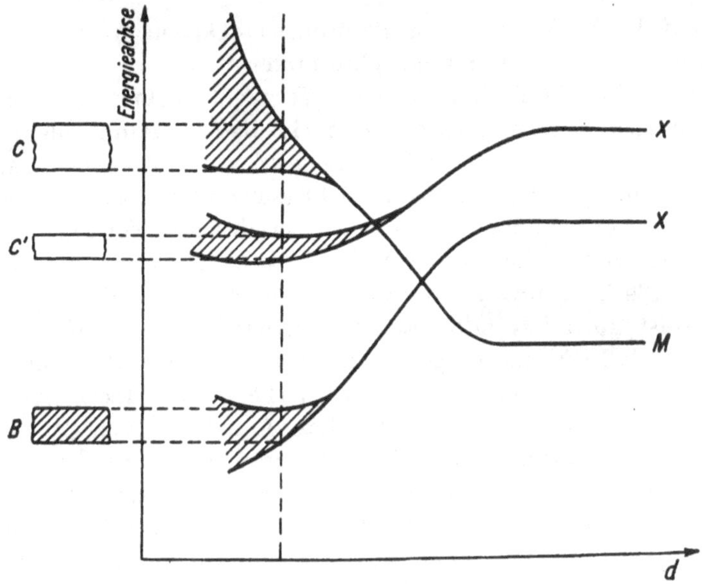

Abb. 112. Zur Bildung leerer Bänder aus den Anregungstermen des Nichtmetalls (Band C').

werden [1, 5, 6]. Die Bewegung dieses Paars im Kristall (Abb. 113) ist ein anderer Ausdruck für die Bewegung des angeregten Zustandes (Abb. 111). Um die Äquivalenz der beiden Darstellungen des Excitons noch anschaulicher zu machen, sind die Energiebänder in Abb. 113 für eine bestimmte kristallographische Richtung im Gitter dargestellt, und die Abszissenachsen in Abb. 111 u. 113 stimmen daher überein.

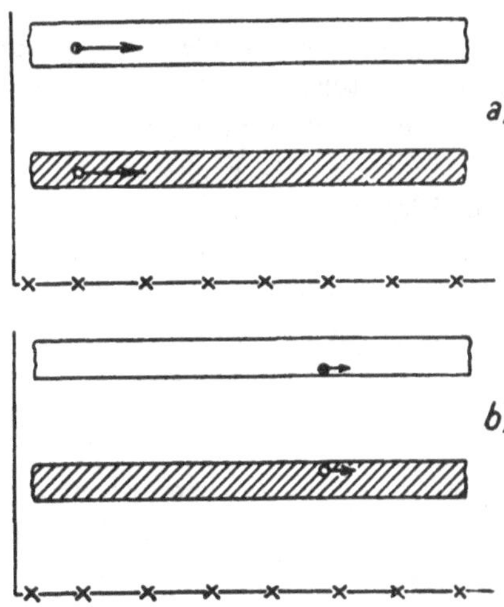

Abb. 113. So kann man sich das Exciton im Energiebänderdiagramm vorstellen.

In den Abb. 112 und 113 ist die Möglichkeit einer Energieübertragung in Form einer Anregungswelle nicht nur für Molekül-, sondern auch für Ionenkristalle angedeutet. Es gibt allerdings bisher noch keine eindeutigen experimentellen Hinweise auf das Vorkommen von Excitonenvorgängen in den zu diesem Kristalltyp gehörenden Kristallphosphoren.

Die zweite Einschränkung — die Vernachlässigung endlicher Verschiebungen der Kerne im Gitter — macht die Behandlung aller solcher Vorgänge im Rahmen des Bändermodells unmöglich, bei denen die Kristallordnung und ihre Störung nicht konstant bleiben, sondern von den Elektronenzuständen abhängen. Eben deshalb liegt auch der Mechanismus der strahlungslosen Elektronenübergänge in seinen Einzelheiten außerhalb des Zuständigkeitsbereiches des Bändermodells. Hierauf ist auch folgende paradoxe Situation zurückzuführen: die Tatsache, daß die überwiegende Mehrzahl der Körper Licht absorbiert, ohne zu lumineszieren, schien theoretisch unerklärlich und machte willkürliche und unbegründete Annahmen von der Art der „Vielfachstöße" erforderlich. Wie im voraufgegangenen Kapitel gezeigt wurde, hat man zur Lösung dieses Problems sowohl die Elektronen- als auch die Kerngleichung der adiabatischen Näherung zu behandeln und die innere wie auch die äußere Anadiabasie der Strukturfehlstellen zu berücksichtigen.

Nicht nur die Elektronenvorgänge, die sich in den Strukturfehlstellen abspielen, sondern auch die Bewegung eines Elektrons im idealperiodischen Kristall lassen sich ohne Berücksichtigung der Deformation des Gitters durch das bewegte Elektron nicht richtig beschreiben. Hierauf wies zuerst L. D. LANDAU [7] hin. Bei hinreichend langsamer Bewegung des Elektrons erzeugt sein Feld eine Polarisation des Kristallgitters, eine Verschiebung der benachbarten Ionen. Die hierdurch bedingten Störungen der Periodizität des Gitters erlaubt eine Lokalisierung des Elektrons an einer entsprechenden Stelle im Gitter. Das Elektron ist in einem Potentialtopf lokalisiert, den es selbst geschaffen hat, und hält dabei durch sein Feld die benachbarten Ionen in der verschobenen Lage. Ein allgemeines Kriterium für eine solche Autolokalisation des Elektrons im Kristallgitter gab D.I.BLOCHINZEW[8] in folgender Ungleichung

$$\left| (V_n - U_n) - (V_m - U_m) \right| > J_{mn} . \tag{43, 1}$$

Hier ist U_i die Wechselwirkungsenergie des i-ten Gitterpunktes mit dem übrigen Gitter ohne Lokalisierung eines Elektrons, und V_i die bei Lokalisierung eines Elektrons an diesem Gitterpunkt;

$$J_{mn} = \left| \int \psi_m^* \, \varphi' \, \psi_n \, d\tau \right| \tag{43, 2}$$

ist ein nichtdiagonales Matrixelement des Operators der potentiellen Energie des Elektrons im Feld des Gitters, auf dem die Möglichkeit eines Überganges des angeregten (oder des ionisierten) Zustandes von Gitterpunkt zu Gitterpunkt beruht. Die Zeit für den Übergang eines Elektrons vom Gitterpunkt m zum Gitterpunkt n beträgt

$$\tau = \frac{\hbar}{J_{mn}} \tag{43, 3}$$

(siehe § 12).

Bei der Lokalisierung eines Elektrons im Gitterpunkt m ändern sich die Wechselwirkungskräfte im Gitter in der Umgebung dieses Punktes. Die ursprünglichen Lagen der Nachbarpunkte entsprechen nicht mehr dem Energieminimum; die Atome oder Ionen, die sich in diesen Gitterpunkten befinden, rücken in ihre neuen Gleichgewichtslagen. Der Ausdruck links in (43, 1) ist größenordnungsmäßig gleich der Abnahme der potentiellen Energie des Gitters bei der Verschiebung der Ionen, die bei der Lokalisierung des Elektrons im Punkt m erfolgt. Diese Energie verwandelt sich in die kinetische Energie der sich verschiebenden Ionen (siehe Kapitel VI).

Folglich ist

$$| V_n - U_n) - (V_m - U_m) | \sim \hbar\omega_0 \, , \tag{43, 4}$$

wobei ω_0 die Frequenz der Schwingungen dieser Ionen um ihre neue Gleichgewichtslage ist. Die Periode dieser Schwingungen (die selbstverständlich wegen der äußeren Anadiabasie, d. h. wegen der Wechselwirkung der ungewöhnlich stark schwingenden Ionen mit dem übrigen Gitter schnell abklingen) beträgt

$$T = \frac{2\pi}{\omega_0} \sim \frac{\hbar}{|(V_n - U_n) - (V_m - U_m)|} \, . \tag{43, 5}$$

Folglich kann man das von D. I. Blochinzew gefundene Kriterium für die Autolokalisation der Elektronen im Gitter (43, 1) folgendermaßen schreiben:

$$T > \tau \, . \tag{43, 6}$$

Das bedeutet, daß die Lokalisierung des Elektrons infolge der von ihm selbst geschaffenen Polarisation des Gitters nur bei hinreichend langsamer Bewegung des Elektrons erfolgen kann; sie muß so langsam sein, daß die Nachbarionen sich verschoben haben, ehe das Elektron in einen anderen Gitterpunkt gelangt. Nur die Elektronen, die sich am unteren Rande des Leitfähigkeitsbandes befinden und deren Geschwindigkeit

$$\mathfrak{v} = \frac{1}{\hbar} \operatorname{grad}_{\mathfrak{k}} \varepsilon \tag{43, 7}$$

klein ist (siehe § 13), sind imstande, das Gitter zu polarisieren und einen Potentialtopf zu bilden, der zur Autolokalisation nötig ist.

Eine eingehende quantitative Entwicklung fanden diese Gedanken über die Lokalisierung der Elektronen im strukturell unverzerrten Gitter in den Arbeiten von S. I. Pekar [9, 10] (siehe auch [11]).

Das System, das aus dem lokalisierten Elektron und der umgebenden Polarisation des Gitters besteht, die einander im stationären Zustand halten, wurde als *Polaron* bezeichnet.

Ein im Gitter in Form eines Polarons lokalisiertes Elektron unterscheidet sich in seinem Verhalten wesentlich von den Elektronen, die sich in diskreten Hafttermen befinden, welche auf organischen Fehlstellen des Kristallgitters beruhen (einem leeren Anionenpunkt, Fremdbeimischungen, der Grenze der Mikrokristallite usw.). Da die Autolokalisation eines Elektrons an jedem Gitterpunkt erfolgen kann, besitzt eine Lösung vom Polaronentyp Austauschentartung. Das bedeutet, daß eine Lokalisierung des Elektrons in Form eines Polarons nicht fest an einen bestimmten Gitterpunkt gebunden ist (im Gegensatz zur Lokalisierung an einem organischen Strukturfehler). Das Polaron bewegt sich im Gitter von Punkt zu Punkt in Form einer Polaronenwelle. Mit anderen Worten, das Polaron ist ein Elektron, das sich, begleitet von der ihm selbst geschaffenen Polarisation des Kristalls, bewegt. Nach den Berechnungen von S. I. Pekar [9] ist der Polaronenzustand energetisch vorteilhafter als ein Elektronenzustand im unpolarisierten Gitter, und die Beweglichkeit des Polarons ist von derselben Größenordnung wie die Beweglichkeit von Elektronen in Ionenkristallen. Deshalb ist die Hauptzahl der Leitungselektronen in Halbleitern sowie der Photoelektronen in Isolatoren im Gitter in Form von Polaronen vorhanden.

Nicht nur der Mechanismus des Haftens und der Ablösung von Elektronen an Strukturfehlstellen des Kristalls, sondern auch die Elektronenbewegung im Gitter selbst kann also im Rahmen des Bändermodells nicht genau behandelt werden. Die Berücksichtigung der Bewegung der Gitterionen und ihrer endlichen Verschiebungen bei den Elektronenübergängen hat jedoch nur Einfluß auf den Wert der Koeffizienten in den Bewegungsgleichungen (21, 1). Das allgemeine kinetische Rekombinationsschema der Lumineszenzvorgänge in Kristallphosphoren einschließlich des vorübergehenden Haftens von Elektronen (oder Polaronen) an Strukturfehlstellen bleibt unverändert. Das bedeutet, daß *die Zuständigkeit des Bändermodells bei den Lumineszenzerscheinungen sich auf die Kinetik der Elektronenprozesse beschränkt.* Dabei gehen die Koeffizienten p, A_1, A_2 in (21, 1) als Konstanten des Phosphors in das Bändermodell ein. Ihre theoretische Definition sowie die Behandlung der entsprechenden Koeffizienten der Elementarprozesse machen eine Erweiterung und Fortentwicklung der Theorie in den Richtungen erforderlich, die im Kapitel VI und in den zitierten Arbeiten von L. D. Landau, D. I. Blochinzew und S. I. Pekar aufgezeigt wurden.

Neben der allgemeinen Beschränktheit der Möglichkeiten des Bändermodells, die alle die Erscheinungen nicht beschreiben kann, die mit bedeutenden Verschiebungen der Kerne im Gitter verbunden sind, ergeben sich besondere Schwierigkeiten in der Anwendung dieser Theorie auf die Probleme der Kristallumineszenz. Die Unzulänglichkeit des Bänderschemas der Lumineszenz des Festkörpers wird besonders deutlich, wenn man dieses Schema von einem historischen Blickpunkt aus betrachtet. In der voraufgegangenen Theorie von Lenard wurde angenommen, daß sämtliche Prozesse von der Absorption bis zur Emission in getrennten Lumineszenzzentren verlaufen. Dabei spielte der Kristall als Ganzes im theoretischen Bild der Erscheinungen gar keine Rolle, und eine Reihe von Tatsachen, in erster Linie die Bimolekularität des Leuchtens und der Zusammenhang zwischen Lumineszenz und Photoleitfähigkeit, fand keine Erklärung. Bei der Übertragung der Vorstellungen des Bändermodells der Halbleiter auf die Theorie der Lumineszenz der Kristallphosphore ergab sich die natürliche Deutung dieser und anderer für die Theorie der Zentren unlösbaren Schwierigkeiten. Die Fortschritte im Verständnis von Einzelfragen und die Eingliederung der Kristallumineszenz in die allgemeine Festkörpertheorie führten jedoch zu einer Überschätzung des Halbleiterbildes, zum Schaden der Einsicht in die physikalische Natur der Strahler, auf denen die Kristallumineszenz beruht. So liegen die Dinge noch heute.

Den Emissionsakt selbst verlor die Theorie aus dem Auge und sah ihn gewöhnlich als nicht wesentliches Detail beim Halbleitervorgang an, als etwas, das bei einer bestimmten Gitterstruktur mit dem Übergang eines Leitungselektrons in einen lokalen Aktivatorterm verbunden ist. Die Frage, warum ein Metall Aktivator sein kann, ein anderes dagegen nicht, wird häufig rein strukturell aufgefaßt; es soll sich nur darum handeln, ob sein Atomradius klein genug ist, damit es in Zwischengitterpunkte eindringen kann [12]. Die Durchrechnung der optischen Seite der Vorgänge (Eigenschaften der Emission, Struktur der Spektren usw.) ist noch nicht durchgeführt worden. Indessen hat man allen Grund, daran zu zweifeln, daß das Leuchten der Kristallphosphore nur eine Einzelheit der Halbleiterübergänge ist. Wir verweisen auf die Spektren der mit seltenen Erden aktivierten Phosphore, die dem Spektrum des Aktivators entsprechen [13, 14] (Abb. 114 und 115). Wir verweisen auf die Versuche von KRÖGER [15], die dafür sprechen, daß das Leuchten der mit Mangan aktivierten Phosphore auf Übergängen im Mn^{++}-Ion beruht. Wir verweisen auf die Ergebnisse von W. W. ANTONOW-ROMANOWSKI, W. L. LJOWSCHIN, S. L. MORGENSTERN und S. A. TRAPESNIKOWA [10], die den Einfluß des einen Aktivators auf das Spektrum des anderen in doppeltaktivierten Phosphoren nachwiesen. Abb. 116, die die Ergebnisse einer der Meßreihen dieser Autoren wiedergibt, zeigt, daß

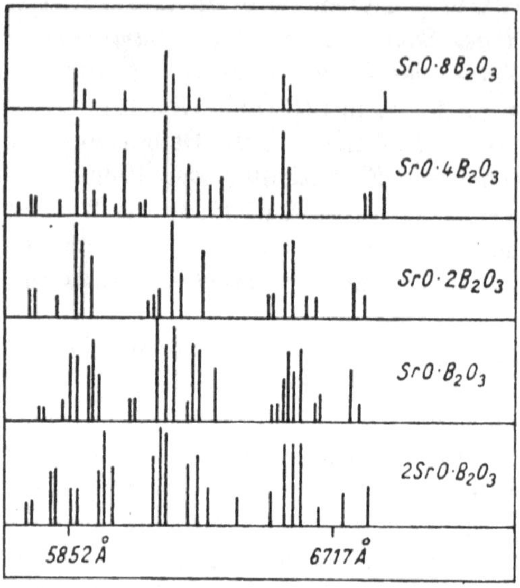

Abb. 114. Lumineszenzspektren von Eu^{+++} im Festkörper (nach R. TOMASCHEK).

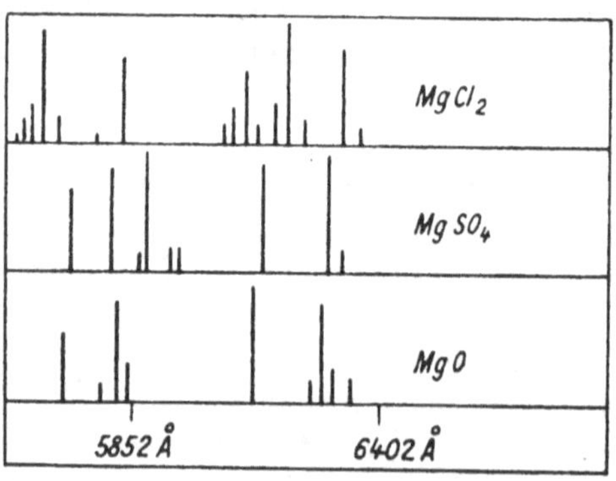

Abb. 115. Lumineszenzspektren von SM^{+++} im Festkörper (nach R. TOMASCHEK).

eine Änderung des Ce-Gehalts in einem SrS · Ce, Sm-Phosphor zu einer Energieumlagerung im Spektrum und zum Auftreten der neuen Linien 614,2 mμ, 619,6 mμ, 647,1 mμ, 582,0 mμ, 587,2 mμ, 600,7 mμ führten. Auf die prinzipielle Bedeutung dieser und ähnlicher Tatsachen, auf die Notwendigkeit ihrer theoretischen Deutung und die Unzulänglichkeit des Bändermodells des Phosphors für diesen Zweck hat S. I. Wawilow in seinen Arbeiten mehrfach hingewiesen.

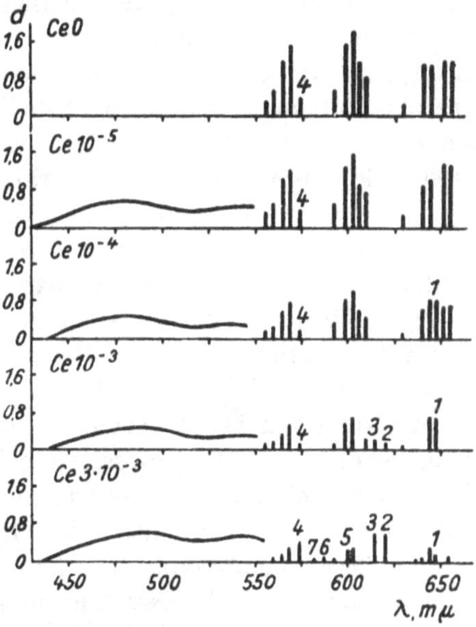

Abb. 116. Spektren von SrS · Ce, Sm-Phosphoren bei konstanter Sm-Konzentration (10^{-4} Gramm pro Gramm) und verschiedenen Ce-Konzentrationen. Die Bande im kurzwelligen Teil des Spektrums ist dem Cer zuzuordnen, das Linienspektrum dem Samarium. Die Einführung von Cer führt zu einer Veränderung des Samariumspektrums. *1* $\lambda = 647{,}1$ mμ, *2* $\lambda = 619{,}6$ mμ, *3* $\lambda = 614{,}2$ mμ, *4* $\lambda = 573{,}6$ mμ, *5* $\lambda = 600{,}7$ mμ, *6* $\lambda = 587{,}2$ mμ, *7* $\lambda = 582{,}0$ mμ (nach W. W. Antonow-Romanowski, W. L. Ljowschin, S. L. Morgenstern und S. A. Trapesnikowa).

Die theoretische Behandlung dieser Tatsachen muß in Verbindung mit dem übrigen experimentellen Material durchgeführt werden, das sich auf die Kristallumineszenz bezieht, unter anderem mit sämtlichen Angaben über das Abklingen der Kristallphosphore. Deshalb stellen die Versuche von Randall und seinen Mitarbeitern, auf den Standpunkt von Lenard zurückzukehren und anzunehmen, daß sämtliche Lumineszenzvorgänge in getrennten Zentren verlaufen, keine Lösung der Frage dar, Versuche, die in der bereits erwähnten Monographie von Garlick [17] den klarsten Ausdruck fanden. Abgesehen davon, daß diese Versuche kein einziges neues Ergebnis brachten, das sich auf den Elementarprozeß der Emission der Lumineszenz bezieht, haben sie sich ebenso wie die Theorie von Lenard als völlig hilflos gegenüber der Zeitabhängigkeit der Kristallumineszenz und insbesondere den Abklinggesetzen erwiesen.

Wie weiter oben eingehend gezeigt wurde, führen alle Versuche, diese Gesetzmäßigkeiten auf Grund von getrennten, miteinander nicht gekoppelten Zentren im Kristall zu deuten, nur zu einer inhaltslosen Aufsummierung von Exponentialausdrücken.

Die Analyse aller experimentellen Tatsachen führt zu dem Schluß [18], daß die Lumineszenz der Kristallphosphore in Vorgänge von zwei Typen zerfällt, die wir als *Halbleiter-* und *optische* Prozesse bezeichnen. Die ersteren beruhen auf den Photoelektronen, die bei der Absorption der erregenden Strahlung entstehen, und verlaufen in Übereinstimmung mit den üblichen Vorstellungen des Bändermodells der Halbleiter*). Die Photoelektronen wandern durch den ganzen Kristall, lokalisieren sich in den Strukturfehlstellen, werden von diesen abgelöst usw. Den Abschluß der Halbleitervorgänge bildet die Rekombination des Elektrons mit einem ionisierten Zentrum. Wir werden keinerlei Hypothesen über die Struktur dieses Zentrums machen. Für solche Hypothesen gibt es bisher noch zu wenige zuverlässige experimentelle Anhaltspunkte. Als Zentrum werden wir ein physikalisches Gebilde bezeichnen, in dem die Elektronenübergänge mit Emission von Licht verbunden sind. Die Aufklärung des physikalisch-chemischen Baus dieser Gebilde ist eine Aufgabe der Zukunft. Energetisch hat man das Zentrum als ein System von Termen darzustellen, die durch das Gitter der Grundsubstanz dynamisch gestört werden. Diese Vorstellung vom Zentrum ist äquivalent der Voraussetzung, daß es ein Untersystem darstellt, dessen Wechselwirkungen man in innere und äußere einteilen kann**).

Die Rekombination des Elektrons mit dem ionisierten Zentrum führt zur Bildung eines *erregten* Zentrums. Die Lumineszenz im engeren Sinne des Wortes, d. h. der Emissionsakt selbst, erfolgt beim Übergang des Elektrons im Zentrum selbst aus dem angeregten in einen der tieferen Zustände. Die optischen Vorgänge spielen sich innerhalb des Zentrums ab und der Kristall bildet nur das Medium, das die Zentren durch Photoelektronen- und Löcherleitfähigkeit verbindet. An der Lumineszenz beteiligt sich der Kristall als Ganzes auf

*) Hierbei muß dieses ergänzt werden durch eine Berücksichtigung der Effekte, die auf den endlichen Verschiebungen der Kerne im Kristallgitter beruhen.

**) Selbstverständlich gibt der im Kapitel VI behandelte freie Anionengitterpunkt, der die Haftstelle für ein Elektron im Gitter darstellt, die innere Struktur der Zentren nicht wieder und läßt sich nur bei der Diskussion der Art der Wechselwirkung des Zentrums mit dem Gitter verwenden.

zweifache Weise: erstens als das System, in dem die Halbleitervorgänge ablaufen, zweitens als das System, das die Zentren stört und sozusagen einen Thermostaten für sie bildet.

Ein derartiges Modell vereinigt die LENARDschen und die Halbleitervorstellungen. Die Kinetik darin wird bestimmt durch Halbleitervorgänge, denn diese sind die langsamsten; die Lebensdauer des erregten Zustandes ist klein gegenüber der beobachtbaren Nachleuchtdauer der Kristallphosphore. Dagegen beruhen die optischen Gesetzmäßigkeiten auf den Vorgängen, die sich in den getrennten Zentren abspielen, auf Vorgängen, bei denen der Kristall nur die Rolle eines störenden Systems spielt. Offenbar spielt die Periodizität des Kristalls hier keine Rolle, und die Bändervorstellungen haben ihrem ganzen Wesen nach keine Beziehung zu den optischen Prozessen. Zur Aufklärung des Mechanismus dieser Vorgänge hat man andere Wege einzuschlagen, die etwa in ähnliche Richtung führen, wie die, die man bei der Untersuchung der Strahlung komplizierter Moleküle verfolgt. *Der Anwendungsbereich des Bändermodells in der Kristallumineszenz beschränkt sich auf die Kinetik der Halbleitervorgänge.*

§ 44: Die Wärmebarriere

Die Einteilung der Elektronenvorgänge im Kristall in Halbleiter- und optische Prozesse führt zu einer wesentlichen Änderung der Vorstellungen über die Temperaturabhängigkeit der Lumineszenz der Kristallphosphore. Um zu veranschaulichen, was sich an der Problemstellung ändert, betrachten wir zuerst einen äußerst vereinfachten Fall: einen Kristallphosphor ohne Haftterme. Nach den herrschenden Ansichten (Abb. 117) besitzt er nur ein temperaturunabhängiges spontanes Nachleuchten, das auf der Rekombination der Photoelektronen mit den Aktivatorionen beruht. Die Kinetik der Elektronenprozesse wird in diesem Modell durch die Gleichung

$$-\frac{dn}{dt} = A\,n\,N \qquad (44,\,1)$$

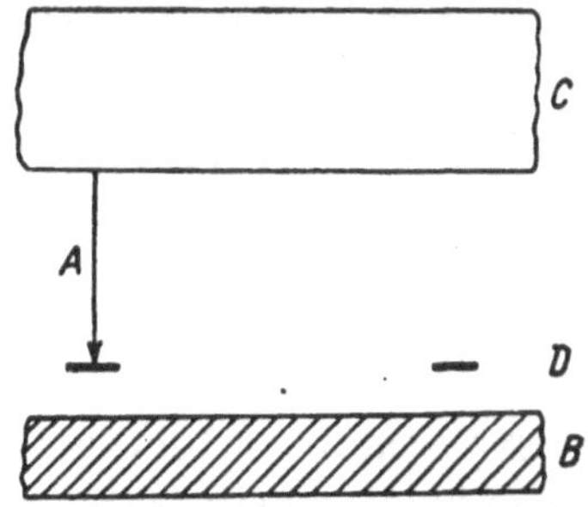

Abb. 117. Elektronenübergänge in einem Modell des Kristallphosphors ohne Haftterme, das die Wärmebarriere nicht berücksichtigt. Es ist nur der spontane Übergang A möglich, und das Nachleuchten ist folglich temperaturunabhängig.

beschrieben. Die Rekombination erfolgt bei gleicher Anzahl der Partner

$$N = n, \tag{44, 2}$$

und deshalb muß das Abklinggesetz eine Hyperbel zweiten Grades

$$I = A n^2 = \frac{A}{\left(\frac{1}{n_0} + At\right)^2}, \tag{44, 3}$$

sein, die keine Temperaturabhängigkeit enthält.

Im Lichte der oben entwickelten Vorstellungen kann man das Zentrum im Energiebänderdiagramm als System lokaler Terme darstellen, für die die Lage der Maxima in den Beträgen der ψ-Funktionen genau räumlich mit den Abmessungen des Zentrums übereinstimmt. Die einfachste energetische Darstellung eines Zentrums besteht aus zwei Termen, einem Grundterm D und einem angeregten H (Abb. 118).

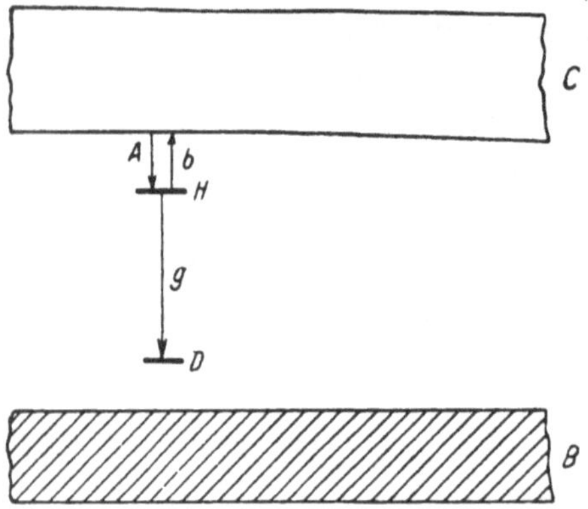

Abb. 118. Elektronenübergänge in einem Modell des Kristallphosphors, das keine Haftstellen enthält, aber die Aufteilung der Vorgänge in Halbleiter- und optische Prozesse wiedergibt. Einem optischen Übergang g ins Zentrum geht eine bestimmte Aufenthaltsdauer des Elektrons im angeregten Zustand H des Zentrums voraus, von dem aus eine thermische Ionisierung des Zentrums möglich ist (Übergang b). Ein solcher Phosphor würde stets eine anomale Temperaturabhängigkeit des Nachleuchtens aufweisen (je höher die Temperatur, desto langsamer klingt er ab), denn dieses Modell berücksichtigt nur die Wärmebarriere, vernachlässigt aber das Haften der Elektronen im Kristall.

Die Kinetik der Vorgänge wird in diesem Modell, das die Möglichkeit einer thermischen Ionisierung des Zentrums während seines Aufenthaltes im angeregten Zustand in Betracht zieht, beschrieben durch die Gleichungen

$$\frac{dn}{dt} = - An^2 + bn^*, \quad \frac{dn^*}{dt} = An^2 - (b + g)\, n^*, \tag{44, 4}$$

wobei n die Konzentration der ionisierten Zentren, gleich der Konzentration der Photoelektronen, n* die Konzentration der angeregten

Zentren und A, b und g die auf die Zeiteinheit bezogenen Wahrscheinlichkeiten für die Rekombination des Elektrons mit dem ionisierten Zentrum, für die thermische Ionisierung des angeregten Zentrums bzw. für den Übergang des angeregten Zentrums in den Grundzustand sind. Die Intensität der Lumineszenzstrahlung beträgt in diesem Modell

$$I = g n^*. \tag{44, 5}$$

Das kinetische Analogon zu den Elektronenvorgängen in dem betrachteten Modell ist die chemische Reaktion

$$A + B \rightleftarrows AB^* \rightarrow AB, \tag{44, 6}$$

die bei Gleichheit der Konzentrationen verläuft:

$$[A] = [B] \tag{44, 7}$$

(siehe [19]). In dem Spezialfall, daß die Lebensdauer eines Elektrons im angeregten Zustand des Zentrums klein ist gegenüber seiner Aufenthaltsdauer im Band, kann man die Konzentration der angeregten Zentren als quasistationär ansehen:

$$\frac{dn^*}{dt} = A n^2 - (b + g)\, n^* = 0. \tag{44, 8}$$

Das hat man zu verstehen als

$$\frac{dn_*}{dt} \ll \frac{dn}{dt}, \tag{44, 9}$$

denn wegen der Kleinheit der Lebensdauer der Elektronen in den angeregten Termen der Zentren ist der Zu- und Abgang der Elektronen in diesen Termen praktisch ausgewogen. Ähnlich lagen die Dinge für das Leitfähigkeitsband (siehe §§ 21 und 22). Der strenge Beweis für die Anwendbarkeit der Quasistationaritätsbedingung auf den hier behandelten Fall wird in [19, 20] geführt.

Aus (44, 8) finden wir:

$$n^* = \frac{A n^2}{b + g}. \tag{44, 10}$$

Nach (44, 5) und (44,10) ist

$$I = A \frac{g}{g + b} n^2. \tag{44, 11}$$

Unter quasistationären Bedingungen sind die kinetischen Gleichungen (44, 4) leicht zu lösen. Setzt man in die erste dieser Gleichungen den Wert n aus (44, 10) ein, so erhält man*)

$$\frac{1}{n} = \frac{1}{n_0} + A \frac{g}{b+g} t \tag{44, 12}$$

und findet nach (44, 11) als Ausdruck für die Intensität der Lumineszenz:

$$I = \frac{A \frac{g}{g+b}}{\left(\frac{1}{n_0} + A \frac{g}{g+b} t\right)^2}. \tag{44, 13}$$

Beim Vergleich von (44, 13) mit (44, 3) sehen wir, daß die Berücksichtigung der Möglichkeit einer thermischen Ablösung des Elektrons aus dem angeregten Zustand des Zentrums ins Leitfähigkeitsband äquivalent ist einer Verringerung der Rekombinationswahrscheinlichkeit auf den Bruchteil $\frac{g}{g+b}$. Die physikalische Bedeutung dieses Ergebnisses ist klar. $An^2 \frac{g}{g+b}$ ist gleich der Anzahl der Rekombinationsakte in der Sekunde, die durch die Emission eines Lumineszenzquants abgeschlossen werden. In den übrigen $An^2 \frac{b}{g+b}$ Fällen wird das angeregte Zentrum, das infolge der Rekombination entsteht, wiederum ionisiert, bevor es in den Grundzustand übergehen kann. Dies bedeutet das Auftreten einer Barriere, die bewirkt, daß nicht jedes Elektron, das in den angeregten Term des Zentrums gelangt, in den Grundzustand übergehen kann. Die Größen

$$G = \frac{g}{g+b}, \quad B = \frac{b}{g+b} \tag{44, 14}$$

haben die Bedeutung einer Durchlässigkeit und eines Reflexionsvermögens dieser Barriere. Da b stark von der Temperatur abhängt:

$$b = \frac{b_0}{e^{\varepsilon/kT} - 1} \approx b_0 e^{-\varepsilon/kT}, \tag{44, 15}$$

werden wir alle die Bedingungen, die zum Herausschlagen eines Elektrons aus einem angeregten Term des Zentrums in das Band führen und seinen Übergang auf den Grundterm verhindern, unter der Be-

*) Formel (44, 12) ist analog der Formel (14) in [19], wobei x der Größe n entspricht, $c = g + b$ und durch a ersetzt ist.

zeichnung *Wärmebarriere* zusammenfassen. Infolge dieser Wärmebarriere wird die Temperaturabhängigkeit des Leuchtens der Kristallphosphore nicht nur durch die Haftvorgänge bestimmt, sondern ist schon in einem Modell enthalten, in dem keine Haftterme vorhanden sind. Bei hinreichend hoher Temperatur, d. h. bei $b \gg g$, wird die Intensität in diesem Modell sehr klein. Wir bemerken, daß sich die Lichtsumme des Nachleuchtens hierbei nicht ändert und den Wert n_0 beibehält, wie es auch sein muß, da das Modell ja keine Löschprozesse vorsieht. Die Intensitätsverminderung beruht darauf, daß wegen der geringen Durchlässigkeit der Barriere bei hohen Temperaturen das Nachleuchten in die Länge gezogen wird (die charakteristische Zeit ist gleich $1/AG$).

Die in [19] gewonnenen Ergebnisse gestatten, auch den allgemeinen Fall zu behandeln, in dem die Lebensdauer des Elektrons im Band mit der im angeregten Zustand vergleichbar ist; wir werden uns hiermit aber nicht auseinandersetzen, da das Modell des Kristallphosphors ohne Haftterme zu sehr vereinfacht ist und nur die Rolle einer Hilfsvorstellung spielt. Durch seine Behandlung unterstreicht man den Umstand, daß die Temperaturabhängigkeit des Nachleuchtens nicht nur durch die Haftterme, sondern auch durch die Wärmebarriere für die angeregten Niveaus der Zentren bestimmt wird.

In realen Kristallphosphoren, in denen ein Haften der Elektronen des Bandes stattfindet, ist die Rolle der Wärmebarriere um so wesentlicher. Die Elektronen, die von den angeregten Termen der Zentren ins Band gehoben werden, fallen zwischen zwei Rekombinationsakten in Haftterme (Abb. 119). Deshalb wird die Zeit, auf die

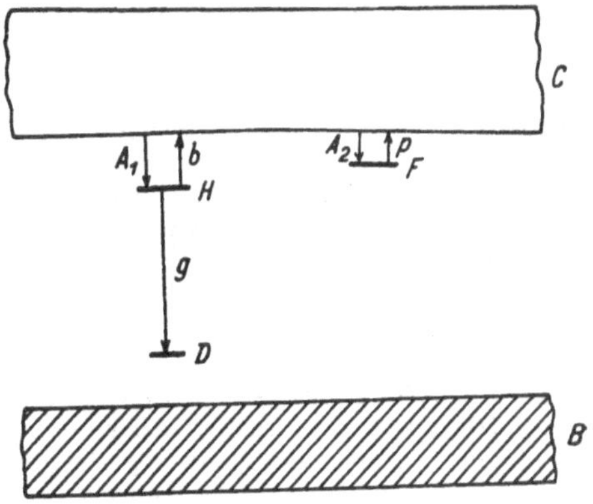

Abb. 119. Die Rolle der Wärmebarriere im Kristallphosphor. Die Hebung von Elektronen aus den angeregten Termen H ins Band C führt zu wiederholtem Haften dieser Elektronen in den Termen F, zieht also das Nachleuchten wesentlich in die Länge

sich das Nachleuchten des Kristallphosphors wegen der Wärmebarriere ausdehnt, nicht durch die Lebensdauer des Elektrons im Band, sondern durch seine Aufenthaltszeit in den Hafttermen gegeben, d. h. sie kann sehr bedeutend sein.

Von Bedeutung ist, daß die Rollen der Haftterme und der Wärmebarriere in der Temperaturabhängigkeit der Lumineszenz diametral entgegengesetzt sind. Eine Erwärmung des Phosphors führt zu einer Verkürzung der Lebensdauer des Elektrons im Haftterm und gleichzeitig zu einer Verringerung der Durchlässigkeit der Wärmebarriere. Ersteres verkürzt das Nachleuchten und steigert die Intensität, letzteres verlängert das Nachleuchten und verringert die Intensität. Entsprechend ist es bei der Abkühlung. Folglich muß in realen Kristallphosphoren die Temperaturabhängigkeit des Nachleuchtens komplizierter sein als eine einfache monotone Beschleunigung des Nachleuchtens bei Temperatursteigerung.

In der Tat beträgt die Strahlungsintensität des Phosphors nach den üblichen Vorstellungen

$$I = A_1 N n. \tag{44, 16}$$

Die Voraussetzung, daß die optischen Prozesse sich innerhalb der Zentren abspielen, führt zu dem Ausdruck (44,5) für I. Da die Lebensdauer des angeregten Zustandes des Zentrums klein ist gegenüber der charakteristischen Zeit der Phosphoreszenz*), kann man die ange-

---

*) Die Lebensdauer des Elektrons im Haftterm beträgt

$$\tau = \frac{1}{p} = \frac{1}{p_0} e^{\varepsilon/kT}, \tag{a}$$

die Lebensdauer des angeregten Zentrums

$$\tau' = \frac{1}{g+b} = \frac{1}{g + b_0 e^{\varepsilon'/kT}}. \tag{b}$$

Hier sind ε und ε' die Aktivierungsenergien der thermischen Ablösung des Elektrons aus dem Haftterm F bzw. aus dem erregten Zustand H. Wir bemerken, daß $\tau' < 1/g$ und $g \approx 10^8\ \text{sec}^{-1}$ für labile und $\approx 10^2\ \text{sec}^{-1}$ für metastabile optische Übergänge; wir sehen also, daß in allen Fällen, in denen im Phosphor ein Nachleuchten auftritt mit einer Dauer, die groß ist gegenüber 10^{-2} sec (möglicherweise auch bei Nachleuchtdauern $\gg 10^{-8}$ sec), $\tau' \ll \tau$ gilt und die Bedingungen der quasistationären Erregung erfüllt sind.

Die Voraussetzung der Quasistationarität der angeregten Zentren, die bei der Behandlung des Hilfsmodells, das in Abb. 118 dargestellt wurde, ziemlich willkürlich war (die Aufenthaltsdauer des Elektrons im angeregten Zustand H braucht ja nicht klein gegenüber der Lebensdauer im Band zu sein), ist also in den Phosphoren infolge des Haftens der Elektronen erfüllt.

regten Zustände innerhalb des Nachleuchtprozesses als quasistationär ansehen:

$$\frac{dn^*}{dt} = A_1 N n - (b + g)\, n^* \approx 0. \tag{44, 17}$$

Entnehmen wir n^* aus (44, 17) und setzen diesen Wert in (44, 5) ein, so erhalten wir

$$I = A_1 G N n, \tag{44, 18}$$

wobei G die Durchlässigkeit der Wärmebarriere ist (44, 14). Dieses Ergebnis gilt schon für den Phosphor mit Hafttermen, wie er in Abb. 119 dargestellt ist ($N \neq n$).

Bei gegebenem Erregungsgrad des Phosphors ($z = n/n_1 = \text{const.}$) ist N die Konzentration der Elektronen im Band, eine monoton wachsende Funktion der Temperatur, und die Rekombinationswahrscheinlichkeit A_1 hängt entweder nicht von der Temperatur ab (falls die Rekombination keiner Aktivierung bedarf) oder wächst ebenfalls mit der Temperatur. Nach Gl. (44, 16) steigt die Intensität der nicht durch Löschung gestörten Phosphoreszenz bei Erhitzung des Phosphors und nimmt ab bei seiner Abkühlung. Diese Annahme wurde als selbstverständlich und experimentell bewiesen angesehen. Sie war und ist einer der entscheidenden Punkte sämtlicher einander ablösenden Theorien der Kristallumineszenz.

Die entwickelten Vorstellungen führen indes zu einem anderen Schluß. Der ihnen entsprechende Ausdruck (44, 18) für I enthält außer $A_1 N$ noch einen temperaturabhängigen Faktor, nämlich die Durchlässigkeit der Barriere $G = \frac{g}{g+b}$, wobei $\frac{dG}{dT} < 0$ ist. Deshalb ist das monotone Anwachsen der Phosphoreszenzintensität mit der Temperatur durchaus nicht trivial. Es kann nur dann vorliegen, wenn das Produkt $A_1 G N$ als Ganzes mit der Temperatur wächst, d. h., wenn die Haftterme die wesentliche und die Wärmebarriere eine zweitrangige Rolle in der Temperaturabhängigkeit der Phosphoreszenz spielen. Ist in irgendeinem Temperaturintervall $\frac{d(A_1 G N)}{dT} < 0$, so ist die Temperaturabhängigkeit der Phosphoreszenz anomal. *Eine Erhitzung schwächt und eine Abkühlung steigert die Strahlungsintensität.* Da eine Schwächung des Leuchtens bei der Erwärmung stets einem Löschprozeß zugeschrieben werden kann, können nur Versuche über die Abkühlung von Kristallphosphoren als Beweis für das Vorhandensein der erwarteten Anomalie der Temperaturabhängigkeit der Phosphoreszenz dienen.

Wir bemerken, daß bei

$$b \ll g\,, \tag{44, 19}$$

wenn praktisch keine thermische Ionisierung der angeregten Zentren vorhanden ist ($G \approx 1$), der Ausdruck (44,18) mit (44,16) übereinstimmt und die eingeschobenen Einfangprozesse der Elektronen in den angeregten Zuständen der Zentren wegen deren geringer Lebensdauer keinen Einfluß auf die Kinetik der Lumineszenzvorgänge haben.

§ 45: Zur Theorie der Temperatureigenschaften der Lumineszenzbanden

Die zum Schluß des vorigen Paragraphen dargelegten Ideen geben einen Hinweis auf ein Experiment, das den direkten Nachweis für die Richtigkeit der entwickelten Vorstellungen geben kann. Zuvor jedoch besprechen wir auf Grund dieser Vorstellungen einige bereits bekannte experimentelle Angaben über das Temperaturverhalten der Lumineszenzbanden.

Das Verhalten der einzelnen Banden im Lumineszenzspektrum der Kristallphosphore bei Temperaturänderungen untersuchten schon LENARD und seine Schüler [21]. Sie stellten fest, daß die Temperaturgrenzen des anhaltenden Nachleuchtens bei den verschiedenen Lumineszenzbanden verschieden sind. Einige Banden zeigen bei Zimmertemperatur Lumineszenz, andere nur bei tiefen Temperaturen, noch andere schließlich bei Temperaturen höher als Zimmertemperatur. Dementsprechend unterschied LENARD *normale*, *kalte* und *heiße* Banden.

Es gibt keinen gesetzmäßigen Zusammenhang zwischen der Temperaturbeständigkeit und der Lage der Banden im Spektrum. Häufig beobachtet man, daß die kurzwelligen Banden „kälter" sind. Das ist aber bei weitem keine allgemeine Regel. Als Beispiel für ihre Verletzung weisen wir auf die von LENARD beschriebenen CaS-Proben hin ([21], Bd. I, S. 345—360), bei denen die Bande mit $\lambda = 503$ mμ bei $+17^0$ C „einfror", während die Banden mit $\lambda = 570$ mμ und 595 mμ noch unterhalb -200^0 C ein merkliches Nachleuchten aufwiesen.

Eine gründliche Untersuchung der Temperatureigenschaften der Leuchtbanden der Kristalle führte W. A. JASTREBOW durch [22], auf dessen Arbeiten wir bereits mehrmals verwiesen haben. Der Einfluß der Temperatur auf die Wechselwirkung der Zink- und Manganbanden in ZnS · Mn-Phosphoren wurde von W. L. Ljowschin untersucht [23]. Interessante thermische Experimente werden in den Arbeiten von W. L. Ljowschin, W. W. Antonow-Romanowski, S. L. Morgenstern und S. A. Trapesnikowa [16, 24, 25] über die Untersuchung von doppelt aktivierten Erdalkaliphosphoren (aktiviert mit seltenen Erden) angeführt.

Man sieht leicht ein, daß die wohlbekannte und vielfach bestätigte Tatsache des verschiedenen Temperaturverhaltens der einzelnen Phosphoreszenzbanden bei einer bestimmten Leuchtstoffprobe im Rahmen des Bändermodells des Kristallphosphors, das in Abb. 55 dargestellt wurde, keine hinreichende Erklärung findet. Der Temperaturbereich des Nachleuchtens wird in diesem Modell beschrieben durch die mittlere Lebensdauer des Elektrons im Haftterm, $\tau = \text{const.} \cdot (e^{\varepsilon/kT} - 1)$. Der Übergang des Phosphors in den unteren bzw. in den oberen Momentanzustand wird als Ergebnis des „Einfrierens" der Elektronen in den Hafttermen bei tiefen Temperaturen ($\tau \to \infty$) und des praktischen Aufhörens des Haftens ($\tau \to 0$) bei hohen Temperaturen gedeutet. In einem Kristallphosphor aber, der mehrere Emissionsbanden besitzt, dienen immer dieselben Haftterme als Speicher für die Elektronen, die während der Phosphoreszenz mit den verschiedenen Aktivatoren rekombinieren. Deshalb müssen sämtliche Banden in diesem Modell gleichzeitig in den unteren und ebenfalls gleichzeitig in den oberen Momentanzustand übergehen. Dieses Ergebnis widerspricht den experimentellen Angaben.

Schön [26] und Klasens [27, 28] schlagen folgende Erklärung für das verschiedene Temperaturverhalten der einzelnen Phosphoreszenzbanden der Kristallphosphore vor. Im Energiediagramm (Abb. 120) seien Zn die Terme des überstöchiometrischen Zinks und Cu die Terme des

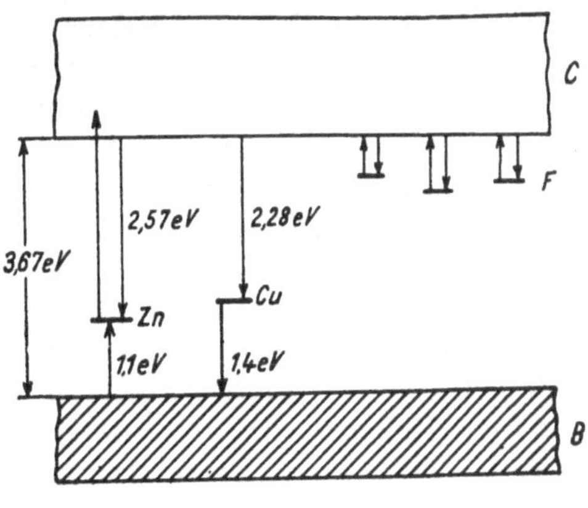

Abb. 120. Zur Wechselwirkung der Zink- und der Kupferbanden im ZnS·Cu nach Schön und Klasens. Zn: Term des Zinks; Cu: Term des Kupfers; F: Haftterme

Kupfers im ZnS · Cu. Unter der Annahme, daß die Emission unmittelbar beim Übergang eines Elektrons aus dem Leitfähigkeitsband erfolgt, setzen die Verfasser die Cu-Terme etwas höher an als die Zn-Terme, denn es ist $\lambda_{Cu} = 540$ mμ und $\lambda_{Zn} = 460$ mμ.

Die Absorption des erregenden Lichtes erfolge im überstöchiometrischen Zink. Bei tiefen Temperaturen muß das Leuchten in diesem Modell unter den Bedingungen konstanter Erregung aus einer einzigen hellblauen Bande bestehen, die bei der Rekombination der Photoelektronen mit Zinkionen entsteht. Bei hinreichend hohen Temperaturen ergibt sich die Möglichkeit, daß Elektronen thermisch aus dem Valenzband in Zinktherme gehoben werden (Vorgang Band $B \to Zn$ in Abb. 120). In den leeren Platz, der sich hierbei im Valenzband bildet, kann ein Elektron aus einem Cu-Term übergehen (Vorgang Cu $\to$ Band B). Infolgedessen werden Zinkionen neutralisiert und Kupferatome ionisiert. In diesem Fall hat die Absorption der erregenden Strahlung durch das Zink die Emission der Spektralbande des Kupfers zur Folge. Eine Temperatursteigerung führt in diesem Modell zur Unterdrückung der Zinkbande und zur Verstärkung der Kupferbande, was tatsächlich auch der Fall ist. Man sieht leicht ein, daß dasselbe Ergebnis bei der Absorption der erregenden Strahlung in der Grundsubstanz eintreten muß.

Die interessanten und ernsthafte Beachtung verdienenden Gedanken von Schön und Klasens sind jedoch nicht frei von Mängeln. Erstens soll nach dem Schema von Schön und Klasens, das sich auf die Voraussetzung stützt, daß die Emission bei den Übergängen vom Leitfähigkeitsband ins Aktivatorion erfolgt, eine langwellige Bande stets „heißer“ sei als eine kurzwellige, denn je größer λ ist, desto weiter ist im Modell von Schön und Klasens der entsprechende Aktivatorterm vom oberen Rande des Valenzbandes entfernt. Im Experiment ist das aber durchaus nicht stets der Fall. Etwas weiter oben haben wir die Untersuchungen von Lenard über die CaS-Phosphore erwähnt, bei denen sich die Banden mit der Temperatur gerade umgekehrt verhielten. Zweitens müssen sich Einwände gegen die quantitativen Berechnungen von Klasens erheben, die von der Voraussetzung ausgehen, daß die Wahrscheinlichkeit für die thermische Anregung eines Elektrons aus dem Band B in einen Cu-Term gleich Null ist, selbst bei Temperaturen, bei denen die Übergangswahrscheinlichkeit vom Band B in die Zn-Terme bedeutend ist. Die Werte der langwelligen Grenzen der Grundabsorption des ZnS (335 mμ) und der

Wellenlängen der Maxima der Banden von Zink und Kupfer ($\lambda_{Zn} = 460$ mμ, $\lambda_{Cu} = 450$ mμ) gestatten eine Abschätzung der Breite der verbotenen Zone (3,67 eV) und des Abstandes des Zink- (2,57 eV) und des Kupferterms (2,28 eV) vom unteren Rand des Leitfähigkeitsbandes. Aus diesen Werten geht hervor (siehe Abb. 120), daß die Zn-Terme vom oberen Rand des Valenzbandes im Mittel 1,1 eV, die Cu-Terme dagegen 1,4 eV entfernt sind. Die Abstände der Zink- und Kupferterme vom oberen Rand des Valenzbandes sind im Modell von Schön und Klasens nicht so beträchtlich verschieden, daß dadurch die Ausgangsannahme von Klasens gerechtfertigt würde.

E. I. Adirowitsch [30] versuchte, die Temperatureigenschaften der Banden der Kristallumineszenz zu erklären, indem er von den Vorstellungen über die Zentren und die Wärmebarriere ausging. Wir betrachten das Modell eines Phosphors mit zwei Aktivatoren a und b (Abb. 121). Jedes Zentrum wird darin durch zwei Terme dargestellt, den Grundterm D und den angeregten Term H. Es wird vorausgesetzt, daß die Emission des Lumineszenzquants im Zentrum beim Übergang zwischen diesen Termen erfolgt.

Das angeregte Niveau des Aktivators a habe einen großen Wirkungsquerschnitt σ_a für den Einfang eines freien Elektrons und eine geringe energetische Tiefe ε_a. Wir nehmen an, daß bei dem zweiten Aktivator σ_b klein und ε_b groß sei (siehe Abb. 121). Bei tiefen Temperaturen rekombinieren fast alle freien Elektronen in diesem Modell mit den Zentren des Aktivators a, und im Nachleuchten herrscht die Bande dieses Aktivators vor. Umgekehrt wird bei hinreichend hohen Temperaturen ein Elektron, das in den Zustand H_a gelangt ist, fast mit Sicherheit in das Leitfähigkeitsband zurückgeworfen, ehe es in den Term D_a übergehen kann. Unter diesen Bedingungen verschwindet die Bande des Aktivators a, und die des Aktivators b

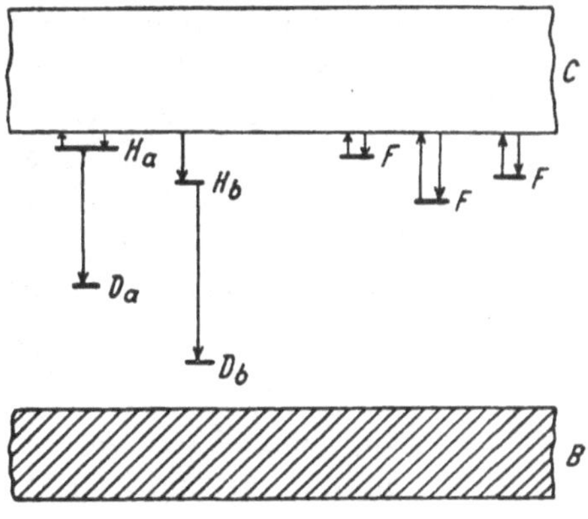

Abb. 121. Zur Wechselwirkung der Banden zweier Aktivatoren. Jedes Zentrum wird im Energiediagramm durch zwei Terme dargestellt: den Grundterm D und den angeregten Zustand H

taucht im Lumineszenzspektrum des Phosphors auf. Für die erste Bande spielt der Faktor G in (44, 18) die Hauptrolle; für die zweite ist A_1N ausschlaggebend (ε_a klein, ε_b groß). Ein Modell des Kristallphosphors, das die Wärmebarriere berücksichtigt, besitzt also eine „kalte" und eine „heiße" Bande.

Wir bemerken, daß das Temperaturverhalten der Bande und ihre spektrale Lage hier nicht eindeutig zusammenhängen, wie dies im Modell von SCHÖN und KLASENS der Fall war. Die kurzwellige Bande kann durchaus die „heißere", die langwellige die „kältere" sein (siehe Abb. 121, wo $\lambda_a > \lambda_b$ ist). Auch das Umgekehrte ist möglich. Die Unabhängigkeit der Lage der Banden im Spektrum des Phosphors von ihren Temperatureigenschaften ergibt sich zwanglos aus der Vorstellung, daß die optischen Vorgänge sich in den Zentren abspielen; sie läßt sich nicht ableiten, wenn man annimmt, daß die Emission des Lumineszenzquants beim Übergang zwischen lokalen Zuständen und dem Band erfolgt.

Es ist durchaus möglich, daß sowohl die Wärmebarriere als auch der von KLASENS und SCHÖN behandelte Mechanismus ihre Rolle in der Wechselwirkung der Zentren im Kristallgitter spielen.

Wir bemerken auch, daß die Vorstellungen über den Mechanismus der Temperaturlöschung der Kristallumineszenz, die in § 42 dargelegt wurden, sich ebenfalls auf die Wirkung der Wärmebarriere zurückführen lassen. Die beiden Terme D und H, durch die wir das Zentrum im Energiebänderdiagramm darstellen (Abb. 119), entsprechen den Zuständen 1 und 2 in Abb. 108 in der erweiterten Deutung dieser Abbildung (siehe § 42). In dem Temperaturintervall, innerhalb dessen die thermische Lebensdauer des erregten Züstandes des Zentrums (entsprechend dem Übergang von E_{20} zum unteren Rand des Bandes) kleiner ist als seine optische Lebensdauer (entsprechend dem Übergang von E_{20} nach E_{10}), ist

$$b_0 e^{-\frac{E-E_{20}}{kT}} > g\,, \tag{45, 1}$$

aber die Wahrscheinlichkeit für einen strahlungslosen Übergang vom Band auf den Term 1 ist noch klein

$$\frac{E'-E}{kT} \ll 1\,, \tag{45, 2}$$

die Wärmebarriere im Zustand 2 führt nur zu einer Ausdehnung des Nachleuchtvorganges ohne merkliche Verringerung der Lichtsumme. Bei höheren Temperaturen geht ein Teil der Elektronen, die von den Termen 2 ins Band gehoben wurden, von dort über den Zustand E' in den Zustand 1 über, was zur Lumineszenzlöschung führt. Wegen der Wärmebarriere hören bei hohen Temperaturen die strahlenden Übergänge vom oberen lokalen Zustand in den unteren (Abb. 108) praktisch auf, und das Elektron wird jedesmal in das Band gehoben, bis schließlich das Zentrum ohne Strahlung aus dem Zustand E über E' in den unteren lokalen Zustand übergeht.

Erfolgt der Übergang in den *Grund*term des Zentrums ohne Aktivierung (siehe Abb. 107b) oder ist die Aktivierungsenergie dieses Überganges klein, so löschen diese Zentren die Lumineszenz auch bei tiefen Temperaturen. Möglicherweise ist dies der Mechanismus der Wirkung der sogenannten „Löschzentren", die beim Eindringen von Ni, Co und Fe in ZnS- und ZnS · CdS-Phosphore entstehen. Die gegenwärtig herrschende theoretische Betrachtungsweise dieser „Löscher" beschränkt sich auf die Feststellung der Tatsache der Löschung und läßt die wesentliche Frage nach dem Mechanismus der Umwandlung der Elektronenenergie in Wärme offen [27, 28, 29].

§ 46: Das kalte Aufleuchten

Die Möglichkeit einer zutreffenden Erklärung einiger bekannter Experimente stellt selbstverständlich keinen entscheidenden Beweis für die Richtigkeit der oben entwickelten Vorstellungen dar. Eine Entscheidung kann nur ein neues Experiment fällen, dessen Ergebnis die Theorie vorhergesagt hat. Die Überlegungen in § 44 haben den Grundgedanken eines solchen Experimentes dargelegt.

Man hat nach einer anomalen Intensitätsänderung von Phosphoren mit der Temperatur zu suchen, nach einem Aufleuchten bei der Abkühlung. In der ausgeprägtesten Form würde eine solche Anomalie in einem Aufleuchten bei der Abkühlung von Phosphoren auftreten, die bei Zimmertemperatur dunkel waren. Diese Erscheinung bezeichnet man naheliegenderweise als *kaltes Aufleuchten.*

Die Möglichkeit eines kalten Aufleuchtens widerspricht allen bisher herrschenden Vorstellungen. Hinsichtlich der Temperaturabhängigkeit der Phosphoreszenz betrachten es alle modernen und alten Aufsätze, Monographien und Lehrbücher als ausgemacht, daß eine Erhitzung des Phosphors die Emission der in ihm aufgespeicherten Lichtsumme beschleunigt, und daß diese bei der Abkühlung „einfriert“ *). Um so interessanter und überzeugender wäre es, experimentell eine entgegengesetzte Abhängigkeit festzustellen.

Das sind die Ausgangsüberlegungen, die zur Suche nach der Erscheinung des kalten Aufleuchtens führten.

Als Untersuchungsobjekt wurde nichtaktiviertes (genauer selbstaktiviertes) Zinksulfid gewählt. Tatsächlich hat man ein kaltes Aufleuchten bei einfach aktivierten Phosphoren zu erwarten, die eine „kalte“ Lumineszenzbande besitzen. Das Vorhandensein eines zweiten Aktivators führt zu einem Leuchten des Phosphors bei Temperaturen, bei denen die Wärmebarriere für die „kalte“ Bande schon hinreichend hoch ist (G_{Zn} klein). Wenn also im ZnS, das bei Zimmertemperatur nicht leuchtet, angenommen werden kann, daß $I = A_1 G N n$ wegen der Kleinheit von G unterhalb der Sichtbarkeitsschwelle liegt (*Wärmebarriere!*), so bedeutet die Abwesenheit eines Leuchtens bei Zimmertemperatur notwendigerweise, daß die Konzentration N der Leitungselektronen klein ist. In diesem Fall führt aber die durch eine Abkühlung erreichbare Erniedrigung der Schwelle der Leuchtzentren des Zinks nicht zu einem Aufleuchten.

Für die Experimente wurden neun Zinksulfidproben benutzt, die im Lumineszenzlaboratorium des physikalischen Lebedew-Instituts der Akad. d. Wiss. d. UdSSR von A. A. Tscherepnjow hergestellt wurden. Die charakteristischen Daten dieser Proben sind in [20] aufgeführt. Bei fünf dieser Proben wurde ein kaltes Aufleuchten festgestellt, das bei dreien sehr deutlich, bei zweien sehr schwach war.

Die ersten Versuche wurden folgendermaßen durchgeführt: Der Phosphor befand sich auf dem Boden eines Reagenzglases und wurde 5 Minuten lang durch das Licht einer Quecksilberlampe PRK-2 durch ein Filter erregt, das den sichtbaren Teil des Spektrums abschnitt. Nach einem eineinhalbstündigen Ausleuchten bei Zimmertemperatur war das Leuchten des Phosphors gerade noch mit gut adaptiertem Auge zu bemerken (Dauer der Dunkeladaptation 45 Minuten). Nach 3—4stündigem Ausleuchten war der Phosphor vollständig dunkel.

---

*) Im Schema der Vorstellungen von Wiedemann und Schmidt wird dies durch die Notwendigkeit einer Aktivierung des Rekombinationsaktes und durch den Einfluß der Temperatur auf die Ionenbeweglichkeit erklärt. In der Theorie von Lenard handelte es sich um die thermische Ablösung von Elektronen, die von irgendeinem der Atome des Zentrums eingefangen wurden. Die moderne Theorie beschränkt den Einfluß der Temperatur auf den Phosphoreszenzprozeß auf die Temperaturabhängigkeit der Lebensdauer im Haftterm.

Dann wurde das Reagenzglas in vertikaler Lage langsam in ein Dewargefäß gesteckt, das bis zur Hälfte mit flüssiger Luft gefüllt war. Die Beobachtung erfolgte durch eine Öffnung des Reagenzglases. Diese Beobachtungsmethode ist dadurch praktisch, daß das vom Phosphor emittierte Licht von den Wänden des Reagenzglases in das Auge des Beobachters reflektiert wird.

In den Fällen, in denen schon bei Zimmertemperatur ein eben merkliches Flimmern des Phosphors vorhanden war, verschwand dieses bald nach Einführung des Reagenzglases in das Dewargefäß. Bei weiterer Senkung des Reagenzglases blieb der Phosphor völlig dunkel. Im Augenblick der Berührung mit der Oberfläche der flüssigen Luft, bei genügend langsamem Senken des Reagenzglases schon etwas früher, tritt das Aufleuchten auf, das etwa 10 Sekunden dauert. Es erfolgt bei einer Temperatur von etwa -80^0 C.

Die Messungen der Intensität des kalten Aufleuchtens, die E. I. Adirowitsch gemeinsam mit L. A. Pachomytschewa nach der Methode des Abklingenlassens bis zur Empfindlichkeitsschwelle des Auges durchführte, zeigten, daß die Leuchtdichte des kalten Aufleuchtens größenordnungsmäßig 10^{-10} Watt pro cm^2 beträgt, also nur zwei Größenordnungen höher ist als der Schwellenwert. In lichttechnischen Einheiten beträgt die Leuchtdichte des kalten Aufleuchtens etwa 10^{-3} Apostilb. Eine eingehendere Beschreibung dieser Messungen, die wegen der Nichtstationarität des kalten Aufleuchtens und seiner geringen Intensität schwierig waren, wird in [20] gegeben.

Zum Beweis der Tatsache, daß die beobachtete Erscheinung tatsächlich das kalte Aufleuchten, das theoretisch vorhergesagt und erwartet wurde, und nicht das Ergebnis irgendwelcher Nebenprozesse in den untersuchten Proben darstellt, wurden besondere Kontrollversuche angestellt. Vor allem war nachzuweisen, daß das beobachtete Aufleuchten keine Tribolumineszenz darstellt, die infolge des Zerfallens der ZnS-Kristalle bei der schnellen Abkühlung auftritt*).

Die Tribolumineszenz ist das Ergebnis einer Erregung des Phosphors bei seiner Zerstörung. Folglich spielt eine vorherige Photoerregung des Leuchtstoffes, der die Tribolumineszenz zeigt, keine Rolle. Wäre das Leuchten, das man an ZnS-Proben bei ihrer Abkühlung bemerkt, eine Tribolumineszenz, so müßte es auch bei nicht-

*) Auf die Möglichkeit eines derartigen Mechanismus des Aufleuchtens bei Abkühlung des Phosphors wies S. I. Wawilow hin.

erregten Proben auftreten. Diese Überlegung weist einen Weg zur experimentellen Lösung dieser Fragen.

Zwei Zinksulfidproben wurden erregt und ausgeleuchtet, wie oben beschrieben, wonach bei beiden ein kaltes Aufleuchten zu bemerken war. Dann wurden sie etwa eine Stunde lang bei einer Temperatur von etwa 150° C aufbewahrt. Hierdurch wurde ein Ausleuchten der gesamten Lichtsumme der Phosphoreszenz erreicht. Brachte man die Proben dann in ein Dewargefäß mit flüssiger Luft, so zeigte keine von ihnen ein kaltes Aufleuchten. Um nachzuprüfen, ob etwa die Erwärmung bis auf 150° C die Eigenschaften der untersuchten Phosphore verändert habe, erregten wir sie wiederum und prüften sie auf kaltes Aufleuchten. Das Ergebnis war bei beiden Leuchtstoffen positiv.

Dieses Experiment wurde einige Male wiederholt, sein Ergebnis aber war stets dasselbe. Damit war bewiesen, daß das *beobachtete Leuchten nicht das Ergebnis einer Erregung des Phosphors bei der Zerstörung der Kristalle ist, wobei die Abkühlung die mittelbare Ursache bildet, sondern daß es tatsächlich ein kaltes Aufleuchten darstellt, d. h. eine durch Abkühlung zu erzielende Abgabe der im Phosphor aufgespeicherten Lichtsumme.*

Um nachzuprüfen, ob unter den Bedingungen der angestellten Experimente überhaupt eine Aufspaltung der ZnS-Kristalle eintritt, nahmen wir eine Probe von ZnS · 0,1% Mn, die bei schwächsten mechanischen Einwirkungen (Schütteln des Reagenzglases) eine helle Tribolumineszenz gibt. Bringt man diesen Leuchtstoff in ein Reagenzglas mit flüssiger Luft, so bleibt er völlig dunkel. Es genügte jedoch, das Reagenzglas leicht zu schütteln, ohne es aus der flüssigen Luft zu entfernen, damit sich auf seinem Boden eine helle Funkengabe bildete. Dieses Experiment weist nach, daß die Abkühlung keine Aufspaltung der Zinksulfidkristalle zur Folge hat.

Zwar wurde der Versuch nicht mit reinem ZnS, sondern mit ZnS · Mn durchgeführt. Es liegt aber kein Grund zu der Annahme vor, daß eine Einführung von 0,1% Mn die mechanischen Eigenschaften des Zinksulfids so entscheidend verändern sollte. Außerdem führten wir denselben Versuch mit einer ZnS · Cu-Probe durch, bei der der Aktivatorgehalt nicht höher war als 0,005%. Das Ergebnis war ebenfalls negativ. Indes beobachtete man bei der Zerkleinerung der ZnS-Probe, die zum kalten Aufleuchten imstande ist, und der ZnS · Cu-Probe, bei der man in dem entsprechenden Experiment nichts dergleichen feststellt, keinen merklichen Unterschied in ihrer Triboluminеszenz.

Die Prüfung auf Aufspaltung bei der Abkühlung wurde mit nichterregten ZnS · Cu- und ZnS · Mn-Proben durchgeführt. Eine ganze Reihe von ZnS · Cu- und ZnS · Mn-Proben wurden auch auf kaltes Aufleuchten sowohl nach einem vorherigen Ausleuchten bei Zimmertemperatur als auch unmittelbar nach der Erregung geprüft. Sie alle gaben kein kaltes Aufleuchten. Das ist ein weiteres Argument zugunsten der Übereinstimmung der Erscheinung des kalten Aufleuchtens mit den theoretischen Ausgangsannahmen, nach denen bei ZnS · Cu- und ZnS · Mn- kein solches Aufleuchten vorkommen soll (es handelt sich um doppelt aktivierte Phosphore, die man richtiger folgendermaßen bezeichnen müßte: ZnS · Zn, Cu und ZnS · Zn, Mn).

Im Zusammenhang mit einigen Bemerkungen physikalisch-chemischer Art wurde aus einer der Proben das Flußmittel herausgewaschen*). Danach bemerkte man an ihr ein kaltes Aufleuchten, das von dem kalten Aufleuchten einer nicht ausgewaschenen Probe nicht verschieden war.

Alle diese Ergebnisse geben Grund zu der Annahme, daß die beobachtete neue Erscheinung des kalten Aufleuchtens von Kristallphosphoren den oben dargelegten theoretischen Vorstellungen entspricht, die zur Durchführung der entsprechenden Experimente führten. Sogar in der reinen Kinetik, auf die sich die Möglichkeiten des Bändermodells der Kristallphosphore beschränken, sind Veränderungen notwendig, die sich auf eine Berücksichtigung der Wärmebarriere für die angeregten Termen der Zentren zurückführen lassen.

§ 47: Der Mechanismus des kalten Aufleuchtens

Die Frage nach dem Mechanismus des kalten Aufleuchtens ist bedeutend komplizierter als das Problem der Theorie der Phosphoreszenz, weil die Kinetik des kalten Aufleuchtens sich nicht aus quasistationären Vorgängen zusammensetzt. Die zeitliche Entwicklung des kalten Aufleuchtens hängt auch von der Abkühlungsgeschwindigkeit der Probe ab, d. h. von Faktoren wie der Zeitdauer, über die man das Reagenzglas mit dem Leuchtstoff im Dewargefäß beläßt,

*) Bei den Proben, mit denen die Versuche über das kalte Aufleuchten angestellt wurden, war vor ihrem Tempern bei der Herstellung das Flußmittel nicht herausgewaschen worden.

der Wärmeleitfähigkeit des Leuchtstoffes usw. Schließlich ist die Erscheinung des kalten Aufleuchtens bisher noch nicht so eingehend untersucht worden, daß der Versuch einer detaillierten Theorie gerechtfertigt wäre. Soweit man aus den bisherigen Ergebnissen Rückschlüsse ziehen kann, handelt es sich um eine komplizierte Erscheinung, die nur in ihren Grundzügen mit dem oben entwickelten theoretischen Schema zu erfassen ist. Wir beschränken uns hier auf allgemeine Überlegungen, die sich auf ein vereinfachtes Modell stützen. Sie führten zur Durchführung weiterer Experimente, die zu einer Klärung des Mechanismus des kalten Aufleuchtens geeignet sind.

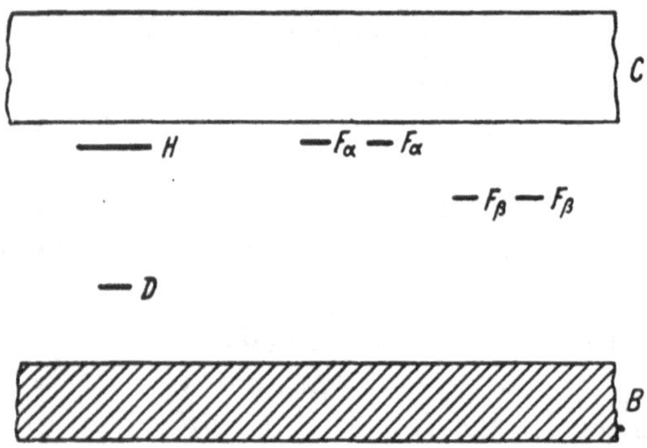

Abb. 122. Zur Theorie des kalten Aufleuchtens

Wir betrachten das Energieschema des Kristallphosphors, das zwei Arten von Haftstellen enthält, und zwar tiefe und flache (Abb. 122). Die Zentren werden wie bisher durch zwei Terme dargestellt, einen Grundterm (D) und einen angeregten Term (H). In diesem Modell wird die Kinetik des Nachleuchtens unter Berücksichtigung der Wärmebarriere für die angeregten Niveaus der Zentren durch folgende Gleichungen beschrieben:

$$\begin{aligned} \frac{dN}{dt} &= p_\alpha \nu_\alpha + p_\beta \nu_\beta + b n^* - A_1 N n - \\ &\quad - A_{2\alpha} N (\nu_{\alpha 1} - \nu_\alpha) - A_{2\beta} N (\nu_{\beta 1} - \nu_\beta), \\ \frac{d\nu_\alpha}{dt} &= -p_\alpha \nu_\alpha + A_{2\alpha} N (\nu_{\alpha 1} - \nu_\alpha), \\ \frac{d\nu_\beta}{dt} &= -p_\beta \nu_\beta + A_{2\beta} N (\nu_{\beta 1} - \nu_\beta), \\ \frac{dn}{dt} &= b n^* - A_1 N n, \quad \frac{dn^*}{dt} = A_1 N n - (b + g) n^*, \end{aligned} \tag{47, 1}$$

wobei

$$n = \nu_\alpha + \nu_\beta + N. \tag{47, 2}$$

Im Grenzfall unendlicher kleiner Durchlässigkeit der Wärmebarriere, der bei hinreichend hoher Temperatur T_1 verwirklicht ist, stellt sich in diesem Modell die thermodynamische Gleichgewichtsverteilung der Photoelektronen zwischen Band und Hafttermen praktisch ungestört durch die Rekombinationsvorgänge ein. Die Gleichgewichtswerte der Konzentrationen kann man aus (47, 1) finden, wenn man sämtliche Ableitungen gleich Null setzt, oder unmittelbar aus der FERMI-Verteilung berechnen, wie das in § 25 durchgeführt wurde.

Diese Gleichgewichtskonzentrationen betragen:

$$\begin{aligned} \nu_{\beta\,\mathrm{st}} &= \frac{\nu_{\beta 1}}{1+e^{-(\varepsilon_\beta+\zeta)/kT_1}}, \\ \nu_{\alpha\,\mathrm{st}} &= \frac{\nu_{\alpha 1}}{1+e^{-(\varepsilon_\alpha+\zeta)/kT_1}} = \frac{\nu_{\alpha 1} N(T_1)}{N(T_1)+\lambda_\alpha(T_1)} \\ N(T_1) &= \frac{\lambda_\beta(T_1)\nu_\beta}{\nu_{\beta 1}-\nu_\beta} = 2\left(\frac{2\pi m k T_1}{h^2}\right)^{3/2} e^{\zeta/kT_1}. \end{aligned} \tag{47, 3}$$

Hier sind

$$\begin{aligned} \lambda_\alpha(T) &= \frac{p_\alpha}{A_{2\alpha}} = 2\left(\frac{2\pi m k T}{h^2}\right)^{3/2} e^{-\varepsilon_\alpha/kT}, \\ \lambda_\beta(T) &= \frac{p_\alpha}{A_{2\beta}} = 2\left(\frac{2\pi m k T}{h_2}\right)^{3/2} e^{-\varepsilon_\beta/kT}. \end{aligned} \tag{47, 4}$$

Wir nehmen an, daß sich die Temperatur plötzlich von T_1, wo G klein ist, auf T_2 ändert, wo $G \approx 1$ ist („Schrumpfung der Barriere"). Der stationäre Zustand, den (47, 3) beschreibt, geht in das quasistationäre Nachleuchten (die Phosphoreszenz) über. Die charakteristische Zeit der Phosphoreszenz ist τ_β, die Lebensdauer des Elektrons in einem tiefen Haftterm. Sie ist die größte der charakteristischen Zeiten der im Phosphor ablaufenden Vorgänge. Die Phosphoreszenzintensität kann selbstverständlich auch unterhalb der Empfindlichkeitsschwelle des Auges liegen.

Da die Lebensdauer des Elektrons im Band, in den flachen Hafttermen und in den angeregten Niveaus der Zentren klein gegenüber τ_β ist, lassen sich die entsprechenden Elektronenkonzentrationen mit Hilfe der Methode der quasistationären Konzentrationen bestimmen [19, 20, 33] (siehe auch Kapitel IV), d. h. aus den Bedingungen:

$$\frac{dN}{dt} = 0, \quad \frac{d\nu_\alpha}{dt} = 0, \quad \frac{dn^*}{dt} = 0. \tag{47, 5a}$$

Speziell ist

$$\nu_{\alpha\,\mathrm{qu}} = \frac{\nu_{\alpha 1} N(T_2)}{N(T_2)+\lambda_\alpha(T_2)}. \tag{47, 5}$$

Die quasistationären Zustände des Leitfähigkeitsbandes und der flachen Haftterme stellen sich in einer Zeit von der Größenordnung der entsprechenden Lebensdauern t_0 und t_α ein. Dabei verlassen $N_{st}(T_1) - N_{qu}(T_2)$ Elektronen nach einer Zeit von etwa t_0 das Band, während $\nu_{\alpha\, st}(T_1) - \nu_{\alpha\, qu}(T_2)$ Elektronen nach einer Zeit von etwa t_α aus den flachen Hafttermen austreten. Ein Teil dieser Elektronen geht auf die tiefen Haftterme über, ein anderer Teil rekombiniert mit den Zentren. Auf den letzteren beruht das kalte Aufleuchten.

Man erkennt leicht, daß sowohl die Lebensdauern als auch die möglichen Elektronenkonzentrationen im Band zur Bildung eines kalten Aufleuchtens des Phosphors unzureichend sind, bei dem das Leuchten mit einer Leuchtdichte von etwa 10^{-3} Apostilb etwa 10 Sekunden lang anhält. Zum Beispiel beträgt nach Abschätzungen von Mott und Gurney [34] die Lebensdauer des Elektrons im Leitfähigkeitsband

$$t_0 = \frac{1}{A_1 n_0} \sim 10^{-10}\,\text{sec}. \tag{47, 6}$$

Dieser Abschätzung hat man keinen großen Wert beizumessen, da sich für verschiedene Leuchtstoffe die Werte von t_0 stark unterscheiden können (siehe z. B. [35]). Auf jeden Fall aber hat t_0 die Größenordnung kleiner Sekundenbruchteile. Man könnte es mit der Annahme versuchen, daß das Aufleuchten zeitlich deshalb gedehnt wird, weil die Abkühlung des Phosphors nicht momentan erfolgt. Selbst wenn man aber annimmt, daß die Dauer der Abkühlung des Phosphors in dem Temperaturintervall, in dem das Aufleuchten zu bemerken ist, 10 Sekunden beträgt (die Abkühldauer ist jedenfalls bedeutend geringer), kann man das Aufleuchten nicht durch ein Ausleuchten der Leitungselektronen erklären. Tatsächlich wird nach der Formel $I = A_1 N n$ (bei $G \approx 1$) die Lichtsumme, die gleich der Elektronenkonzentration im Band ist, in Abwesenheit einer Wärmebarriere im Laufe von $t_0 \approx 1/A_1 n$ Sekunden ausgeleuchtet. Wenn man die Lebensdauer des Elektrons im Band willkürlich bis auf etwa 10^{-4} Sekunden erhöht, beträgt die Lichtsumme nach 10 Sekunden des üblichen Nachleuchtens des Phosphors

$$L = 10 I = \frac{10 N}{t_0} = 10^5\, N. \tag{47, 6a}$$

Eine Leuchtdichte von etwa 10^{-3} Apostilb, welche der des kalten Aufleuchtens entspricht, besitzen die gewöhnlichen ZnS · Cu-Proben innerhalb von 1 bis 2 Stunden nach dem Ausleuchten bei

Zimmertemperatur. Nimmt man also an, daß die Lichtsumme des Aufleuchtens

$$L_{\text{Aufl.}} = N_{st}(T_1) - N_{qu}(T_2) < N_{st}(T_1)\,, \tag{47, 6b}$$

beträgt, so hat man die Konzentration der Leitungselektronen in den ZnS-Proben, die kaltes Aufleuchten zeigen, um einige Größenordnungen höher anzusetzen, als die entsprechenden Konzentrationen in ZnS · Cu-Proben bei derselben Temperatur. Es gibt weder theoretische noch experimentelle Beweisgründe für eine solche Voraussetzung. Wir bemerken, daß man das kalte Aufleuchten auch noch beobachtet, nachdem sich die ZnS-Proben 2 und mehr Stunden auf Zimmertemperatur befunden haben.

Die Lichtsumme, die infolge der Schrumpfung der Wärmebarriere von den flachen Hafttermen emittiert wird, beträgt:

$$L' = \nu_{\alpha\, st}(T_1) - \nu_{\alpha\, qu}(T_2) \cong \nu_{\alpha\, st}(T_1)\,, \tag{47, 7}$$

so daß nach (47,3) und (47,4) gilt:

$$\nu_{\alpha\, st}(T_1) = \frac{\nu_{\alpha 1} N(T_1)}{N(T_1) + \lambda_\alpha(T_1)} =$$
$$= \frac{\nu_{\alpha 1}}{1 + \dfrac{\lambda_\alpha(T_1)}{\lambda_\beta(T_1)}\,\dfrac{\nu_{\beta 1} - \nu_\beta}{\nu_\beta}} = \frac{\nu_{\alpha 1}\nu_\beta}{(\nu_{\beta 1} - \nu_\beta)\, e^{(\varepsilon_\beta - \varepsilon_\alpha)/kT_1} + \nu_\beta}\,, \tag{47, 8}$$

während nach (47,5) und (47,1) unter den Bedingungen

$$\frac{dN}{dt} = 0,\ \frac{d\nu_\alpha}{dt} = 0 \text{ und } \frac{dn^*}{dt} = 0 \tag{47, 8a}$$

gilt:

$$\nu_{\alpha\, qu}(T_2) = \frac{\nu_{\alpha 1}}{1 + \dfrac{\lambda_\alpha(T_2)}{N(T_2)}} = \frac{\nu_{\alpha 1}}{1 + \dfrac{\lambda_\alpha(T_2)}{\lambda_\beta(T_2)}\,\dfrac{\nu_{\beta 1} - \nu_\beta + Gn/\gamma_\beta}{\nu_\beta}} = \tag{47, 9}$$
$$= \frac{\nu_{\alpha 1}\nu_\beta}{\left(\nu_{\beta 1} - \nu_\beta + \dfrac{Gn}{\gamma}\right) e^{(\varepsilon_\beta - \varepsilon_\alpha)/kT_2} + \nu_\beta}\,.$$

Während des nichtquasistationären Stadiums des Prozesses kann man die Elektronenkonzentration in den tiefen Hafttermen als praktisch konstant ansehen. Wegen $T_1 > T_2$ ist $\nu_{\alpha\, st}(T_1) \gg \nu_{\alpha\, qu}(T_2)$.

Aus (47,7) und (47,8) erhalten wir:

$$L' \approx \frac{\nu_{\alpha 1}\nu_\beta}{(\nu_{\beta 1} - \nu_\beta)\, e^{(\varepsilon_\beta - \varepsilon_\alpha)/kT_1} + \nu_\beta} \approx \nu_{\alpha 1}\frac{\nu_\beta}{\nu_{\beta 1} - \nu_\beta}\, e^{-\frac{\varepsilon_\beta - \varepsilon_\alpha}{kT_1}}\,, \tag{47, 10}$$

wobei die Emissionsdauer dieser Lichtsumme von der Größenordnung

$$\tau_\alpha(T_2) = \frac{1}{p_\alpha(T_2)} = \frac{e^{\varepsilon_\alpha/kT}}{A_{2\alpha} 2\left(\frac{2\pi mkT_2}{h^2}\right)^{3/2}} \qquad (47, 11)$$

ist. Bei vernünftigen Werten von ε_α und $A_{2\alpha}$ kann diese Zeit von der Größenordnung 10 Sekunden sein. Bei 200° K z. B. beträgt τ_α 15 Sekunden für $\varepsilon_\alpha = 0{,}25$ eV und $A_{2\alpha} = 10^{-14}$ cm^3 sec^{-1}. Der Wert $A_{2\alpha} = 10^{-14}$ cm^3 sec^{-1} entspricht dem Ergebnis, das DE GROOT [35] aus den experimentellen Angaben für Zinksulfid erhielt. Die Temperatur $T_2 = 200°$ K ist unseren Versuchen über das kalte Aufleuchten entnommen. $\varepsilon_\alpha = 0{,}25$ eV ist ein durchaus möglicher Wert der Haftenergie bei flachen lokalen Termen, denn für die tiefen Haftterme im ZnS erreicht ε 1 eV und mehr (siehe z. B. [36]).

Formel (47, 10) zeigt, daß nicht allein der Anteil der Lichtsumme, der in Form des kalten Aufleuchtens emittiert wird, sondern die gesamte Lichtsumme L', die von den flachen Termen emittiert wird, vom Auffüllungsgrad der tiefen Haftterme $z_\beta = \frac{\nu_\beta}{\nu_{\beta 1}}$ abhängt.

Ein Vergleich der Lichtsumme (47, 10) mit der Lichtsumme der Phosphoreszenz, die (in der Anzahl der Quanten) $\nu_{\beta 1}$ beträgt, zeigt, daß

$$\frac{L'}{\nu_{\beta 1}} \approx \frac{\nu_{\alpha 1}}{\nu_{\beta 1}} \frac{\nu_\beta}{\nu_{\beta 1} - \nu_\beta} e^{-\frac{\varepsilon_\beta - \varepsilon_\alpha}{kT_1}}. \qquad (47, 12)$$

Unter den Versuchsbedingungen, bei denen dem Aufleuchten ein Ausleuchten des Phosphors von einigen Minuten oder Stunden vorausgeht, kann keine Sättigung der Phosphoreszenz eintreten. Formel (47, 12) zeigt, daß bei $\nu_\beta \ll \nu_{\beta 1}$ kein Aufleuchten vorkommt, da die Lichtsumme des Aufleuchtens unter diesen Bedingungen sehr klein ist. Bei $\frac{\nu_\beta}{\nu_{\beta 1} - \nu_\beta} \sim 1$ erhalten wir aus (47, 12):

$$\frac{L'}{\nu_{\beta 1}} \approx \frac{\nu_{\alpha 1}}{\nu_{\beta 1}} e^{-\frac{\varepsilon_\beta - \varepsilon_\alpha}{kT_1}}. \qquad (47, 13)$$

Der Exponentialfaktor macht dieses Verhältnis sehr klein. Die Lichtsumme des kalten Aufleuchtens ist aber tatsächlich gegenüber der Lichtsumme der Phosphoreszenz sehr klein. Wie das Experiment zeigt, ist die Intensität des kalten Aufleuchtens nur um zwei Größenordnungen höher als die Empfindlichkeitsschwelle des Auges. Wir merken an, daß das Verhältnis $L'/\nu_{\beta 1}$ um einige Größenordnungen höher liegen kann als $\exp[-(\varepsilon_\beta - \varepsilon_\alpha)/kT_1)$. Denn die Konzentration der Haftstellen mit geringer Ablöseenergie des Elektrons im Phosphor kann bedeutend größer sein als die Anzahl der Haftstellen, die den tiefen Termen entsprechen. Daß sich dies tatsächlich so verhält, beweist das Experiment direkt.

Wir nahmen die Abklingkurven der untersuchten Phosphore bei Zimmertemperatur und bei der Temperatur der flüssigen Luft auf [20]. Die Meßergebnisse sind in Abb. 123 dargestellt. Die starke Abhängigkeit der Größe τ von der Temperatur schließt die Möglichkeit aus, daß die tiefen Haftterme, auf denen die Phosphoreszenz bei Zimmertemperatur beruht, irgendwie eine merkliche Rolle im Nachleuchten bei —192° C spielen. Das lange und helle Nachleuchten der Probe bei der Temperatur der flüssigen Luft (siehe Abb. 123) zeigt, daß im

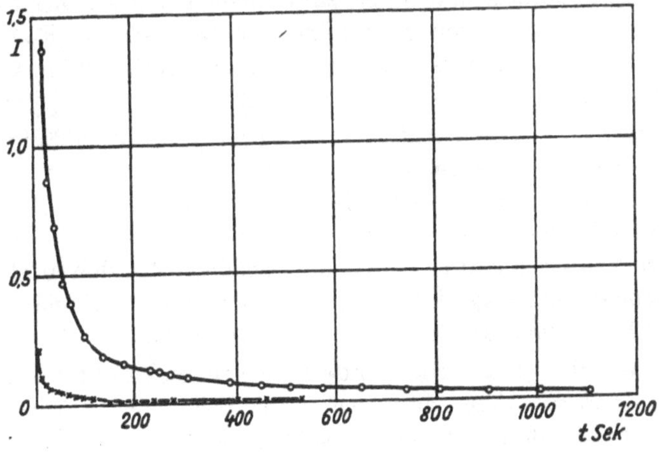

Abb. 123. Abklingkurven eines ZnS-Phosphors bei Zimmertemperatur (×) und bei der Temperatur der flüssigen Luft (○)

Gitter eine große Anzahl von Stellen vorhanden sind, an denen ein Haften der Elektronen mit geringer Lokalisierungsenergie erfolgt.

Alle diese Überlegungen beziehen sich auf ein Modell, das die Eigenschaften der Phosphore, die kaltes Aufleuchten zeigen, nur schematisch, in ganz allgemeinen Zügen wiedergibt. Es besteht kein Grund zu der Annahme, daß sich im realen Fall nur zwei und nicht mehr Arten von Hafttermen beteiligen. Für wesentlich und nicht mit dem vereinfachten Modell verknüpft halten wir folgende beiden Ergebnisse:

1. das kalte Aufleuchten beruht auf der Lichtsumme, welche die Wärmebarriere in den flachen Hafttermen zurückhält; 2. die Lichtsumme des Aufleuchtens hängt vom Auffüllungsgrad der flachen Hafttermе ab. Im Lichte dieser Ergebnisse wird die Tatsache verständlich, daß man einige Male kaltes Aufleuchten ohne zusätzliche Erregung des Phosphors beobachtet [30]. Außerdem regten diese Ergebnisse die Durchführung einiger neuer Experimente an.

Schon in der ersten Veröffentlichung über das kalte Aufleuchten [30] wurde darauf hingewiesen, daß man, wenn man den Phosphor nach dem Aufleuchten auf Zimmertemperatur bringt (bei dieser bleibt er selbst für das adaptierte Auge dunkel), und dann das Reagenzglas mit diesem Phosphor von neuem in das Dewargefäß bringt, ein erneutes kaltes Aufleuchten beobachtet. Diese Experimente wurden mehrfach wiederholt und führten stets zum gleichen Ergebnis. Im Durchschnitt konnte man ohne zusätzliche Erregung des Phosphors 3—5maliges Aufleuchten hintereinander beobachten. Eine weitere Fortsetzung des Versuches bringt kein kaltes Aufleuchten mehr: der Phosphor bleibt bei der Abkühlung dunkel.

Nach 3—5maligem Aufleuchten ist ein verhältnismäßig geringer Teil der im Phosphor enthaltenen Lichtsumme ausgeleuchtet. Es erhob sich deshalb die Frage, weshalb der Phosphor bei fast der gleichen verbleibenden Lichtsumme seine Fähigkeit zum kalten Aufleuchten verliert. Trotz des schematischen Charakters des behandelten Modells ist die Lösung dieser Frage einfach. Einige Male kaltes Aufleuchten führen zu einer Entleerung der flachen lokalen Terme *).

Die im Phosphor verbleibende Lichtsumme beruht auf den Elektronen, die in den tiefen Hafttermen lokalisiert sind. Deshalb führen die letzten Abkühlungen des Phosphors nicht mehr zu einem kalten Aufleuchten.

Ist dieser Schluß richtig, so liegt in einem Phosphor, der die Fähigkeit zum kalten Aufleuchten verloren hat, eine Nichtgleichgewichtsverteilung der Elektronen zwischen den tiefen und den flachen Hafttermen vor. In diesem Fall geht nach einer kurzen „Ruhe“zeit ein

*) Unter den Versuchsbedingungen bleibt die Temperatur des Phosphors nicht etwa gleich —80° C, sondern fällt schnell auf noch tiefere Werte, bei denen die Ablösung der Elektronen aus den tiefen Hafttermen aufhört. Deshalb erfolgt die Entleerung dieser Terme nicht in einem, sondern in mehreren Versuchen mit Abkühlung des Phosphors, wobei dieser inzwischen auf Zimmertemperatur gebracht wird.

Teil der Elektronen von den tiefen Haftterm en auf die flachen über, und der Phosphor muß bei Abkühlung erneut ein kaltes Aufleuchten geben. Wir führten diesen Versuch einige Male durch, wobei wir den Phosphor 24 Stunden lang in völliger Dunkelheit ließen. *Die Fähigkeit zum kalten Aufleuchten kehrte wieder*. Nach 24 Stunden konnte man noch 2—3 maliges kaltes Aufleuchten beobachten. Noch nach weiteren 24 Stunden führten die Versuche mit Abkühlung zu einem erneuten 1—2 maligen Aufleuchten. Dabei nahm die Helligkeit des Aufleuchtens merklich ab. Nach 3—5 Tagen solcher Experimente zeigten die Phosphore selbst nach andauerndem Aufenthalt im Dunkeln kein kaltes Aufleuchten mehr.

Diese Tatsachen stehen in gutem Einklang mit den theoretischen Vorstellungen über den Mechanismus des kalten Aufleuchtens. Während jeder „Ruheperiode" geht ein Teil der Elektronen von den tiefen auf die flachen Haftterme über. Dabei verringert sich der Auffüllungsgrad der tiefen Terme, so daß das „Ausruhen" jedesmal geringere Wirkung zeitigt. Nach einigen Experimenten, bei denen abwechselnd während der „Ruhezeit" des Phosphors die flachen Haftterme aufgefüllt und bei der Abkühlung geleert werden, ist der Auffüllungsgrad der tiefen Haftterme sehr klein geworden, so daß kein kaltes Aufleuchten mehr zu bemerken ist $\left(\frac{\nu_\beta}{\nu_{\beta 1}-\nu_\beta} \to 0 \text{ (siehe 47,10)}\right)$.

Die zur Neuaufteilung der Elektronen auf die tiefen und die flachen Haftterme erforderliche Zeit muß wesentlich von der Temperatur abhängen. Deshalb beschleunigt eine Erwärmung des Phosphors auf höhere als Zimmertemperatur die Wiederherstellung seiner Fähigkeit zum Aufleuchten. Das Experiment bestätigte diese Überlegungen. ZnS-Proben, die nach einigen Abkühlungen ihr Aufleuchten verloren hatten, wurden bis auf + 80° C erwärmt und dann ins Dewargefäß gebracht; dabei zeigte sich ein erneutes kaltes Aufleuchten. Man konnte wieder mehrmaliges Aufleuchten beobachten, jedoch weniger hell als das der ersten Serie. Nach einigen Abkühlungsreihen, die durch Erwärmungen unterbrochen waren, verloren die Proben ihr Aufleuchten vollständig. Der Grund hierfür ist offenbar derselbe: die allmähliche Entleerung der tiefen Haftterme.

§ 48: Das Abklinggesetz der Kristallphosphoreszenz bei Berücksichtigung der Wärmebarriere und der verschiedenen Arten von Hafttermen

Im Kapitel IV wurde gezeigt, daß man ein theoretisches Abklinggesetz ableiten kann, das mit dem Experiment in Einklang steht, wenn man einen idealen Kristallphosphor betrachtet, in dem sämtliche Haftterme in gleicher Tiefe angenommen werden und jedes Zentrum allein durch den Grundterm dargestellt wird (siehe Abb. 55). Es gibt jedoch Tatsachen, die davon zeugen, daß in realen Phosphoren das Spektrum der Haftterme kompliziert sein kann (siehe z. B. die Arbeit von W. L. Ljowschin [37]). Außerdem muß im Sinne der Gedanken, die in diesem Kapitel entwickelt wurden, die Kinetik der Phosphoreszenz von der Wärmebarriere für die angeregten Terme der Zentren abhängen. Hier liegt die Frage nahe, in welchem Maße eine Berücksichtigung dieser Umstände die Form des theoretischen Abklinggesetzes beeinflußt.

Weiter unten werden wir zeigen, daß das Abklinggesetz im wesentlichen seine frühere Form beibehält.

Wir betrachten das Modell des Phosphors, das in Abb. 122 dargestellt ist. Die Kinetik des Nachleuchtens wird darin beschrieben durch die Gleichungen (47, 1). Während des größten Teils der Zeit verläuft die Phosphoreszenz in diesem Modell unter Quasistationarität des Bandes, der angeregten und der flachen Haftterme, da die entsprechenden Zeitkonstanten bedeutend kleiner sind als die Lebensdauer des Elektrons in den tiefen Hafttermen. Lösen wir das Problem nach der Methode der quasistationären Konzentrationen, so erhalten wir aus (47, 1):

$$\nu_\alpha = \frac{\nu_{\alpha 1}}{1 + \frac{p_\alpha}{A_{2\alpha} N}}, \qquad n^* = \frac{A_1 N n}{b + g}, \tag{48, 1}$$

$$p_\alpha \nu_\alpha + p_\beta \nu_\beta + b n^* - A_1 N n - A_{2\alpha} N (\nu_{\alpha 1} - \nu_\alpha) - A_{2\beta} N (\nu_{\beta 1} - \nu_\beta) = 0.$$

Nach der ersten dieser Gleichungen ist die Summe der Glieder $p_\alpha \nu_\alpha - A_{2\alpha} N (\nu_{\alpha 1} - \nu_\alpha)$ in der dritten Gleichung gleich Null. Nach der zweiten Gleichung ist

$$b n^* - A_1 N n = A_1 B N n - A_1 N n = -A_1 G N n \tag{48, 2}$$

(siehe auch (44, 14)). Setzen wir (48, 2) in die letzte Gleichung (48, 1) ein, so finden wir:

$$N = \frac{p_\beta \nu_\beta}{A_1 G n + A_{2\beta}(\nu_{\beta 1} - \nu_\beta)}\,. \tag{48, 3}$$

Dieser Ausdruck für die quasistationäre Konzentration der Photoelektronen in dem behandelten Modell unterscheidet sich von dem entsprechenden Ausdruck (21, 6) für das Modell mit Hafttermen einer einzigen Art und ohne angeregte Terme einzig und allein dadurch, daß an Stelle der Größe A_1, die in (21, 6) auftrat, in (48, 3)

$$A_1^* = A_1 G \tag{48, 4}$$

steht.

Wiederholen wir die Rechnung, die im Kapitel IV durchgeführt wurde, so gelangen wir zu dem Abklinggesetz

$$\vartheta = (1 - \gamma^*) \ln \frac{1}{L} + \frac{\gamma^*}{z}\left(\frac{1}{L} - 1\right),$$

$$B = \frac{z^2 L^2}{\gamma^* + z(1 - \gamma^*) L}, \tag{48, 5}$$

das sich von (27, 6) nur dadurch unterscheidet, daß bei ihm an Stelle von $\gamma = \frac{A_2}{A_1}$

$$\gamma^* = \frac{A_{2\beta}}{A_1 G}\,. \tag{48, 6}$$

steht.

$A_1 G$ ist die auf die Zeiteinheit bezogene Wahrscheinlichkeit für den Übergang eines Elektrons vom Leitfähigkeitsband in den Grundterm des Zentrums. Denn A_1 ist die Rekombinationswahrscheinlichkeit pro Sekunde und $G = \frac{g}{g + b}$ die relative Wahrscheinlichkeit für den Übergang eines angeregten Zentrums in den Grundzustand. Folglich hat $A_1 G$ in dem behandelten Modell dieselbe Bedeutung wie A_1 in dem Modell, das keine Wärmebarriere enthält. Die Rechnung zeigt, daß *in dem wegen seiner zeitlichen Dauer wichtigsten Stadium, das durch die tiefen Haftterme bestimmt wird, der Einfluß der Wärmebarriere auf das Nachleuchten in einer G-fachen Verringerung der Emissionswahrscheinlichkeit für ein Lumineszenzquant besteht, wobei die Form des Abklinggesetzes erhalten bleibt.* Das früher abgeleitete theoretische elementare Abklinggesetz der Phosphoreszenz bleibt auch bei der Berücksichtigung sowohl der Wärmebarriere als auch der Möglichkeit verschiedener Haftenergien des Elektrons im Kristall gültig.

Dadurch wird verständlich, weshalb die empirische Formel von E. Becquerel das Abklingen der verschiedensten Kristallphosphore erklären kann.

Das oben gewonnene Ergebnis erklärt auch die experimentellen Daten von W. W. Antonow-Romanowski [46], die in § 30 beschrieben worden sind. Die Tatsache, daß W. W. Antonow-Romanowski, der mit ZnS · Cu-Proben in einem großen Temperaturintervall experimentierte, in allen Fällen *einen und denselben* Wert für die Haftenergie des Elektrons von 1,1 eV erhielt, bedeutet durchaus nicht, daß in dieser Probe zufällig sämtliche Haftterme von derselben Art waren. Dies kann anerkanntermaßen nicht der Fall sein, da bei einer Änderung der Temperatur von 25 bis 262° C die charakteristische Zeit der Fluoreszenz sich entsprechend der Formel $\tau = \tau_0 e^{\varepsilon/kT}$ um den Faktor 10^8 ändert (bei $\varepsilon = 1{,}1$ eV) und folglich ein Phosphor mit ausschließlich derartigen Hafttermen weder bei 25 noch 262° C ein merkliches andauerndes Nachleuchten aufweisen könnte. Das Ergebnis von W. W. Antonow-Romanowski beruht darauf, daß dem Wesen der von ihm zur Bestimmung von ε nach seinen Messungen benutzte Methode sich auf die sehr späten (hyperbolischen) Stadien des Nachleuchtens beziehen, in denen, wie aus den Formeln (48, 1) bis (48, 6) hervorgeht, das Nachleuchten anerkanntermaßen allein durch die tiefsten Hafterme bestimmt wird. Der aus dem Experiment entnommene Wert $\varepsilon = 1{,}1$ eV ist die maximale Haftenergie des Elektrons in der untersuchten Probe. Diese Versuchsdaten von W. W. Antonow-Romanowski bestätigen die oben gewonnenen theoretischen Schlußfolgerungen und finden in ihnen ihre Deutung.

§ 49: Schluß

Etwa 60 Jahre hat es gedauert, bis man die Sprache der Atome verstehen, die Spektren leuchtender verdünnter Gase entziffern lernte. Diese Spektren enthüllten den Bau der Atome.

Die Lumineszenz der Kristallphosphore bot eine wesentlich schwierigere Aufgabe. Die Wechselwirkung der Elementarstrahler untereinander und mit dem umgebenden Medium kann hier nicht klein gemacht werden. In Gasen kann man durch hinreichende Verdünnung Bedingungen schaffen, unter denen die Eigenschaften des Elementarstrahlers, des Atoms, nicht merklich durch seine Wechselwirkung mit anderen Atomen während seiner Lebensdauer im angeregten Zustand beeinflußt werden. Im festen Körper, in der kondensierten Phase, spielt diese Wechselwirkung eine beherrschende Rolle. Die Strahler — die Leuchtzentren — sind ins Kristallgitter eingebettet. Die Wechselwirkungskräfte, die durch die thermische Bewegung des Gitters in komplizierter und unregelmäßiger Weise variieren, verzerren die Spektren, indem sie diese in breite Banden auseinanderziehen, die entweder ganz strukturlos sind oder eine äußerst schwach ausgeprägte Struktur aufweisen. Im Gegensatz zu den Gasen, wo der Elementarstrahler das Gasatom selbst ist, dessen Eigenschaften einer Untersuchung nicht nur auf optischem, sondern auch auf chemischem, elektrischem, magnetischem und anderem Wege zugänglich sind, beeinflussen die Leuchtzentren im Kristallphosphor infolge ihrer geringen Konzentration die nichtoptischen Eigenschaften des Kristalls als Ganzen nur sehr wenig. Die Sprache der Spektren, die bei jedem mehratomigen strahlenden System äußerst schwierig ist und bei den Kristallphosphoren durch die Wechselwirkung des Strahlers mit dem Gitter noch stark gestört wird, bildet vorläufig für den Experimentator die einzige Möglichkeit, an die Zentren im Kristall heranzukommen. Deshalb bleibt der Aufbau der Zentren in den Kristallphosphoren bis heute rätselhaft und bietet noch allgemeinsten Hypothesen Raum.

In den klassischen Arbeiten über die Theorie des Festkörpers wird betont, daß die Besonderheiten des kristallinen Zustandes die Möglichkeit geben, daß verschiedenartige feine Eigenschaften der einzelnen Atome und Moleküle makroskopisch in Erscheinung treten, während in Flüssigkeiten und Gasen diese Eigenschaften nur in „trostlosen" Mittelwerten [38] auftreten. Bei der Lumineszenz fester Körper, bei den Erscheinungen der Wechselwirkung der Grundsubstanz mit dem Strahler bezeugen die Tatsachen das Gegenteil. Die Eigenschaften der einzelnen Atome und Moleküle, die in verdünnten Gasen deutlich ausgeprägt sind, erscheinen im Kristall nur gemittelt und stark gestört. Auch hier jedoch macht die Periodizität des Kristalls eine ganze Anzahl ganz spezieller Erscheinungen möglich, wie die Bewegung der Leitungselektronen durch das Kristallgitter, die Anregungswellen, die Polaronenwellen usw. In Kristallphosphoren, wo die Absorption der erregenden Strahlung zu einem inneren Photoeffekt und zur Ablösung von Elektronen von den Zentren führt, zwingt das Kristallgitter der Lumineszenz der Zentren seine „Kristallkinetik" auf. Der zeitliche Verlauf der Lumineszenzvorgänge wird durch die Halbleiterprozesse im Gitter bestimmt, die bedeutend langsamer verlaufen als die optischen Vorgänge in den Zentren. Die Lumineszenz der Kristallphosphore ist nicht allein die Sprache der Leuchtzentren, sondern auch die der Kristalle, wobei die Gesetzmäßigkeiten des Kristalls hauptsächlich in der Zeitabhängigkeit in Erscheinung treten, vor allem in den Abklinggesetzen der Lumineszenz. Deshalb eröffnet die Lumineszenz der Kristallphosphore der Untersuchung des besonderen Übertragungsmechanismus der Anregungsenergie in Kristallen ein weites Feld.

Die moderne Theorie der Kristallumineszenz ist eine Theorie der Halbleiterprozesse. Die allgemeine Kinetik der Lumineszenzvorgänge in Kristallen wurde durch die Theorie aufgedeckt und in ihren Einzelheiten behandelt. Eine grundsätzliche Lösung erfuhr in allerjüngster Zeit auch das Problem der strahlungslosen Übergänge. Die zentrale Aufgabe ist heute der Aufbau einer detaillierten Theorie der strahlungslosen Vorgänge, die mit einem Energieaustausch zwischen Elektron und Kristall verbunden sind.

Äußerst aktuell, schwierig und am allerwenigsten erforscht bleibt das Problem des Aufbaus der Zentren in den Kristallphosphoren, die Frage nach ihren physikalischen Eigenschaften und ihrer chemischen Zusammensetzung. Zur Lösung dieses Problems sind sehr viel vollständigere experimentelle Angaben über die Kristallphosphore erforderlich, als bisher vorliegen; sie dürfen sich nicht auf die Lumineszenzeigenschaften beschränken. Eine komplexe Untersuchung der Kristallphosphore auf elektrischem, optischem, physikalisch-chemischem Wege ist erforderlich. Den entscheidenden Schritt muß hier das Experiment tun. Neue Methoden sind zu entwickeln, die eine Untersuchung der Mikroeigenschaften der einzelnen Leuchtzentren ermöglichen.

Literatur

Zum Kapitel I

1. H. Kayser, Handbuch der Spectroscopie, 1908, T. IV.
2. П. С. Кудрявцев, История физики.
   P. S. Kudrjawzew, Geschichte der Physik. Wiss.-päd. Verlag, 1948, Bd. 1.
3. R. Riehl, Physik und technische Anwendungen der Lumineszenz, 1941.
4. F. A. Kröger, Some aspects of the luminescence of solids, Amsterdam 1948.
5. S. I. Wawilow. Nachr. d. Ak. d. W. d. UdSSR, Serie: Physik **9**, 278 (1945).
6. P. Pringsheim und M. Vogel, Die Lumineszenz der flüssigen und festen Körper und ihre Anwendungen, 1948.
7. Maurice Curie, Fluorescence et phosphorescence, Paris 1946.
8. E. Wiedemann, Ann. d. Phys. **34**, 446 (1888); **37**, 177 (1889).
9. S. I. Wawilow, Sowj. Phys. **5**, 369 (1934).
10. S. I. Wawilow, Jubiläumsheft der Ak. d. W. d. UdSSR zum 30. Jahrestag der Großen Sozialistischen Oktoberrevolution, Bd. 1, S. 377, (1947).
11. С. И. Вавилов, О «тёплом» и «холодном» свете.
    S. I. Wawilow, „Warmes" und „kaltes" Licht. Ak. d. W. d. UdSSR (1949).
12. M. Planck, Vorlesungen über die Theorie der Wärmestrahlung, 1923, S. 45, 166—167.
13. W. Heitler, The Quantum Theory of Radiation, 1944.
14. S. I. Wawilow, Z. f. Phys. **54**, 270 (1929).
15. S. I. Wawilow, Ber. d. Ak. d. W. d. UdSSR **2**, 457 (1934).
16. S. Venscateswaran and A. Karl, Indian Journ. of Phys. **3**, 105 (1928); Z. f. phys. Chemie (B) **1**, 466 (1928).
17. P. A. Tscherenkow, Ber. d. Ak. d. W. d. UdSSR **2**, 451 (1934).
18. G. Stokes, Phil. Trans. **143**, 463 (1852); 385 (1853).
19. J. Tyndall, Phil. Mag. (4), **28**, 329 (1864).
20. C. K. Akin, Phil. Mag. (4), **28**, 554 (1864).
21. N. Riehl, Physik und technische Anwendungen der Lumineszenz, 1941, S. 87—90.
22. E. L. Nichols, H. L. Howes and D. T. Wilber, Cathodo-luminescence and the luminescence of incandescent solids, 1928.
23. L. T. Minchin, Trans. Farad. Soc. **35**, 163 (1939); **36**, 505 (1940); Proc. Phys. Soc. **53**, 190 (1941).
24. E. L. Nichols and D. T. Wilber, Phys. Rev. **17**, 453 (1921).
25. E. Tiede und F. Busher, Ber. d. dtsch. chem. Ges. **53**, 2206 (1920).
26. Техническая энциклопедия.
    Technische Enzyklopädie **9**, 491 (1929).
27. W. Nernst und E. Bose, Phys. Z. **1**, 289 (1900).
28. H. Rubens, Ann. d. Phys. **18**, 725 (1905); **20**, 593 (1906).
29. W. M. Kudrjawzewa und G. I. Sinjapkina, Ber. d. Ak. d. W. d. UdSSR **59**, 1411 (1948).
30. W. M. Kudrjawzewa, Nachr. d. Ak. d. W. d. UdSSR **13**, 115 (1949).
31. C. T. Goodeve, Trans. Farad. Soc. **33**, 340 (1937).
32. W. A. Sokolow, Ber. d. Ak. d. W. d. UdSSR **66**, 45 (1949).
33. E. Becquerel, Ann. de chim. et de phys. (3), **9**, 120 (1843).

34. Р. А. Нилендер, Люминесцентные лампы и их применение. 1948.
P. A. Nylender, Die Lumineszenzlampen und ihre Verwendung.
35. А. В. Москвин, Катодолыминесцеиция.
A. W. Moskwin, Kathodolumineszenz, Bd. 2, Staatl. techn. Verlag 1949.
36. J. M. Brumberg, Ber. d. Ak. d. W. d. UdSSR **25**, 473 (1939); Nachr. d. Ak. d. W. d. UdSSR, Serie Physik, **6**, 32 (1942); Die Natur **3**, 18 (1940).
37. М. А. Константинова-Шлезингер, Люминесцентный анализ.
M. A. Konstantinowa-Schlesinger, Lumineszenzanalyse, Ak. d. W. d. UdSSR (1948).
38. E. Lommel, Ann. d. Phys. **3**, 113 (1878); **3**, 251 (1878).
39. E. Nichols and E. Merritt, Studies in luminescence, Kap. 1 (1912).
40. A. Einstein, Ann. d. Phys. **17**, 132 (1905).
41. E. Lommel, Ann. d. Phys. **8**, 244 (1879).
42. W. L. Ljowschin, Z. f. phys. Chemie **2**, 641 (1931); **6**, 991 (1935).
43. N. Prileshajewa, Acta Phys. Chim. URSS **1**, 785 (1935).
44. S. I. Wawilow, Phil. Mag. **43**, 307, (1922).
45. S. I. Wawilow, Nachr. d. Ak. d. W. d. UdSSR **7**, **3** (1943).
46. S. I. Wawilow, Journ. of Phys. USSR **9**, **68** (1945).
47. S. I. Wawilow, Journ. of Phys. USSR **10**, 499 (1946).
48. P. Pringsheim, Journ. of Phys. USSR **10**, 495 (1946).
49. L. D. Landau, Journ. of Phys. USSR **10**, 503 (1946).
50. S. I. Wawilow, Z. f. Phys. **42**, 311 (1927).
51. E. Nichols and E. Merritt, Phys. Rev. **31**, 376, 381 (1910).
52. G. R. Harrison and Ph. A. Leighton, Phys. Rev. **88**, 899 (1931).
53. W. A. Fabrikant, Sowj. Phys. **3**, 567 (1933).
54. S. S. Solomin, Ber. d. Ak. d. W. d. UdSSR **31**, 741 (1941).
55. A. Jablonski, Acta Phys. Pol., **2**, 97 (1933).
56. W. W. Antonow-Romanowski und M. I. Epstein, Ber. d. Ak. d. W. d. UdSSR **64**, 483 (1949).
57. M. N. Alenzew, Ber. d. Ak. d. W. d. UdSSR **64**, 479 (1949).
58. M. N. Alenzew, Arbeiten der phys. Inst. d. Ak. d. W. **5**, 499 (1950).
59. I. A. Chwostikow, Arbeiten des staatl. opt. Inst. **12**, H. 104 (1937).
60. S. Szczeniowski, Bull. de l'Acad. Polon. (A) 127 (1927); C. R. de la Soc. Polon. physique VIII, 53 (1927).
61. E. I. Adirowitsch, Ber. d. Ak. d. W. d. UdSSR **69**, 759 (1949).
62. N. Riehl, Z. f. techn. Phys. **20**, 152 (1939).
63. W. A. Jastrebow, Arbeiten der phys. Inst. d. Ak. d. W. **3**, 121 (1946).
64. W. L. Ljowschin, Ber. d. Ak. d. W. **54**, 127, 215 (1946).
65. P. Lenard, F. Schmidt und R. Tomaschek, Hdb. d. exp. Physik **23**, 2 (1928).
66. A. Becker und F. Becker, Z. f. Phys. **125**, 694 (1949).
67. G. N. Lewis, Proc. Nat. Acad. Amer. **11**, 179 (1925).
68. M. A. Leontowitsch, Z. f. Phys. **33**, 470 (1925).

Zum Kapitel II

1. H. Kayser, Handbuch der Spektroskopie, Bd. IV, Kap. V, 1908.
2. В. Л. Левшин, Светящиеся составы; П. С. Кудрявцев, История Физики.
W. L. Ljowschin, Leuchtstoffe, Ak. d. W. d. UdSSR. 1936, S. 7; P. S. Kudrjawzew, Geschichte der Physik, Wiss.-päd. Verlag, B. 1, S. 502, 1948.

3. E. Pringsheim und M. Vogel, Die Lumineszenz der flüssigen und festen Körper und ihre Anwendungen, 1948, S. 11.
4. H. Rupp, Die Leuchtmassen und ihre Verwendung, Berlin 1937.
5. W. M. Kudrjawzewa, F. I. Wergunas und P. S. Lilwinowa, Nachr. d. Ak. d. W. d. UdSSR, Serie Physik **9**, 403 (1945).
6. W. M. Kudrjawzewa, Ber. d. Ak. d. W. **52**, 499 (1946).
7. M. W. Kudrjawzewa, Nachr. d. Ak. d. W. d. UdSSR, Serie Physik, **13**, 115 (1949).
8. P. Heinrich, Die Phosphoreszenz der Körper nach allen Umständen untersucht und erläutert, 1820.
9. J. C. Poggendorff, Geschichte der Physik, 1879, S. 405.
10. «Академик В.В.Петров», Сборник статей и материалов под редакцией академика С. П. Вавилова.
„Akademiemitglied W. W. Petrow", Sammlung von Artikeln und Materialien unter Redaktion von Akademiemitglied S. I. Wawilow, Ak. d. W. d. UdSSR (1940).
11. W. Petrow, Sammlung neuer physikalisch-chemischer Versuche und Beobachtungen, Bd. 1, 1801.
12. E. Becquerel, C. R. **51**, 921 (1860); Ann. de chim. et de phys. **62**, 5 (1861); La lumiere, Bd. 1, 1867.
13. L. Darwin, Phil. Mag. (5), **11**, 209 (1881).
14. Ch. Henry, C. R. **115**, 505 (1892).
15. A. Werner, Ann. d. Phys. **24**, 164 (1907); A. Werner und H. Gohdes, Ann. d. Phys. **30**, 257 (1909).
16. L. Nichols and E. Merritt, Studies in luminescence, 1912.
17. E. Ives and M. Luckiesh, Phys. Rev. **34**, 156 (1912).
18. H. Becquerel, C. R. **113**, 618, 672 (1891); Journ. de Phys. (3), **1**, 137 (1892).
19. E. Wiedemann, Ann. d. Phys. **37**, 177 (1889).
20. E. Wiedemann und G. C. Schmidt, Ann. d. Phys. **54**, 604 (1895); **56**, 201 (1895).
21. A. Verneuil, C. R. **103**, 600 (1886); **104**, 501 (1887); **106**, 1104 (1888); **107**, 101 (1888).
22. P. Lenard, F. Schmidt und R. Tomaschek, Handb. d. exp. Phys. **23**, I u. II, 1928.
23. P. Pringsheim, Fluoreszenz und Phosphoreszenz im Lichte der neueren Atomtheorie, 1923, S. 6.
24. S. Rotchild, Z. f. Phys. **108**, 24 (1937).
25. W. A. Jastrebow, Arbeiten der phys. Inst. d. Ak. d. W. **3**, **2**, 121 (1946).
26. W. A. Jastrebow, Z. f. exper. u. ther. Physik **17**, 140 (1947).
27. B. Gudden und R. Pohl, Z. f. Phys. **3**, 98 (1920); **4**, 206 (1921); **5**, 176 (1921).
28. D. I. Blochinzew, Ber. d. Ak. d. W. d. UdSSR **2**, 76 (1934).
29. Luminescence, A general discussion held by the Faraday Society sept. 1938, Trans. Farad. Soc. **35**, 65—177 (1939).
30. Konferenz über Lumineszenzprobleme, einberufen von der physikalisch-mathematischen Abteilung d. Ak. d. W. d. UdSSR, 5.—10. Oktober 1944, Nachr. d. Ak. d. W., Serie Physik **9**, Nr. 4—5, 275—576 (1945).
31. Materialien der zweiten Unionskonferenz über Lumineszenz vom 17. bis 22. Mai 1948, Nachr. d. Ak. d. W. d. UdSSR, Serie Physik **13**, 1—2 (1949).
32. S. I. Wawilow, Sowj. Phys. **5**, 369 (1934).
33. W. L. Ljowschin, Nachr. d. Ak. d. W. d. UdSSR **9**, 355 (1945).

34. S. I. WAWILOW und W. L. LJOWSCHIN, Z. f. Physik **48**, 397 (1928).
35. N. A. TOLSTOI und P. P. FEOFILOW, Ber. d. Ak. d. W. d. UdSSR **60**, 235 (1948).
36. W. L. LJOWSCHIN und L. A. WINOKUROW, Z. f. phys. Chemie **8**, 181 (1936).
37. S. I. WAWILOW und A. SCHISCHLOWSKI, Sowj. Physik **5**, 379 (1934).
38. A. S. DAWYDOW, Z. f. exp. u. theor. Physik **18**, 210 (1948); Nachr. d. Ak. d. W. d. UdSSR, Serie Physik. **12**, 608 (1948).
39. W. L. LJOWSCHIN, Acta Phys. Polon. **5**, 301 (1936).
40. W. L. LJOWSCHIN und W. W. ANTONOW-ROMANOWSKI, Ber. d. Ak. d. W. d. UdSSR **5**, 205 (1933).
41. W. L. LJOWSCHIN und W. W. ANTONOW-ROMANOWSKI, Z. f. exper. u. theor. Physik **4**, 1022 (1934).
42. W. W. ANTONOW-ROMANOWSKI, Ber. d. Ak. d. W. d. UdSSR **3**, 432 (1934).
43. W. W. ANTONOW-ROMANOWSKI, Arbeiten der phys. Inst. d. Ak. d. W. **1**, 2, 35 (1937).
44. W. W. ANTONOW-ROMANOWSKI, Ber. d. Ak. d. W. d. UdSSR **2** (11), 93 (1936).
45. W. L. LJOWSCHIN und J. P. RIKMAN, Ber. d. Ak. d. W. d. UdSSR **20**, 445 (1938).
46. W. W. ANTONOW-ROMANOWSKI, Arbeiten der phys. Inst. d. A. d. W. **2**, 2 bis **3**, 157 (1942).
47. W. W. ANTONOW-ROMANOWSKI, Ber. d. Ak. d. W. d. UdSSR **36**, 138 (1942); **39**, 329 (1943).
48. W. W. ANTONOW-ROMANOWSKI, Nachr. d. Ak. d. W. d. UdSSR, Serie Physik, **9**, 369 (1945).
49. E. I. ADIROWITSCH, Ber. d. Ak. d. W. **53**, 317 (1946); Nachr. d. Ak. d. W. d. UdSSR, Serie Physik, **10**, 467 (1946).
50. E. I. ADIROWITSCH, Nachr. d. Ak. d. W. d. UdSSR, Serie Physik, **14**, 366 (1950).
51. E. I. ADIROWITSCH, Ber. d. Ak. d. W. d. UdSSR **60**, 361 (1948); **61**, 467 (1948).

Zum Kapitel III

1. Д. И. Блохинцев, Основы квантовой механики. 1949.
   D. I. BLOCHINZEW, Grundlagen der Quantenmechanik.
2. A. SOMMERFELD und G. BETHE, Elektronentheorie der Metalle, Hdb. d. Physik **24**, 2.
3. M. BORN und M. GÖPPERT-MEIER, Dynamische Gittertheorie der Kristalle, Hdb. d. Physik **24**, 2.
4. L. BRILLOUIN, Quantenstatistik, 1934.
5. L. BRILLOUIN, La methode du champ self-consistent, Paris 1933.
6. A. WILSON, The Theoлie of Metals, 1936.
7. Ф. Ф. Волькенштейн, Электропроводность полупроводников.
   F. F. WOLKENSTEIN, Elektrische Leitfähigkeit der Halbleiter, Staatl. Techn. Verlag 1947.
8. F. SEITZ, Modern Theorie of Solids, 1940.
9. F. SEITZ, Metallphysik.
10. Л. Д. Ландау и Е. М. Лифшиц, Квантовая механика.
    L. D. LANDAU und J. M. LIFSCHIZ, Quantenmechanik, Bd. 1, Staatl. Techn. Verlag 1948.

11. N. MOTT und R. GURNEY, Electronic Processes in Ionic Crystals, 1950.
12. E. FERMI, Moleküle und Kristalle, 1947.
13. F. BLOCH, Z. f. Phys. 52, 555 (1928).
14. D. I. BLOCHINZEW, Ber. d. Ak. d. W. d. UdSSR 2, 76 (1934); Z. f. exper. u. theor. Physik 6, 1060 (1936).
15. D. I. BLOCHINZEW, Z. f. exper. u. theor. Physik 3, 475 (1933).
16. F. F. WOLKENSTEIN, Erf. d. Phys. Wiss. 28, 389 (1946).
17. F. SEITZ und M. JOHNSON, Erf. d. Phys. Wiss. 23, 89, 293 (1940).
18. T. MUTO, Sc. Pap. Inst. Phys. Chem., Research, Tokyo 28, 171 (1935); 32, 5 (1937).
19. N. RIEHL und M. SCHÖN, Z. f. Phys. 114, 682 (1939).
20. M. SCHÖN, Z. f. techn. Phys. 19, 369 (1938).
21. I. E. TAMM, Sowj. Phys. 1, 733 (1932).
22. W. A. FOCK, Arbeiten des staatl. opt. Inst. 5, 51 (1931); Jubiläums-Sammelheft der Ak. d. W. d. UdSSR 1, 255 (1947).

Zum Kapitel IV:

1. D. I. BLOCHINZEW, Ber. d. Ak. d. W. d. UdSSR 2, 76 (1934).
2. W. L. LJOWSCHIN und W. W. ANTONOW-ROMANOWSKI, Ber. d. Ak. d. W. 5, 205 (1933).
3. W. L. LJOWSCHIN und W. W. ANTONOW-ROMANOWSKI, Z. f. exp. u. theor. Physik 4, 1022 (1934).
4. W. W. ANTONOW-ROMANOWSKI, Ber. d. Ak. d. W. d. UdSSR 3, 432 (1934).
5. W. L. LJOWSCHIN, Acta Phys. Polon. 5, 301 (1936).
6. W. W. ANTONOW-ROMANOWSKI, Arbeiten der phys. Inst. d. Ak. d. W. 1, 2, 35 (1937).
7. W. W. ANTONOW-ROMANOWSKI, Ber. d. Ak. d. W. d. UdSSR 17, 95 (1937).
8. F. SEITZ, Modern Theory of Solids, 1940, S. 601ff.
9. N. MOTT und R. GURNEY, Electronic Processes in Ionic Crystals, 1950, S. 235—246.
10. D. I. BLOCHINZEW, Z. f. exp. u. theor. Physik 7, 1242 (1937).
11. W. DE GROOT, Physica 6, 275 (1939).
12. R. P. JOHNSON, Journ. Opt. Soc. Am. 29, 387 (1939).
13. J. T. RANDALL and M. H. F. WILKINS, Proc. Roy. Soc. (A) 187, 347, 366, 390 (1945).
14. G. F. J. GARLICK and M. H. F. WILKINS, Proc. Roy. Soc. (A) 187, 408 (1945).
15. R. T. ELLICKSON and W. L. PARKER, Phys. Rev. 70, 290 (1946).
16. П. Прингсхейм и М. Фогель, Тюминесценция жидких и твёрдых тел.
P. PRINGSHEIM und M. VOGEL, Die Lumineszenz der festen und flüssigen Körper, 1948, S. 25ff.
17. W. W. ANTONOW-ROMANOWSKI, Ber. d. Ak. d. W. d. UdSSR 2, 105 (1935).
18. W. W. ANTONOW-ROMANOWSKI, Nachr. d. Ak. d. W., Serie Physik, 9, 367 (1945).
19. D. I. BLOCHINZEW, Nachr. d. Ak. d. W. d. UdSSR, Serie Physik, 9, 401 (1945).
20. J. SADDY, Ann. de Phys. 2, 414 (1947).
21. E. I. ADIROWITSCH, Ber. d. Ak. d. W. d. UdSSR 53, 317 (1946).
22. E. I. ADIROWITSCH, Nachr. d. Ak. d. W. d. UdSSR, Serie Physik, 10, 467 (1946).

23. N. MOTT und R. GURNEY, Electronic Processes in Ionic Crystals, 1950, Kapitel IV u. VI.
24. E. I. ADIROWITSCH, Ber. d. Ak. d. W. d. UdSSR **60**, 361 (1948).
25. E. I. ADIROWITSCH, Ber. d. Ak. d. W. d. UdSSR **57**, 133 (1947).
26. N. C. BEESE, Journ. Opt. Soc. Am. **29**, 28 (1939).
27. J. W. STRANGE, Trans. Farad. Soc. **35**, 95 (1939).
28. R. P. JOHNSON and W. L. DAWIS, Journ. Opt. Soc. Am. **29**, 283 (1939).
29. S. T. MARTIN and L. B. HEADRICK, Journ. Appl. Phys. **10**, 116 (1939).
30. R. B. NELSON, R. P. JOHNSON and W. B. NOTTINGHAM, Journ. Appl. Phys. **10**, 325 (1939).
31. G. R. FONDA, Journ. Appl. Phys. **10**, 408 (1939).
32. N. RIEHL, Physik und technische Anwendungen der Lumineszenz, 1941.
33. N. A. TOLSTOI und P. P. FEOFILOW, Erf. d. Phys. Wiss. **41**, 44 (1950).
34. E. I. ADIROWITSCH, Z. f. exper. u. theor. Physik **18**, 58 (1948).
35. W. A. JASTREBOW, Arbeiten der phys. Inst. d. Ak. d. W. **3**, 2, 121 (1946).
36. W. A. JASTREBOW, Z. f. exper. u. theor. Physik **17**, 140 (1947).
37. R. COUSTAL, Journ. de Chimie Phys. **28**, 345 (1931).
38. W. BÜNGER und W. FLECHSIG, Z. f. Phys. **67**, 42 (1931).
39. F. SEITZ, Journ. chem. Phys. **6**, 150 (1938); Trans. Farad. Soc. **35**, 74 (1939).
40. G. F. J. GARLICK, Luminescent materials, 1949.
41. W. W. ANTONOW-ROMANOWSKI, Arbeiten der phys. Inst. d. Ak. d. W. **2**, 2—3, 157 (1942).
42. W. W. ANTONOW-ROMANOWSKI, Nachr. d. Ak. d. W. d. UdSSR, Serie Physik, **9**, 367 (1945).
43. H. A. KLASENS and M. E. WISE, Nature **158**, Nr. 4014, 483 (1946).
44. R. C. HERMAN and C. F. MEYER, Journ. Appl. Phys. **18**, 258 (1947).
45. R. C. HERMAN and C. F. MEYER, Journ. Appl. Phys. **17**, 743 (1946).
46. R. C. HERMAN, C. F. MEYER and H. S. HOPFIELD, Journ. Opt. Soc. Am. **38**, 999 (1948).
47. W. W. ANTONOW-ROMANOWSKI, Nachr. d. Ak. d. W. d. UdSSR, Serie Physik, **10**, 477 (1946).
48. D. CURIE, C. R. **229**, 1321 (1949).
49. D. CURIE, Journ. de Physique et le Radium **11**, 179 (1950).
50. D. CURIE, C. R. **230**, 1400 (1950).
51. W. L. LJOWSCHIN, Z. f. exper. u. theor. Physik **18**, 82, 149 (1948).
52. W. L. LJOWSCHIN, Nachr. d. Ak. d. W d. UdSSR. Serie Physik **12**, 217 (1948).
53. G. F. J. GARLICK, Reports on Progress in Physics **12**, 34 (1948—1949), London.
54. G. F. J. GARLICK and A. F. GIBSON, Proc. Phys. Soc. (A) **60**, 574 (1948).
55. E. I. ADIROWITSCH, Erf. d. phys. Wiss. **41**, 419 (1950).

Zum Kapitel V

1. J. H. GISOLF, Physica **6**, 84 (1939).
2. J. M. BRUMBERG und F. M. PEKERMAN, Ber. d. Ak. d. W. d. UdSSR **61**, 43 (1948); Nachr. d. Ak. d. W. d. UdSSR, Serie Physik, **13**, 218 (1949).
3. E. I. ADIROWITSCH, Ber. d. Ak. d. W. d. UdSSR **56**, 579 (1947).
4. E. I. ADIROWITSCH, Ber. d. Ak. d. W. d. UdSSR **57**, 25 (1947).
5. CH. PEYROU, Ann. de Phys. **3**, 459 (1948).
6. G. F. J. GARLICK and A. F. GIBSON, Nature **161**, 359 (1948).

Zum Kapitel VI

1. Д. И. Блохинцев, Основы квантовой механики, 1949.
   D. I. Blochinzew, Grundlagen der Quantenmechanik.
2. Л. Д. Ландау и Е. М. Лифшиц, Квантовая механика, 1948.
   L. D. Landau und J. M. Lifschiz, Quantenmechanik.
3. M. Born und M. Göppert-Meier, Festkörpertheorie. Hdb. d. Physik **24**, 2.
4. F. Seitz, Modern Theory of Solids, 1940.
5. K. Schäfer, Theorie der Wärme, Bd. II.
6. W. A. Jastrebow, Arbeiten der phys. Inst. d. Ak. d. W. **3**, 2, 121 (1946).
7. W. A. Jastrebow, Z. f. exper. u. theor. Physik **17**, 140 (1947).
8. N. Riehl, Physyk und technische Anwendungen der Lumineszenz, 1941.
9. F. Möglich und R. Rompe, Z. f. Phys. **115**, 707 (1940).
10. F. Möglich und R. Rompe, Z. f. Phys. **117**, 119 (1940).
11. F. Möglich und R. Rompe, Phys. Z. **41**, 236 (1940).
12. Ch. Peyrou, Ann. de Phys. **3**, 459 (1948).
13. F. I. Wergunas und F. F. Gawrilow, Ber. d. Ak. d. W. d. UdSSR **57**, 31 (1947); Arbeiten des Sibir. Phys. Techn. Inst. **24**, 177, 196 (1947).
14. F. Möglich und R. Rompe, Phys. Z. **44**, 122 (1943).
15. D. I. Blochinzew, Nachr. d. Ak. d. W. d. UdSSR, Serie Physik, **9**, 392 (1945).
16. N. F. Mott, Proc. Roy. Soc. **167**, 384 (1938).
17. R. W. Gurney and N. F. Mott, Trans. Farad. Soc. **35**, 69 (1939).
18. N. Mott und R. Gurney, Electronic Processes in Ionic Crystals, 1950.
19. F. Seitz, Journ. chem. Phys. **6**, 150 (1938); Trans. Farad. Soc. **35**, 74 (1939).
20. E. I. Adirowitsch, Ber. d. Ak. d. W. d. UdSSR **63**, 111, 635 (1948).
21. E. I. Adirowitsch, Nachr. d. Ak. d. W. d. UdSSR, Serie Physik, **13**, 101 (1949).
22. E. I. Adirowitsch, Arbeiten der phys. Inst. d. Ak. d. W. **5**, 387 (1950).
23. L. Landau, Sowj. Physik **3**, 664 (1933).
24. J. H. de Boer, Rec. Trav. Chim. Pays-Bas **56**, 30 (1937).
25. S. I. Pekar, Z. f. exper. u. theor. Physik **17**, 868 (1947).
26. S. I. Pekar und M. F. Deigen, Z. f. exper. u. theor. Physik **18**, 481 (1948).
27. S. I. Pekar, Z. f. exper. u. theor. Physik **20**, 510 (1950).
28. E. I. Adirowitsch und D. I. Blochinzew, J. of Phys. UdSSR **7**, 29 (1943).
29. B. I. Dawydow und I. M. Schmuschkewitsch, Erf. d. Phys. Wiss. **24**, 21 (1940).
30. Ф. Ф. Волькенштейн, Элекропроводноств полупроводников, 1947, S. 198.
    F. F. Wolkenstein, Die elektrische Leitfähigkeit der Halbleiter.
31. W. W. Antonow-Romanowski, W. L. Ljowschin, S. L. Morgenstern und S. A. Trapesnikowa, Nachr. d. Ak. d. W. d. UdSSR, Serie Physik, **13**, 75 (1949).
32. S. L. Morgenstern, Ber. d. Ak. d. W. d. UdSSR **58**, 783 (1947).
33. J. T. Randall and M. H. F. Wilkins, Proc. Roy. Soc. (A) **184**, 366 (1945).
34. F. I. Bergunas, Nachr. d. Ak. d. W. d. UdSSR, Serie Physik, **13**, 122 (1949).
35. W. J. Laschkariew und K. M. Kossonogowa, Ber. d. Ak. d. W. d. UdSSR **54**, 125 (1946).
36. W. L. Ljowschin, Nachr. d. Ak. d. W., Serie Physik, **12**, 217 d. UdSSR (1948).

Zum Kapitel VII

1. J. I. Frenkel, Phys. Rev. **37**, 17, 1276 (1931).
2. J. C. Slater, Trans. Farad. Soc. **34**, 828 (1938).
3. A. V. Hippel, Phys. Rev. **54**, 1096 (1938).
4. S. I. Pekar, Z. f. exper. u. theor. Phys. **18**, 525 (1948).
5. R. Peirls, Ann. d. Phys. **13**, 905 (1932).
6. G. H. Wannier, Phys. Rev. **52**, 191 (1937).
7. L. D. Landau, Sowj. Physik **3**, 664 (1933).
8. D. I. Blochinzew, Z. f. exper. u. theor. Physik **6**, 1053 (1936).
9. S. I. Pekar, Z. f. exper. u. theor. Physik **16**, 335, 341, 933 (1946); **17**, 868 (1947); **18**, 105 (1948); **19**, 796 (1949).
10. S. I. Pekar und M. F. Deigen, Z. f. exper. u. theor. Physik **18**, 481 (1948).
11. L. D. Landau und S. I. Pekar, Z. f. exper. u. theor. Physik **18**, 419 (1948).
12. N. Riehl, Physik und technische Anwendungen der Lumineszenz, 1941.
13. R. Tomaschek, Phys. Z. **33**, 878 (1932); Trans. Farad. Soc. **35**, 149 (1939).
14. R. Tomaschek und O. Deutschbein, Z. f. Phys. **82**, 309 (1933); Phys. Z. **34**, 374 (1933).
15. F. A. Kröger, Physica **6**, 369, 746, 779 (1939); Some aspects of the luminescence of Solids, Amsterdam 1948.
16. W. W. Antonow-Romanowski, W. L. Ljowschin, S. L. Morgenstern und S. A. Trapesnikowa, Nachr. d. Ak. d. W. d. UdSSR, Serie Physik, **13**, 75 (1949).
17. G. F. J. Garlick, Luminescent materials, Oxford, 1949.
18. E. I. Adirowitsch, Nachr. d. Ak. d. W. d. UdSSR, Serie Physik, **13**, 101 (1949).
19. E. I. Adirowitsch, Ber. d. Ak. d. W. d. UdSSR **61**, 467 (1948).
20. E. I. Adirowitsch, Arbeiten der phys. Inst. d. Ak. d. W. **5**, 387 (1950).
21. P. Lenard, F. Schmidt und R. Tomaschek, Hdb. d. exp. Phys. **23**, I, II, 1928.
22. W. A. Jastrebow, Arbeiten der phys. Inst. d. Ak. d. W. **3**, 2, 121 (1946); Z. f. exper. u. theor. Physik **17**, 140 (1947).
23. W. L. Ljowschin, Ber. d. Ak. d. W. d. UdSSR **54**, 127, 215 (1946); Z. f. exper. u. theor. Physik **17**, 675 (1947).
24. S. L. Morgenstern, Ber. d. Ak. d. W. d. UdSSR **54**, 791 (1946).
25. S. L. Morgenstern, Ber. d. Ak. d. W. d. UdSSR **58**, 783 (1947).
26. M. Schön, Z. f. Phys. **119**, 463 (1942).
27. H. A. Klasens, Nature **158**, 306 (1946).
28. H. A. Klasens, W. Ramsden and Chow Quantie, Journ. Opt. Soc. Am. **38**, 60 (1948); M. E. Wise and H. A. Klasens, Journ. Opt. Soc. Am. **38**, 226 (1948).
29. N. Riehl, Physik und technische Anwendungen der Lumineszenz, 1941.
30. E. I. Adirowitsch, Ber. d. Ak. d. W. d. UdSSR **58**, 1927 (1947).
31. F. I. Wergunas, F. F. Gawrilow, Ber. d. Ak. d. W. d. UdSSR **57**, 31 (1947); Arbeiten der Sibir. Phys. Techn. Inst. **24**, 177, 196 (1947).
32. F. I. Wergunas, Nachr. d. Ak. d. W. d. UdSSR, Serie Physik **13**, 122 (1949).
33. E. A. Frank-Kamenezki, Z. f. phys. Chemie **14**, 695 (1940).
34. N. Mott und R. Gurney, Electronic Processes in Ionic Crystals, 1950
35. W. de Groot, Physica **6**, 275 (1939).
36. W. W. Antonow-Romanowski, Ber. d. Ak. d. W. d. UdSSR **17**, 95 (1937).
37. W. L. Ljowschin, Nachr. d. Ak. d. W. d. UdSSR, Serie Physik, **12**, 217 (1948).
38. W. Voigt, Lehrbuch der Kristallphysik, Leipzig und Berlin 1910.

MIX
Papier | Fördert gute Waldnutzung
FSC® C083411

Zeitfracht Medien GmbH
Ferdinand-Jühlke-Straße 7
99095 Erfurt, Deutschland
produktsicherheit@kolibri360.de